中国不同储粮生态区域储粮工艺研究

《中国不同储粮生态区域储粮工艺研究》编委会

四川科学技术出版社

图书在版编目(CIP)数据

中国不同储粮生态区域储粮工艺研究/《中国不同储粮生态区域储粮工艺研究》编委会. —成都 : 四川科学技术出版社,2014. 6

ISBN 978 -7 -5364 -7927 -2

Ⅰ. ①中… Ⅱ. ①中… Ⅲ. ①粮油贮藏 - 研究 - 中国 Ⅳ. ①TS205. 9

中国版本图书馆 CIP 数据核字(2014)第 137599 号

中国不同储粮生态区域储粮工艺研究

ZHONGGUO BUTONG CHULIANG SHENGTAI QUYU CHULIANG GONGYI YANJIU

著　　者 《中国不同储粮生态区域储粮工艺研究》编委会

出 品 人 钱丹凝
责任编辑 杨璐璐　刘涌泉　肖　伊
封面设计 王　珍
版式设计 星星工作室
责任校对 缪栋凯　柯沙克　杨彦康
　　　　 杜　珂　袁　野　李先华 等
责任出版 欧晓春
出版发行 四川科学技术出版社
　　　　 地址:四川省成都市三洞桥路 12 号　邮政编码:610031
　　　　 官方微博:http://e. weibo. com/sckjcbs
　　　　 官方微信公众号:sckjcbs
　　　　 传真:028 - 87734039
成品尺寸 210mm × 285mm
印　　张 35　插页 5
字　　数 500 千
印　　刷 成都思潍彩色印务有限责任公司
版次/印次 2014 年 6 月第一版 2014 年 6 月第一次印刷
定　　价 280. 00 元

ISBN 978 -7 -5364 -7927 -2

《中国不同储粮生态区域储粮工艺研究》编委会

ZHONGGUO BUTONG CHULIANG SHENGTAI QUYU CHULIANG GONGYI YANJIU

BIANWEIHUI

主　编

刘新江

副主编

高素芬　郭道林　宋　伟　卞　科　兰盛斌

编委会成员

宋　伟　陶　诚　王若兰　白旭光　曹　毅

曾　伶　兰盛斌　张华昌　黎万武　付鹏程

王双林　严晓平　许胜伟　罗海军　刘　洋

主　审

靳祖训

前　言

20 世纪末，我国著名粮食储藏专家靳祖训教授在潜心研究、探索粮堆生态学、储粮生态学、储粮化学生态学、储粮数学生态学、储粮工程生态学基础上，在制定国家中长期农业领域发展战略时，率先提出了中国粮食储藏科学技术拓展战略和技术创新理念，创立了“储粮安全学”和“中国储粮生态系统理论体系”的框架。

“十五”国家重点科技攻关计划课题“不同储粮生态区域粮食储备配套技术优化研究与示范”的研究，是在储粮安全学和中国储粮生态系统理论指导下，由多个科研院所、院校的专家、学者与粮食仓储企业广大仓储职工紧密配合、协同攻关下共同完成的。这种合作，施之有道，行之有效，是全国粮食系统范围内合作研究的一个成功范例。这样的研究成果扎实可信，对我国粮食储藏科学技术的创新和发展具有十分重要的意义。这一系列研究成果中的很多内容，在国际储粮生态系统理论研究方面处于领先地位。

《中国不同储粮生态区域储粮工艺研究》一书，是该研究成果的全面总结，也是以此成果为指导建立的“不同储粮生态区域粮油储藏技术规范体系”的应用与发展。该书内容是我国几十位粮食储藏专家、学者和有关单位基层职工的辛勤劳动、智慧和汗水的结晶，从一个侧面客观、真实地反映了当代中国粮食储藏科技进步的轨迹和水平。该书的出版发行，为我国粮食储藏事业的发展与创新，特别是为多重储粮生态区域科学、合理储藏工艺研究提供了十分宝贵的资料。

衷心感谢国家粮食局、中国储备粮管理总公司相关领导以及课题承担单位领导对该项研究给予的关心与支持；感谢靳祖训、李隆术、杨浩然、梁权等专家对该项研究的悉心指导；感谢中储粮成都粮食储藏科学研究所对本书出版给予的特别支持。衷心祝愿我国储粮生态系统合作研究硕果累累，根深叶茂、本固枝荣。

《中国不同储粮生态区域储粮工艺研究》编委会

2014年3月于成都

目　录 MULU

第三章 不同储粮生态区域安全储粮经济运行方案 …… 227

第一章

中国储粮生态区域划分的依据及特点研究

第一节

中国储粮生态区域划分的依据及特点

一、概述

我国是世界产粮大国，也是粮食消费大国，做好粮食安全储藏工作意义重大，关系到军需民食，也关系到国家安全、社会稳定。粮食安全始终是关系我国国民经济发展、社会稳定和国家自立的全局性重大战略问题；粮食安全储藏也是我国前瞻性的科研课题之一。保障我国粮食安全，对保障国家根本利益以及实现全面建设小康社会的目标、构建社会主义和谐社会、推进社会主义新农村建设具有十分重要的意义。近年来，我国粮食自给率下降，粮食安全储藏问题日益凸显，加大科技支撑力度，减少粮食损耗，提升农业竞争力已经到了刻不容缓的时刻。

中国储粮生态区域①划分及储粮工艺模式特点研究是对我国三大粮食作物——水

①“储粮生态区域”在本书中简称为“生态区”或“生态区域”；“本区”则指储粮生态区域中的局部地区。以下不再赘述。

稻、小麦、玉米在不同储粮生态区域中的储藏条件、储粮地域规律以及在各生态区域中发展不同类型储粮技术的适宜程度的科学研究。本书作者根据中国不同储粮生态地域的气候特点、生态条件以及与储粮安全紧密相关的气候、温度、相对湿度等条件为主导因素，参考我国各地的农业耕作制度、风能、太阳能等区划和不同储粮生态区域的仓储害虫分布，经过十多年的调查研究、资料比对、反复研讨、培训示范、布点验证，确定了能够反映我国不同储粮生态区域的安全储粮模式，据此把我国储粮生态区域划分为七个，它们是：高寒干燥储粮生态区、低温干燥储粮生态区、低温高湿储粮生态区、中温干燥储粮生态区、中温高湿储粮生态区、中温低湿储粮生态区、高温高湿储粮生态区。这是首次根据中国国情对中国储粮生态区域进行的一次比较完整的划分，也是具有储粮意义的中国储粮生态区域较为完整的划分。

二、影响我国储粮生态区域划分因素的分析、指标选择和依据

长期以来，因自然气候、地理条件、农业耕作制度以及社会经济发展状况的不同，在我国的不同生态区域内形成了粮食储藏的地域性特点。储粮生态区域的划分将直接影响到我国各地储粮的安全，有利于今后我国各储粮生态区域能够因地制宜、扬长避短，采用最适宜的配套技术，充分发挥本地域自然、经济资源方面的优势，保证储粮绿色、安全，以取得最大的生态、社会和经济效益。

（一）影响我国储粮生态区域划分的因素

1. 气候条件及指标是划分我国储粮生态区域的基础

我国疆域广阔，各地区气候条件千差万别。由于粮食储藏受气候影响很大，因此，气候条件及指标对粮食安全储藏至关重要。在考虑储粮生态区域性特点时，应该把粮食

看成储藏的主体，重点考虑它与孳生于其上的虫霉、气候条件以及外界环境之间的关系。

根据粮食安全储藏规范的要求，在粮食储藏期间，应保证储粮品质基本稳定、无虫霉孳生、无污染。能否满足这一要求，取决于粮食收获季节和储粮期间的气候条件、粮食自身的温度、水分状况以及储藏环境的内部温度、湿度和空气成分等因素对粮食的影响。由此可见，要做到安全储粮，首先应该从外界气候条件，特别是气候的冷热、干湿程度等指标来考虑储粮生态区域的划分。

按照我国不同储粮生态区域性的气候特点，将我国划分为五个温度带和一个气候区域（图 1 -1）。其基础来自于我国气候区域的确立及划分。我国气候区划采用日平均气温稳定在≥10℃的积温天数、年干燥度、7 月平均气温等热量指标作为其划分温度带、干湿区、气候区的主要指标；用年降水量和干燥度等干湿指标将我国划分为湿润区、半湿润区、半干旱区和干旱区（图 1 -2）。这些均是对我国不同储粮生态区域特点进行分析的基础。

2. 积温和干燥度是我国储粮生态区划要考虑的主要指标

粮食及生于其上的虫霉均属生物，生物学上常用积温（活动积温：一般简称为积温，本书也称为“积温”或“活动积温”）来衡量其外界环境温度条件，故借用气象部门常用的指标：日平均气温稳定≥10℃的积温来衡量储粮的外界环境温度条件；干燥度是最大可能蒸发的降水比，能客观地反映出外界的干湿程度，故将其作为划分储粮区域的又一个主要指标。

3. 日平均气温≥10℃的积温是划分我国储粮生态区域的主要指标

（1）采用日平均气温≥10℃的积温能正确衡量我国不同储粮生态区的外界气温条件

其依据是：日平均气温≥10℃是我国大多数农作物呈现生长状态的温度。换言之，日平均气温稳定≥10℃的积温越大，农作物生长的外界热量条件就越好，要维持种子休眠就越困难。国内外一般把粮温（粮堆温度：本书又简称为“粮温”）。15℃作为低温保管的临界温度。采用日平均气温≥10℃的积温作为主要指标，在很大的程度上能够客观和正确地衡量我国不同储粮生态区域储粮外界的气温条件。

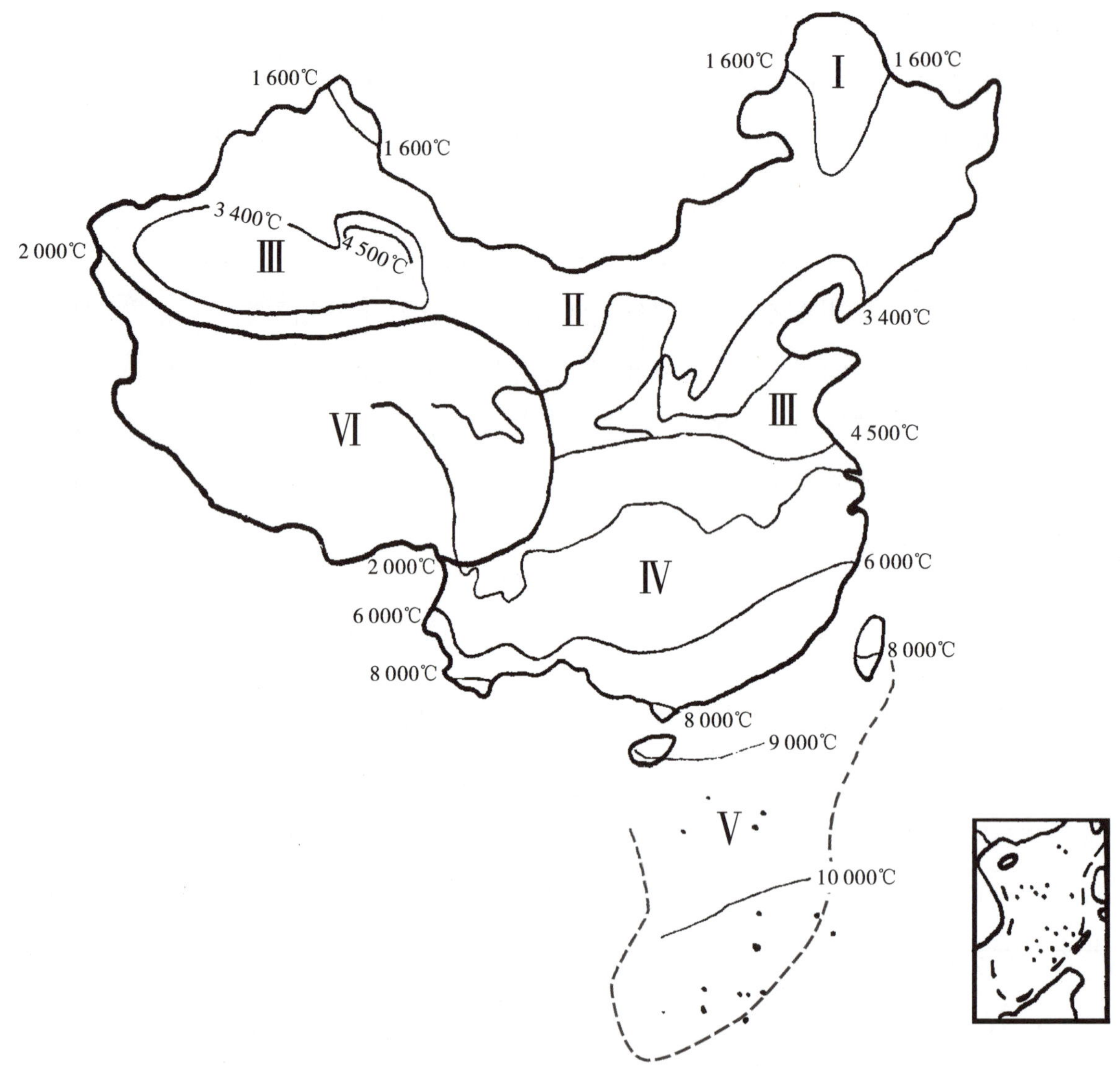

Ⅰ. 寒温带（＜1 600 ℃，＜100 d）
Ⅱ. 中温带（1 600～3 400 ℃，100～160 d）
Ⅲ. 暖温带（3 400 ℃～4 500 ℃，160～220 d）
Ⅳ. 亚热带（4 500 ℃～8 000 ℃，220～365 d）
Ⅴ. 热带（＞8 000 ℃，350～365 d）
Ⅵ. 青藏高原气候区（＜2 000 ℃，＜100 d）

图 1－1　我国储粮生态区域日平均气温≥10℃的积温带与温度带划分示意图

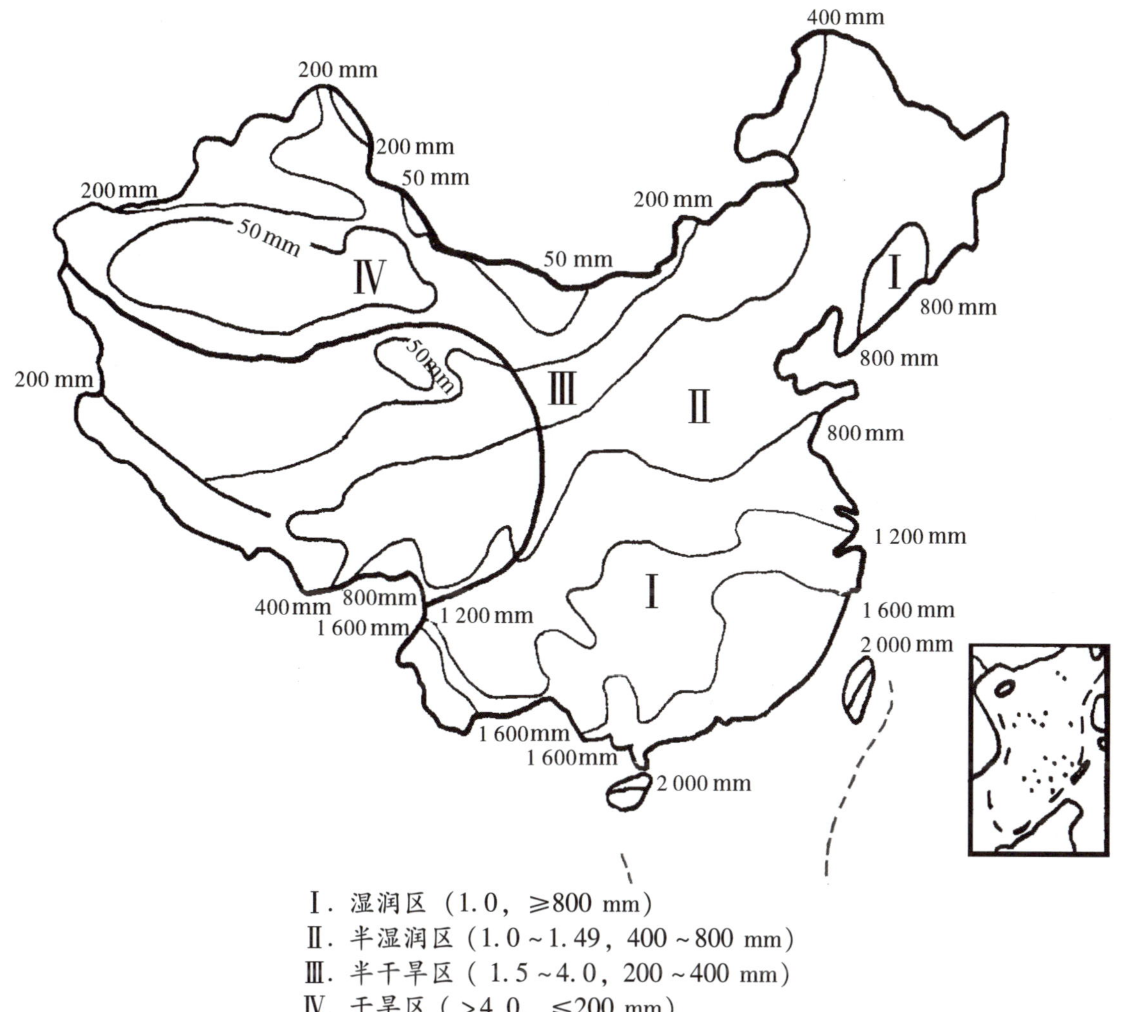

图 1－2　我国储粮生态区域干燥度（年降水量）与干湿区划分示意图

（2）采用日平均气温≥10℃的积温天数作为划分温度带的主要指标有较好的生物学意义

在我国，采用日平均气温≥10℃的积温天数等热量指标作为划分温度带的主要指标，不但能表现出气候的水平地带性，也反映了我国农作物的生长状态。如旱作与水作的界线同北亚热带与温带的界线一致；多熟制与一熟制的界线同中温带与南温带的界线比较一致；冬小麦的北界是南温带的北界等。

（3）采用日平均气温≥10℃的积温有利于粮食的安全储藏

纵观我国气候特点，在我国西北地区和秦岭、淮河以北地区，春季气温回升得极快。对冬季经过低温储藏的粮食，应以春季气温回升到10℃的日期为最后期限。在此之前，应采取晾晒、通风等措施，将粮食温度和水分降到安全标准，然后密封起来准备度夏。这样做较之以春季气温回升到15℃的日期作为采取上述措施的最后期限更为稳妥。

（4）采用日平均气温≥10℃积温与采用≥15℃积温的比对结果

在分别采用日平均气温≥10℃积温和采用≥15℃积温为主要指标来作为划分我国储粮生态区域研究的标准时，经过比对后发现：两者在华南区、青藏区、东北区、蒙新区的划分上都无太大出入；唯有华北区与西南区、华中区之间的界线有差别。

4. 耕作制度

作物耕作制度描述的是在不同地区种什么和怎么种的问题。其主要指标是熟制，其次是作物类型。作物的耕作制度及各地区相应的主要作物的种类、收获期、收获期的气候条件和作物的水分都是考虑储粮区域性特点时应注意的因素。

我国北纬38°以北地区（东北区、蒙新区、华北北部长城沿线）由于气温较低，致使农作物生长期短，大部分地区只能安排单季生产。这样必然产生秋收入库量大，时间集中，粮食含水量过高的瓶颈问题。

5. 仓储害虫分布

新中国成立以后，我国粮食部门先后进行过五次全国性仓储害虫①调查，对仓储害虫的全国性分布状况进行过一些研究。20世纪80年代赵养昌等编著的《中国仓库害虫区系调查》是迄今为止正式公布的、较为全面的仓储害虫调查论著。该论著将我国仓储害虫分布区域划分为东北区、华北区、内蒙古区、青藏区、新疆区、华中区、华南区七大区域。就各区虫种而言，依其不同的地理位置、气候条件，出现了一些具有明显耐寒、耐旱、耐湿及过渡特征的代表虫种；就仓储害虫发生代数及为害程度而言，在东半壁季风区，愈向南，仓储害虫发生代数就愈多，为害也就愈严重。经调研

①“仓储害虫”在本书中也称作“储粮害虫”“害虫”，全书同。

分析，除华南区以外，西南区尤其是四川盆地也是仓储害虫发生猖獗的地区。

6. 趋利避害，合理利用风能和太阳能

人可以发挥其主观能动性保证粮食的安全储藏，充分发挥地域自然资源优势实行绿色储粮，以取得最大的生态、社会和经济效益为当今世界所倡导。基于此，划分我国不同生态储粮区域时也参考了风能利用区划和太阳能利用区划。

除西南地区的四川盆地、贵州高原以及华中区的湖南和江西全部、湖北北部和广西北部为风能和太阳能都欠缺的地区外，其他地区都属于这两种自然能源的可利用区域。其中，高寒干燥储粮生态区（青藏区）、低温干燥储粮生态区（蒙新区）这两种自然能源极为丰富；东北辽河平原、华北北部地区太阳能极为丰富，属于风能可利用区，故在这些地区可利用这两种资源对粮食进行晾晒和自然通风；东北的松嫩平原、三江平原位于风能较丰富区，也可用于粮食风干。冬春季节利用这两种自然能源对粮食进行低温储藏、晾晒、通风，可作为迎接低温高湿储粮生态区（东北区）、西北区含水量过高入仓储粮挑战的应对之策。这些地区除直接将这两种自然能源用于粮食储藏以外，还建议将它们直接用作粮食干燥的能源。

蒙新干旱区及华北平原北部风沙较大，在考虑修建粮仓时也要注意这一问题。

（二）中国七个储粮生态区域的划分依据及范围

1. 从气候条件的角度来考虑储粮生态区域的划分

我国属大陆性季风气候，具有多样的温度带和干湿地区。总的趋势为东南沿海温和湿润，西北内陆严寒干旱。

从季风对我国影响的角度考虑，首先可将我国储粮生态区域划分为东半壁季风储粮生态区域和西半壁季风储粮生态区域。划分的界线基本等同于气象上划分季风区与非季风区的界线，也基本等同于干燥度 1.5 等值线。考虑到青藏高原的完整性，此界线从东北延伸到祁连山东段时，再顺着青藏高原东部边缘延伸下去。东半壁季风储粮生态区较之西半壁季风储粮生态区的特点为“湿”。

东半壁季风储粮区域纵跨五个温度带和两个湿度区，气候条件呈现纬度地带性。本区域以秦岭、淮河为界将此区再划分为两部分。以此为界基于以下两个原因：

①此界大体上是亚热带的北界，是1月份0 ℃的等温线，非常接近湿润区（干燥度≤1.0）的北界，是我国气象研究上公认的南、北分界线。

②从调研和文献资料得知，此界是我国东部季风区低温谷物干燥适宜区域和不适宜区域的南、北分界线。秦岭、淮河以北的东北地区为寒温带、中温带季风气候，突出特点为“冷和湿”；而华北地区为暖温带大陆性气候。由此可见，气候差异还是比较明显的，宜分别划入不同区域。东北区和华北区以积温3 200 ℃等值线为界（即鸭绿江边、抚顺、昌图、阜新、围场、张北、长城及乌鞘岭一线）。在秦岭、淮河以南，越向南去，雨热就越丰沛。南岭山地东西横卧，形成了一道气候屏障。以此为界，南岭以南地区长夏无冬；以北地区则不然，秋去春来。显然，可以南岭为界将秦岭以南地区划分开来，将南岭以南地区称为华南区。秦岭、淮河与南岭之间的地区位于亚热带、湿润区，但因东、西部地区（华中地区、西南地区）分别位于我国地形的第二和第三阶梯上，气候条件也还有差异。西南地区，是冬暖、春旱、夏热、秋雨，而华中地区则为冬冷、春雨、夏酷热有伏旱，秋季秋高气爽。故以海拔1 000 m等高线为界（鄂西山地到雪峰山一线）将西南地区与华中地区划分开来。

③西半壁季风储粮生态区域包括蒙新区和青藏区，蒙新区位于中温带（极少部分位于暖温带）干旱半干旱区域。日平均气温≥10 ℃的积温为1 600～3 400 ℃，干燥度≥1.5，本区域内的新疆地区极度干旱，年降水量≤200 mm，显著特点为“旱”；青藏高原由于其独特的地形、地貌及地理位置，空气稀薄、太阳辐射强，年活动积温在2 000 ℃以下，除雅鲁藏布江河谷地带为2 000～2 500 ℃以下，绝大部分地区年活动积温均在500 ℃以下，藏北高原甚至为0 ℃，其突出特征为“高寒”。综上所述，这两区应独立成区，区界应为昆仑山、阿尔金山到祁连山一线。

④由调研和文献资料得知，我国东部可以通过自然通风来降低粮食水分的区域为：东北区和华北区。用同样的方法进行计算，得到的结果是：蒙新区、青藏区（这两个区域也是自然通风的适宜区）。经过比较和计算得出，华北区、蒙新区以及干季的青藏

区同样是自然通风的最适宜地区。

2. 从耕作制度、仓储害虫区划等来考虑储粮生态区域划分

（1）以耕作制度作为划分储粮生态区的依据

耕作制度本身的主要指标是熟制，其次是作物类型，其区划比较复杂。就主要作物——麦类、水稻、玉米、大豆而言，它们各有其主要的种植分布区，并与其他作物一起构成不同的一熟到多熟制。我国小麦种植区域主要分布在东北（春小麦）、西北（冬春麦混交区）、华北和秦岭—淮河以北（冬小麦）；大麦（青稞）大面积连片种植在青藏高原和西北高寒地区。水稻主要分布在秦岭、淮河以南暖湿地区，有双季稻、单季稻、单季稻加麦类等为主的栽培形式。玉米主要分布在我国东北区—华北区—西南区这一条带上。大豆主要分布在东北区和黄海、淮海地区。各地区主要作物的种类、收获期、收获期的气象条件和作物的水分都是考虑储粮区域的重要因素。

（2）以仓储害虫区划作为划分储粮生态区的依据

赵养昌等对仓储害虫的自然区划进行了研究，将区划分为三级，它包括两个界、三个亚界及七个区，如表1－1所示。

表1－1　仓储害虫的自然区划

甲古北界	（甲）东北亚界	1. 东北区	2. 华北区	
	（乙）中亚亚界	3. 内蒙古区	4. 青藏区	5. 新疆区
乙东洋界	（甲）中印亚界	6. 华中区	7. 华南区	

就以上各区虫种而言，依其不同的地理位置、气候条件出现了一些具有明显耐寒、耐旱、耐湿以及过渡特征的代表种；就仓储害虫发生代数以及为害而言，在东半壁季风区，愈向南，仓储害虫发生代数就愈多，为害也就愈烈。

综上所述，我国粮食储藏主要存在的是“北水南虫”问题。根据各储粮生态区域物种、气候状况以及储粮的实际情况，我们将其划分为以下七个储粮生态区域（详见表1－2、图1－3）。

表 1－2　中国的七个

	气候				
	≥15 ℃有效积温/℃及天数/d	干燥度 年降水量/mm 年平均相对湿度/RH%	1 月平均气温 7 月平均气温	其他	评述
第一区 高寒干燥储粮生态区	0～178 ℃ 0～70 d	>4.0～1.0 <800 mm 28%～90%	0～－16 ℃ 6～18 ℃	空气稀薄，太阳辐射强，年辐射量可达到甚至超过 6 680 MJ/m²，日照时间长（年日照时数大多为 2 200～3 600 h）。但气温低，年平均气温 5 ℃以下，年较差小，日较差大。四季不明显，干湿季分明。干季为 11 月到翌年 4 月，空气极其干燥，降水极少且多大风；湿季为5～10 月	空气稀薄，太阳能、风能资源极为丰富，终年寒冷，干季干燥，使其成为储粮最适宜区域之一
第二区 低温干燥储粮生态区	626～2 280 ℃ 112～194 d	≥1.5 ≤400 mm 10%～90%	－8～－20 ℃ 18～24 ℃	冬季寒冷，年、日较差大，分别为 30～50 ℃、13～20 ℃；日照充足，太阳辐射强，仅次于青藏地区；多风沙天气，以冬春季为甚。内蒙古地区气候介于西北干旱气候与东北冷湿气候之间，冬季寒冷漫长达半年以上，只有 1～3 个月短促的夏季	全国最干旱地区。日照及太阳辐射仅次于青藏高原。冬春寒冷、风力大。是储粮最适宜区域
第三区 低温高湿储粮生态区	223～819 ℃ 55～122 d	1.25～1.5 400～1 000 mm 22%～93%	－12～－30 ℃ 19～24.5 ℃	冬季寒冷漫长，为6～8 个月，日平均气温 0℃以下有半年，夏季短促，为 1～2 个月，无酷热。相对湿度大，大部分地区在 65%～75%	全国最冷的地区。“冷、湿”是其地区的气候特点

储粮生态区域

主要作物		代表虫种	安全储粮措施
类别	评述		
青稞、 春小麦、 冬小麦		褐皮蠹、花斑皮蠹、黄蛛甲、褐蛛甲	1. 风干、晾晒，自然通风 2. 干季低温储藏 3. 雨季前密封
春小麦、 冬小麦、 玉米	高水分玉米收后常来不及降低水分	黑拟谷盗、褐毛皮蠹、花斑皮蠹、黄蛛甲、裸蛛甲、日本蛛甲、谷象（新疆）	1. 风干、晾晒、自然通风 2. 自然低温 3. 次年春末、夏初、风干晾晒和通风处理高水分粮 4. 夏初前施拌保护剂密封 5. 夏季注意新疆粮情可使用谷物冷却机降温
春小麦、 玉米、 大豆	同上	玉米象、锯谷盗、大谷盗、赤拟谷盗	1. 机械通风、烘干 2. 自然通风 3. 春末、夏初自然风干、晾晒和通风、烘干 4. 夏初前施拌保护剂密封

续表 1－2

	气候				
	≥15 ℃有效积温/℃及天数/d	干燥度 年降水量/mm 年平均相对湿度/RH%	1 月平均气温 7 月平均气温	其他	评述
中温干燥储粮生态区 第四区	828～1 690 ℃ 143～192 d	1.0～1.5 400～800 mm 13%～97%	0～－10 ℃ ＞24 ℃	夏季高温多雨。冬季寒冷干燥，日平均气温 0 ℃以下天数为 100 d	冬季寒冷干燥是其储粮的有利条件；夏季高温多雨是其不利条件
中温高湿储粮生态区 第五区	1 029～3 180 ℃ 121～253 d	＜1.0 800～1 600 mm 34%～98%	0～10 ℃ 28 ℃	冬温夏热，四季分明。5～9 月长江沿岸常出现 35℃以上的高温，降水集中春夏季节，占年降水量 70%，梅雨显著。7 月天气晴朗、高温少雨，形成"伏旱"。9～10 月秋高气爽，东南沿海此时有台风	春雨全国之最，夏热东半球之最。夏季高温、高湿不利于粮食储藏
中温低湿储粮生态区 第六区	724～1 307 ℃ 173～224 d	＜1.0 1 000 mm 左右 30%～98%	2～10 ℃ 18～28 ℃	冬暖夏热，除四川盆地外，夏季多数地方没有华中地区那样炎热。年较差小。降水较多，气候湿润，阴雨雾日多，日照少、湿度大。云南高原四季如春，干湿季分明	湿润月份为全国之首。风能和太阳能都欠缺的地区
高温高湿储粮生态区 第七区	1 566～3 476 ℃ 289～352 d	＜1.0 1 400 ～ 2 000 mm 35%～98%	10～26 ℃ 23～28 ℃	本区大部分地区夏天长 5～9 个月。本区长夏无冬，年平均气温 20～26℃，只有干湿季之分。降水多，相对湿度 80%左右。本区台风季节 5～11 月，台风雨占年降水的 10%～40%	全国热季最长，是我国最"湿、热"的地区，储粮难度最大

主要作物		代表虫种	储粮措施
类别	评述		
冬小麦、 玉米、 大豆	有虫害，余同上	玉米象、麦蛾、印度谷螟、锯谷盗、大谷盗、赤拟谷盗	1. 小麦收后夏季高温晾晒 2. 秋季晾晒、通风或烘干高水分玉米 3. 自然低温 4. 次年夏初前晾晒、通风未处理的高水分玉米 5. 夏初前施拌保护剂密封 6. 密切注意度夏粮的粮情
单、双季稻、冬小麦	高水分晚稻收后常来不及降水，有虫害	玉米象、谷蠹、麦蛾、锯谷盗、长角扁谷盗、大谷盗、赤拟谷盗	1. 收后机械通风、烘干 2. 冬春通风降温 3. 次年初至春末干燥高水分粮 4. 次年开春气温回升前拌保护剂密封 5. 仓储害虫多时熏蒸 6. 密切注意度夏粮的粮温和水分，及时采取措施
单季稻、冬小麦、玉米	虫害问题较严重	玉米象、谷蠹、麦蛾、锯谷盗、长角扁谷盗、大谷盗、赤拟谷盗	1. 收后机械通风、烘干 2. 仓储害虫多时熏蒸 3. 冬春通风降温 4. 次年开春气温回升前拌保护剂密封 5. 密切注意四川盆地度夏粮的粮温和水分，及时采取补救措施
双季稻、单季稻、冬小麦、玉米	虫害问题严重	米象、玉米象、谷蠹、麦蛾、锯谷盗、长角扁谷盗、大谷盗、赤拟谷盗	1. 收获后及时通风或采取高温干燥（晚稻收获后自然通风即可满足降水要求） 2. 有虫及时熏蒸 3. 干季及时通风降温、降水，然后拌保护剂密封 4. 使用降温、吸湿设备 5. 使用集降温、吸湿和熏蒸功能为一体的仓库

第一区　高寒干燥储粮生态区（主要分布在青藏区）
第二区　低温干燥储粮生态区（主要分布在蒙新区）
第三区　低温高湿储粮生态区（主要分布在东北区）
第四区　中温干燥储粮生态区（主要分布在华北区）
第五区　中温高湿储粮生态区（主要分布在华东区）
第六区　中温低湿储粮生态区（主要分布在西南区）
第七区　高温高湿储粮生态区（主要分布在华南区）

图 1－3　我国七个储粮生态区域划分示意图

比较日平均气温≥10 ℃和日平均气温≥15 ℃划分出的储粮生态区域，分析研究对安全储粮的实际影响，可以得出一个结论：在我国，以≥15 ℃划分出的储粮生态区域，对安全储粮更具有指导意义，也更为科学和实用。

粮食储藏措施Ⅰ

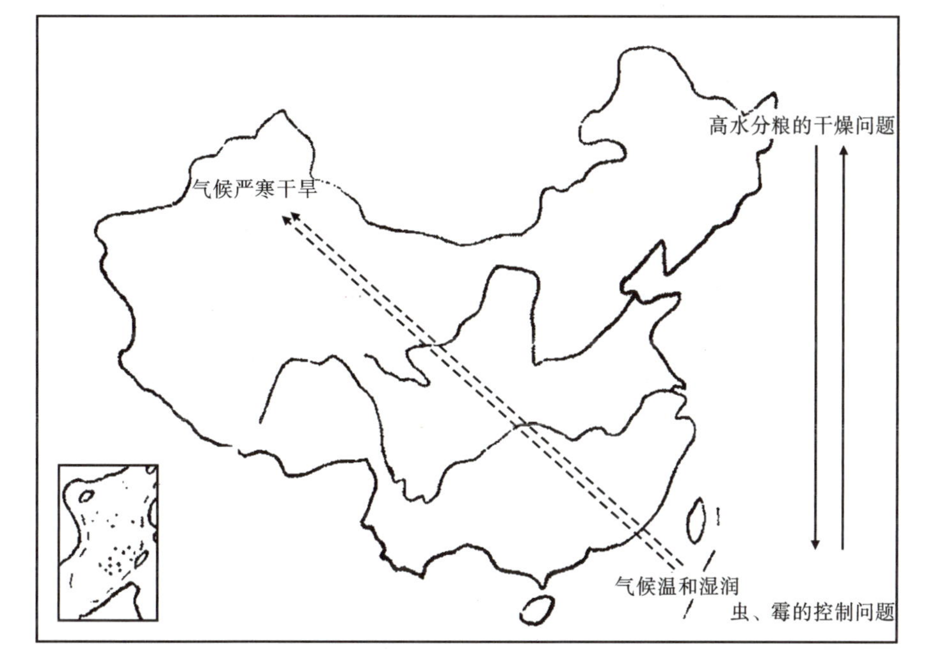

粮食储藏措施Ⅱ

其中：粮食储藏措施Ⅰ包括：

首选措施：

1. 自然低温
2. 自然通风
3. 晒干和风干
4. 使用谷物保护剂
5. 密封粮食（在高温季节来临之前）

备选措施：

1. 机械通风
2. 使用谷物冷却机
3. 高温谷物干燥
4. 熏蒸

粮食储藏措施Ⅱ包括：

1. 机械通风
2. 高温谷物干燥
3. 熏蒸，使用谷物保护剂
4. 使用谷物冷却机及其他降温、吸湿设备
5. 使用集降温、吸湿及熏蒸设施于一体的粮仓粮库

图 1－4　中国各地区粮食储藏中存在的主要问题及应采取的相应措施

针对我国粮食储藏中比较突出的“北水南虫”问题，各地区可以采取不同的储粮措施进行预防。自然低温储藏技术在干冷的地方比较适宜，与通风措施结合起来效果会更好些。如在蒙新区和华北区的冬春季节，青藏高原的干季，就是如此。对“冷、湿”地区可考虑冬春季低温冷藏；相对温暖的干燥季节（秋季、春末夏初）采用降水的方法，如东北区和华中区。对终年“热、湿”的地区提倡收获粮食后及时干燥、降温、隔热、隔湿以及防虫霉孳生。提倡在华南区和西南区修建一些低温粮仓、粮库，提倡使用集降温、吸湿功能于一体的储粮设备。中国各地区粮食储藏中存在的主要问题及应采取的相应措施见图 1 -4。

以上是我国七个储粮生态区域的划分依据。由于各生态区域内气候条件、耕作制度不尽相同，建议今后在储粮生态区域特点研究的基础上，在考虑和制定生态区域内某一地方的储粮措施时，再进一步分析其具体情况采取更为有效的储粮措施。

第二节

我国七个储粮生态区的范围及其特点

根据我国不同地域的气候特点、生态条件以及与储粮安全紧密相关的气温、相对湿度等气象条件为主导因素，参考农业耕作制度、风能、太阳能等区划和不同地区的仓储害虫分布，确定了能反映我国区域间气候特点、具有储粮意义的、不同储粮生态区域的储粮模式，据此把我国储粮生态区域划分为七个，它们是：

第一区　高寒干燥储粮区（主要分布在青藏区）；

第二区　低温干燥储粮区（主要分布在蒙新区）；

第三区　低温高湿储粮区（主要分布在东北区）；

第四区　中温干燥储粮区（主要分布在华北区）；

第五区　中温高湿储粮区（主要分布在华东区）；

第六区　中温低湿储粮区（主要分布在西南区）；

第七区　高温高湿储粮区（主要分布在华南区）。

从以上七个储粮生态区域的名称上，反映了我国不同储粮生态区域的气候特点、生态特征、物种耕作特点和粮食安全储藏的条件特点。以下，就我国七个储粮生态区域划分的研究作出基本阐述。

一、高寒干燥储粮生态区

1. 位置及范围

本生态区东起横断山脉，西抵昆仑山，南至喜马拉雅山脉，北达阿尔金山—祁连山北麓。总面积250余万 km^2，占我国陆地面积的1/4强。政区包括西藏自治区全部、青海省南部以及四川省、云南省、新疆维吾尔自治区和甘肃省的一部分地区（图1－5）。其

图1－5　高寒干燥储粮生态区范围示意图

域内不仅有纵横交错的河流，还有星罗棋布的湖泊；不仅有宽谷盆地，更有巍峨的高山。本生态区海拔大部在 4 000 m 以上。

2. 基本情况

本生态区年辐射量和日照时数这两项均居全国之冠。青藏地区海拔高，空气稀薄，气压低，氧气少，太阳辐射强。年辐射量可达到或超过 6 050 MJ/m^2；日照时间长。年日照时数大多在 2 200 ~ 3 600 h。

本生态区气温低，1 月份平均气温为 -16 ~ 0 ℃，7 月份平均气温为 6 ~ 18 ℃。年较差较小，日较差大，积温少。四季不明显，长冬无夏，春秋短暂。干湿季分明：干季为 11 月到翌年 4 月，空气极其干燥，降水极少且多大风；湿季为 5 ~ 10 月。在此期间降水量占年降水量的 90% 以上，多夜雨。

青藏高原温度和水分条件具有西北向东南变化的特征，高原西北部寒冷干燥，东南部温暖湿润。该区储粮应该充分利用青藏地区终年低温、干季干燥，太阳辐射强、风大的气候特点，尽量避免湿季（雨季）潮湿的天气对储粮的影响。

本生态区域人口稀少，主要分布在自然条件优越、历史悠久、工农业发达的雅鲁藏布江中游宽谷以及主要支流、三江流域、青海省东部的“三河”（湟水、黄河和大通河）流域。青海省东南部、川西北高原主要是牧区，藏北高原自然条件恶劣，气候严酷，人迹罕至。

本生态区域主要种植喜凉的青稞、春小麦和冬小麦。

青稞是青藏高原一年一熟的高寒河谷种植业的标志作物。

3. 本生态区域内几个重要储粮区的情况

（1）藏南谷地

本区属温暖半干旱气候。

本区的雅鲁藏布江谷地，海拔 3 000 ~ 4 000 m；最暖月平均气温为 10 ~ 15 ℃，年活动积温为 1 800 ~ 2 300 ℃，日平均气温 ≥10 ℃的天数为 50 ~ 150 d；年降水量少（300 ~ 400 mm），多夜雨（占 80%）。属温带半干旱气候。

本区是青藏高原南部最重要的农业区，一年一熟，种植小麦、青稞。

（2）川西藏东分割高原

本区属温暖半湿润气候，最暖月平均气温为 12～18℃，种植业分布在干旱河谷内，日平均气温≥10 ℃的天数在河谷为 120～180 d；年降水量 500 mm 以上，在三江流域年降水量约为 400 mm，为干旱河谷，可以种植小麦和青稞，以一年一熟为主。

（3）青东祁连山区①

本区三河流域为温凉半干旱气候，温度降水状况与藏南气候区大体相近，唯个别较低谷地的最暖月平均气温可达 18～21℃。主要种植春小麦、青稞和大麦等。

（4）柴达木盆地

本区属温凉极干旱气候，年降水量仅 20～100 mm，是青藏高原上最干旱的地区。夏季气温较高，常出现 30℃以上高温，最暖月平均气温达 16～18℃。利用较为丰富的热量和灌溉已形成了一些不太大的绿洲。以种植春小麦、青稞为主。

（5）喜马拉雅山南麓低山区

本区在海拔 2 100 m 或 2 500 m 以下谷地种植水稻、玉米和冬小麦，以水旱两熟或旱作两熟。在西藏墨脱和察隅等地水稻田集中分布。最暖月平均气温达 18～25 ℃，最冷月平均气温为 2～16 ℃。日平均气温≥10 ℃的天数超过 180 d，年降水量超过 1 000 mm，气候温暖而湿润，是青藏高原最湿润的区域。

4. 利用本生态区自然条件储粮和建仓

在青藏区，玉米和水稻 9～10 月收获，此时正值雨季尾声，可择机晾晒粮食以降低粮食水分；到 11 月份相对湿度陡降，开始进入干季，通过自然通风就可以达到粮食降水降温的目的；冬、春小麦 6～9 月收获，此时正值雨季，可利用本生态区日间太阳辐射强，降雨多在夜间的特点择机晾晒粮食，再行入库密闭；进入旱季后，通过自然或机械通风给粮食降水降温。次年 2～3 月温度回升，在 5 月雨季来临之前密封粮食。雨季要特别注意采取防夜雨的措施。对陈年发热和水分分层粮，一般采用通风措施也

①青东祁连山区为青海省东部湟水、黄河、大通河（俗称“三河流域”）以及祁连山区。

可以解决问题。柴达木盆地在夏季出现30℃以上高温时，要注意采取措施防护粮食。喜马拉雅山南麓低山区是青藏区中储粮难度最大的一个区，要注意粮食的降温、降水、防潮和隔热工作。

除自然通风以外，自然风干、摊晾、日晒、就仓就堆通风、冬季倒仓、翻扒粮食等都不失为充分利用青藏区气候特点储粮的好方法，应根据实际情况采用。

从上述几个重要储粮区的特点分析可知，青藏高原的主要农区多为干旱、半干旱气候；空气干燥、降水少，使高原上粮食作物的种子在收获晒干或风干后的含水量仅为8%～9%，比通常要求的小麦储藏安全水分标准12.5%还要低。加之气温低、气压低、缺氧的客观气候环境条件，大大减缓了种子自身的呼吸作用和陈化衰老过程，也极度限制了仓储害虫和微生物的活动，故而青藏高原是天然的粮食长期储备仓库。

藏南谷地、青东祁连山区、柴达木盆地位于青藏高原的季节性冻土区，建仓时要引起充分注意。在藏南谷地，喜马拉雅山南麓低山地、川西藏东分割高原修建粮仓时要解决防洪、防雷击、隔热、隔湿、防渗漏等问题。青东祁连山区要考虑保温、防风沙问题。在冬、春季节，粮仓面向盛行风向的外墙门窗尽可能不开或少开。要采取措施防止风沙吹入粮仓窗户。柴达木盆地在设计粮仓时要考虑隔热和防风沙设施。

二、低温干燥储粮生态区

1. 位置及范围

本生态区位于我国北部与西北部，深居内陆，面积约占国土总面积的29%。区内有高原，巍峨挺拔的高山和巨大的内陆盆地，高山上部有永久积雪和现代冰川。畜牧业在本生态区占有重要地位，山前绿洲农业和灌溉农业发达。政区包括新疆维吾尔自治区的全部，内蒙古自治区的大部分，宁夏回族自治区、陕西省、河北省、甘肃省的一部分地区（图1－6）。本生态区以国界线为西界和北界；东界从大兴安岭的根河河口开始，沿大兴安岭西麓向南延伸至阿尔金山附近，然后向东沿洮儿河谷地，跨越大

图 1－6 低温干燥储粮生态区范围示意图

兴安岭至乌兰浩特以东，再沿大兴安岭东麓南下，经突泉、扎鲁特、开鲁至奈曼；南界自昆仑山、祁连山北麓至乌鞘岭，北至长城、张北、沽源、围场、阜新。

2. 基本情况

本生态区冬季寒冷，1 月份月平均气温为 －20 ～ －8 ℃；夏季气温高，7 月份月平均气温为 18 ~ 24 ℃。新疆地区 7 月份平均气温为 25 ℃左右，极端高温 30 ~ 40 ℃。气温年较差、日较差大，分别为 30 ~ 50 ℃和 13 ~ 20 ℃。日照充足，太阳辐射强，新疆地区年日照时数为 2 700 ~ 3 500 h，年太阳总辐射量为 5 020 ~ 7 110 MJ/m^2，仅次于青藏地区；降水少，年降水量 <400 mm。个别地区极度干旱，年降水量在 100 mm 左右，空气干燥，相对湿度仅为 40% ~ 50%，是我国最干旱的地区。风多，风力强，以冬春

季节为甚，常形成风沙天气。内蒙古地处我国北部，介于西北干旱气候与东北冷湿气候之间，属于过渡气候类型。除了以上气候的共性之外，新疆地区还有其特殊之处，该区冬季寒冷漫长，时间长达半年以上；夏季温热短促，只有1~3个月；年降水量少，仅为200~400 mm，多集中于夏季，冬春干旱。

综上所述，本生态区为半干旱、干旱气候，降水量由本区东界年降水量400 mm向西锐减至几十毫米，呈现出经向差异。本生态区主要种植旱作作物，如小麦、玉米等。在有灌溉条件的地区，如河套平原，有部分水稻种植。

低温干燥储粮生态区因其气候极其干旱以及相对较低的粮食水分，使其成为我国自然储藏粮食最为有利的区域之一。

3. 本生态区域内几个重要储粮区的情况

（1）塔里木盆地—哈密盆地

本区包括新疆维吾尔自治区南部、东部的塔里木盆地、吐鲁番盆地、哈密盆地及其边缘绿洲带和甘肃西北部的安西、敦煌地区。

本区气候的干热特点十分突出。春季增温很快，夏季酷热，全年有80~150 d的日最高气温高于30 ℃。在吐鲁番盆地，6、7、8月三个月平均气温都高于30 ℃，并有100 d以上日最高气温高于35 ℃。本区年平均相对湿度仅为40%~50%。区内浮尘、风沙天气较多。塔里木盆地及周边区域全年出现沙尘暴天数达20 d以上。作物为小麦、玉米等。一年一熟或两年三熟。

（2）阿尔泰山与准噶尔西部山地

本区位于准噶尔盆地北部和西部，既有高大的阿尔泰山，也有低矮的山地。在山麓地带或山地之间有河流谷地与山间盆地分布，既有牧业也有农业，河流谷地上的塔城是本区重要的“绿洲”；冬季最冷气温为-14~-11 ℃；日平均气温≥10 ℃的积温为2 800~2 900 ℃；年降水量为250~300 mm，种植春小麦。

（3）准噶尔盆地区

本区位于阿尔泰山和天山之间，大部分为沙漠、荒漠。盆地边缘有高山，雪水灌溉处形成绿洲；盆地南缘的绿洲属灌溉农业地区，盆地北缘的绿洲以牧业为主。日平均气温≥10 ℃的天数为140～170 d，活动积温为2 800～3 800 ℃，最热月平均气温多为20～25 ℃，年降水量多为100～200 mm，作物一年一熟。多种植喜凉的小麦、玉米等。本区是新疆重要的粮食生产基地。

（4）天山区

区内地形复杂，有高山、河谷和山间盆地。河谷平原中有少量农业，以喜凉作物为主。伊犁河谷地以及焉耆盆地是本区最重要的农业区。伊犁河谷地1月平均气温为－7.3 ℃；夏季气温为20～24℃，日平均气温≥10 ℃的积温为2 900～2 500 ℃；降水较多，可达300～500 mm。盛产小麦、玉米。焉耆盆地冬季寒冷，1月份平均气温为－12 ℃左右；年降水量只有50～80 mm。种植春小麦。

（5）河套—河西走廊区

本区包括河西走廊以及河套平原。河西走廊指敦煌、安西以东直至乌鞘岭的狭长走廊范围；河套平原包括银川平原、后套平原和前套平原，属本区重要的灌溉农业区，是西北重要的粮食生产基地。

河西走廊日平均气温≥10 ℃的积温为2 500～3 500 ℃，故绿洲农业发达。最热月平均气温为20～23 ℃；干旱少雨，年降水量为100～200 mm；白天温度高，日差较大。本区是冬、春小麦混作区。

河套平原1月平均气温－8 ℃左右，7月平均气温20～25 ℃；日平均气温≥10 ℃的积温为2 400～3 400 ℃。银川平原及后套平原年降水量为130～220 mm；前套平原年降水量为350～450 mm。银川平原可稻麦两熟；前套平原和后套平原多种植小麦、玉米等，一年一熟。

（6）西辽河冲积平原区

本区位于西辽河上游，灌溉农业发达，是内蒙古的商品粮基地。年降水量为350～400mm。空气干燥，相对湿度＜40%。春旱，夏天温度高，多雨。多种植谷子、玉米等，一年一熟。风力资源丰富。

4. 利用本生态区自然条件储粮和建仓

在本生态区，新疆地区种植的玉米于9～10月收获，收获后可通过自然通风，水分均可达到安全水分标准。小麦在 7 月收获，可利用蒙新区夏季充分的日照以及干燥的空气来晾晒粮食，8 月以后可利用自然干燥的空气对粮食进行通风和降温。冬春季节利用自然低温储藏。3 月底以前密闭粮仓，可保证安全度夏。本生态区冬、春季节通风及晾晒粮食要避免浮尘和风沙天气。高温粮可以利用夏季日差较大的特点，在夜晚开窗换气或通风，有条件的粮仓可利用降温设备（如谷物冷却机）以降低粮食温度。对塔里木盆地—哈密盆地的度夏粮食一定要格外注意保护。

内蒙古地区冬长夏短，应充分利用本区特征进行自然低温储藏。本生态区的高水分玉米和水稻收获后应及时通过就堆、就仓通风、自然通风、晾晒、自然风干等措施进行干燥降水。如处理不完，经过冬季低温保管后，在夏初前一定要用同样的方法对储粮进行处理。对陈年发热粮及水分分层粮可采取通风措施及时处理。

本生态区气候极其干旱，冬、春季节极其干冷，是进行自然低温储藏的最好时机。本生态区储粮以相对较低的粮食水分成为我国储粮最为有利的区域之一。

新疆北部地区在建仓时要特别注意夏季隔热和通风降温的问题。东疆、河西走廊和河套平原风沙严重，建筑粮仓时应采取严密的防御措施，门外设计不仅要力避盛行风向，且要防风沙堵塞。塔里木盆地—哈密盆地建仓时除要注意夏季隔热和通风降温外，也要注意防御风沙；吐鲁番盆地建仓时尤其要注意这一点，应隔绝室外热空气和太阳辐射侵入粮仓。

三、低温高湿储粮生态区

1. 位置及范围

本生态区位于我国的东北部，以北、东、东南三界为国界，是我国位置最北、纬度最高的一个区。本生态区的西界就是蒙新区的东界；南界自奈曼至彰武、康平、昌图、铁岭、抚顺、宽甸至鸭绿江边，相当于日平均气温≥10 ℃积温为 3 200 ℃的等值线。政区包括黑龙江、吉林两省的全部，辽宁省的北部、内蒙古自治区大兴安岭的东部区域(图 1－7)。

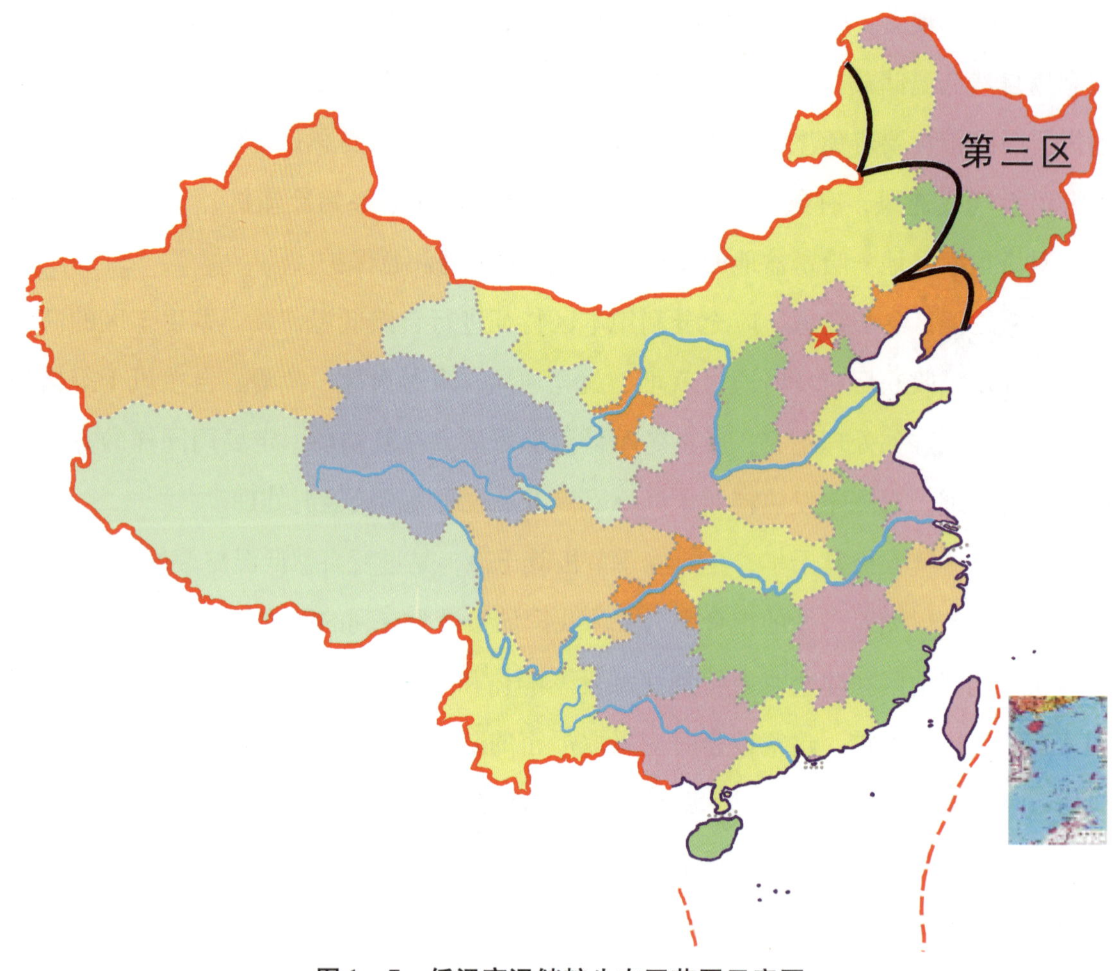

图 1－7　低温高湿储粮生态区范围示意图

2. 基本情况

本生态区属寒温带、中温带季风气候，具有寒冷、潮湿的特征。本生态区冬季寒冷漫长，冬季长 6～8 个月，日平均气温 0 ℃以下有半年。1 月平均气温为 －30～－12 ℃，土地长期冻结，冰雪覆盖 3～4 个月以上；夏季温暖短促。虽然夏季只有一两个月，但日照时间长达 2 500～2 800 h；7 月平均气温大都在 20 ℃以上，日平均气温 ≥10 ℃的积温天数在北部为 95 d，南部、东部为 95～170 d；降水较为丰沛，年降水量为 400～1 000 mm，6～9 月是东北地区的雨季，冬、春季节降水很少，相对湿度大，大部分地区为 65%～75%。本生态区冻土广泛分布，季节冻土主要分布在松辽平原和东部山地；多年冻土主要分布在大、小兴安岭地区，面积约 38 万 hm^2。沼泽主要分布在三江平原和松花江、嫩江平原交会的低洼地区以及大、小兴安岭，面积约 170 万 hm^2。

作物一年一熟，大豆是本区的特产作物。玉米、春小麦、水稻在本生态区适宜生长，有生产优势，故本生态区是我国重要的商品粮基地。

3. 本生态区域内几个重要储粮区的情况

本生态区包括大兴安岭北部山地、东北平原以及东北东部山地。

（1）东北平原

本区范围包括松嫩平原及其周围的松辽分水岭以及西辽河平原。气候为中温带半湿润气候，日平均气温≥10 ℃的积温为 2 800 ~ 3 200 ℃，日平均气温≥10 ℃的天数为 155 ~ 170 d。冬季寒冷、夏季凉爽，年降水量为 500 ~ 750 mm，大风多。在松花江与嫩江平原交会处有沼泽分布。适宜种植玉米、春小麦、大豆、高粱、水稻、甜菜等，一年一熟。本区是我国重要的商品粮生产基地。

（2）东部山地

本区包括小兴安岭、长白山地和三江平原。本区气候温湿，属中温带、温湿气候。7、8 月平均气温在 20 ~ 24℃。1 月平均气温为 -28 ~ -14 ℃，活动积温为2 000 ~ 3 200 ℃，年降水量较高，一般在 500 ~ 800 mm。一年一熟。种植春小麦、玉米、大豆、水稻。三江平原低洼处有沼泽分布。

（3）大兴安岭北部山区

本区属寒温带湿润气候区，冬季严寒，夏季温凉、湿润，最热月平均气温 <16 ℃，最冷月平均气温 < -30 ℃。本区以林业为主。一年一熟。种植马铃薯、春小麦、燕麦等。

4. 利用本生态区自然条件储粮和建仓

应充分利用本生态区寒冷的气候特征，避免潮湿气候特征的影响。

根据本生态区冬季长且寒冷的特点，决定了该区域应以自然低温为主要措施进行储粮，这对于粮食特别是来不及干燥的高水分粮尤其重要。本生态区 2 ~ 6 月气候相对温暖、干燥、多风，经过冬季低温储存的粮食可在此时进行自然风干、晾晒，有通风设施的可进行机械通风降水；4 月以前储粮加拌保护剂再进行密闭，可与外界隔离，安全度夏。对陈粮则可采用通风的方法解决水分分层和发热问题。

由调研资料可知，东北区比较适合采用低温干燥的储粮方法，即在粮食收获后、冬季来临前，用自然通风的方法降温降水。值得注意的是东北区现有不少烘干设施，也为本生态区为数不少的高水分粮的降水干燥提供了又一条途径。

本生态区建仓要注意隔湿、隔热和通风，还要考虑所在区域的冻土情况。北纬 50°以北为永久冻土区，应注意隔绝房屋热量下传，以免引起冻土融化发生塌陷。

四、中温干燥储粮生态区

1. 位置及范围

本生态区西邻青藏高原，东濒黄海、渤海，北面与东北区及蒙新区相接，以秦岭北麓、伏牛山、淮河为界与华中区相接，此界相当于活动积温 4 500 ℃或 1 月平均气温 0 ℃、年降水量 800 mm 等值线。包括山西省、山东省、北京市、天津市的全部，河南省、河北省大部，陕西省秦岭以北以及辽宁省、宁夏回族自治区、甘肃省、安徽省、江苏省的一部分地区（图 1－8）。

2. 基本情况

本生态区气候类型为暖温带、半湿润半干旱的大陆性季风气候。日平均气温≥10 ℃的积温为 3 200～4 500 ℃，日平均气温≥10 ℃的持续天数为 140～200 d。本生态区夏季高温多雨，日平均气温＞20 ℃时间一般持续 3 个月以上，7 月平均气温大部分在 24 ℃以上，渭河谷地和华北平原南部极端高温在 40 ℃以上，是本生态区的高温中心。日平均气温超过 35 ℃的天数，渭河谷地达 39 d，华北平原南部为 20～25 d。本生态区年降水量为 400～800 mm，降水集中于夏季，多暴雨。春旱普遍且严重。冬季

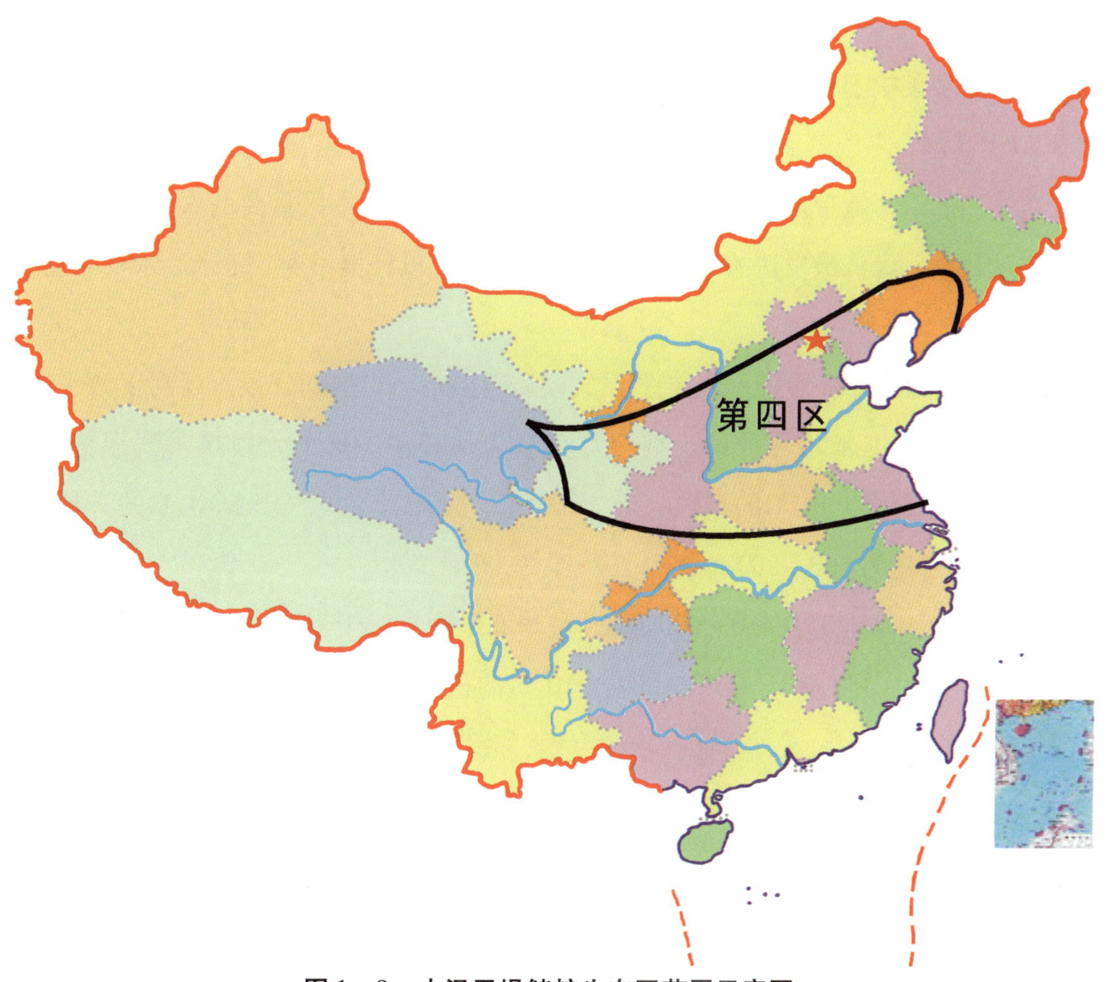

图 1－8　中温干燥储粮生态区范围示意图

寒冷、干燥。1 月份平均气温为 －10 ~ 0 ℃，极端低温 －30 ℃以下。日平均气温 0℃以下的时间，华北平原、山东半岛为 3 个月，而黄土高原、冀北山地长达 3 个半月。本生态区春季气温回升快，3 月以后每 5 天左右，日平均气温升高 1 ℃，4 月气温超过 10 ℃，5 月猛增到 20 ℃。

本生态区农作物两年三熟或一年两熟。多种植小麦、玉米、旱粮、水稻。

3. 本生态区域内几个重要储粮区的情况

（1）辽东半岛、山东低山丘陵

本区位于华北地区最东部，包括辽东半岛、山东半岛和鲁中南山地，毗邻海洋，属于暖温带湿润、半湿润季风气候。≤10 ℃的积温为 4 500 ~ 3 200 ℃，日平均气温

≥10 ℃的天数为 170 ~ 200 d。年降水量为 650 ~ 950 mm，比华北其他地区多 200 mm 以上，降水多集中于夏季。气温年较差小，夏季气温比同纬度的华北各地稍低，没有 35 ℃以上高温；冬季气温较华北各地稍高。本区山地丘陵多，平原少。平原主要分布在辽东半岛的沿海地带以及山东的地堑谷地，这些平原是本区重要的农业区，也是人口密集度最大、经济最发达的地区。作物一年两熟，以种植小麦、玉米、水稻为主。

（2）华北平原

本区包括辽河下游平原和黄淮平原气候属暖温带、半湿润气候。辽河下游平原气候温湿，水稻、玉米均可种植。最冷月气温为 - 13 ~ - 9 ℃，最热月气温为 24 ~ 25 ℃，日平均气温≥10 ℃的积温大于 3 200 ℃，期间日平均气温≥10 ℃的天数大于 170 d。年降水量为 500 ~ 800 mm。

海河平原年降水量为 450 ~ 600 mm，是华北平原气候干旱的中心部分。7 ~ 8 月雨量集中，为 250 ~ 350 mm，日平均气温≥10 ℃的积温为 4 300 ~ 4 600 ℃。作物为两年三熟或一年两熟。

黄淮平原气候偏暖，降水较多，且多梅雨，常有洪涝灾害。作物一年两熟。

（3）冀北地区

本区位于华北平原和内蒙古高原之间。山地中有一些重要的农耕区，如怀来、宣化、承德、大同盆地等。从东南到西北，气候从半湿润向半干旱过渡；年降水量为 400 ~ 450 mm，最热月气温为 21 ~ 24 ℃。作物一年一熟，种植春小麦、玉米等。

（4）黄土高原

本区包括陇中盆地，陇东、陕北黄土高原，山西高原和渭河平原。这些地区除黄土高原东南部、渭河平原谷地年降水量可达 600 mm，属半湿润地区外，其余大部分地区年降水量多在 450 mm，属半干旱地区。关中、晋南、豫西是本区重要的农业基地。

陇中盆地，位于六盘山以西，海拔较高，气候较冷，日平均气温≥10 ℃的积温只有 2 500 ℃左右，年降水量为 400 mm 左右，只能一年一熟旱作。

陇东、陕北黄土高原，位于吕梁山与六盘山之间，海拔较高，日平均气温≥10 ℃的积温不到3 000 ℃，只能一年一熟旱作。谷底地区温度稍高，但面积很小，年降水量只有 400 ~ 500 mm，集中于夏秋季节，多暴雨。

山西省的高原地区位于吕梁山与太行山之间，1 月平均气温为 -10 ~ -6 ℃，7 月平均气温为 22 ~ 24 ℃，日平均气温≥10 ℃的积温为 3 000 ~ 3 800 ℃，年降水量为 400 ~ 630 mm。农作主要种植玉米、谷子、冬小麦等，为一熟区。汾河平原是山西省的粮棉基地。

渭河平原与汾河平原相接，土地肥沃，灌溉发达。年降水量为 600 ~ 700 mm，最冷月平均气温 > -2 ℃，日平均气温≥10 ℃的积温为 3 500 ~ 4 500 ℃。作物一年两熟，是重要的农业基地，盛产小麦、棉花。

4. 利用本生态区自然条件储粮和建仓

冬季较长、寒冷干燥和夏季高温多雨的气候状况决定了本生态区应考虑对存储的粮食，尤其是对高水分粮进行低温储藏、通风干燥采用的储粮技术，另外应避免夏季高温对储粮的影响。

本生态区 6 月收获小麦，对小麦进行及时的自然通风便可降至安全水分；还可以利用夏季高温择机晾晒小麦以降水杀虫，然后入仓。玉米 9 月收获，可趁冬季来临之前通过自然风干、晾晒以及就堆、就仓自然通风，使其水分降至或接近安全水分标准。小麦、玉米冬季经自然低温储藏后，对收获后来不及降低水分的高水分粮也可利用春季温暖干燥的天气风干、晾晒、通风。当次年 4 月气温急剧回升前，对虫粮熏蒸，无虫粮施拌谷物保护剂，然后密封度夏。对度夏粮尤其是渭河谷地以及华北平原南部的度夏粮要密切注意粮温状况，及时通风降温或使用降温设备（如谷物冷却机），陈粮还要密切注意春季气温回升以及秋冬季节转换时节气温对粮食的影响，做到及时通风。

本生态区东部，尤其是渭河谷地及华北平原南部建仓时特别要考虑隔热、夏季通风、降温和夏季防暴雨的问题。本生态区西部，尤其是黄土高原西北部，长城沿线地区建仓时还要考虑防治风沙。

五、中温高湿储粮生态区

1. 位置及范围

本生态区位于秦岭—淮河与南岭之间。东及于海；西界以武当山、巫山、武陵山、雪峰山等海拔1 000 m等高线与西南地区为界；北界大致以西峡、方城、淮河，苏北灌溉总渠一线与华北为界；南界以福清、永春、华安、河源、怀集、梧州、平南、忻城

图1－9　中温高湿储粮生态区范围示意图

一线与华南相接，此线大致相当于1月份平均气温10～12 ℃、活动积温为6 500 ℃的等值线。

本生态区绝大部分属长江中、下游流域，还包括南岭山地、江南丘陵、闽浙丘陵等。行政区包括浙江省、江西省、上海市的全部以及湖南省、湖北省、河南省、安徽省、江苏省、福建省、广西壮族自治区、广东省、四川省、重庆市的一部分地区（见图1－9）。

2. 基本情况

本生态区属亚热带湿润的季风气候。

本生态区冬季温暖，夏季炎热，四季分明。1月平均气温为0～10℃（或0～12℃），寒潮南下，会引起气温大幅下降；夏季普遍高温，7月平均气温28 ℃左右，5～9月常出现高出35 ℃的酷热天气，极端高温可达40 ℃以上。长江沿岸的洞庭湖盆地、鄱阳湖盆地和沿江河谷平原形成高温中心。本生态区春秋季温暖，4月和10月平均气温为16～21 ℃，秋季气温略高于春季气温，冬季和夏季时间大致相等，为4个月。年降水量为800～1 600 mm，是华北地区的1～2倍。降水的季节分配以春夏多雨，占年降水量的70%，秋雨次之，占年降水量的20%～30%，冬雨少，年降水量大于10%。本生态区是全国春雨量最为丰沛的地区；梅雨显著，历时1个月左右，约占全年降水量的40%，是华中地区降水的重要组成部分。7月份天气晴朗、高温少雨，形成“伏旱”；9、10月间秋高气爽，东南沿海此时有台风暴雨。

本生态区日平均气温≥10 ℃的积温为4 500～6 500 ℃，热量资源丰富。丰富的热量及夏季高温高湿，有利于水稻的生长。在熟制上，区内北部稻、麦两熟；中部种两季稻；南部种双季稻或种油菜和双季稻，一年可三熟。

3. 本生态区域内几个重要储粮区的情况

（1）淮阳山地

本区位于华中地区北部，包括南阳盆地、桐柏山、大洪山、大别山和张八岭。因其纬度偏北，故气温较低，降水较少。1月平均气温为1～3 ℃，7月平均气温为

27.5 ~28.5 ℃，日平均气温≥10 ℃的积温为 4 500 ~ 5 000 ℃，年降水量为 800 ~ 1 000 mm。稻麦一年两熟。本区是华中地区中冬季较长，气温偏低的一个地区，可进行低温储藏。

（2）长江中下游平原

本区由长江及其支流冲击而成。自西而东包括江汉平原、洞庭湖平原、鄱阳湖平原、苏皖沿江平原以及长江三角洲平原。1 月平均气温为 0 ~5.5 ℃，7 月平均气温为 27 ~28 ℃，>35 ℃高温天数为 10 ~20 d，主要出现在 7、8 月份伏旱季节；>10 ℃的初、终期出现在 3 月底和 10 月中旬，日平均气温≥10 ℃的积温为 4 500 ~5 500 ℃。年降水量为 1 000 ~1 400 mm，多集中于春夏两季。本区洪涝灾害多，尤以两湖平原最为严重，其次是长江三角洲平原。本区农业发达，是我国重要的粮食生产基地，西部的两湖平原与东部长江三角洲平原属于北亚热带，故成为稻麦两熟或麦棉两熟地区；中部的鄱阳湖平原属中亚热带，故可采用双季稻三熟制。

本区可考虑在冬季进行低温储藏。3 月底前将粮温和水分降至安全水平后密封；夏季酷热，待粮温上升至 20℃左右时，可使用谷物冷却机对粮食进行降温。本区降雨天数多，频次大，夏季持续的酷热使储粮难度加大，在长江以南更是如此。

（3）江南丘陵

江南丘陵介于长江中下游平原与南岭、雪峰山与武夷山、仙霞岭之间，低山丘陵与平原相间分布。比较重要的有湘江谷地、赣江谷地和钱塘江谷地等。为中亚热带气候。夏季高温，7 月平均气温为 28 ~29 ℃，冬季不太冷，1 月平均气温为 4 ~7 ℃，日平均气温≥10 ℃的积温为 5 500 ~6 500 ℃。年降水量为 1 200 ~1 900 mm，主要集中于 5 ~9 月。其中春雨比率最高，盛夏 7 ~8 月常有伏旱，作物一年两熟，为我国重要的双季稻产区。

本区冬季不冷，春雨连绵，梅雨显著；夏季高温多雨，使得储粮难度加大。

（4）南岭山地

南岭山地以南岭山脉为主体，是华中、华南地区之间的气候屏障。本区气候较为暖热，7 月平均气温为 23 ~29 ℃，1 月平均气温为 5 ~ 10 ℃，日平均气温≥10 ℃的积温为 5 300 ~6 500 ℃，年降水量为 1 400 ~2 000 mm。熟制为双季稻连作的三熟制。

（5）闽浙丘陵

本区位于武夷山、仙霞岭、会稽山一线以东的东南沿海。本区沿海平原与山间盆地狭小而分散，约占总面积的5%。

冬季气温与南岭山地相近似。1 月平均气温为 5 ~ 10 ℃，大部分地区为 6 ~ 8 ℃。夏季炎热不及江南丘陵，7 月份平均气温在 29 ℃以下，日平均气温≥10 ℃的积温为 5 000 ~ 6 500 ℃。年降水量为 1 400 ~ 1 900 mm，5 ~ 6 月的梅雨和 8 ~ 9 月的台风暴雨都很显著。本区汛期长，一般在 3 ~ 9 月，作物一年两至三熟。

4. 利用本生态区自然条件储粮和建仓

本生态区降水量增大的时间集中于春夏季节，是春雨最为丰沛的地区，梅雨明显。冬雨相比较也较多，加之本生态区降雨天数多，降雨频率较大，夏季常出现持续高温，使得储粮难度较大，烘干以及通风降水设施都应跟上。值得注意的是，储粮自然通风在本生态区效果已不明显，如通风，要采用空气辅助加热设施，使气流升温 2 ~ 5℃。从储粮措施来看，应该在新粮收获后及时降水并施以冬季低温控制，次年春至夏初对来不及干燥的粮食及时干燥，再拌以保护剂密封度夏。对陈粮和度夏粮设法降低粮温，同时降低储粮水分。

本生态区一般在 5 月收获小麦，7 月收获早稻，10 月收获晚稻。小麦收获正值雨季，可考虑采取烘干措施或用机械通风干燥，然后度夏。早稻和晚稻收获后可利用伏旱及秋高气爽的气候条件择机晾晒，风干、烘干或通过就堆、就仓、通风技术来进行干燥。南昌、福州及长沙地区比较特殊，南昌、福州地区 7 ~ 10 月的气候允许储粮自然通风降水，故这两个地区水稻收获后可以采用上述方法来干燥。长沙早稻 6 月收获，也可利用自然通风降水储藏。华中地区冬季可利用自然低温储藏措施来保管粮食，对还未来得及降水的粮食，在春季至夏初一定要设法用烘干及通风的方法降低粮食水分，然后加拌保护剂密闭度夏。注意夏季高温时节对度夏粮一定要及时降温，可采用谷物冷却机来达到安全储粮目的。

本生态区建仓时还要结合考虑由于夏季时间较长出现高温的问题，同时还应考虑预防暴雨突袭的设施设备，这对长江沿岸洞庭湖盆地、鄱阳湖盆地和苏皖沿江平原尤其重要。沿海地区要注意台风、高海潮等对储粮的危害和影响。

六、中温低湿储粮生态区

1. 位置及范围

本生态区位于华东区、华南区和青藏区之间。西南部毗邻缅甸；以秦岭为北界，大致相当于1月平均气温0 ℃等温线，活动积温4 500 ℃等值线；东界为华中区的西界；南界从广西壮族自治区的忻城开始，沿贵州省百色、那坡、到云南省文山、开远、景东、潞西北部、梁河至尖高山一线，大致相当于1月份平均气温10 ℃等温线，活动积温6 000 ℃等值线。西界从甘肃省武都向南经四川省龙门山、邛崃山、夹金山、大雪山、锦屏山，再向西行经四川省木里、云南省香格里拉（原中甸）、贡山抵国界线，大抵相当于等高3 000 m线，3 000 m线以西为青藏高原。行政区包括贵州省的全部，云南省除景宏和普洱（原思茅）以外的大部地区以及四川省、重庆市、陕西省、甘肃省、河南省、湖北省、湖南省、广西壮族自治区的一小部分地区（图1－10）。

2. 基本情况

中温低湿储粮生态区属亚热带高原盆地气候。

本生态区冬季暖和夏季炎热，春季气温略高于秋季。1月平均气温为2～10 ℃，比同纬度的华中地区要高，极端低温也多在7 ℃以上。夏季7月平均气温为18～28 ℃，除四川盆地外，多数地区没有华中地区那样炎热。气温的年较差较小，除重庆气温年较差约在21 ℃以外，多数地方气温年较差在20 ℃以下（华中地区>20 ℃）；本生态区日平均气温≥10 ℃的积温大多为4 500～6 000 ℃。西南地区降水丰沛，气候湿润，由于本生态区大部位于我国降水天数最多的区域内，发生暴雨的频次也较大；本生态区年降水量为1 000 mm左右，雨量分配的季节特点为“夏雨冬干，秋湿春旱”。夏季3个月的降水量占全年降水量的40%～70%，秋雨为全年降水量的20%～30%。

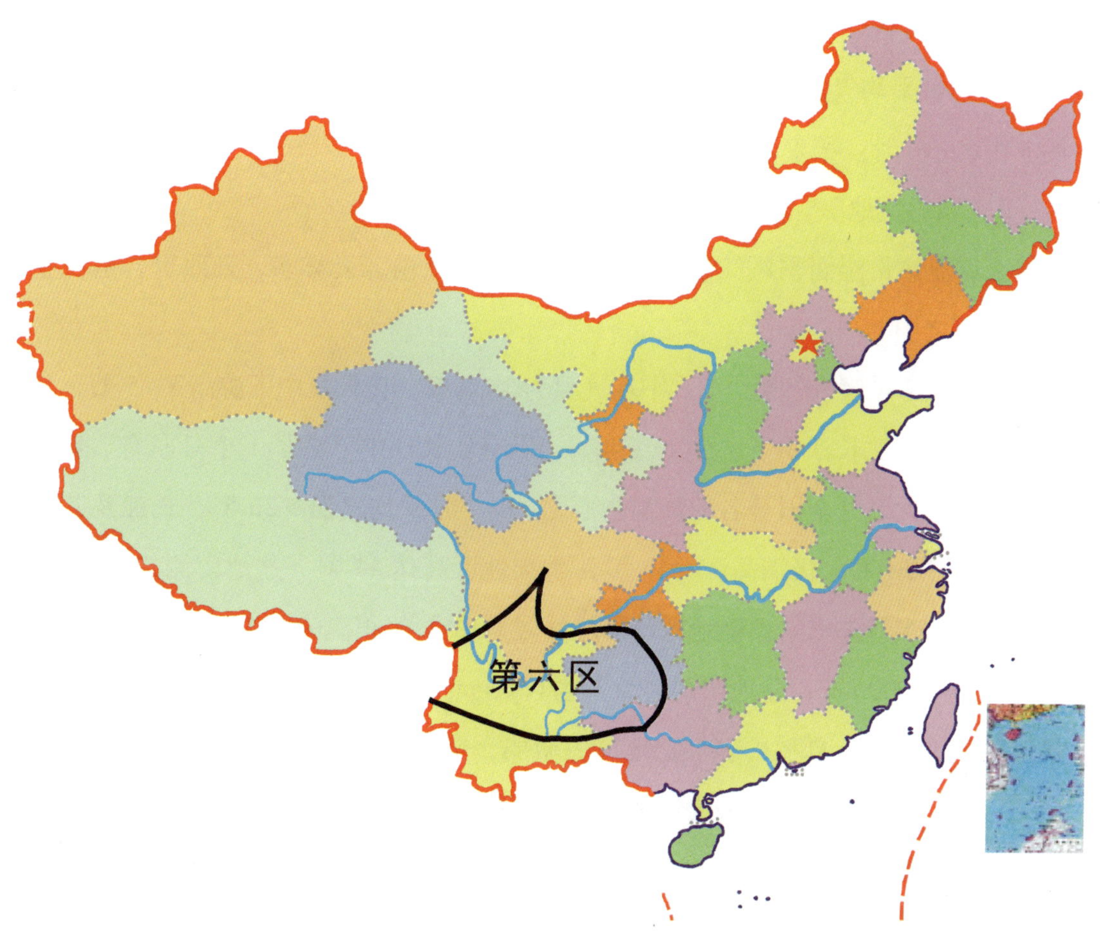

图 1－10　中温低湿储粮生态区范围示意图

四川盆地和贵州高原雾日多，日照少，湿度大，“雾”“湿”居全国之冠。

本生态区主要种植稻子、小麦、玉米等。

3. 本生态区域内几个重要储粮区的情况

本生态区主要包括秦巴山地、四川盆地、贵州高原和云南高原。区内既有高原又有盆地，地区与地区之间也存在一些差异。

（1）秦巴山地

秦巴山地以秦岭和大巴山为主体。秦岭丛山中夹有一些盆地，如徽成盆地、风州盆地、太白盆地、康县盆地等。秦岭与大巴山中在汉江流域形成了汉中、安康、郧县、均县等盆地。

汉江谷地气候冬温夏热，比较湿润。1 月平均气温为 2 ~ 3 ℃，7 月平均气温为 26 ~ 28 ℃，日平均气温≥10 ℃的积温为 4 500 ℃左右；年降水量为 750 ~ 800 mm，主要集中在 5 ~ 10 月。稻麦两熟。汉中盆地是商品粮基地。

（2）四川盆地

本区属亚热带湿润季风气候，冬暖春早，夏热秋雨，云雾多，日照少，是农业生产的“天府之国”。

四川盆地冬季暖和短暂，1 月平均气温为 5 ~ 8 ℃，比长江中下游高 3 ~ 5 ℃，冬季只有 30 ~ 80 d，比长江中下游少 20 ~ 40 d；春季比长江中下游早 1 个月左右。夏季漫长炎热、湿度大，是全国著名的高温中心之一，7 月平均气温 >26 ℃，长江及其支流谷地高达 28 ~ 30 ℃，极端高温 >40 ℃，重庆地区高达 44 ℃。盆地南侧的长江河谷，夏季长达四个半月左右。西南地区日平均气温≥10 ℃的积温为 5 000 ~ 6 000 ℃。年降水量为 800 ~ 1 000 mm，盆地西部边缘多达 1 500 mm。西部边缘地处暴雨带，是暴雨频次最多的地区之一。夏秋雨多，盆地风力微弱，全年各月相对湿度都为 70% ~ 80%。全年多云雾和阴天，成都、重庆年平均雾日天数在 100 d 以上。成都阴天 244 d，重庆 219 d。盆地年平均日照时数 1 300 h。四川盆地湿度之大，雾日之多及日照之少为全国之冠。

四川盆地冬季暖和、短促；夏季持续酷热，阴湿寡照，是西南区储粮难度最大的地区之一。

本区一年两熟或三熟。盆地西部平原和盆地东部主产水稻；盆地中部方山丘陵和盆地东部山地主要种植旱田小麦、油菜、花生等。

（3）贵州高原

贵州高原冬季无严寒，夏季无酷暑。1 月平均气温为 4 ~ 6 ℃，河谷地区可达 8 ~ 10 ℃，年降水量为 1 000 ~ 1 200 mm，降水多集中于 5 ~ 10 月，占全年降水量的 75% ~ 80%，干湿季较东部丘陵明显。本区阴雨雾日多，日照少，湿度大。全年雨日多达 160 ~ 220 d，本区处于暴雨带，与四川盆地同为全国云量最多，日照最少的地区。

在贵州高原的坝子，主要种植稻子、小麦、玉米和油菜。

贵州高原冬季暖和，雨季长且暴雨多。秋、冬季节雨日相对其他地区要多，阴湿寡照，储粮时要注意防潮、隔湿、降低粮食水分。

（4）云南高原

本区包括云南高原、黔西高原和横断山区。本区气候四季如春，干湿季分明，四季不明显，气温在一年内变化不大，冬暖夏凉，春秋季特别长。高原中央部分1月平均气温10 ℃左右，7月平均气温20 ℃左右。干湿季节交替极为明显。每年11月至次年4月降水少，为干季；5～10月降水多，为湿季。湿季降水量是干季的9倍，是雨日的4倍。云南各地5月的降水量是4月的3～10倍，10月的降水量是11月的3～10倍以上。

本区内横断山区谷底的带状平原可种植稻子、小麦、玉米等农作物。

在本区的坝子里主要种植稻子、小麦、玉米和油菜。

4. 利用本生态区自然条件储粮和建仓

本生态区气候温暖湿润，年较差小，四季不明显，且阴雨天、雾天多，日照时间少，空气相对湿度大，这就给利用自然条件储粮带来了一定的难度，尤其给储粮降低水分带来了一定困难。基于此，西南区粮仓的烘干设备及干燥降水设施一定要跟上。本生态区是储粮难度较大的一个区。

本生态区一般4月收获小麦，7月收获早稻，10月收获晚稻。四川盆地以及贵州高原地区无法利用自然通风的方法将谷物水分降至临界水分，必须用辅助加热升温空气2～5 ℃的方法才可满足安全储粮的要求。昆明地区因其干湿季节分明，且终年气候温暖，小麦收获后立即采用自然通风就可满足降温降水要求；晚稻收获后到次年的2～3月进行自然通风也可满足降温降水要求。早稻7月收获后正值雨季，气温也较高，必须对早稻进行降低水分处理后再入仓，如用机械通风技术，必须辅助加热气流技术。

因此看来，本生态区粮食收获后应优先考虑烘干及机械通风进行降低储粮水分，如有仓储害虫应进行熏蒸杀虫。每年11月到次年2月，天气相对干冷，采用自然低温储藏和机械通风降温措施都可，然后加拌保护剂密封保管。对于高水分晚稻一定要在次年4月以前进行烘干、降水处理完毕。云南地区的晚稻收获后至次年5月前还可以采用晾晒、自然风干以及就仓、就堆的方法进行通风降水处理。对于度夏粮（特别是位于四川盆地的度夏粮）和陈粮，要密切注意粮温和水分的变化，如发现问题应及时采取措施，如有必要还可使用谷物冷却机降低粮温。

在四川盆地建仓，应注意在通风、隔热、防潮方面下足功夫，针对本生态区夏季闷热和冬季阴湿的气候特点，采取必要的措施。注意在四川盆地西缘修建粮仓，仓顶要防渗防漏、防暴雨。云南、贵州地区则要将注意力放在储粮的通风、防潮，屋顶防渗、防漏和防暴雨措施上面。

七、高温高湿储粮生态区

1. 位置及范围

本生态区位于我国最南部，含大陆和岛屿两部分，包括海南省全部以及福建省东南部，广东省和广西壮族自治区的中南部，云南省的南部和西南部（图 1 - 11）。本生态区是我国人口最稠密的地区之一，农业生产条件优越，社会经济状况较好，交通便利，经济发展较快。

本生态区绝大部分在北回归线以南，北界即为华中和西南储粮区的南界，大致相当于 1 月份平均气温 10 ℃等温线、活动积温 6 000 ~6 500 ℃等值线。西南界为中国与越南、老挝、缅甸三国的国界线。

2. 基本情况

本生态区 1 月份平均气温在 10 ℃以上，日平均气温≥10 ℃的天数在 300 d 以上，多数地方年降水量为 1 400 ~2 000 mm，是一个高温多雨、四季常绿的热带—南亚热带区域。是我国最“湿”和最“热”的一个地区。

本生态区夏季长，气温高，夏季长达 8 ~9 个月，唯本生态区西部夏季仅长 3 ~4. 5 个月，7 月气温为 23 ~28 ℃。冬季暖和，霜雪少见。1 月平均气温为 10 ~26 ℃。本生态区长夏无冬，春秋相连，四季交替不明显，气温年差较小。大陆部分平均气温一般

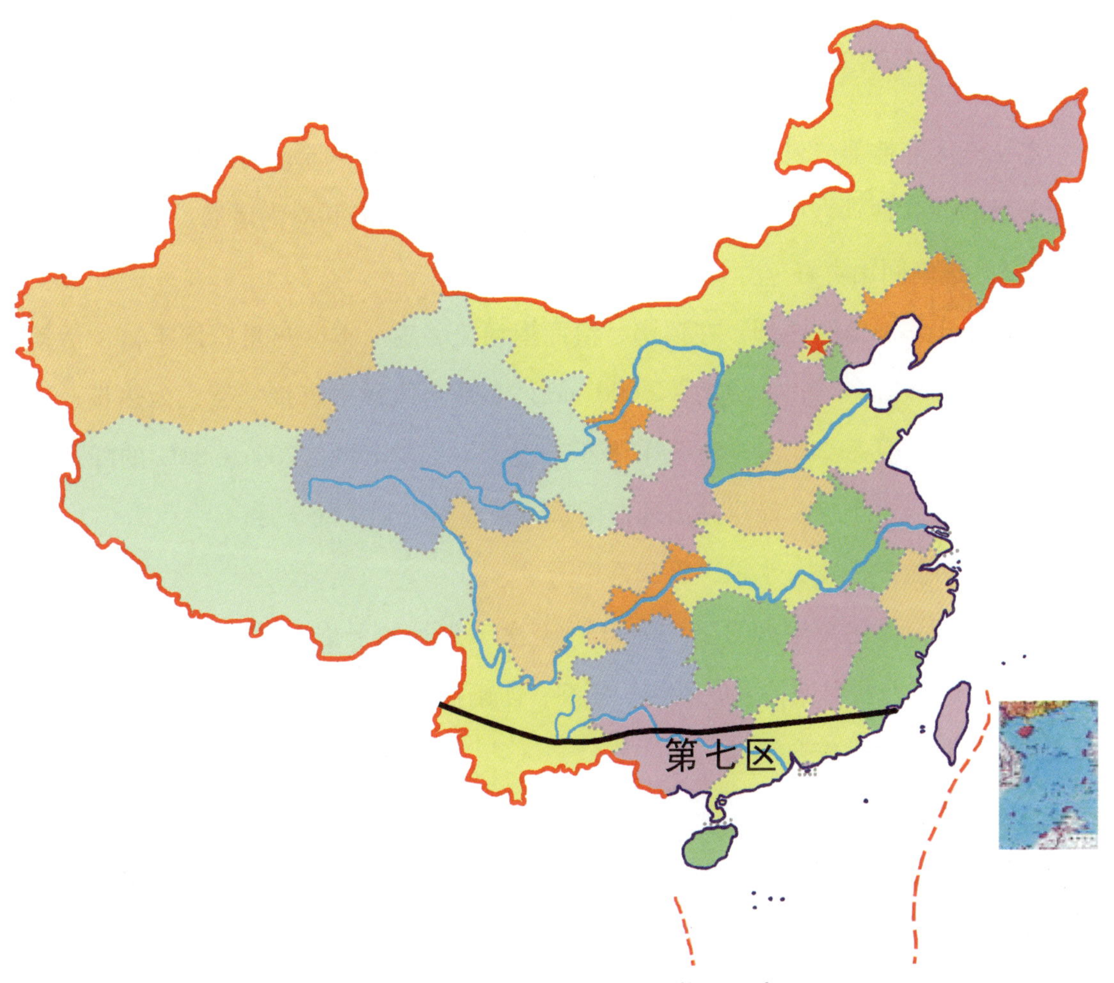

图 1－11　高温高湿储粮生态区范围示意图

为 13～17 ℃；海南省不超过 10 ℃。本生态区降水多，年降水量为 1 400～2 000 mm，相对湿度为 80%，大部分地区降水集中在 5～10 月（此间雨量占全年总降水量的 70%～80%）。干湿季分明程度西部比东部强。本生态区热量丰富，为全国之冠，日平均气温≥10 ℃的积温为6 500～10 000 ℃，年平均气温 20～26 ℃。本生态区台风频繁，台风雨占年降水量的10%～40%。华南区气温高，多雨湿润，受台风影响大，就是这几个最为重要的气候特点，故而成为我国储粮难度最大的区域之一。

本生态区以种植水稻为主，多数耕地实现一年两熟或三熟制。占本生态区耕地面积 2/3 的稻田形成以水稻为中心的多熟制，其中双季稻（早稻和晚稻）种植面积占种植水稻面积的 95% 左右。占本生态区耕地面积 1/3 左右的旱地普遍实行以旱粮为主的多熟制。

3. 本生态区内几个重要储粮区的情况

本生态区陆地部分包括滇南间山宽谷以及岭南丘陵和平原；岛屿部分包括雷州半岛和海南岛（含西沙、中沙、南沙群岛及其海域）、台湾岛和海南诸岛。

（1）滇南间山宽谷

本区位于华南地区西部，在滇南、滇西南河流谷地。本区热量资源丰富，活动积温 >6 500 ℃，年降水量为 1 500 ~ 2 000 mm，不受台风暴雨直接侵袭，为热带、南亚热带季风气候。夏季半年湿热，冬季半年干暖。干湿季分明。70% ~ 80% 的降水都集中于 5 ~ 10 月或下半年。最热月出现在雨季到来或尚未到来的 5 月。

本区以种植冬小麦、水稻，以双季稻为主。

储粮方面，本区要注意的是，在 11 月至次年 3 月的干季，对入库粮食进行降水、降温；3 月底以前要对储粮采取隔热、隔潮、防雨措施。5 月气温最高时应密切注意粮情变化，以保证储粮安全度夏。

（2）岭南丘陵和平原

本区位于华南地区大陆东部，包括广东、广东的中南部及福建省东南部。在本区的河流谷地和沿海河口处，分布有大小不一的冲积平原或三角洲，气候为南亚热带气候，夏热冬暖。1 月平均气温为 10 ~ 15 ℃，日平均气温≥10 ℃的天数为 300 ~ 350 d。台风、暴雨频繁，年降水量丰富。

本区 3 月收获小麦，7 月上旬收获早稻，11 月上旬收获晚稻。小麦收获后可立即采取降水措施，如机械通风需辅助加热升温空气，施行降水措施后加拌保护剂入仓密闭。早稻收获后不久台风到来，故须及时采取降水措施，如通风降水，气流也需升温。储粮降水后度夏尤其要注意降温、隔湿、防漏和防虫。晚稻收获后的气象条件一般基本可满足水稻的自然通风干燥要求（因此时雨季结束，气温高）。11 月前需熏蒸杀虫一次。本区从 11 月开始到次年 4 月基本处于干季，可以视情况对粮食采取通风降水、降温措施。本区属太阳能、风能可利用区，除降低储粮水分外还可以采用自然晾晒及风干的方式。有仓储害虫的要进行熏蒸处理，在 4 月以前加拌保护剂，然后密闭粮仓。夏粮和陈粮要密切注意粮食的温度、水分以及虫霉的发生情况，以便及时采取防治措施。

（3）雷州半岛与海南岛

本区1月份平均气温为15～20℃，降水丰沛，海南省“东湿西干”，东部年降水量约2 000 mm，西部年降水量小于1 000 mm。全年多晴天，日照时数为2 650 h，风力较大，台风多。

本区一年多熟制，以种植双季稻为主。

本区与岭南丘陵和平原区一样，属储粮难度最大的地区之一。须采取各种措施降温、降水、隔热、隔潮、防暴雨和防台风。在高温季节，可用谷物冷却机降温，预防虫霉孳生。

4. 利用本生态区自然条件储粮和建仓

从气候条件看，本生态区储粮要注意降低水分、降温、隔热、隔湿和防虫霉孳生。基于此，烘干、通风和降温设备一定要跟上。夏季粮仓内可考虑使用谷物冷却机降温，有条件的地区可修建一些低温粮库。

本生态区粮仓建设应解决长夏季节中的降温、通风、遮阳、隔热以及防潮、防雨问题。沿海地区的福建省、广东省、广西壮族自治区、海南省等地区在建仓时，还要考虑防泛潮、防高海潮、防积水、防台风、暴雨等问题。

本章所述各生态区的相关数据详见表1－2。

第二章

不同储粮生态区域生态特点及储粮技术应用现状

第一节

高寒干燥储粮生态区

一、概述

（一）本生态区地理位置、与储粮相关的生态环境特点

高寒干燥储粮生态区政区包括青海省南部和西藏自治区全部以及四川省、云南省、新疆维吾尔自治区和甘肃省的一部分地区。现将本生态区主要的两省区与储粮相关的生态环境条件特点作一个概述和分析。

1. 青海省

青海省深居内陆，远离海洋，位于中国西北地区中南部，地处青藏高原，位于长江、黄河上游。东部和北部与甘肃省相接，西南部毗连西藏自治区，东南部邻接四川省，西北部毗邻新疆维吾尔自治区。北纬 31°39′～39°19′，东经 89°35′～103°04′。东

西跨1 200 km，南北纵贯800 km，幅员72.12万km^2，约占中国总面积的7.5%，属于高原大陆性气候。

（1）太阳辐射强、日照时数长

青海省境内大部分地区年太阳总辐射量高于6 050 MJ/m^2；柴达木盆地高于6 700 MJ/m^2。年日照时数在2 500 h以上，柴达木盆地年平均日照时数达到3 100 h以上。该省是我国日照时数多、总辐射量大的省份。

（2）平均气温低，但不特别严寒

青海省境内年平均气温为-5.7～8.5 ℃。1月平均气温为-18.3～-5.3 ℃，8月平均气温为-5.4～19.9 ℃。祁连山区、青海南部高原，占全省面积2/3以上地区，年平均气温在0 ℃以下；较温暖的东部湟水、黄河谷地，年平均气温为6 ～8 ℃。全省各地最热月平均气温为5.3～20 ℃；最冷月平均气温为-17～5 ℃。

（3）降水量少，地域差异大

全省年平均降水量300 mm，境内绝大部分地区年降水量在400 mm以下。东部达坂山和拉脊山两侧以及东南部的久治、班玛、囊谦一带年降水量超过600 mm，其中久治最多，为772.8 mm；柴达木盆地少于100 mm，盆地西北部少于20 mm，其中冷湖只有16.9 mm。青海省属季风气候区，其固有的特点之一就是雨热同期。青海省大部分地区自5月中旬以后进入雨季，至9月中旬前后结束，雨季持续4个月左右。这期间正是月平均气温≥5℃的持续时期。东部黄河、湟水谷地的无霜冻期始于4月下旬前，终于10月中旬后，无霜冻期在150 d以上。其中循化、尖扎、民和等地超过180 d，是全省无霜期最长的地区。柴达木盆地、海南台地的大部分以及东部黄河、湟水流域的山地，无霜冻期始于5月下旬至6月上旬，终于9月中下旬，无霜冻期达到100 d以上。其中格尔木、香日德达125 d左右；海南台地南部的无霜冻期少于60 d，同德只有31 d；青海南部高原的河谷地区以及祁连山东段的无霜期为50～100 d。青海南部高原的大部以及祁连山地中、西部的无霜冻期始于7月中旬以后，终止于8月中旬，时间普遍短于40 d。清水河、五道梁、泽库仅10 d，是全省无霜冻期最短的地区。

低温区包括青海南部高原的中、西部大部分地区，平均气温低于-3℃。其中玛多、清水河、五道梁、沱沱河等地气温在-4 ℃以下，五道梁气温低至-5.7 ℃；北部祁连山区的中、西段，气温为 -3 ~ -2 ℃；哈拉湖东侧气温低于 -5.6 ℃。相对高温区分布在东部湟水、黄河谷地和西部的柴达木盆地，前者高于 5 ℃（循化可达 8.5℃），后者高于 3 ℃（察尔汗可达 5.1 ℃）。青海南部高原的河谷地带年平均气温相对较高，在 2 ℃以上，其中，囊谦为 3.9 ℃。7 月是年内最温暖的月份，各地气温月平均值在 5 ~ 20 ℃。30 ℃以上的最高气温仅在东部湟水、黄河谷地和西部柴达木盆地出现，其中察尔汗气温高达 35.5 ℃。

1 月是青海省各地年内最冷的月份，该月平均气温为 -18.3 ~ -5.3 ℃，地域分布趋势与年平均气温相似；气温最低值在祁连山地中、西段以及青海南部高原的中、西部，均在 -14 ℃以下。其中，托勒为 -18.1℃，五道梁为 -17℃；低于 -40℃的极端最低气温只出现在青海南部高原的中、西部，其中以玛多为最低，低至 -48.1 ℃。由于地处高原、太阳辐射强，白天地面受热强烈，近地层气温变化趋于极端，因而气温日较差大也是青海省大部分地区气候的一大特点。年平均气温日较差大的地区均在 14 ℃以上，柴达木盆地北部、托勒河、八宝河、黑河谷地在 16 ℃以上。其中，柴达木盆地中、西部气温日较差在 17 ℃以上，冷湖达到了 17.8 ℃，是青海省年平均气温日较差最大的地方；东部黄河、湟水流域以及青海湖周围地区日较差在 14 ℃以下，江西沟为 11.5 ℃，是该省年平均气温日较差最小的地方。由于本区气候受海拔高度的影响大大超过了受纬度的影响，使年内气温变化有所减缓，年振幅相对较小，大部分地区在26 ℃以下，其中班玛和囊谦均在 20 ℃以下，较中国相近纬度的华东、华中、华北区都小。部分地区如柴达木盆地的半荒漠景观，天气多晴朗无云，太阳辐射强烈，降水量极小，地表非常干燥，夏季温度较高，冬季温度又较低，因而气温年较差大，大部分都在 28 ℃以上，盆地中、西部气温年较差超过 30 ℃。

（4）降水

青海省年降水量地区差异大。总的分布趋势是由东南向西北逐渐减少。青海南部高原东部由于受孟加拉湾西南季风暖湿气流的影响及地形的抬升作用，加之高原本身的低涡和改变活动频繁，使这里年降水量相对比较充沛。河南—大武—清水河—杂多以南在 500 mm 以上，其中久治可达 772.8 mm，是该省年降水量最多的地方。另外，祁连山东段受到海洋季风的影响，加之地形坡度大，气流上升运动强烈，使达坂山和拉脊山两侧的门源、大通，互助的北部、湟中、化隆一带形成该省的另一个多雨区，年降水量也在500 mm左右。黄河、湟水谷地年降水量一般在400 mm以下；循化和贵德仅260 mm，是青海省东部年降水量少的地方。柴达木盆地四周环山、地形闭塞，越山后的气流下沉作用明显，因而年降水量大都在50 mm以下；盆地西北部年降水量少于20 mm，冷湖只有16.9 mm，是全省年降水量最少的地方，也是中国最干燥的地区之一。盆地东部边缘地区，地形起伏较大，受地形抬升作用，年降水量相对较多，如德令哈、香日德、都兰都为160～180 mm；青海南部高原西部的黄河、长江源头年降水量大都在300 mm以下；境内其余地区年降水量均在300～400 mm。青海省年降水量不但在地域分布上很不平衡，且季节分配也极不均匀：一般夏季最多，冬季最少；春、秋两季中，秋雨多于春雨。该省大部分地区5月上、中旬至10月上旬为雨季。

降水量的年际变化：除柴达木盆地外，绝大部分地区比中国同纬度的东部地区小，其值在20%以下。其中青海南部高原、祁连山地区、青海湖周围大都低于15%；玉树、清水河、久治、班玛、甘德、大武及野牛沟、祁连、门源等地在10%以下；甘德只有5.3%，是该省年际间降水量最稳定的地方。东部黄河、湟水谷地的民和、乐都、尖扎等降水量相对较大，其年降水年际变化率为20%～24%。除盆地东部的德令哈、茶卡、都兰、香日德外，柴达木盆地年降水年际相对变化率一般大于30%，其中察尔汗、冷湖等地高达49%。

降水天数和降水强度：青海南部高原、祁连山地中段和东段、拉脊山山地年降水天数超过100 d。其中，果洛州东南部及河南、达坂山南麓的却藏滩等超过150 d，久治多达171 d，是全省年降水天数最多的地方。东部黄河、湟水谷地以及海南台地在80～100 d；柴达木盆地大部在50 d以下。其中盆地西部少于25 d，冷湖仅12 d，是全省年降水天数最少的地方。青海省的降水强度不大，全年日降水量>5.0 mm的天数超过30 d的仅在果洛、玉树两州的东南部和达坂山、拉脊山两侧山地以及黄南州的南部地区；超过40 d的只有河南、久治等地。月降水量>10 mm的天数全省各地普遍在15 d以下；日降水量>25 mm的天数更少，几乎在2 d以下。青海省年降水地量虽不多，但降水天数多且较集中，降水强度小。

（5）太阳总辐射量和日照时数

青海省年太阳总辐射量普遍较高，为5 800～7 400 MJ/m^2，是全国辐射资源最丰富的地区之一。青海省年辐射量的地域分布是西高东低，柴达木盆地为6 700 MJ/m^{2}以上，盆地的西部超过7 100 MJ/m^2；其中冷湖高达7 410 MJ/m^2，为全省太阳辐射量最大的地方。以此向南、向东，随着云雨天气的增加，太阳总辐射量逐渐减少。青海南部高原海拔高，太阳辐射穿过较薄的大气层虽然减弱较少，但这些地区云雨天气较多，所以年辐射量仍然较小，绝大部分在7 000 MJ/m^{2}以下，果洛的东南部年辐射量在6 100 MJ/m^{2}以下。境内东部地区大部分少于6 100 MJ/m^2，其中互助及周边地区年辐射量仅为5 849 MJ/m^2，为该省年总辐射量最少的地方。

青海省各地的年日照时数为2 300～3 550 h。其地域分布趋势是西北向东南逐渐减少，即西北部的柴达木盆地，绝大部分年日照时数在3 000 h以上，盆地西部、北部高于3 200 h，其中冷湖达3 550.5 h，是该省年日照时数最多的地区之一；青海湖周围地区日照时数为3 000 h；祁连山地、东部地区以及青海南部高原为2 500～2 600 h；其中达坂山和拉脊山两侧（即互助、湟中等地）是两个日照时数相对低值区，在2 600 h以下；玉树、果洛州的东南部在2 500 h以下，其中久治仅2 327.9 h，是全省年日照时数最少的地方。

（6）风能

青海省年平均风速总的地域分布趋势是西北部大，东南部小，即柴达木盆地中、西部，青海南部高原西部及祁连山地中、西段年平均风速均在4 m/s以上。其中：茫崖年均风速高达5.1 m/s，是全省年平均风速最大的地区；其次是五道梁和沱沱河两地，年平均风速为4.5 m/s。青海南部高原东南部的河谷地带及东部黄河、湟水谷地，年平均风速大多在2 m/s以下。其中，同仁和互助两地为1.5 m/s，玉树为1.1 m/s，是全省年平均风速最小的地区。青海省风能可利用的地理分布趋势是西部多，东部少。青海南部高原中、西部，柴达木盆地以及青海湖周围和海南台地南部地区，全年风能可利用时间在5 000 h以上，风能可利用时间频率在60%以上。其中茫崖、察尔汗、五道梁等地风能可利用时间分别达6 664 m/s、6 131 m/s、6 100 m/s；风能可利用时间频率分别为76%、70%、70%，是全省风能可利用时间最多的地区。东部黄河、湟水谷地及青海南部高原东南部的河谷地带，风能可利用时间全年少于3 000 m/s，可利用风能频率小于30%，是全省风能可利用时间最少的地区。其余地区的可利用时间在3 000 ~5 000 m/s，风能可利用时间频率在35% ~100%。

2. 西藏自治区

（1）气候特征

由于西藏高原奇特多样的地形、地貌和高空空气环流以及天气系统的影响，形成了复杂多样的独特气候。从总体上来说，西藏气候具有西北严寒、东南温暖湿润的特点，并呈现出东南向西北的带状更替的特点，即：亚热带—温暖带—温带—亚寒带—寒带；湿润—半湿润—半干旱—干旱；反映在植物上，依次为：森林—灌木丛—草甸—草原—荒漠。除了总的趋向外，还有多种多样的区域气候以及明显的垂直气候带。总的说来，本区日照多，辐射强，昼夜温差大，干湿分明，多夜雨；冬春干燥，多风，气压低，氧气含量较少。由于日照多，辐射强，即使在寒冷的冬季，西藏的白天仍然暖意融融，只有到晚间气温降至0 ℃以下。西藏高原复杂多样的地形地貌，形成了独特的高原气候。除呈现西北严寒干燥，东南温暖湿润的总趋向外，还有多种多样的区域气候和明显的垂直气候带，有“十里不同天”“一天有四季”等说法。

（2）空气含氧量高且变化大

西藏地处青藏高原，属青藏高原特殊气候，昼夜温差较大，但由于日照时间长，冬季并不寒冷。藏东南气候温和，平均气温8 ℃；藏北气温平均0 ℃以下；拉萨地处西藏中部，冬季无严寒，夏季无酷暑，3 ~10月是西藏的最好季节。整个西藏自治区平均海拔高度在4 000 m左右，含氧量随环球气候的变化和西藏环境的不断改善和提高而有很大变化：冬季含氧量在70%以上，夏季含氧量在80%以上。西藏高原每立方米空气中含氧量约150 ~170 g，相当于平原地区的62% ~65.4%。

（3）日照时数高，太阳辐射强

西藏是中国太阳辐射能最多的地方，比同纬度的平原地区多一倍或1/3以上。日照时数也是全国的高值中心，拉萨市的年平均日照时数达3 021 h。气温偏低，年温差小，但昼夜温差大。极端最高气温出现在昌都，1975年7月8日高至33.4 ℃。历史极端最低气温出现在定日，1966 年 1 月 7 日气温低至 -46.4℃。拉萨、日喀则的年平均气温和最热月气温比相近纬度的重庆、武汉、上海低 10 ~ 15 ℃。拉萨、昌都、日喀则等地的年温差为 18 ~ 20 ℃。阿里地区海拔 5 000 m 以上的区域，8 月白天气温为 10 ℃以上，而夜间气温降至 0 ℃以下。日照时数最长的是定日，每年平均达 3 393.8 h；日照时数最少的是波密，年平均只有 1 563.2 h。

（4）降水

与中国大部分地区相比，西藏自治区的空气稀薄，气温较低，降水较少，全区各地降水的季节分配不均，干季和雨季的分界非常明显，多夜雨。年降水量自东南低地的 5 000 mm，逐渐向西北递减到 50 mm。每年 10 月至翌年 4 月，降水量仅占全年的 10% ~ 20%；从 5 ~ 9 月，雨量非常集中，一般占全年降水量的 90% 左右。日最大降水量出现在聂拉木，1975 年 9 月 27 日降水量 99.7 mm。年降水量最多的出现在波密（扎木），每年平均达 850 mm。降雪天数最多的地方是嘉黎，每年平均达 94 d。连续无降水天数最长的纪录出现在日喀则，1974 年 10 月 9 日至 1975 年 5 月 24 日，历时 228 d 没有降水。蒸发量最大的地方是泽当，年蒸发量为 2 667.9 mm。

（5）风能

大风≥8 级天数最多的是定日，年平均为 112.5 d；大风≥8 级天数最少的是波密，年平均只有 0.9 d。

（二）本生态区主要粮食品种与储存期限

本生态区粮食种植以春小麦为主，其次为大麦和青稞，还有一定数量的豌豆、蚕豆、马铃薯和油菜等，粮食自给率约为 80%。主要储粮以小麦为主，有一定数量的大麦和青稞，后者多用作酿造原料或特殊食品（糌粑等），长期储藏也不多，储藏稻谷（大米）较少，玉米也不多；大米和面粉等成品粮以保证日常供应为目的，一般不作长期储藏。该地区春小麦收获期间太阳光能资源充足，空气湿度极低，非常适合粮食的自然晾晒干燥，收购入库的粮食品质和水分大多符合现行国家标准中等以上质量要求。由于小麦属于耐储粮种，一般新收获后即入库的小麦，储藏 5 ~ 6 年后品质尚好。

（三）本生态区储粮设施配置应用概况

除近几年新（扩）建的少数几个国家粮食储备库外，本生态区绝大多数粮仓为老式房式仓（基建仓和苏式仓等），没有浅圆仓和长期储粮的立筒仓。新建或扩建粮仓的气密性、隔热性和防潮性能较好；绝大多数老式房式仓的气密性、隔热性较差，防潮性能尚可。

除近几年新（扩）建的少数几个国家粮食储备库配备有电子检测、环流熏蒸和机械通风设备以外，本生态区绝大多数粮库都没有配备上述设备。该地区粮仓大都没有配备谷物冷却机，配备的环流熏蒸设备基本未用，机械通风设备用得也很少。

除少数几个国家粮食储备库配备了输送机、提升机、振动筛、吸粮机外，本生态区绝大多数粮仓都没有配备上述输送设备。配备了上述输送设备的粮库，基本可以满足本库粮食安全储藏的需要。

（四）影响本生态区储粮安全的主要问题

本生态区终年寒冷干旱、低温低湿的自然气候环境为粮食安全储藏提供了充分的保障，储粮害虫和微生物难以对储藏粮食造成大的为害，粮食安全储藏期延长。本生态区影响储粮最主要的问题在于：由于本生态区终年干旱少雨、空气湿度极低，较长时间储藏的粮食，水分自然减量较为严重，给储粮企业带来较大的经济损失。

二、本生态区仓型总体情况

（一）本生态区现有仓型、仓容利用情况及储粮性能技术经济分析

本生态区属于粮食主销区，粮仓建设投入较少，现有粮仓粮库类型主要为苏式仓、

基建房式仓、高大平房仓和立筒仓。其中约75%为20世纪70年代修建的老式粮仓，仓容缺口约为4亿kg。由于财力所限等原因，虽然自然生态条件较为适合安全储粮，但本生态区除近几年新建的少数几个国家粮食储备库外，未能将粮食仓库和油罐的维修、改造及报废工作列入议事日程，调查中发现，许多仓库因年久失修导致地基下沉、屋架变形、墙壁裂缝、上漏下潮，有部分已报废的仓库还在超期使用，现有近6亿kg仓容的仓房需要维修，约16%的粮食在露天储藏，给安全储粮带来一定隐患。

（二）适合本生态区储粮生态条件的仓型

本生态区现有苏式仓、基建房式仓、高大平房仓和立筒仓等几种仓库类型都适合本生态区粮食安全储藏，从仓房结构、储粮性能和经济性来看，高大平房仓优于其他几种仓型。

（三）本生态区现有老粮仓、新粮库存在的主要问题

本生态区于20世纪60年代以前建设的老粮仓仓容紧张，仓储设施陈旧，上漏下潮、地基下沉，墙体裂缝。除新建的国家粮食储备库以外，几乎所有粮仓设施都不配套。老粮仓无机械通风设施，无粮情测控系统和环流熏蒸设施，无仓储害虫检测仪器；虫害检测方法落后，难以准确及时地提供仓储害虫为害情况。熏蒸药剂和方法单一（主要是采用磷化铝），仓储害虫已适应了高寒干燥的气候条件，对磷化氢的抗性也越来越高，给储粮的虫害防治工作带来一定难度。

（四）对现有粮仓的改善措施、设想与建议

为达到绿色、安全、经济的储粮目的，建议对现有仓房进行改善，包括粮仓的隔热性能、熏蒸气密性能、防虫设施与技术等设施。

应根据本生态区终年寒冷干燥的气候特点，制定相应的储粮技术应用方案，实现

低成本、低温储藏，实现整个青藏生态区域的绿色储粮要求。要达到这个目的，就必须对现有粮仓进行必要的技术改造，使其具备良好的防渗漏、通风和密闭性能。

三、本生态区安全储粮技术总体情况

（一）本生态区现有安全储粮技术总体情况及评价

本生态区安全储粮所需技术相对简单，主要利用自然通风，实施机械通风、磷化氢常规熏蒸杀虫，新建国家粮食储备库采用了环流熏蒸技术和粮情测控技术。总体来看，储粮成本不高，储粮也比较安全。

尽管本生态区地处青藏高原，气候终年寒冷干燥，大部粮仓中 7 ~ 9 月的上层粮温多为 13 ~ 17℃。储粮害虫经过长期的生存竞争和自然选择，已适应了恶劣的储粮生态环境，在粮堆中的个别粮温较高处仍有仓储害虫繁殖为害。1995 年以来，本生态区粮食仓储中发生的主要储粮害虫有玉米象、米象、麦蛾、印度谷蛾、大谷盗、书虱、黑皮蠹和日本蛛甲等。虫害多发生于 5 ~ 10 月，7 ~ 8 月最高可达 100 头/kg 以上。

常见储粮微生物有曲霉和青霉两大类，由于该地区终年寒冷干燥，历史上发生大批量储粮结露发热霉变的情况很少。

近几年本生态区大部分粮仓常采用磷化氢常规熏蒸杀虫，磷化铝用量 6 ~ 10 g/m^3，部分地区粮仓出现有仓储害虫杀不死的情况。原因可能是由于长期单一使用磷化氢，储粮害虫对化学药剂产生了抗性，另一方面也可能因为仓房年久失修，气密性太差和施药方法不当，致使磷化氢浓度不均所造成的。一般情况下，化学药剂杀虫的次数每年应不超过一次，防护剂使用较少，主要是没有配套的施药设备，同时也因为该地区储粮害虫为害较轻，粮库不太愿意在仓储害虫防治上多花费。

（二）本生态区新建浅圆仓安全储粮技术和装备情况

本生态区没有新建浅圆仓。

（三）充分利用当地生态条件，因地、因时、因仓、因粮制宜进行科学储粮的典型案例

青海省西宁粮食储备库充分利用当地较为优越的储粮生态条件，因地、时、仓、粮制宜进行科学储粮。该库利用冬春季节的自然低温进行自然通风和机械通风降温，使粮温降到0 ℃以下，在粮温回升前关闭门窗，对有条件的仓库进行隔热吊顶，延缓粮温上升，保持低温储藏。平时长期坚持做好清洁卫生，改善储粮环境，彻底清除对储粮害虫有利的孳生环境。选用高效低毒保护剂和优质的熏蒸杀虫剂，在做好防护工作的基础上有针对性地对局部仓储害虫进行杀灭处理，收到了良好效果。该企业利用粮情测控系统自动检测储粮温度，指导科学保粮，并引进了微机信息管理技术，提高了储粮管理水平。

（四）粮食在不同条件下安全储存的期限，《粮油储存品质判定规则》应用的现状及改进建议

本生态区储粮生态条件得天独厚，非常利于低温储藏，从而延缓了储粮的品质陈化。根据目前储粮情况看，常规储藏的小麦，5～6年后检测分析品质尚可，如果严格实现低温储藏技术标准，可以安全储藏更长时间，达到8年左右。实际操作中，按照《粮油储存品质判定规则》标准指导工作，应用情况正常。建议进一步修改完善《粮油储存品质判定规则》，使其能在现有定性功能的基础上，进一步判断粮食陈化的程

度，达到定量的要求，指导陈化粮①的合理利用。

（五）“四无粮仓”活动推广应用情况及建议

“四无粮仓”活动推广应用多年，对安全储粮功不可没，建议在完善内容的基础上，继续开展此项活动。现有粮食仓储技术和管理制度如《粮油仓储技术规范》《国家粮油仓库管理办法》等已试行多年，很多内容已不适合目前储粮工作现状，建议尽快修改完善，以适应新的储粮技术和管理水平。

四、本生态区储粮设施总体情况

（一）本生态区粮库基本设施配置及应用情况

除 1998 年以来新（扩）建的国家粮食储备库配备了称重设备、装卸输送设备（如输送机、提升机、吸粮机）、粮食清理设备（如振动筛）以外，绝大多数粮库都没有配备上述输送设备。因为本生态区空气干燥、光能资源充足，收获的粮食一般通过自然晾晒即可，所以粮库都未配备粮食干燥设备。

---

①《粮油储存品质判定规则》中定义“陈化粮”为“不宜直接作为口粮食用的粮食”，主要判定指标是粮食的色泽、气味、脂肪酸值、黏度和品尝评分值等，并未涉及粮食的卫生标准。

近年来，一些媒体对“陈化粮”的概念做了许多误导性的报道，在消费者心目中形成了陈粮就是陈化粮，陈化粮就是含有黄曲霉毒素的有毒粮食的印象，造成了不必要的社会恐慌，限制了国家粮食资源的有效利用。

新《粮油储存品质判定规则》只用于判定粮食是否适宜储存，用以指导粮食的储存和轮换，不再用以评价粮食是否适宜食用。今后判定粮食能否作为口粮食用，应当以粮食卫生标准为准。

（二）本生态区安全储粮设施配置及应用情况

本生态区除1998年以来新（扩）建的国家粮食储备库配备了电子检测、环流熏蒸和机械通风设备以外，绝大多数粮库都没有配备电子检测、环流熏蒸和机械通风设备；已配备的环流熏蒸设备的企业也基本未使用，机械通风设备用得也很少，也没有配备谷物冷却机。以下是本生态区通风设施、仓储害虫防治设施、粮情测控系统、粮食取样装置和谷物冷却机的应用情况。

1. 通风设施

由于本生态区气候常年高寒干燥，仅靠自然通风即可满足低温储藏的要求，机械通风技术仅在新建国家粮食储备库应用，其他粮仓一般没有配备机械通风设备。同时，过度干燥的空气使保湿通风技术无法应用。

2. 仓储害虫防治设施

除新建国家粮食储备库配备了环流熏蒸设施外，其他粮库全部采用常规熏蒸防治储粮害虫。仓储害虫检测采用扦样筛虫法，熏蒸气体检测采用 PH_3 检测管；没有配备防护剂施药装置。

3. 粮情测控系统

在本生态区，按照现行国家粮情检测系统布点标准和检查时间的规定，粮情测控系统（包括主机、测温点数量及布置、软件等）可以满足储粮温度检测的要求，软件为厂家配套提供，目前只能检测粮温和大气相对湿度①，无法检测粮堆气体、粮食水分、仓储害虫和微生物等。

---

① 大气相对湿度，本书又简称为气湿。

4. 粮食取样装置

除新建国家粮食储备库采用多功能扦样器外，绝大多数粮库采用老式人工扦样器。

5. 谷物冷却机

本生态区储粮降水处理主要通过自然风能利用，没有必要配备谷物冷却机。

（三）适合本生态区条件的储粮设施优化配置方案

1. 粮库基本设施的优化配置

本生态区粮库规模一般不大，从储粮现代化的角度看，0.5 亿 kg 以上仓容的粮库应该配备称量（称重）设备、装卸输送设备（如输送机、提升机、吸粮机）、粮食清理设备（如振动筛）等设备，以提高粮库的机械化水平和应对特殊情况的能力。

2. 安全储粮设施的优化配置

从安全储粮的角度考虑，本生态区的一般粮库都应配备机械通风设施、粮情测控系统、PH_3 气体检测仪等设备，以保证降低粮温、检测粮情和熏蒸杀虫时检测磷化氢浓度，科学地指导安全储粮工作。

五、本生态区安全、经济储粮技术应用优化方案

（一）本生态区储粮技术优化方案概述

本生态区气候终年寒冷干燥，风能资源十分丰富，对储粮自然通风极为有利，因

此，只需对粮仓进行适当的隔热改造，以自然通风为主，辅以机械通风，用粮情测控系统监控粮情，即可将粮温常年控制在15℃以下（通风和隔热条件控制好的可以将年最高粮温控制在10℃以下），实现低成本的绿色低温储藏。对于少量仓储害虫，只要不足以对储粮安全构成威胁，可采取适当的局部灭杀措施；对必须处理的仓储害虫，可根据具体情况，采用局部熏蒸等措施，也可考虑谷物保护剂的技术应用。

（二）粮情检测技术应用与建议

本生态区在粮情测控技术应用同时，只要严格按照国家粮食局颁发的LS/T 1203—2002《粮情测控系统》进行布点，即可满足粮情测控的要求。

（三）低温储藏技术应用与建议

结合自然通风实现常年低温储藏，是该生态区储粮的最大特点，只要在秋季气温下降时及时打开门窗进行自然通风，使粮温随气温同步下降，在冬季严寒季节继续采取自然通风降温，必要时辅以机械通风，待来年气温回升前采取门窗等部位的隔热密闭措施，一般都可以成功地实现利用自然生态的低温储藏。谷物冷却机技术在该生态区没有应用的必要，对粮仓进行大规模隔热改造的必要性也不大。

（四）气调储粮技术应用与建议

因为本生态区可以实现低成本的自然低温储藏，所以基本没有采用气调储粮技术。

（五）粮食干燥技术应用与建议

由于本生态区终年干燥，空气相对湿度极低（年最高相对湿度仅75%，年平均相对湿度约50%），太阳光能资源极为丰富，是我国日照时数多、总辐射量大的省份，收获的粮食完全可以通过自然晾晒即可满足降低水分的要求，因为储粮在储存期内水分丢失相当严重，所以，不仅没有配备粮食干燥设备的必要，还有亟待开发或配备增湿调质设备的需要。

（六）机械通风技术应用与建议

详见本小节（三）“低温储藏技术应用与建议”。

（七）仓储害虫防治技术应用与建议

本生态区储粮害虫防治难度不大，一般虫害多为局部发生，因此，在做好低温储藏的前提下，利用粮情测控系统检测粮温的变化情况，加强日常管理，发现问题及时处理，再配合谷物保护剂技术和粮堆局部处理技术，即可保证储粮的安全。

第二节

低温干燥储粮生态区

一、概述

（一）本生态区地理位置、与储粮相关的生态环境特点

本生态区位于东经97°10′~126°09′，北纬35°14′~53°20′。政区主要包括新疆维吾尔自治区的全部，内蒙古自治区的大部分，宁夏回族自治区、陕西省、河北省、甘肃省的一部分地区。本生态区以国界线为西界和北界；东界从大兴安岭的根河河口开始，沿大兴安岭西麓，向南延伸至阿尔金山附近，然后向东沿洮儿河谷地跨越大兴安岭至乌兰浩特以东，再沿大兴安岭东麓南下，经突泉、扎鲁特、开鲁至奈曼；南界自昆仑山、祁连山北麓至乌鞘岭，北至长城、张北、沽源、围场、阜新。本生态区位于我国北部与西北部，深居内陆，面积约占国土总面积的29%。区内有高原，巍峨挺拔的高山和巨大的内陆盆地，高山上部有永久积雪和现代冰川。区内耕地一般海拔为

1 090 ~2 000 m，黄河的上游流经该区，以水蚀黄土高原地貌为主，部分地区为干旱、风蚀地貌。畜牧业在本生态区占有重要地位，山前绿洲农业和灌溉农业发达。

由于本生态区地处中纬度内陆，大部属温带大陆性季风气候，只有大兴安岭北段属于寒温带大陆性季风气候，终年为西风环流控制，以中纬度天气系统影响为主，而季风环流影响则视季节变化而定，冬季风影响时间长，夏季风不易到达，且影响时间短。其主要气候特点是：冬季漫长严寒，春季风大少雨，夏季湿热短促，秋季气温剧降，昼夜温差大，日照时间充足，降水变率大，无霜期短。全区降水多集中于夏季，占全年降水量的60% ~75%，而年蒸发量却相当于降水量的3 ~5 倍。霜冻期都在200 d 以上。本生态区大部分地区日照充足，太阳辐射强，日照时数仅次于青藏地区，都在2 700 h 以上，属全国日照高值区之一，同时也是全国最干旱地区。区域内冬季寒冷，年较差、日较差大，分别为30 ~50 ℃、13 ~20 ℃；日平均气温≥10 ℃的积温为1 600 ~3 400 ℃，天数为200 d。降水量少，年降水量仅≤400 mm，干燥度≥1.5。根据国家规定，标准年降水量在200 mm 以下为严重干旱区 ，200 ~400 mm 定为干旱区，该区大部分地区是严重干旱区。该地区多风沙天气，以冬、春季节为甚。

从安全储粮和保持储粮品质方面考虑，本生态区是我国最适宜储粮的地区之一。在具有良好仓储设施的条件下，可利用冬季漫长严寒和全年气候干燥的特点，在该区域进行低温储藏保鲜实践。

（二）本生态区主要粮食品种与储存期限

该区盛产优质小麦（包括春小麦和冬小麦）、稻谷、玉米、杂粮和油料等粮食作物，杂粮有豌豆、大豆、扁豆、蚕豆、荞麦、莜麦、糜子等，油料作物主要有油菜籽、亚麻籽和麻籽等。内蒙古自治区东部是我国的玉米主要产区之一。河套地区种植的小麦，筋力强，出粉率高，是国内最优质的小麦之一。宁夏平原是引黄灌区盛产优质稻谷的地区，素有“塞上江南，鱼米之乡”的美誉。

该生态区的内蒙古自治区是全国主要产粮区之一，现有耕地面积 709.45 万 hm^2（10 636.4 万亩），其中播种面积 438.5 万 hm^2（6 574.8 万亩）。粮食品种有玉米、小麦、大豆、稻谷、莜麦、高粱、荞麦、谷子及豆类杂粮等，其中小麦、玉米、大豆、稻谷、谷子产量较大。近年来，全区粮食总产量稳定在140亿kg左右，商品粮50亿kg左右。国有粮食部门的常年收购量保持在40亿kg左右。年库存量（包括国家储备粮）保持在100亿kg左右。1999年、2000年分别出口了104万t、302万t粮食（主要是玉米），为国家换回了大量的外汇。

由于本生态区常年气候干燥，气温偏低，优越的地理环境、气候条件，使粮食储存期限长，陈化速度缓慢，粮食库存一般可储存2~5年。由于近年来库存充裕和市场粮价低迷等原因，储存期限有所延长，最长的储藏期达到10年。在储藏条件较好的粮仓，储粮品质一般情况下不会劣变。例如，甘肃省粮食局酒泉储运站1995年前将露天存放的250万kg玉米入库，1993年将露天存放的650万kg小麦入库，2000年3月由省粮科所进行抽样，检测其品质的变化情况。检测结果表明，保管近5年的玉米抽检部分，只有101万kg接近陈化；对保管近8年的小麦进行抽检，理化指标全部合格。

（三）本生态区储粮设施配置应用概况

该区的主要仓型为高大平房仓、房式仓、苏式仓、立筒仓、浅圆仓、砖圆仓和地下仓等。质量完好的仓容量约占90%。内蒙古自治区质量完好的仓容为535.693万t，房式仓仓容394.182万t，其中苏式仓仓容37.69万t，简易房式仓104.119万t；立筒仓仓容40.28万t，其中砼立筒仓9.5万t；钢板立筒仓21.72万t，砖立筒仓9.06万t；浅圆仓仓容54.01万t，其中砼浅圆仓53.98万t，钢浅圆仓0.3万t，砖圆仓21.114万t；地下仓16.934万t，还有其他仓型仓容8.903万t。内蒙古自治区主要是浅圆仓，其他省区以高大平房仓、房式仓为主。甘肃省的房式仓占总仓容的84%，简易仓占总仓容的12%，地下仓及其他仓占总仓容的4%；其中房式仓中，苏式仓占18%。通过对现有仓型及储粮稳定性和可靠性的对比，证明隔热性能较好的高大平房仓更适合本生态区的安全储粮。

以宁夏回族自治区的白银市为例，对目前该地区的储粮仓房情况可窥一斑。该市现有有效仓容15.58万t，其中质量良好的11.87万t，占仓容总量的76%；需要大修的仓容总量为2.73万t，占仓容总量的17.5%；待报废的0.98万t，占仓容总量的6.2%。修建年代为20世纪50~60年代的仓容3.35 t，占仓容总量的21%；20世纪70~80年代修建的仓容4.48万t，占仓容总量的28%；20世纪90年代前后修建的仓容7.93万t，占仓容总量的50%。实际的储粮实践中，该市还租赁社会闲置仓库储粮3.5万t，露天储存粮食9.6万t，增加了保管费用支出。另外，各地为了扩大收储能力，减缓储粮压力，利用报废的粮仓，重新修缮为土圆仓和砖圆仓，用于储粮0.2万t。不过，这类经改造的粮仓存在储粮安全隐患。

在配备粮库粮仓机械设施方面，中央新建大型国家粮食储备库配备比较齐全，有胶带输送机、扒谷机、散粮装仓机、初清筛、振动筛、电子打包秤、台秤等设备。此外，其他粮仓还存在着设备落后，配备量不足，自动化程度很低以及粮食周转环节效率低下等问题，粮食工作始终处于十分被动的状态。除个别新建国家粮食储备库有快捷的电子称量设备外，全部使用500/1 000型台秤，清理设备使用普通的电动筛或手摇式风车，装卸输送设备数量极少。

（四）影响本生态区储粮安全的主要问题

本生态区普遍存在仓容不足，仓房老化、陈旧，储粮性能差的问题。现有的粮仓除近年来国家投资和利用贷款建设的粮库条件较好外，其余粮仓有相当数量存在上漏下潮，保温隔热性能差，通风设施不全，清理设备数量不足，配套作业能力差的现象，影响了“四项储粮新技术”的推广应用，也在一定程度上使库存粮食存在着安全隐患。目前影响储粮安全的问题，主要表现在以下几个方面：

1. 仓储虫害成为影响储粮安全的主要因素

由于本生态区老仓房多，粮仓条件差，加之该生态区所处的特殊地理位置，经常发现的储粮害虫有十几种。虫种多样，食性复杂，为害方式也各不相同。为害小麦的主要仓储害虫有玉米象等；对玉米为害比较严重的有麦蛾、印度谷蛾等仓储害虫。从每年4月中旬起，仓储害虫开始活动，一直延续到10月中旬；8~9月虫害最为严重，蔓延速度快。一个部位有了仓储害虫，如果不及时防治，会很快影响到全仓，甚至影响到别的粮仓。此外，发现调入粮食中虫粮比例增大，还发现有谷蠹传入。有时仓储害虫聚集发热，影响储粮安全，同时存在根除难，防治费用高的问题。

现有储粮害虫耐药性强，在同一时期具有不同的虫期，采用磷化铝熏蒸杀虫，对幼虫、成虫期的仓储害虫有较强的杀伤力，而对于卵期和蛹期的仓储害虫，作用却不十分明显，影响到整仓的杀虫效果，甚至出现第一年熏蒸后，第二年又发生虫害的情况。因此，在熏蒸杀虫时一般选择 4 月中旬比较适宜。仓储害虫经过冬天的休眠，刚刚开始羽化成幼虫，这时的仓储害虫呼吸旺盛，正是杀虫的有利时机。要注意的是，经过多年来磷化铝的熏蒸，仓储害虫具有了一定的抗药性，不能一次性杀死。建议有关部门研制新的储粮害虫杀虫剂，使用更高效、更安全、实用的杀虫剂，为安全储粮服务。影响杀虫效果的因素还有：苏式仓超期服役，粮仓仓墙有裂缝等现象，也影响了熏蒸杀虫效果。

2. 气温和粮温的变化影响安全储粮

尽管该生态区年平均气温较低，但年温差较大，冬季气温为 -10 ℃左右；夏季最高气温达到 38 ℃，且持续时间较长，从 7 月下旬至 9 月中旬接近 50 d 持续高温。粮温随气温升高而升高，到 8 月中、下旬达到最高温；9 月中旬起逐渐下降；至次年 2 月底，粮温下降到最低，仅 -6 ℃左右。这样大的粮温温差，对安全储粮影响很大。

另外，本生态区还有 40% 左右的露天储粮，由于夏季高温，仓储害虫繁殖速度也很快，给储粮安全度夏增加了难度，加快了粮食的陈化速度。11 月至次年 2 月的寒冷气候给玉米保管工作带来很大不便。一是由于粮温温差过大而引起的玉米结露问题特别突出，如不及时进行通风处理，极易在粮面和仓房底部四周出现结露现象，引起粮食发热霉变。

3. 高水分粮降低水分方法有待改进

目前，本生态区大部粮仓无降水设施，影响高水分粮储藏不易达到标准水分。批量调入的高水分粮只有通过晾晒降低水分，此作业效率低，时间长，费用高，雨湿风险大。在玉米的收购季节，由于气温低，玉米水分大，造成晾晒困难，晾晒战线长，很难达到入仓的标准水分。建议有关粮仓改进降低粮食水分方法和技术，增加相关设施设备，保证储粮安全。

4. 基层企业保粮经费不足

本生态区基层粮食企业保粮费用严重不足。一些检验化验器材，粮情检测仪器、防虫杀虫剂和正常的粮食搬运倒运、不安全粮食的处理等费用无法得到落实，直接影响安全储粮。受资金限制，科学保粮及新技术应用难以开展。

5. 专业保管和防化人员缺乏

自 1998 年国家开始实行粮食改革以来，各个粮库粮站人员分流力度较大，流失了不少有经验的专业保管员和防化人员。由于企业经营困难，没有足够的财力对现有人员进行培训，造成保管、防化人员水平参差不齐，新技术应用水平不均衡，给开展科学储粮带来一定的难度。

二、本生态区仓型总体情况

（一）本生态区现有仓型、仓容、利用情况及其储粮性能技术经济分析

本生态区现有储粮仓型为高大平房仓、房式仓、苏式仓、简易仓、浅圆仓、立筒仓、砖圆仓和地下仓等，在该生态区内，浅圆仓和立筒仓较少，大部分为高大平房仓、房式仓和苏式仓。现就该生态区应用情况介绍如下。

1. 高大平房仓

中央在本生态区投资建设的粮库主要仓型是高大平房仓，其储粮性能比较稳定，以散存为主，利用率较高。高大平房仓，每幢长 86 m，跨度 30 m，装粮高度 6 m，每

分两个廒间，单间仓容约 5 500 t。该仓型设施及配套设备先进，配置有粮情微机检测系统、环流熏蒸系统、机械通风系统、低温冷却系统，大大减轻了保管人员的劳动强度，提高了工作效率。该仓型目前存在的问题主要是粮仓屋顶、仓门、仓窗、通风机口的密封和隔热保温没有处理好，影响了新仓整体性能的发挥以及储粮新技术的应用效果。建议对屋顶、门窗进行密闭和保温处理。

2. 房式仓

该仓型是目前本生态区内建造最多、使用最普遍的一种仓型。每幢房式仓长度 42 m，跨度 19 m，装粮高度 5 m，仓容量约 2 500 t。单仓造价 434 852 元，每吨仓容造价 173.94 元；仓房容积 6 965 m^3，装粮容积 3 125 m^3，装粮容积占仓房容积的 44.9%。沥青水泥地坪，水泥屋面，屋顶有油毡、沥青铺造的防水层，上面又压了一层碎沙石，其优点是隔热防潮。仓墙上部有通风窗，可以启闭，以便粮堆通风。缺点是密闭性能差，通风散热较差，机械化作业比较困难，保管人员劳动强度大。所以，对新建房式仓的门窗也需要进行改造，尤其是熏蒸作业。熏蒸作业的要求是投药、散气、清渣，不仅保管员要直接接触化学药剂气体，对人的健康危害也很大，且保管费用也高。

3. 苏式仓

苏式仓，单仓容量 2 500 t，单仓造价 65 683.5 元。每吨仓容造价 26.27 元；仓房容积 6 052 m^3，散装容积 3 125 m^3，装粮容积占仓房容积的 51.6%。

对于完好的苏式仓，因其特殊结构和该生态区属于低温干燥的气候特点，该类仓型仓内粮温变化慢于平房仓 2 个月以上，也就是说仓内粮食品质好于平房仓。尽管如此，随着使用年限的增加和安全储粮技术的进步，现有苏式仓必须进行改造。应该升高粮仓屋顶，增加粮仓容量，增加吊顶隔热材料和粮仓墙隔热夹层，增加隔热性能，将现有门窗改为保温门窗或气调门窗，改善仓房的密闭性能。

4. 简易仓

简易粮仓的仓容小，仓顶低，对气温变化特别敏感，仓内粮食的粮温随气温变化大，不利于安全储藏。简易仓储粮性能不够稳定，多以围包散装为主，利用率只有80%。

5. 浅圆仓

本生态区内的浅圆仓数量较少，主要分布在内蒙古自治区的东部，其气候条件与东北区接近，安全储粮情况也相同，可参考第三章相关内容。

6. 立筒仓

该地区修建的立筒仓，设计仓容为1.25万t，实际可利用的仓容为1.1万t；造价为151.18万元，每吨仓容造价为137.44元。造价包括配套机械电器设备。在不考虑占地面积的情况下，尽管年代不同，物价水平不同，但是苏式仓和立筒仓造价有可比性：立筒仓每吨仓容造价是苏式仓的5.23倍。考虑到物价上涨的因素，新建房式仓的每吨仓容造价低于立筒库，该仓型更适用于粮食加工企业或周转期较快的储粮企业。由于粮油市场供大于求，加工企业效益不好，因此，常常有部分立筒仓闲置的现象。

7. 地下仓

地下仓具有自然低温、低湿、低氧的优越条件，常年温度恒定在5～10℃，粮食储藏成本和损耗低，无须药物熏蒸和灭鼠，可称为绿色储粮库。因对地质、水文等条件要求高，在推广上有一定的局限性。为了便于粮情检查和库内粮食搬倒，地下仓需留有一定的空间，因此利用率较低，约为60%，主要采用围包散存和包装粮堆存两种堆放形式。

8. 其他类型的粮仓

除了近年来新建的粮仓粮库外，大部分老粮仓出现老化现象，如土圆仓、土窖仓和简易仓。这些仓房保温隔热性能差，机械通风、粮情检测、装粮出粮设备不配套，在一定程度上影响了粮仓利用率和储粮性能。

（二）适合本生态区储粮生态条件的仓型

本生态区属大陆性季风气候，气候干燥，季节性和昼夜的温差大。适用本生态区的储粮仓型应该以隔湿、隔热性能好、气密性能好、有机械通风、环流熏蒸和密闭门窗等设施的大、中、小型房式仓相结合的仓型为主，有条件的地方如赤峰地区可大力发展有主巷道和地下出粮机械运输线的地下仓型。地下仓虽然使用经济、储粮性能好，但在推广上有一定的局限性。

目前的调查结果表明，尽管高大房式仓建设成本高，但从储粮安全、粮食品质保持和粮食安全卫生方面看，砖混结构的高大平房仓是比较适宜本生态区储粮生态条件的仓型。要求建成双顶、双墙隔热的保温房式仓。其仓房特点是仓容大、仓顶高，粮温受气温影响慢，仓容不宜超过 3 000 t，从而便于储备粮的轮换，加上常年低温、低湿的储藏条件，粮食品质好，不易陈化。因此从其实用性和储粮综合成本方面来分析，粮食处在稳定的低温条件下，表明该仓型适用于低温干燥储粮生态区的储粮实践。

（三）本生态区现有粮仓存在的主要问题及改善建议

本生态区许多老粮仓已经出现不同程度的陈旧破损，老化严重。部分基层储粮库房为了增加收储能力，对已报废的土圆仓、土窖仓、简易仓进行维修后仍在继续使用。老粮仓的简易仓仓墙基本上是土木结构，屋顶大多是椽木挂瓦或竹泥挂瓦。由于年代久远，缺少必要的维修费用，致使仓库储粮安全性得不到应有的保障。如老粮仓防水和排水系统下雨天易出现漏雨，仓墙易吸湿，容易造成仓内靠墙部分的粮食发霉、变质。相当部分老粮仓没有粮情测控系统，没有设置通风道，无法进行机械通风，加之气密性差，造成磷化氢熏蒸效果不好。仓顶空间小，隔热性能差，室外气温对仓温和粮温影响较大，危及储粮安全。部分基础设施如地中衡等超期服役，粮食装卸输送设备、清理设备及烘干设备数量不足。

新建粮库由于设计和施工上的种种原因，部分仓库屋顶隔热保温效果不好，气密性较差，不利于“四项新技术”的推广使用。在应用中发现，目前粮情测控系统实际上仅停留在“测”的基础上，还没有真正同机械通风、环流熏蒸设备进行有机结合，实现自动控制。有些新建粮库测温电缆稳定性不是太好，个别检测点检测不出数据，部分传感器在环流熏蒸后发生损坏；系统的测温点设置少，空挡位置出现问题时，粮情检测系统在短时间内难以反映出来。谷物冷却机、大型离心风机等设备的配置使用也有值得探讨、改进和商榷的地方。

由于新建粮库装粮高度提高且普遍使用机械化作业，导致粮食破损率增大，另外在新技术应用方面配套不够，致使在施行储粮防虫、通风、降温作业中缺乏高效、快捷的处理办法。

（四）对现有粮仓的改善措施、设想及建议

1. 现有粮仓改善措施

建议国家或省市自治区政府有关部门投入专项资金，对有改造利用价值的老粮仓进行技术改造，主要改善粮仓的隔热保温性和气密性，增加机械通风、粮情检测和环流熏蒸设备，配套粮食装卸输送设备、称量设备和烘干设备等。从经济角度考虑，花较少的钱就能起到事半功倍的效果。

根据本生态区储粮品种以玉米和小麦为主以及冬季气温低，全年气候干燥等特点，本生态区新建库也需要改善仓顶隔热保温设施设备。在仓房建设的屋面构筑弓形板与屋面板双层，使其形成空心；仓顶采用隔热材料并进行隔热层处理；仓壁采用双层砖墙且空心；地坪在采取防潮技术处理的基础上，设置地槽机械通风网；改造门窗、排风扇口和通风道口等设施，以增加气密性和隔热性，防治仓储害虫进仓感染储粮，防止外界温度变化对储粮稳定性的影响。浅圆仓加装布粮器，减少粮食自动分级现象，降低破损率；测温电缆应规范化、标准化；防止药物熏蒸对传感器的损坏。夏季风沙严重，要特别注意防范。修建粮仓时应采取严密的防御风害措施，门外设计不仅要力避盛行风向，还要采取防止风沙堵塞仓门的措施。

2. 设想及建议

粮库基本设施应因地制宜实行优化配置。一是黄河灌区及地势较低所在地的储粮单位，由于地域相对潮湿，气温相对较高，容易发生虫害，应考虑配备环流熏蒸设备及机械通风设施和冷却设备。二是应在仓容为2 500 t以上的较大粮仓，考虑配备机械通风、环流熏蒸设施及粮情测控系统。三是应根据仓型情况分布配备安全储粮设施。如高大房式仓和房式仓，起架高，粮堆厚，人工投药杀虫效果不理想。没有机械通风设施，同时要兼顾粮堆降温、降湿，是难以做到安全储粮的；粮情检测，没有自动化的全方位、多区域、多层次布点，也是难以准确判定粮食安全状况的。为此要考虑配备机械通风、环流熏蒸设施、粮情测控系统。必须要在一些储存量大、经营量大的仓库，配备配齐科技含量高的自动化储粮设备，如计量称量（称重）设备、清理设备、装卸设备、输送设备、粮食定量设备、包装设备等，同时，应在玉米主产地所在的粮食储藏单位配备粮食干燥设备，便于粮食安全储存、销售，以提高粮食企业效益。

三、本生态区安全储粮技术总体情况

（一）现有安全储粮技术总体情况及评价

1. 本生态区常规储粮技术应用情况

本生态区属低温干燥储粮区域，应用常规技术储粮占本区域内总储粮量的30%，绝大部分存储于立筒仓，小部分存储在房式仓内。其优点是节约了密闭材料，便于粮面检查结露现象，可随意扦样检查底部的粮食状况，便于翻挖粮面，有利于自然通风，消除粮食结露；其缺点是仓储害虫防护性能力差，熏蒸气密性差，施药量大。

在各类仓型中，粮面的变化情况是：房式仓上层粮温最低为5～7 ℃，最高为15～

17 ℃；粮堆外围最低温度为 0 ~ 3 ℃，最高温度为 17 ~ 20 ℃；阳面墙角处粮温在6 ~ 9 月超过 20 ℃，最高达到 24 ℃；除粮堆上层及外围，其余各点的粮温均在 10 ~ 12 ℃，常年变化幅度很小。立筒仓上、下两层粮温最低为 3 ~ 5℃，上层最高粮温为 15 ℃，下层最低粮温为 13 ℃。其余仓型各层粮温分别为：圆筒仓 7 ~ 13 ℃，新仓 10 ~ 12 ℃。立筒仓粮温的变化比平房仓滞后一个月。需要着重指出的是，要把握好立筒仓的入仓时机，尤其是新仓的入仓时机，要避免高温季节入仓。特别是新仓，不但自身粮温高，本仓粮温也难以降下，其周围包括圆筒仓靠近新仓的部分的粮温也会上升，易造成两仓粮堆上层大面积的结露现象。

对没有通风设施的粮仓，只能进行常规储藏。到了冬季，可利用本生态区寒冷的气候，进行扒沟冷冻。到春夏季节，利用早晚温差大，晚上打开仓窗进行通风，早晨 10 点气温上升时关闭门窗，防止外温影响粮温，尽可能保持粮堆的低温状态。如果仓内局部发热，可利用单管通风机施行降温，或将局部发热的粮食取出，到仓外晾晒，以消除储粮霉变隐患。

2. “双低”储藏技术①

在低温干燥储粮生态区域内，应用“双低”储藏技术的储粮占总储粮量的 70%，该技术主要用于储藏小麦。由于低水分小麦呼吸微弱，粮堆内氧气浓度很难降下来。如采用塑料薄膜密封，可增强粮堆密闭效果，大大降低熏蒸药量，能够达到低药量要求。塑膜密闭粮堆的防虫效果好，尤其是对预防蛾类害虫感染效果更为显著。塑膜密闭还能有效地防止屋顶漏水进入粮堆，能够长时间地保持粮堆松软。“双低”储藏技术要求仓墙和地坪完好，粮食含水分量必须低于安全水分。“双低”储藏技术的粮温变化与常规储藏技术相同，但其技术在防治书虱上并不占优势。

---

①“双低”储藏技术在本书中又简称为“双低”储藏或“双低”。

（二）本生态区安全储粮和装备情况

目前本生态区经常使用的安全储粮技术有自然低温储藏、地下储粮、粮仓冬季自然通风和机械通风措施、粮食防护剂拌粮技术、“双低”储藏等技术。由于各储粮单位基础设施条件不一致、技术力量和企业经济状况不同，基层收纳库侧重于自然低温和密闭的储藏技术；中央、省地直属库以“双低”储粮技术和“四合一”新技术为主。由于仓型不同，旧房式仓、苏式仓等老式房式仓主要实施“双低”储藏技术；新建高大房式仓主要实施“四合一”新技术；地下仓主要实施低温密闭储粮技术；防潮、隔热条件较差的土木、砖混结构的老粮仓，则开展常规储藏技术。

本生态区内大范围应用现代储粮技术始于20世纪80年代中期，通过试点摸索，筛选出一批符合本生态区实际的科学储粮技术项目。现有的储粮技术，是各级粮食部门广大技术人员和储粮第一线职工长期实践经验的总结，经过多年不断实践、完善和提高，已形成了自己的特色。经过近20年的发展，已形成了以“双低”储藏、机械通风储藏、低温储藏三项骨干技术为主，粮食保护剂拌和为辅的科学保粮规范化模式。多年来，本生态区各地粮食部门，因地制宜，扬长避短，利用寒冷干燥的气候特点，采取低温、压盖、气调、低剂量保管等方法，有效地防治了储粮病虫害，延缓了粮食品质陈化，减少了损失、损耗，为我国的粮食储藏工作作出了应有的贡献。

从整体上看，本生态区内的安全储粮技术应用水平参差不齐，如新建库普遍推广使用了“四项储粮新技术”。由于高大平房仓、浅圆仓属于前所未有的新仓型，所以在很多应用方面还处于探索研究阶段。很多仓储企业尤其是中小储粮单位，因资金、技术所限，不少日常工作如粮情检测等还处于手工作业状态，有些工作往往凭经验办事，缺乏科学的理论依据和令人信服的数据支持。从安全储粮技术应用基础来看，粮仓储粮性能差是主要的制约因素，它客观影响了新技术的应用。

（三）本生态区仓储害虫为害情况与防治技术

1. 本生态区储粮害虫和微生物的发生为害情况

1995 年以来，本生态区域内粮食仓储中发生的主要仓储害虫有以下几种。

鞘翅目害虫：玉米象、米象、赤拟谷盗、杂拟谷盗、锈赤扁谷盗、绿豆象、黑菌虫、黑粉虫、黄粉虫、书虱、日本蛛甲、花斑皮蠹、黑皮皮蠹和二带黑菌虫。

鳞翅目害虫：麦娥、印度谷蛾、粉斑螟蛾。

其他目仓储害虫：如书虱和毛衣鱼。

发生部位：主要在粮面下 3 ~4 m 深处。玉米象主要分布在小麦仓房内，在四角和粮食水分高、杂质大的区域内聚集，特别是在仓房底部，四周容易返潮、结露部位居多。麦蛾、印度谷蛾主要为害玉米，常在粮面上结网、产卵、繁殖以及粮面下 50 cm 处活动；还常在露天包装垛外表和篷布下的麻袋上结网产卵。

微生物主要是黄曲霉和青霉，主要分布在粮面下 0. 3 ~0. 8 m 深处，在季节变化期间，如秋冬季节变换时，由于粮堆水分和热量的转移，造成表层粮食结露、发热等问题。

2. 仓储害虫防治技术与成本

为了防止仓储害虫的为害，区域内绝大部分粮库粮仓采用清洁卫生法和药物杀虫法。一般使用敌敌畏进行空仓和露天场地喷洒消灭仓储害虫，防止虫害孳生感染储粮。粮仓常采取药物熏蒸法进行杀虫，目前常用的熏蒸杀虫剂为磷化铝片剂，采用粮面或垛内投毒杀虫，每年每个 5 万 t 仓容的粮仓，平均使用磷化铝熏蒸剂 600 kg 左右，防虫磷 200 kg 左右，每年熏蒸 1 ~2 次，施药量视仓储害虫发生情况而定，常用的施药剂量为 2 g/t，成本为 0. 25 元/t。对于气密性不太好的粮仓，如仓容为 2 800 t 的粮仓，投药磷化铝 34 kg，折合施药剂量 12 g/t，投入人力 28 人次，加上密闭粮仓使用材料，单位成本约 0. 70 元/t。熏蒸施药方式为粮面施药和埋藏施药。由于熏蒸剂单一，使用年限长，很多仓储害虫已对磷化氢产生了抗药性。常规储藏的粮食，小麦 3 ~4 年熏蒸一次，稻谷几乎不熏蒸或整个储藏周期内只熏蒸一次，玉米 1 ~2 年熏蒸一次。

防护剂的使用技术一般在粮食入仓时，将拌入防护剂的载体或同品种粮食，平铺到仓库底层，约 30 cm 厚，再装入不加防护剂的粮食。入仓装粮完毕后，平整粮面，将防护剂或防护剂载体拌入粮堆 30 cm 深的表层，以此作为仓储害虫防治的手段。由于防虫磷具有高效、低毒、低残留的优点，现在使用较为广泛，采用防虫磷防治露天玉米垛，以一垛玉米 460 t 为例，每年喷洒防虫磷 3 次，每次 2 kg，共用药 6 kg，投入人力 8 人/次，年单位成本约 0. 90 元/t。一般情况下，每年每种粮种在春天施用防护剂一次。

3. 仓储害虫特色防治技术

冬季利用冷空气进行冷冻杀虫，尤其对于难于防治的谷蠹是杀虫的最佳时机。储粮书虱虽然并不取食原粮，但是大量发生的书虱会引起储粮发热霉变，破坏储粮环境。利用本生态区资源玉米芯作为敌敌畏的载体，对防治书虱有较好的效果。方法是：将玉米芯浸泡在敌敌畏中，然后放置在粮面上，利用敌敌畏的香味吸引诱杀书虱进行防治。

（四）新建浅圆仓安全储粮技术和装备情况

1. 浅圆仓安全储粮技术和装备情况

本生态区新建的高大平房仓和浅圆仓都已推广应用了与机械通风、粮情测控、环流熏蒸和谷物冷却机配套的、以低温储藏为主要内容的“四项储粮新技术”和新设备，装备了出入仓机械设备。

2. 技术应用中存在的问题

这些粮仓在使用新技术和新设备中出现了一些问题。

①测温电缆个别点测不出数据，装粮后维修更换不便。

②部分浅圆仓仓顶进口没安装布料器，装粮时粮食自动分级现象明显。

③使用现有输送设备入库粮食破碎率明显增加。部分浅圆仓仓顶隔热保湿效果不好。

3. 改进建议

①建议国家组织相关生产厂家统一制定测温电缆标准，规范生产，保证测温电缆工作的稳定性。

②配备性能可靠的布料器，减少粮食的自动分级现象。

③研究改进输送机械设备性能，降低输送过程中粮食破碎率。

④投入专项资金，用新材料、新工艺改善浅圆仓仓顶的隔热保温密闭效果。

（五）以地下仓储粮技术为基础，开展低温储藏和绿色储粮

1. 地下仓储粮技术

根据本生态区气候干燥，冬季寒冷，地下水位低的特点，利用当地地理条件修建地下仓储藏粮食具有较为明显的先进性，其社会、经济效益显著。内蒙古自治区赤峰元宝山国家粮食储备库（以下简称赤峰元宝山国储库）的地下储粮技术应用目前最具典型性。

（1）元宝山国储库地下仓应用介绍

赤峰元宝山国储库依山而建，库内地形西高东低，最高海拔点505. 53 m，最低海拔点479. 92 m，平均落差25 m。土质为黄黏土，颜色为黑褐二色的混合色，有白色粉末出现在纹理中，构造上有垂直大孔和纹理，强度高，结构稳定。干土层容重1 550 kg/m^3，地基本单位载力 200 kPa。水位较低，库内最低海拔点 10 m 深土层含水量仅为11. 80%。库区 4 m 深土层地温恒定于 12 ℃，15 m 深土层地温仅为 8 ℃。这一水文及地质条件非常适合于地下粮仓的修建。

该粮库现有地下喇叭仓57座，其中17座为国家1998年250亿kg建设项目，地下房式仓6座。因地形不同单仓仓容量从1 300～2 500 t不等。以仓容量为2 500 t的地下仓为例，结构如下：

仓顶：为球冠体，拱高3～6 m，钢筋混凝土结构，2毡、3油、2层干砖防潮层。

仓体：为等比收缩的圆锥台体，上大下小。上口直径18 m，下口直径12 m，高12 m，砖体结构，2毡、3油、2层干砖防潮层。

仓底：为锅底坊形，坑深1.6 m，砖体结构，2毡、3油防潮层。

仓口：仓顶和仓底各有出口。上出口为空心圆柱体，空心直径1 m，高1.5 m；下出口为高2 m，宽1.2 m门式出口。上下出口均为砖体结构，下面口门为金属密闭门，上有出粮口。

（2）地下仓投资省，占地少，仓房利用率高

以5万t仓容为例，地下仓建设投资较同样仓容的房式仓节省37.2%，占地减少30.9%。顶部地面硬化后可作晾晒、堆放场地，可提高土地使用率。建一个仓容2 500 t的地下仓工期仅为两个月。由于其特殊的2毡、3油、2层干燥砖防潮层，建造时施工材料是干燥的，部分材料经过烘烤，整仓建成不需晾库即可装粮；加之地下仓深埋于地下，粮食装得越满，空间体积越小，其温度、湿度、气体对粮情的影响就越小。地下仓空间利用率达95%。

（3）地下仓自然低温、低湿，密闭效果好

地下仓储粮温度变化规律改地上“三温”变化为“四温”变化，即气温影响地温，地温影响仓温，仓温影响粮温。由于土体是很好的隔热材料，地温的变化随地层深度的增加而减少。据测定和资料显示：赤峰元宝山库区距地表4 m处地温恒定在12 ℃，距地表15 m处地温恒定在8 ℃，基本不受仓外气温的影响。地下仓顶部覆土均在1.5 m以上，装粮线距地表4 m以下，这就造成了地下仓不需能耗的自然低温优良环境。地下仓采取整仓的2毡、3油、2层干燥砖防潮层，达到了密合无缝化，同时仓顶地坪混凝土硬化，排水设施齐全，加之门少无窗，唯一的地下门式出口采用金属密闭门，挡粮板由聚乙烯薄膜双层严密包裹，装粮后顶部有防潮材料压盖和防雨隔热罩，隔断了外界因素的影响，形成仓内低湿、缺氧的独立小气候，仓内湿度常年保持

在 50% ~60% 。

（4）地下仓整体坚固稳定，粮食进出仓机械化，使用年限长

地下仓结构形式以圆形为主，整体结构性强，坚固稳定，能有效抵御外力的破坏，无鼠雀危害。地下仓储粮均为散存，不用包装和铺垫，利用移动式输送机完成粮食在地上、地下快速入仓出仓，为全面实现粮食散装、散运、散存和散卸技术打下了坚实的基础。

（5）节能降耗，储粮损耗少，实现绿色储粮

赤峰元宝山国储库地下仓有得天独厚的地理、地质、水文、气候条件，其独特的仓储结构形式，不用机械通风、环流熏蒸、谷物冷却机设备和技术，依靠其本身自然低温效应就能使储粮获得最为合理的温度和湿度条件，有效地避免了环境污染。粮情稳定，一般不需要倒仓，节省了大量的人力、物力，储粮损耗比地上仓的损耗低。地下仓常年温度恒定在 8 ~12 ℃，仓内湿度保持在 50% ~60% ，密闭缺氧，破坏了仓储害虫发育活跃温度为 25 ~35 ℃、对湿度要求较高的生长环境要求，抑制了仓储害虫的发育、生长、繁殖。

（6）储粮的品质及其保鲜能力提高，延缓了储粮陈化

地下仓能够有效地控制和调节储粮的生态体系，全年的恒定低温限制了粮食子粒本身的生命活动，呼吸极其微弱，长期处于一个既能维持储粮本身微弱的生命活动，又抑制了虫霉繁殖和生长的状态中。因此，储粮在国家规定储存期内品质变化不大，保持了粮食原有的品质和新鲜度。入库的玉米水分在安全水分上增加了 1.0% ~1.5% ，还可保证储藏玉米的储藏品质不变化，储藏年限较地上粮仓延长 1 ~2 年。

综上所述，地下仓储粮技术，除了保持储粮品质不变，达到保鲜目的，不需要环流熏蒸杀虫，储粮不受化学药剂的污染外，还节省了熏蒸费用，也保护了环境和操作人员的健康，完全符合绿色储粮技术规范，符合当今世界储粮的发展潮流。建议在有条件的地区开展该项技术的推广和应用。

2. 低温储藏技术

根据低温干燥储粮生态区域的储粮特点，充分利用当地的气候条件，在国家新建

大型粮食储备库的基础上，大力推广低温和准低温储藏技术。通过加强新粮库的气密性和隔热保温措施，采用经济实用的粮面压盖技术，解决粮堆表层的夏季温度较高的问题，可以保持粮温常年处于低温 15℃或 18℃以下，该措施对保持储粮的品质，延缓粮食的品质陈化速度有很好的效果，社会和经济、环境效益显著。因此，低温、准低温储藏和绿色储粮技术是低温干燥储粮生态区储粮的发展方向。

甘肃省粮食局武威南仓库在低温储藏技术方面有多年的经验，他们采用了准低温和“双低”储藏隔热仓房条件来进行储粮。该库现有新建仓房 8 栋，仓房墙体和房顶都进行了隔热处理；仓体和房顶都有夹层，墙体厚度为 1 m，外涂白色涂料；房顶采用预制板铺设隔热，整个仓房隔热效果比较好。该库利用现有仓房特点，对门窗进行密闭处理。具体应用是选择在每年 3 月中旬春季气温开始回升时进行密闭，从使用情况看，效果比较显著，至夏季高温季节平均粮温比其他房式仓低 3 ~ 5 ℃，能达到准低温的要求。

采取“双低”储藏密闭保粮是比较适合该库的具体情况，是科学保粮的一种有效方法。此方法具体应用是在每年 3 月初开始进行，3 月上旬密闭完成。这时粮温平均在 7℃左右，采用塑料薄膜进行粮面覆盖密闭，同时对所有的门窗进行密闭，并投以低药量的磷化铝。一般每仓 2 800 t 粮食投 4 kg 药效果比较好。一方面，粮温比常规库低，不易生虫，减少了熏蒸次数，降低了用药量、减缓了粮食品质的陈化；投入少，一次性投入可以重复使用。另一方面，由于对仓房门窗及粮面进行了密闭处理，减少了仓内粮食感染外界害虫的机会，有利于安全储粮。再者，利用冬季寒冷气候进行倒仓、降温，也是低温储藏的一种可行的好方法。根据该库对低温储藏的使用情况，冬季倒仓后储藏的粮食，在两年内比相同条件下未倒仓粮食的平均粮温低 2 ~ 4 ℃。不过这种方法的费用高，成本大，每吨粮食费用为 6 ~ 7 元，要消耗大量的人力、物力，保持低温的时间也不长。

甘肃省定西地区西源粮食储备库等三个储粮单位，有三座双层隔热低温库，冬季采取自然通风降低粮温，春季以后采取密闭封储存，度夏粮温可控制在 15 ℃以下。此举可达到低温储藏标准，既控制了虫害的发生，又避免了因药剂熏蒸造成储粮的污染。

（六）粮食在不同条件下的安全储存期限，《粮油储存品质判定规则》应用现状及改进建议

1. 粮食安全储存期限

最常见方式的储存方式包括常规储藏，低温储藏。采用常规储藏方式储存的小麦，应以不超过5年为宜，其他品种应以不超过3年为宜；用低温储藏方式储存的小麦，以不超过10年为宜。

有储粮企业建议：小麦采用自然低温、准低温技术，储藏期应在10年以上，采用其他方式的低温储存期在7年以上，常规储存期限应在3~5年为宜。

2.《粮油储存品质判定规则》应用现状和改进建议

由于各粮库检验人员技术水平参差不齐，所用仪器设备不完全统一，检验结果可信程度不高，因此，应加强检验人员的培训，统一配置检验设备，加强对品质检验工作的监督检查。

目前本生态区对粮油储存品质判定的承检单位每省只有1~2个。一是各基层送样或承检单位抽样，集中到一起检验，速度慢、效率低，检验费用相对高且工作繁杂。二是储粮单位库站多、分布全国各地，承检单位也顾不过来赴各地粮库抽取样品。为此，建议有关部门指定更多具备条件的储粮单位进行检验，在检测设备及设施上给予一定的资金扶持和人员培训，这样既方便了储粮单位鉴定陈化粮，也减少了不必要的人力、财力、物力浪费。

建议《粮油储存品质判定规则》在判定宜存粮、不宜存粮、陈化粮的标准上，应以检验数据明确界定，品尝鉴定标准应作为参考的技术指标。

（七）“四无粮仓”活动推广应用情况

1. 本生态区“四无粮仓”活动推广应用情况

“四无粮仓”活动，是几十年来总结和完善安全储粮的好经验、好办法，早已深入人心，并在储粮的实际工作中得到了较好的应用和推广，也促进了粮食保管的规范化、科学化和程序化管理，提高了仓储管理水平。本生态区省粮食局制定的“一符四无”规章在“四无粮仓”活动的基础上，更加细化、量化，具有可行性和可操作性，值得推广和在实际工作中具体应用。

根据本生态区仓储工作情况来看，“四无粮仓”活动仍需要坚持，其主要内容是衡量企业仓储工作好坏的重要尺度和基本要求。随着国家粮食改革的不断深入以及市场的需求，“四无粮仓”活动也应重新定位。应以建立科学、完善的储粮指标评价体系，以加强企业内部管理为目的，着眼于推广安全、经济、绿色环保的科学储粮技术标准，以追求企业经济利益最大化为目标，赋予“四无粮仓”活动以新的内涵。

现有粮食仓储技术标准和管理制度，为仓储企业管理作出了巨大的历史贡献，现在有必要以发展的眼光不断进行更新完善。在仓储技术方面提倡安全、经济、生态和绿色环保理念，废止跟不上时代发展要求的管理制度，完善科学的现代管理制度，使粮食仓储管理工作更具科学性、可行性和操作性。

例如，在本生态区甘肃省定西市所辖七县至1990年全部达到“四无粮仓”县标准，实现了“四无粮仓”全覆盖。现有仓储技术，常规检验、电阻测温、自然通风等技术普及应用，“双低”储藏、机械通风储粮技术等也在探索应用。在管理制度方面，定西市各县级粮食局根据国家、本省粮食部门有关“四无粮仓”的管理规定，配套制定了相应的管理办法。

2. 对本生态区“科学保粮”的发展建议

对《粮食仓库管理办法》《储粮技术规范》和《“四无粮仓”考核办法》中不适

应新时期发展的部分应及时修订，要重视培训和发展仓储技术人才。对目前实施的科学储粮技术，安全储粮技术评价指标体系建议，应从技术应用参数、储粮品质保持等方面细化考核指标，避免储粮企业只注重科学保粮数量，忽视科学保粮质量的倾向。

①各级粮食主管部门都应建立专项科学保粮资金，用于“奖优罚劣”、仓库设施维修和科学保粮的推广应用等方面，既服务于基层，又有监督检查，从而更好地促进安全保粮工作的开展。

②切实落实粮食保管费用，配备必要的粮情检测仪器，检化验器材；对不安全粮食的翻倒、处理，虫粮的除治和利于科学保粮的费用，要想方设法地予以保证，确保储粮安全。

③对保粮人员的工资待遇要落到实处。通过“四定一包”等办法，推行定量、定性考核，以此为依据落实保粮人员的待遇，摆脱目前一些单位人员干了工作拿不到工资的困境。想办法解决和调动保粮人员的积极性。

④在现行评定“一符四无”粮仓分类指标中，“科学保粮率”应作为一项硬指标，但这项指标也许不太适合基层粮管所，只适合一些大粮库或国家新建粮食储备库。因为农村粮管所，收购、销售业务频繁，若开展科学保粮，应用新技术，可能造成“入不敷出”的后果。因此，建议对“科学保粮率”的考核，要结合各地实施科学保粮的一些有效措施和使用来进行考核，而不应一味追求单靠机械通风、“双低”储藏、低温储藏等项技术来达到科学保粮的目的。

四、本生态区储粮设施总体情况

（一）本生态区粮库基本设施配置及应用情况

本生态区的内蒙古自治区粮食仓储企业现有称量（称重）设备 4 218 台，其中地中衡 465 台，机械（或电子）秤 1 480 台，其他称量（称重）设备 2 270 台；装卸设备

154 台，其中翻斗运输车 143 台，火车卸粮系统 11 台（套）；输送设备 4 619 台，其中固定式输送设备 568 台，移动式输送设备 4 051 台；现有烘干设备 269 套，其中塔式烘干机 237 套，圆筒烘干机 10 套，流化烘干机 1 套，其他烘干机 21 套；现有清理设备 740 台，其中固定式清理设备 127 台，移动式清理设备 613 台。现在这些设备在本生态区仓储工作中发挥着巨大的作用。存在的主要问题是库站之间设备配置上不平衡。新建粮仓粮库近年来配备了一些新的设备，基本上能满足日常工作的需要。其他粮仓粮库情况不容乐观，如在库站业务量大时不够使用；有一部分设备急需大修，还有一部分设备待报废。导致这些旧设备在使用中对粮食造成了一定的品质降低，数量也不容小视，亟待研究解决。其他三个省区的设备配置与内蒙古自治区粮库的情况基本相同，储粮设施设备在仓储工作中发挥了积极的作用。

（二）安全储粮设施配置应用情况及建议

1. 粮仓机械设备使用情况及建议

部分储粮企业在粮食入仓作业中发现，胶带输送机不大适合 6 m 以上的粮堆。高大平房仓的粮堆高度一般在 6 m，但输送机扬程接近 6 m 时，胶带打滑，粮食输送不上去。建议相关机械厂能设计制造出适应高粮堆（6 ~ 8 m），且不增加破损粮粒的优质输送机。

扒谷机存在的问题是：粮食出仓时，机头部位轴承易断裂。建议对该机易损部件进行改造。

2. 通风设施

内蒙古自治区的粮食仓储企业现有通风设备 510 台，机械通风仓容量 82.63 万 t，配备有轴流风机、混流风机、离心风机等。新建库一般采用地下通风道，部分老库房配有地上笼。总的来说机械通风设施远远不能满足本生态区安全储粮的需要。

以甘肃省长城粮食储备库的通风设施情况为例，风道为地槽式，风道布置是一机四道，每个廒间配置风量 15 705 m^3/h 的 L4-72 型离心风机 4 台，另外还在粮仓墙上安装了风量 42 884 m^3/h 的 T35-11 型轴流风机 4 台。通风方式采用压入式通风、吸出式通风、压入式与吸出式相结合的通风、吸出式通风和压入式通风相结合的通风方式。从两年来的使用情况来看，技术上以降低粮温为目的，把平均粮温从 8 ℃降到 0 ℃以下的单位能耗一般都在国家规定的 0.075 kW · h/t 粮范围内，风机数量配置合适。总的评价是通风效果好，建议在本区广泛推广使用。

甘肃省定西地区粮食储备库配备 4-72 型离心式风机、单管通风机，风道为麻袋包装粮铺设。各县属粮仓粮库仅配备单管风机。从安全保粮的效果方面来说，配置通风设备十分必要。目前老粮仓使用的麻袋铺设风道不够科学，单管风机质量较差，在设备上应予更新。

3. 仓储害虫防治设施

在仓储害虫防治设施方面，甘肃省长城粮食储备库使用的仓储害虫检测装置由吸式扦样机、粮堆害虫观察仪和害虫筛选仪组成。该装置结合使用，能满足检查仓储害虫的需要。特别是害虫观察仪，能清晰地看到 6 m 厚粮堆内的虫种、虫态及为害情况。熏蒸投药装置是环流装置，该系统由环流管道、环流风机、施药装置、检测装置组成。配套环流熏蒸系统，不仅有效解决了高大平方仓因粮堆高而造成药剂难于渗透杀虫等不彻底的问题，还大大降低了粮仓保管人员的劳动强度，更重要的是减少了因接触化学药剂气体对人的健康危害，减少了药剂对粮食的污染，节约了费用开支，是一种安全、方便、经济、有效的杀虫新技术。在本区推广使用很有必要。

很多基层粮仓粮库（非直属库和国家粮食储备库）对仓储害虫检查仅采用选筛检查法；熏蒸方法普遍采用袋投法或探管投药法，无其他先进设施。

在内蒙古自治区的粮食仓储企业中，现有熏蒸设备 167 套，其中环流熏蒸设备固定式 109 套，移动式熏蒸设备 23 套，仓外发生器 35 套，也存在着数量不足的问题。

以下简要说明本生态区充分利用当地现有条件，因地、因时、因仓、因粮制宜进行科学储粮的典型案例。

①采用塑膜密闭粮堆低剂量熏蒸后，在 5 年之内保持基本无仓储害虫。

②在夏、秋季节的6~9月利用立筒库对内采用微量气体熏蒸，其余月份采用磷化氢和二氧化碳混合气体熏蒸，均能使气体渗透到粮堆底部，彻底杀灭仓储害虫。

③充分利用科学保粮技术，机械倒库冬冻除杂，可延长粮食的储存期限。

4. 粮情测控系统

长城库配置的粮情测控系统是北京某经济技术开发有限责任公司的产品。该测控系统由计算机、测控主机、分线器（采集器）、测温电缆组成。有粮情检测、粮情分析、通风控制等功能。从两年的应用情况来看，利用率很低，目前只能解决简单的温度、湿度检测和测虫，没有粮情综合分析功能，造成了人力、信息、设备资源的浪费。建议有关部门组织相关专家，对国内已形成的粮情检测产品进行综合考察后，结合实际情况，设计制造出功能齐全、能满足安全储粮需要的粮情检测系统。

内蒙古自治区的粮食仓储企业现拥有计算机652台，已安装微机管理系统的库点有183个，已安装微机测控系统主要分布在新建国家粮食储备库，其他库点基本没有安装，在设施方面还存在较大差距。

甘肃省粮食局武威南仓库在测温点的布置上，严格按照《粮油储粮技术规范》要求，合理布置测温点，采用梅花形，每100 m^2 布置5根测温线，粮面平均高4.2 m，分上、中、下三层，全仓共设测温线55根，110个测温点，粮温检测使用赤峰粮科所开发的粮温测控软件（版本V5.3）。根据粮温和季节的变化，安全粮每10 d检测一次；半安全粮、危险粮根据情况随时检测。检测出粮温后，由测温员打印出粮温检查情况表，送各库保管员记录在粮情检测簿上。在粮库的每个粮垛上放一本粮情检测记录簿，由保管员根据各自的检测数据，结合感管检查化验结果，对储存粮食的色泽、气味、粮温及粮温变化情况以及仓储害虫、鼠害情况进行分析，并提出处理意见。在3 d内由仓储科长签字并签署意见。

5. 粮食取样装置及其典型案例

甘肃省的大多粮库散装粮取样装置主要为成都生产的电动吸式扦样器和其他小型吸式扦样器、人工入式扦样器。

甘肃省粮食局武威南仓库结合房式仓和储存品种的特点，采用分区、分点、分层取样法。方法是：将整个仓房分为6个区，每区设3个点，分为上、中、下三层扦样，每月扦样时只扦取一区，共9份样品。一年全仓共取样两次：每年4月、10月进行品质检测时在全仓各点取样；每月检验时采用常规检验，包括粮食色泽、气味、水分、杂质、容重等。在品质检测时，根据储粮品质检测项目逐项进行检验，除常规检测项目外，还包括小麦黏度、面筋吸水量、品尝评分值、玉米的脂肪酸值、发芽率、回归评分值等项目的检测。

6. 谷物冷却机

内蒙古自治区新建粮库目前共配备有12台谷物冷却机。

甘肃大部分粮仓没有配置谷物冷却机。因为该地区高温天气主要集中在7～8月，如果在冬季进行机械通风，基本上能把粮温控制在准低温仓标准，因此没有必要配置。

（三）适合本生态区条件的储粮设施优化配置方案

1. 粮库基本设施的优化配置

内蒙古自治区根据调研建议，配套了粮库的基本设施，如输送设备、清理设备、装卸设备等。一般来说，配置一套单项作业流程的基本设施为：移动式输送机3台（其中20 m 1台、15 m 1台、10 m 1台）、扒谷机1台、清理设备1台、装卸翻斗汽车2台。对于收储量在1 000万kg以下规模的小型粮仓应配置单项流程作业设施1～2套；30 t左右的电子泵1台、100 t日处理能力的烘干设备1台。收储量在1 000万～5 000万kg规模的中型粮库应配置单项作业流程设施3～5套；50 t的电子泵1台、100 t～500 t/d处理能力的烘干设备1套。收储量在5 000万kg以上规模的大型粮库需配置单项作业流程设施5套以上；60 t的电子泵2台、日处理能力在500 t以上的烘干设备1套，其余再根据各库站情况合理配置一些其他必要的基本设施。

在低温干燥储粮生态区，为保证储粮质量安全和满足粮食“四散化作业”流通的需要，建议5万t仓容的粮仓应具备如下配置：

（1）装卸输送设备

移动式包，散两用胶带输送机30台；

移动式打包机5台；

移动式吸粮机5台；

移动式登高输送机5台；

扒谷机5台（或移动吸粮机3台）。

（2）称重（称量）设备

地中衡1台。

上述配置如仍不能满足散装粮库倒库、散装粮火车接收、发运粮食的称重（称量）和计量，应开发研究或配置移动式散粮称重（称量）设备。立筒库必须配置散粮称重（称量）设备。

（3）粮仓清理设备

初清筛5台。

2. 安全储粮设施的优化配置

5万t仓容的粮仓在保证安全储粮的前提下，安全储粮的技术配置应为：

（1）通风设施配置

通风机4-72NO6C型离心式风机6台；

电动功率5.5 kW，转速1 600 r/min。

（2）通风道

地上笼风道，每个库主风道3个，支风道12个，用于降温；或6个主风道1个支风道用于降水。

（3）仓储害虫防治设施

仓外混合熏蒸施药机3台；

熏蒸气体检测装置　PH_3 气体检测报警器2台；

粮堆深层气体采样管，若干。

（4）防护剂施药装置

防护剂喷药机 5 台。

（5）粮情检测系统

需配置适合房式仓和立筒仓并存的软件系统，集测温、测湿、测毒气、控制机械通风等功能于一体的粮情检测系统。

（6）谷物取样装置

电动深层扦样器，每个平房库 1 台，立筒仓 2 台。

（7）谷物冷却机

中型机 3 台，用于降温和调质通风。

五、本生态区安全、经济储粮技术应用优化方案

本生态区地处我国西北地区，冬寒夏热，冬季最低温度可达到 -20 ℃以下，夏季最高温度 37 ℃，春秋两季多风，终年气候干燥，昼夜温差大，最大温差 32 ℃。多年来，在不断探索应用储粮技术的基础上，总结出了适应本生态区的一些安全经济储粮技术。

（一）本生态区储粮技术优化方案概述

近几年粮储相关企业在储粮管理方面认真贯彻“以防为主，综合防治”的保粮方针，针对威胁本生态区储粮安全的问题，在实践中总结出了适合本区粮库储粮条件比较安全、经济、有效的储粮技术，如“双低”“机械通风”“粮面拌护剂”“仓房密封”“散装粮仓内设置通风道网”等技术。应用这些储粮技术时不死搬硬套，而是根据不同的季节、粮种、水分、温度、害虫密度、仓房设施等不同情况加以灵活组合运用，尤其对适合储粮技术的实施时机的把握上，更是因时制宜。“冬抓通风降温，春抓密闭保温，夏抓防虫治虫，秋抓防霉结露”。充分利用当地低温的环境优势，优化仓房

设计，对现有仓房进行改造。增大仓容，采用双顶、双墙、密闭门窗的隔热保温仓型，使粮堆外围最高温度比改造前低 4 ~6 ℃，粮温常年保持在 20 ℃以下，实现了准低温储藏，既节省了保管费用，又达到了安全储粮的目的。在技术应用中必须做到：在粮食储存期间，实施机械通风降温，塑料薄膜长期密闭，投药熏蒸技术；每年对仓门、仓洞、仓窗的防虫袋施用一次性防护剂。

从 2000 年秋季粮食普查和 2001 年春季粮食普查的结果表明，应用以上储粮技术仓房的储粮，品质良好，无虫无霉，储存安全，特别是采用了机械通风的储粮，温度比没有经过机械通风的储粮温度更低。例如，甘肃长城粮库的 1 号库东仓采用机械通风，2001 年平均粮温为 7.7 ℃，与条件相同但没有采用通风技术的 2 号库西仓相比，粮温降低了 3 ℃，所以低温储藏的效果是显而易见的。

（二）粮情检测技术应用与建议

根据不同仓型及不同的储粮品种，粮仓面积，堆粮高度，粮情检测软件技术参数的不同要求，对粮情检测的期限、布点和采集数据时间要求如下：

粮情检测的期限：安全粮检测“三温”“两湿”“虫害”“鼠害”和“粮堆结露”等期限为 7 d 一次，即规定每周星期一统一检查；储粮水分检测，期限是每季度一次；储粮品质检测，期限是每 6 个月一次；规定每年的 4 月和 10 月，结合春秋粮食大普查取样化验测定。对半安全粮，根据情况增加检测次数。对危险粮应随时检测及时处理。

测温系统的测温点布置：高大平房仓仓内粮食平面采用短阵布线，全仓测温电缆按 9 列 7 行排列，间距 4.7 m，行距 4.1 m；在垂直方向上采用上、中上、中下、下层 4 点，每层点距 1.5 m，全仓共布有 252 个测温点。没有超过“测温电缆水平间距不大于 5 m，垂直方向点距不大于 2 m”的规定。检测系统的热敏电阻检测半径为 2.2 m，粮食发热大多是由于虫害、霉变等原因而发生，不可能只局限在很小的直径范围内，短阵布线方法检测点一般都能感应到。因此，测温点布置是合理的。苏式仓设 98 点分 3 层，立筒库圆仓设 3 ~5 点分 15 层，新仓设 1 点分 15 层。另外，各仓型分别布置了 24 ~44 个流动检测点，利用手拔出粮温杆进行流动检测，分上、中上、中下、下层四层检测，用于与微机检测结果对照和校对，绘制“三温”变化图及“二湿”变化图，指导通风技术的应用和操作。

测温数据采集时间：根据《粮情电子检测分析系统技术规程》中“安装及使用”的第二条第二款规定，“粮情分析时间要使用每天定时检测的数据，定时检测的时间选择在每日 7:30 ~ 8:30 之间”。粮库一般将测温数据采集时间定为上午 9:00。因为上午 9:00 的气温约等于一昼夜气温的平均值。

（三）低温储藏技术应用与建议

在隔热保温仓内，5 ~ 9 月入库的粮食，在 11 月采用机械通风将粮温降至 5 ℃以下。其余月份入库的粮食不需要降温。在日常管理工作中，以隔热密闭为主，适时进行自然通风，可将粮堆外围及上表层粮温（包括阳面墙角处）常年保持在 20 ℃以下。本地高温季节入库粮食的粮温最高不超过 25 ℃。将粮温降至 5 ℃以下，机械通风年单位年成本不超过 0.8 元/t。

在冬季主要采取自然通风，有条件的单位可辅之以机械通风进行降温降水，在春季气温回升时通过粮面压盖、门窗密闭控制粮温，一般仓库可控制到准低温储藏，双层隔热仓和位于气候冷凉区的仓库可控制到低温储藏。在财力许可的情况下，新建仓库应考虑加强仓墙、仓顶以及门窗的隔热性能。低温仓储粮应是本区储粮技术发展的方向。

（四）气调储粮技术应用与建议

该技术目前尚未在本生态区应用。

（五）粮食干燥技术应用与建议

该技术目前在本生态区的内蒙古自治区东部的粮仓有应用。在本生态区的绝大部分范围内，如果机械通风与谷物冷却机配置齐全，则不需要粮食烘干设备，一般以机械通风降水为主，以谷物冷却机应急处理为辅。6～9 月，有些年份会出现阴雨连绵的天气，必须用谷物冷却机进行应急降温以保证储粮安全，除此之外，还可采用机械通风降水等技术。入仓小麦水分一般不超过 15.0%，降至 13.0% 的机械通风费用约 5 元/t；玉米水分常常超过 18.0%，采用机械通风后可降低水分至 13.0%，年成本约 8 元/t。

（六）机械通风技术与低温储藏技术应用与建议

机械通风技术是实现降温、降水、调质，保持低温储藏和准低温储藏，处理粮仓局部或大部分发热及结露最经济、安全的技术，也是低温干燥储粮生态区最适合的储粮技术，该技术的应用主要在冬季进行，通风的主要目的是降低粮温。通风次数要求每年一次，每次大约 86 h。

降温通风的温度条件是：粮堆平均温度与仓外大气温度之差≥8 ℃。

降温通风的湿度条件是：当时粮温下的平衡相对湿度大于大气相对湿度。

结束降温通风的条件有三条：

①粮堆平均数温度与仓外大气温度之差≤4 ℃。

②是粮堆温度梯度≤1 ℃/m 粮层厚度。

③是粮堆水分梯度≤0.3% 水分/m 粮层厚度。

从各个粮库的通风情况看，粮堆平均温度与仓外大气温度之差 <8 ℃时通风单位耗能就增大，同时应注意，粮温经通风降到 4 ℃以后仍继续通风，单位能耗也比 4 ℃以上时大。因此，应严格按照《机械通风储粮技术规程》中规定的条件进行通风，对控制单位能耗很重要。此外，到了 7 月高温季节，还应打开流风机排除仓内积热，延缓粮温上升。机械通风的年费用成本大约在 0.4 元/t，大大低于熏蒸费用成本。

根据小麦、水稻、玉米粮粒间空隙度的不同，粮食阻力以及空气途径比的不同，通风网道（地上笼/地下槽）的不同，利用不同风机（轴流风机/离心风机）对不同粮食进行通风。对于装有地下通风道的粮仓利用离心分机进行间歇式通风：每通风 36 h，应间歇24 h，然后再通风36 h，以达到粮堆间温度的平衡。对于小麦仓（地上笼）通风48 h，间歇24 h，再通风36 h。通风时，通过轴流/离心分机从粮堆底层压入干冷空气，同时打开安装在窗户上的轴流分机（排气扇），以达到加快空气在粮堆中的速度，减少从粮堆中吹出的热空气在仓房空间内的滞留时间，防止或减少冷热空气因结合而产生的水珠滴在粮面上，造成粮面表层结露，为了防止通风时由于内、外温差过大而造成粮堆局部结露问题，可采取预通风和续通风两种解决方法，具体方法如下。

预通风法：是指在9月中旬至10月中旬对仓内进行自然通风，以使粮仓内仓温和粮温缓慢降低；至10月下旬，外温与粮温相差10 ℃以上时，对仓内再进行24 h通风，再次降低粮温。自11月至次年1月底，此时粮仓外温与粮温最大温差达20 ℃以上，这时应再次进行通风，把粮温降到最低。这样逐步通风、降温，可避免仓内粮食结露。

续通风法：此法用于解决冬季通风后发现粮食存在的结露现象。可利用来年2月中旬至3月上旬春季气候干燥，伴有少许微风，温度适宜的气候特点，对储粮再进行适当的通风，以缓解或消除粮食结露。一般每年应通风1～2次。

通过机械通风，配合粮情检测系统跟踪检测，我们发现，经过自然通风、机械通风至最终通风结束后，粮温普遍降低了8～14 ℃，下层粮温最低可降到－2～－1 ℃，中层降到3～6 ℃，上层降到0～4 ℃，通风效果很好。通风后的仓房温度均达到了低温储藏或准低温储藏标准。为了较好地保持低温或准低温储藏，本生态区还对原粮仓设施进行了一些改造，如对外墙粉白、封堵，更换、密封闭窗户，改造仓门等。经过后期的观察测试，机械通风后的仓房，一年内粮温保持在17 ℃以下的时间可达7个月；粮温保持15 ℃以下时间达5.5个月；粮温保持10 ℃以下时间可达4个月。在个别粮仓同时进行了粮面单面密封测试，保持时间可延长1～2个月。

通过对通风成本进行计算，一年通风一次的年粮成本价为0.44元/t；若一年通风两次，年粮成本价则为0.70元/t。为减少费用和因通风造成粮食重量损失，可采用在凌晨气温低、湿度合适的时段夜通昼停的间歇通风方式，单位能耗可降低，平均失水率只有0.23%。对于保持低温或准低温措施的投入，一次投入多年使用，测算费用年粮成本价约1元/t。

（七）仓储害虫防治技术应用与建议

仓储害虫防治工作应以预防措施为主，可采用冷冻储粮、防虫线、防护剂拌和杀虫剂等措施，也可辅之以储粮保护剂及熏蒸剂的应用。

最常见的储粮害虫有玉米象、赤拟谷盗、锈赤扁谷盗、花斑皮蠹、印度谷蛾、麦蛾、书虱和螨类等。使用的粮食保护剂、杀虫剂、熏蒸药品有防虫磷、敌敌畏、磷化铝片剂，在用于粮食害虫防治时，采取单独使用和混合使用两种技术措施。

对于尚未发生储粮害虫的粮仓预防措施，除严把入库关、清理杂质、适时通风保持仓内干燥、低温冷冻入库等物理措施外，还可采用化学措施，如运用防虫磷对空仓内墙壁、角落、地面进行喷洒，再将敌敌畏加热烟熏以做空仓消毒。入仓后可在 3 月份地气热回升时以及在 9 月份，采取载体拌入防虫磷和敌敌畏埋入粮面 30 cm 以下，达到防虫治虫目的。每年 4 ~ 10 月应按月对仓、内外各按 1∶2 比例喷洒一次防虫磷和敌敌畏（小麦仓内只喷施防虫磷），以防仓储害虫孳生或仓外害虫的感染（主要是防止书虱、螨虫、蛾类）。以防虫磷为例计算，防护费成本为 0.04 元/t。

对已发生虫害的粮食，针对储粮害虫易发生在高温高湿粮、杂质聚集部位、墙角及墙壁返潮部位的特点。对度夏粮表层粮温在 15℃以上的情况，实施防护剂粮面拌和或全仓拌和；对达到一般以上虫粮等级的储粮，视其情况，必须在半月内进行熏蒸处理；对于玉米象、赤拟谷盗、锈赤扁谷盗等害虫，采用磷化铝熏蒸，一般用量 3 ~ 9 g/m^3，与粮堆埋设探管投药结合，封闭 30 d，效果很好；对于分布在粮堆表面的花斑皮蠹，利用敌敌畏乳剂/防虫磷直接杀死；对于谷蛾、麦蛾成虫则利用防虫磷或敌敌畏喷施直接杀死；其幼虫，因很难杀死，可采取磷化铝熏蒸另与敌敌畏 1 份，防虫磷 2 份的比例混合以喷施相结合的办法进行灭杀，效果很明显；对于喜高湿高热的书虱和螨类，采取用敌敌畏 1 份，防虫磷 2 份的比例混合喷施，同时选择合适天气，对储粮进行通风降湿，破坏其生存环境。原有旧粮仓熏蒸多应用磷化氢和二氧化碳仓外混合熏蒸机熏蒸技术，新建库也应采用 PH_3 环流熏蒸设备和技术。凡本生态区采取了这些防治仓储害虫措施的，都收到了很好的效果。如仓储害虫发生率在 30% 左右，每个粮仓平均 1 ~ 2 年熏蒸一次，个别粮仓 3 ~ 4 年不用熏蒸。估算年施药、年熏蒸费用为 0.1 ~ 0.2 元/t。

近几年来本生态区仓储害虫有蔓延的势头，几乎所有调入粮都是虫粮，而且虫种多，抗性仓储害虫很可能传入。因此，应重视对储粮仓储害虫的防治，对仓储害虫抗药性的发生和发展都要引起极大重视，采取各种措施加以控制。

（八）对本生态区粮仓改造，基础设施建设，改善储粮条件的建议

需投入资金对原有旧粮仓进行改造。如采取改造仓门，封堵更换为密闭仓窗，对粮仓外墙粉白、粮面单面密封等措施，以增加粮仓的气密性、隔热性，提高药物的熏蒸效果，为低温储藏创造必要的条件。另外，改造电路和微机通信线路，变明线为暗线，改善消防设施，改善安全生产设施，加强粮仓管理人员的安全意识。

第三节 低温高湿储粮生态区

一、概述

(一) 本生态区地理位置、与储粮相关的生态环境特点

本生态区政区包括辽宁省的北部、吉林省、黑龙江省的全部以及内蒙古自治区大兴安岭的东部区域，地处北纬 38°～55°，东经118°～135°，大部分地区属寒温带、中温带季风气候，具有冷、湿的气候特征。本区幅员广大，各地的地理条件略有不同，气候有一定差异。本生态区气候条件的普遍特点是：冬季寒冷漫长达 5～8 个月，日平均气温 0 ℃以下为 3～6 个月；夏季温暖短促，夏季长 2～3 个月；日照时间长，7 月平均气温大都在 18℃以上；降水较丰沛，年降水量 400～1 000 mm，6～9 月是东北地区的雨季，冬春降水很少，相对湿度较大，多在 65%～75%。

本生态区省会城市（沈阳、长春、哈尔滨）2001 年度逐月平均气温和平均相对湿

度见表2-1。

表2-1 本生态区省会城市（沈阳、长春、哈尔滨）逐月平均气温和平均相对湿度统计表

城市	沈阳		长春		哈尔滨	
月份 \ 项目	平均气温/℃	平均湿度/RH%	平均气温/℃	平均湿度/RH%	平均气温/℃	平均湿度/RH%
1月	-15.4	71	-15.8	71	-19.4	74
2月	-12.4	65	-11.4	68	-15.4	70
3月	-1.8	55	-2.9	60	-4.8	58
4月	8.3	47	7.9	56	6.0	51
5月	15.6	45	14.9	58	14.3	51
6月	21.0	61	20.2	70	20.0	66
7月	24.8	67	23.0	81	22.8	77
8月	22.5	69	21.4	83	21.1	78
9月	16.4	64	14.7	77	14.4	71
10月	6.7	61	6.1	69	5.6	65
11月	-3.0	65	-4.6	69	-5.7	67
12月	-11.7	71	-13.2	71	-15.6	73

（二）本生态区主要粮食品种与储存期限

本生态区除黑龙江省产有一定数量的大豆外，东北区的主要粮食品种为玉米和水稻，另有少量的小麦、高粱、谷子和杂粮。

本生态区各省正常年粮食的总产量、收购量、销售量、进出口量以及截至目前的库存总量见表2-2。

表2-2 东北地区正常年粮食的产、收、销量，进出口量及库存总量统计表　单位：亿kg

省份	总产量	收购量	销售量	进出口量	目前库存总量
辽宁	165	100	85	32.5	150
吉林	200	125	75	25	401.5
黑龙江	250	135	100	—	—

(三) 本生态区储粮设施配置应用概况

截至2001年年底，东北区各省粮食收储企业数目和储粮设施具体情况详见表2-3。

表2-3 东北地区各粮食收储企业数目和储粮设施情况统计表

项目＼省份	辽 宁	吉 林	黑龙江
收储企业数目/家	866	946	699
总占地面积/万 m^2	4 750	7 040	8 298
晾晒地坪/万 m^2	—	1 750	1 180
完好仓容/亿 kg	109.9	90	107
粮食烘干机数目/台（套）	557	519	635
铁路专用线长度/m	13	15.6	14.9
罩棚面积/万 m^2	119	226	148

(四) 影响本生态区储粮安全的主要问题

影响本生态区安全储粮的因素主要包括：

1. 仓储设施陈旧

本生态区各省现有完好粮仓中，有30%～40%修建于1960～1970年。这些老式粮仓陈旧，墙体普遍存在不同程度的裂缝，地基下沉和屋顶漏水现象。多数仓房已不具备安全储粮的能力，普遍需要维修和更新改造。

2. 露天储粮量大

由于本生态区各省有效仓容比较少，粮食顺价销售不畅，库存粮食多，有50%～70%以上的粮食露天储存。露天储粮的各种物资、器材都是易燃品，如遇大风，有火星时都存在火灾隐患。由于受外界自然条件的影响，仓储害虫、鼠害危害大，风干粮食减量大、品质变化快、储粮费用高。此外，露天存放的储粮极易受到风霜雨雪等自然灾害的侵袭，直接影响储粮安全。

3. 粮食原始水分高

粮食收购入库时，原始水分较高。玉米水分平均高达27% ~30%，水稻水分平均达16% ~17%。若遇到早霜、早冻灾害，粮食的原始水分更高。这些高水分粮在烘晒前如遇冬季回暖天气或粮堆中混入高温粮，就会引起坏粮事故的发生。

4. 仓储技术落后

由于受仓储条件、储粮经费、人员素质和其他客观条件的限制，以致很多先进的储粮技术设施不能使用，只是采用较为简单、落后的常规储藏手段。以检温技术为例，由于受资金短缺因素的影响，本生态区各省原有老粮仓和露天储粮的检温手段，仍处于手插检温探子的原始状态，不易提前发现坏粮隐患。

5. 易受气候条件的影响

本生态区地处严寒，昼夜温差较大，常有早霜、早冻灾害，粮食成熟度常受到影响，水分较高，给储粮带来安全隐患，特别是在秋冬之交。由于粮仓内外温差、粮堆内外温差较大，加之仓外降温迅速，仓内和粮堆内降温缓慢，常造成粮堆表面、仓内壁等部位结露，严重时结顶。如不及时发现，极易引起储粮生霉、发热和坏粮事故的发生。

二、本生态区仓型总体情况

（一）本生态区现有仓型、仓容利用情况及储粮性能技术经济分析

本生态区各省主要粮仓种类和总仓容量统计表详见表2－4。

表 2－4　东北地区主要粮仓种类和总仓容量统计表　　单位：万 t

仓房种类 \ 省份		辽 宁	吉 林	黑龙江
房式仓	基建房式仓	356.2	459.2	505.9
	简易房式仓	133	76	63.1
筒 仓	钢板立筒仓	33.6	35.1	66
	砖立筒仓	91	8.3	—
	砼立筒仓	85	28.9	—
	砼浅圆仓	128.7	69.9	120.9
	砖圆仓	212.3	32.1	—
其他仓房		58.9	97.3	—

上述主要仓房类型可以简单区分为：平房仓和筒仓，其储粮性能及特点简单归纳如下：

1. 平房仓

平房仓的优点是造价低，配套设备少，粮层较浅，各项储粮和检测技术易于实施；对保管人员的技术水平要求不高，对保管人员的技术可进行常规保管，保管风险小，费用低（储粮费用比露天储粮平均低 40%）。其缺点主要是占地面积大，机械化程度低，劳动强度大，不利于短时间大批量地调入和调出，散运能力差，轮换不方便等。

2. 筒仓

筒仓包括小型立筒仓（砖圆仓）、大型立筒仓（砖圆仓）和大直径浅圆仓等，其突出的特点是占用土地面积小，是粮食储藏向高空发展的主要形式。

小型立筒仓（砖圆仓）的优点主要是造价低，施工简单，粮堆体积小，也利于各项储粮和检测技术的实施，可进行常规保管，保管风险小、费用低，但一般均不配备提升、通风、检温等设备，检查粮情比较困难；因无通风装置，一旦储粮发热，只能倒仓散温散湿。

大型立筒仓（砖圆仓）的特点是装粮高度高，进出粮机械化程度高，利于频繁的装卸作业，周转效率高，可以有效地利用仓容，提高进出粮的效率，节省运行费用。特别是新建国储库建设项目中新建的砖圆仓，通风、测温等设备齐全，保温隔热性能较好，有利于粮食的安全储存。

大直径浅圆仓是近几年建造的一种新仓型，其特点是造价低，单仓容量大，配套设施齐全，进出粮机械化程度高，密闭性能好，但需要采用多项先进储粮技术来确保储粮安全，对保管人员的技术水平和素质要求较高，保管风险较大。

（二）适合本生态区储粮生态条件的仓型

为适合本生态区的储粮生态条件，在充分考虑各地的地质条件、气候特点，为适应“四散化作业”、完成快速流通的要求，最大限度地提高土地利用率，降低造价和管理成本，以求达到最大的投资效益。我们认为适合本生态区的最佳仓型应该是直径在15～20 m的圆仓（包括3 000 t的浅圆仓和1 500 t的大型砖圆仓）以及跨度在25 m左右、仓容为5 000 t的高大平房仓。

在这些粮仓的设计和建设中，为有效地提高粮仓的储粮性能，应注意考虑以下几个粮仓结构方面的设计内容：

①粮仓的保温、隔热、防水、密闭效果。

②粮仓的进出粮方式；配套输送设备要满足快速流通的需求。

③粮仓要配备与之配套的先进仓储技术和相关设备。

（三）本生态区现有老粮仓、新建粮库存在的主要问题

1. 老粮仓存在的主要问题

本生态区老粮仓种类比较多，存在不少问题。特别是多年来各企业自筹资金修建的非标准粮仓，因仓房年久失修、地面防潮设施较差、漏雨、密闭性能极差等问题，不便于熏蒸杀虫；缺少相应的通风设施、测温等仓储和输送配套设施，以致技术实施

效果较差。储粮常出现发热现象，一般只能通过倒仓进行散热散湿，增加了粮仓保管费用，既费时又费力，很难保证储粮的安全。

2. 新建粮库存在的主要问题

本生态区新建粮库存在的主要问题是：库房的保温隔热性能较差，致使粮食安全储藏存在众多隐患。在以往粮仓的设计中，对隔热设施尚无精确的量化要求，以致造成对国家粮食储备库及各种粮仓粮库的设计如仓顶、仓墙、门窗的隔热处理设施上有一定的随意性，因此造成这些部位保温隔热性能较差，给安全储粮带来极大隐患。其具体表现在以下几个方面：

（1）仓顶保温隔热层设计需改进

仓顶的保温隔热层过薄，使仓温接近外界温度，特别是在炎热的夏季，由仓顶传入的辐射热，使仓内粮温有时高达40℃以上，造成距离粮堆表层1～1.5m深度的粮食经常出现发热、生虫和霉变现象，粮食陈化劣变严重。当季节变化时，仓温随外温变化起伏较大，造成粮堆表层和墙壁周边粮层与粮堆内部形成较大粮温温差，经常出现粮堆表面结露甚至形成板结现象，极易引起粮堆内结露和霉变。

（2）仓房的墙体较薄影响储粮安全

仓房的墙体多为实心墙，墙体较薄（浅圆仓的墙壁为250 mm厚，高大平方仓多为370 mm厚），加上墙体阴面和阳面受到阳光照射量的不同，使阳面仓壁内和墙角处（尤其在东南和西南角）的储粮温度变化较阴面大得多，个别仓房已发现靠南墙20～30 cm厚度的粮层出现轻微结露和粮食挂壁的现象。

（3）仓房保温隔热设施需改进

由于对仓门、仓窗、风机口、通风洞口的保温隔热处理未加重视，仓门、仓窗等设计不合理，致使外界热量极易从这些部位快速进入到粮仓内部，造成局部粮温过高。在夏季高温季节，仓门处的粮堆平均温度与粮堆中心温度的温差可高达10℃以上，是局部发热、仓储害虫的高发区。

（4）进出仓机械化程度不高

新建大型房式仓配备的机械化程度不高，加之大多配备地上笼通风系统而非地槽方式通风系统，影响进出粮操作，不太适应现有仓储和周转能力及效率。在浅圆仓配套的粮食进仓输送设备中，刮板输送机造成的粮食破损率大，加之入仓时没有及时采取有效的措施，杂质分级现象较为严重，影响了储粮安全。出仓不彻底，还需要进行人工清仓和机械清仓，使保管人员的劳动强度大。

（四）对现有粮仓的改善措施、设想及建议

1. 现有粮仓改善措施

（1）提高仓顶的保温、隔热、防水效果

库顶的保温层应适当加厚到 10 cm 以上，可采用的 WRM－100 氯化聚乙烯橡胶防水卷材，仓顶采用白色涂料增强反射。

（2）改善粮仓墙体的保温、隔热、防潮效果

粮仓墙体厚度可增加至 49 cm，仓壁可采用空斗墙的形式内填稻谷壳、珍珠岩等保温材料，或在粮仓外仓壁增加 40 mm 聚氨酯硬质泡沫块做成的隔热层，并用彩板维护。仓壁内表面采用 FC 防水液、防水纤维作防水处理，仓壁外表面宜采用白色涂料增强反射。

（3）仓顶孔洞、门窗的安全处理

适当减少仓顶孔洞（进粮口、自然通风孔、进人孔和轴流风机孔）和门窗的数量，提高仓房的气密性能。仓房窗户宜小不宜多，大门可设计在装卸方便且避开阳光直射的位置。对上述孔洞、门窗要做彻底的保温、密闭及防水处理。

2. 设想及建议

建议采取各种措施对不符合储粮条件的粮仓（含老式简易仓房和部分新建仓房）进行必要的改造和修缮处理，应特别注意考虑以上几个有关粮仓结构维护方面的内容。

只有通过对上述几个方面进行改造和修缮，并配置环流熏蒸装置、害虫检测装置、防护剂施药装置、粮情测控装置等必备的储粮设施，才能彻底提高粮仓的储粮性能，

达到安全、经济的储粮目的。

三、本生态区安全储粮技术总体情况

（一）现有安全储粮技术总体情况及评价

1. 常规储粮技术和“四项储粮新技术”应用情况

本生态区采用的储粮技术主要分为常规储藏技术和“四项储粮新技术”。

（1）常规储粮技术

主要包括冬季冷冻储粮、冬季机械通风低温储藏、低药量防护储粮、“双低”储藏技术、“三低”储藏技术、粮面缓释熏蒸、粮面压盖等多种储粮技术。广泛应用于玉米、水稻、高粱、小麦、杂粮等多个粮食品种的储存。上述技术在县、市级粮食收储企业的中、小型粮仓应用效果良好，其中部分技术还广泛应用于罩棚内袋垛或散集、各类席穴囤内散集等露天储粮。该技术有储粮费用低，基本能保证粮食储藏安全等优点，但在应用和实施过程中有待科学的指导和规范的操作。

（2）“四项储粮新技术”

主要应用于新建国储库大型仓房内散集的储粮。目前本生态区各省新建国储库多数已对“四项储粮新技术”进行了不同程度的应用，普遍认同其科学性、可行性和必要性，使用效果明显，减轻了劳动强度，同时还存在一些问题。据多数库点反映，使用后计算吨粮成本不高，每次技术实施时需要较大的资金投入，这对部分经费比较紧张的库点来说有一定难度。在仓房地保温、隔热、密闭等性能不是很理想的情况下，导致技术实施后效果的持续性较差。

2. 仓储害虫

本生态区各省粮食仓储中发生的主要仓储害虫种类基本相同。主要有：

（1）鞘翅目害虫

玉米象、大谷盗、赤拟谷盗、杂拟谷盗、黑粉虫、四纹皮蠹、钩纹皮蠹、黑皮蠹、绿豆象、日本蛛甲等10多种。

（2）鳞翅目害虫

小谷蛾、黄粉虫、麦蛾、印度谷蛾、粉斑螟蛾、米黑虫（小斑螟）、米淡墨虫等。

这些仓储害虫遍布本生态区各地粮仓，其中以玉米象、赤拟谷盗、印度谷蛾、四纹皮蠹的为害较严重。

3. 仓储微生物种类

本生态区各省分布微生物种类繁多，普遍存在的有：根霉属、毛霉属、梨头霉属、卷霉属、共头霉属、毛壳菌属、曲霉属、青霉属、拟青霉属、帚霉属、镰刀菌属、交链孢霉属、蠕孢霉属、芽枝霉属、弯孢霉属、黑孢霉属、矩梗霉属、葡萄状穗霉属、葡萄孢霉属、丝内霉属、木霉属等近30个属。

4. 仓储害虫防治技术

本生态区的大部分粮仓常用的杀虫方法基本相同，主要有：清洁卫生防治方法、物理机械防治方法、药剂杀虫防治方法、习性防治方法等。

原粮和成品粮主要采用磷化铝进行熏蒸；器材和空仓消毒主要采用的熏蒸剂是氯化苦；防护剂主要为防虫磷，部分粮库也使用杀虫松、凯安保等防护剂。

虫霉防治工作主要以防为主、以杀为辅。每年春季，施行结合高水分粮烘晒座囤，进行低药防护。年度防护量在平均库存的60%以上。用药情况是：体积分数（浓度）为20~30 mL/m^3 的防虫磷，拌载体进行防护；用体积分数（浓度）为0.2%的敌敌畏进行储粮场区、囤垛形态消毒，对局部发生的蛾类害虫加大浓度进行灭杀效果较好；磷化铝主要用于熏蒸杀虫，粮堆用6~9 g/m^3，空仓用3~6 g/m^3。有些地区已采用

1～2 g/m^3的质量浓度进行大面积低药防护，不仅防护效果好，还节省了大量的人力、物力，做到了安全、经济、有效。氯化苦主要用质量浓度为30 g/m^3进行资材和空仓的熏蒸；对长期储存的小麦也可用质量浓度为30～40 g/m^3的氯化苦进行熏蒸。由于氯化苦密度（比重）大，残留时间长，熏后小麦一般可保持在3年以上不会大面积生虫。

另外，由于在冬季进行自然低温机械通风后低温储藏，因仓房保温隔热性能较差，在夏季高温季节很难维持储粮的低温状态。在确保安全储粮的前提下，多数库点对度夏储存的原粮都要进行局部或粮面浅层的低剂量防护。

5. 本生态区粮仓使用化学药剂情况

本生态区各省粮储仓库每年使用化学药剂量平均为：辽宁省152.435 t；吉林省71.346 t；黑龙江省50 t。

（二）新建浅圆仓安全储粮技术和装备情况，在应用中存在的问题及改进建议

为确保新建的浅圆仓的储粮安全，在建库时配备了全套的输送设备、清理设备、称量（称重）设备、检测设备以及“四项储粮新技术”的配套设施——机械通风系统、环流熏蒸系统、谷物冷却系统、粮情测控系统。通过实际应用发现，还存在以下几个方面的问题：

1. 粮食输送设备存在的问题

（1）入仓粮破碎率较高

粮食入仓时，需经过多种机械输送设备（斗式提升机、埋刮板输送机和气垫皮带输送机）和多道提升，由于部分设备存在设计和制造问题，造成粮食在输送过程中普遍存在新增粮食破碎率较大的现象，特别是烘干后的玉米新增破碎率普遍在3%～4%，最高可达12%，直接造成粮食降等降级和减量亏库。

（2）输送设备实际产量不达标

多数库点反映输送设备的实际产量不达标。如仓底出粮的气垫输送机标明产量为200 t/h，但实际产量为150 t/h；提升机标明产量为300 t/h，实际产量仅150 t/h。

2. 进出粮工艺存在的问题

（1）入粮方式有待改进

浅圆仓均采取仓顶中心进粮方式，开始入粮时因落差较大，粮粒与仓底、粮粒之间发生撞击，使破碎率再次增加（部分库点实测发现，综合破碎率可增加13%～15%）。加上多数浅圆仓入粮口处未设布料器或虽设有布料器但效果不理想，粮食自动分级现象严重，致使杂质聚集区域经常出现发热、生虫、结露现象，直接影响通风和熏蒸的效果。

（2）粮食出仓方式有待改进

浅圆仓采取仓底多个卸粮口出仓方式，经长途输送和多道提升至发放塔，再次引起粮食破碎率增高，仍剩余1/3的粮食需应用出仓机械进仓清理（多数库使用铲车），导致不同程度地存在粮食破碎和减量问题。另外，因采用上述进出粮工艺后，人工平仓和清仓的任务量增大，增加了人员成本。

3. 仓房结构存在的问题

因浅圆仓的仓顶薄、仓壁无隔热材料，在夏季，热量极易通过仓顶和仓壁传入仓内，导致靠近仓壁四周和表面的粮食温度升高；在秋冬之交，由于仓内外温差和粮堆内外温差较大，仓外降温迅速，仓内和粮堆内降温缓慢，常造成粮堆表面、仓内壁等部位结露，严重时结顶，如不及时发现，极易引起生霉、发热和坏粮事故的发生。此外，仓下地沟每年夏季结露严重，对机电设备及夏季作业产生不利影响。

4. 粮情测控存在的问题

（1）粮情检测系统功能单一

现有的粮情检测系统功能单一，只能检测粮温、仓温和仓湿，不能监测粮堆湿热转移、虫霉发生等情况。

（2）测温电缆和测温点有待改进

多数库点反映，因测温电缆和测温点布置间距较大，均不同程度地存在检测盲区，特别是多数仓房中心位置未设测温电缆。粮食入仓后，测温电缆又极易发生漂移现象，致使粮情检测系统无法准确、及时地反映储粮的实际情况，给确保储粮安全和及时采取措施解决储粮隐患带来难度。

（3）建议

建议国家和省市有关部门在下一步“填平补齐”项目中，对平仓机械、出仓设备、深层局部探粮机械、电缆固定装置等系列设备给予充分考虑。

（三）对生态储粮技术发展方向的建议

生态储粮要向环保、绿色、安全方向发展，即少用或不用杀虫药剂从而达到安全储粮的目的。首选技术是低温储藏技术，这是目前全世界公认的最为安全、可靠、合理和最为符合绿色环保要求的储粮防护保鲜技术。

根据东北地区的气候条件优势，只要结合粮仓隔热、保冷改造，采用多种技术紧密配合等综合应用，就可确保储粮安全度夏，使储粮温度常年保持在“低温”和“准低温”状态，即在中、低温季节使粮温保持在15℃以下；在高温季节粮温平均保持在20℃以下，最终达到储粮保质、保鲜和安全储藏的目的。已有实践证明：采用这种低温工艺，使粮堆内大部分储粮处于低温储藏状态，对储粮品质影响较小，最为经济、有效。

（四）《粮油储存品质判定规则》应用现状及改进建议

《粮油储存品质判定规则》是目前公布的唯一判定仓储粮油品质安全的规范性原则和标准，虽然已普遍应用，但有待于进行更科学的规范。该规则仅限于发芽率、黏度、脂肪酸值、品尝评分值、色泽、气味等指标，不能全面体现储存品质的情况，应适当增加蛋白质溶解比率、直链淀粉和支链淀粉含量、过氧化氢酶活性等能够反映粮食内在品质变化的多项理化指标，并采用自动化、仪器化的检测方法，从而更加具体、客观的反映粮食的储存品质。

另外，本生态区粮食库存中还有一定数量的杂粮和成品粮等，因《粮油储存品质判定规则》未将杂粮和成品粮等品种包括在内，在达到一定的储存年限后，无法判定其陈化的程度，使杂粮和成品粮无法合理处置，建议将杂粮和成品粮等粮食品种列入《粮油储存品质判定规则》中，明确规定检验项目和指标。

（五）“四无粮仓”推广应用情况

“四无粮仓”活动是多年来广大粮食干部、职工从生产实践中总结出来的科学管理经验。多年来，东北地区各省一直坚持开展“四无粮仓”活动，各级粮食行政管理部门领导和粮食收储企业始终将此项工作列入粮食仓储工作的重要议事日程。各省粮食局坚持每年与市州单位及县（区、市）粮食局签订粮食仓储工作责任状。各地在实际工作中认真贯彻执行《国家粮油仓库管理办法》《粮油储藏技术规范》《国家储备粮油“一符、三专、四落实”管理办法》等管理制度和规定。多年来的实践充分证明，“四无粮仓”活动行之有效，对提高粮食企业的整体素质和管理水平、确保储粮安全和储粮质量、减少各种事故的发生都起到了非常重要的作用。

在世界储粮正朝着绿色方向发展的新形势下，我国粮食流通体制改革也在朝纵深方向发展。为确保粮食储存安全，“四无粮仓”活动非但不能放松，还需要进一步加强，要有新的发展。“四无粮仓”活动要以市场为导向、以经济效益为中心，以推广先进储粮技术、确保储粮品质良好为重点。一是要在粮食系统内大张旗鼓地开展“四无粮仓”活动；二是要进一步修订和完善“四无粮仓”活动的评定办法；三是要引导仓储企业创造性地开展“四无粮仓”建设，切实增强企业参与市场竞争的能力。

四、本生态区储粮设施总体情况

（一）本生态区粮库基本设施配置及应用情况

1. 本生态区各储粮库的基本配套设施总体情况

粮库基本设施配置主要有：输送设备、清理设备、称量（称重）设备、粮食干燥设备。这些设备在配置数量上基本满足了粮库需要，设备利用率可达到80%左右。

（1）基本设施存在的主要问题

需要大修和改造的设备较多，如蒸气烘干设备；进入仓输送设备短缺，有些输送和清理设备即将报废；装卸设备总体水平较低、数量少；地中衡配备落后，现有的称重吨位小。

（2）收购方面存在的问题

一方面，随着农业产业的发展，水稻、玉米主产区的收购量逐年增加，许多粮库日收购量高达2 000～5 000 t，共有200～500车（汽车）。因为不少粮库只有一台地中衡或电子散粮秤，每台车需称两次（满载和空车），一台地中衡显然不够用。所以到了收粮最集中的季节，粮库只好加点加班，甚至通宵收粮。这不仅人困马乏，而且造成送粮车辆严重积压，有时排队车达百辆以上，最长等候时间达数小时。

另一方面，单辆汽车净载质量（重量）高达10～20 t［不含汽车自身质量（重量）和司机的情况下］，而许多粮库的地中衡或电子散粮秤的最大称量范围只有15～30 t，远远不适应实际工作的需要。在使用过程中发现振动筛大杂出口掺杂粮粒，初清溜筛质量不好，使用时间不长就可能损坏，维修困难。

2. 新建库基本设施配置与应用情况

新建的国家粮食储备库设施配套比较齐全，由于是国家统一招标，设备配置基本一致，以250亿kg项目国家粮食储备库0.5亿kg仓容的规模为例：

（1）称量（称重）设备

配备地中衡1台，台秤32台，电子散粮称1台。地中衡用途最为广泛，性能良好，精度高。

（2）装卸输送设备

配备15台输送机（包括气垫机、刮板机）。刮板机碎粮率比较高。因地下通道较潮湿，容易对仓底输送机及其电器控制件造成较大的腐蚀。

（3）粮食干燥设备

配备1台日处理量200～300 t的烘干系统，每年一般启动两次，烘干效果较好，为安全保粮工作顺利进行起到了关键作用。

（4）粮食清理设备

配备初清筛2台，振动筛1台，初清溜筛3台，基本上能够在粮食清理后，达到等级以上要求。

（二）安全储粮设施配置及应用情况

1. 通风设施形式及应用

通风机主要有轴流风机（排风扇）和中压离心风机两类。平房仓的通风道多为地上笼形式，个别采用地槽方式，布置形式多种多样，主要有半“非”字形、“一机两道”和“一机四道”；浅圆仓的通风道多为地槽形式，布置形式主要为放射形，个别采用梳形和多环形风道布置形式。机械通风设施应用较为普遍，主要在冬季进行降温通风，春、秋季节进行降水通风。

2. 仓储害虫防治设施

新建国家粮食储备库一般配备有固定和移动环流熏蒸装置、仓外发生器和熏蒸气体检测装置。由于东北地区仓储害虫发生期较短，虫霉防治工作主要采取“以防为主、以杀为辅”的方式，注重进行低药剂防护，每年只需对生虫粮熏蒸一次，即可以达到无活虫效果，因此，上述设施利用率较低。

3. 粮情测控系统

先进的粮情测控系统多为新建国家粮食储备库建设的配套设备，型号种类较多。在应用中多数库点反映，因测温电缆和测温点布置间距、横纵间距较大，不同程度地存在检测盲区，如仓房中心位置，致使通过粮情检测系统也无法准确、及时地反映储粮的实际情况，给确保储粮安全和及时采取措施解决储粮隐患带来一定难度。

4. 粮食取样装置

除部分新建国家粮食储备库自行采购了深层扦样器和深层探粮机外，多数库点使用的取样装置仍是扦样器（粮探子）。扦样器可分为包装粮扦样器、散装粮扦样器和油脂扦样器三种：

（1）包装扦样器

有长 55 ~75 cm 的单管扦样器，适合用于大、中、小粒粮和粉状粮食扦样。

（2）散装粮扦样器

分为长度为 1 m、3 m 的套管扦样器和长度为 1 m、2 m、3 m、3.5 m 的粗套管扦样器。

（3）油脂扦样器

油脂扦样器分为两种：长度为 1 m 的，用于油桶装油脂扦样的玻璃管扦样器；体积较小的用于油罐扦样的铁制圆柱体式扦样器。

部分粮库还自制了不同规格和形式的扦样器。这些自制的扦样器在实际扦样过程中，适用于平房仓和小型砖圆仓扦取样品，不太适用于立筒仓、浅圆仓等大型粮仓扦样，无法扦到粮堆中部的粮样。

5. 谷物冷却机

谷物冷却机仅在250亿kg仓容的国家建库项目中使用。东北地区各省新建国家粮食储备库均配备了谷物冷却机，部分库点进行了试运行。因谷物冷却机一次使用的耗电及费用较高，多数该设备目前处于闲置状态。

多数储粮企业认为，从目前储粮技术情况看，使用谷物冷却机储粮是最为先进的，特别是应急处理非它不可，各粮库理应配备，但因购置价格昂贵，推广和普及难度较大。

（三）适合本生态区条件的储粮设施优化配置方案

1. 粮库基本设施的优化配置

以0.5亿kg仓容、储存玉米2～3年的粮仓库点为例，建议配置设施如下。

（1）称量（称重）设备

①地中衡：SCS-50或SCS-80，各1台。

②电子散粮秤：LCS-200-LSA型（移动式），2台。

（2）装卸输送设备

①胶带输送机：DSQ-650型，10台。

②螺旋输送机：LSL4.5型，10台。

③螺旋出仓机：CSL-50型，5台。

④移动吸粮机：CXLY50型，2台。

⑤扒谷机：PGY65型，5台。

⑥打包机：DCS-100型，5台。

（3）粮食干燥设备

处理量为300 t/d的烘干系统，1台。

（4）粮食清理设备

①初清筛：TCQYW150 型，2 台；TCQYS85 型，2 台。

②振动筛：TQLZ-150 × 150 型，2 台。

2. 安全储粮设施的优化配置

以 0.5 亿 kg 仓容、储存玉米 2 ~ 3 年的库点为例，建议如下配置。

（1）通风设施

①通风道建议选用地槽方式，风道布置形式建议根据情况灵活设定。

②风机：轴流风机，型号 DWT-No. 5A，2 台/仓；离心风机，型号 4-72No. 6C，8 台；混流风机，型号 GKJ67-Z450A，2 台/仓。

③局部通风系统：CDTY75 型（多管移动式），4 台。

（2）仓储害虫防治设施

①熏蒸投药装置：LM-KF3608-IV 型可控式 PH_3 气体发生器，2 台。

②环流装置：建议选用移动式环流熏蒸系统，CHXY125/65 型，2 台/仓。

③气体检测装置：Pac Ⅲ S 型 PH_3 气体检测器，2 台。

（3）粮情测控系统

建议配置 OPI-2000 型的温（湿）度微机测控系统，测温电缆和测温点数目根据粮仓空间尺寸而定，建议测温点布置间距不超过 1 m。

（4）粮食取样装置

建议配置 2 台 CTLS25 型深层探粮机，可兼顾取样、挖掘局部坏粮、埋电缆或线路等操作。

（5）谷物冷却机

建议配置 2 台 GLA50 型（变频）谷物冷却机。

五、本生态区安全、经济储粮技术应用优化方案

（一）本生态区储粮技术优化方案概述

本生态区低温高湿的储粮环境，给安全储粮带来了一定难度。一方面，新建国家粮食储备库已经配置了电子检测系统、环流熏蒸系统、通风设备系统、谷物冷却机等储粮技术设备，应该充分利用这些先进储粮设施设备和技术，达到储粮安全标准；另一方面，机械化程度较低的老粮仓、小粮仓也应根据自身的具体情况对仓房设施进行提升改造，利用本生态区低温的气候特点，采取自然通风与机械通风相结合的技术手段，达到储粮降湿、降低水分、防治仓储害虫的要求，力保储粮安全。在本生态区可广泛应用“三低”和“双低”储藏综合防治技术，实现低温储藏、准低温储藏的目的。

（二）粮情检测技术应用与建议

粮情检测系统在本生态区基层粮仓大都有配置，目前该技术发展也比较成熟，已成为很多储粮企业检测粮情不可缺少的主要技术手段之一。在实行粮情检测时，除发现特殊情况时需根据实际情况灵活操作外，常规检测应严格按照《粮油储藏技术规范（试行）》等规范和规程严格操作。粮情检测包括测温和扦样化验水分、品质检测和统计虫害密度，在检测点设置时应严格按照规范进行设置，在确定检测点设置和检测时间的间隔上，建议按以下方法进行作业：

（1）检测点设置

建议在全仓粮面上每 50 m^2 设置 1 个检测点，分层的检测点每层间隔不超过 2 m。

特殊情况检查布点：对有储粮隐患的粮堆，应视具体情况增加检测点数量和间距，

分层的检测点每层间隔不超过 1 m。

（2）检测时间

至少每周要对各粮仓巡视一遍。安全粮可每周检测一次；半安全粮每周检测三次；危险粮应视具体情况缩短检测时间间隔，尽可能每天检测 1 ~ 2 次，以便发现问题及时处理；对刚入仓的粮食，一周内每天检测一次；对粮温处于明显变化中的粮食，每天检测一次；对品质较差的粮食，每周检测两次。

（三）低温储藏技术应用与建议

（1）以低温储藏技术发展为主要方向

本生态区具有冬季长，气温低的特点，储粮企业应以低温储藏技术为主要生态储粮技术发展为方向。建议在 9 月下旬至 11 月上中旬和次年 1 月份期间，利用相对寒冷的气候，分别对储粮进行 2 ~ 3 次通风降温。可采用自然通风和机械通风交替进行的方式降低粮温，一般可将粮温普遍降低 5℃ 以下。

（2）确保储粮安全度夏

在夏秋季节的 6 ~ 9 月间，要使粮仓温度始终保持在低温和准低温状态。在中、低温季节使粮温保持在 15℃ 以下，在高温季节使粮温保持在 20℃ 以下。可采用粮面压盖、隔热、密闭等必要措施，必要时可采用机械制冷设备（如谷物冷却机）进行冷却降温。

（四）气调储粮技术应用与建议

对必须采用气调储粮技术保管的粮食（如高品质的粮油及成品），从经济性和可操作的角度，建议采用复合塑料薄膜密封负压小包装储存和利用塑料薄膜帐幕密闭进行气控储藏。

由于应用气调储粮技术对仓房的气密性要求极高，本生态区域现有粮仓的气密性均达不到上述要求，因此，目前基本没有采用真正意义上的气调储粮技术。

（五）机械通风技术应用与建议

根据本生态区的自然气候条件，可选择在11月～次年2月间，利用机械通风技术进行降温操作，在每年的3～5月和9～10月间，利用机械通风技术进行降低储粮水分操作，此技术可广泛应用于本生态区已经配置了通风网络系统的各种仓型的粮仓、粮库。

从经济和成本的角度看，通风机械设备类型可简单分为离心式通风机、轴流式通风机和混流式通风机三种，其中应用轴流式风机通风相比最为经济，混流式通风机次之，离心式通风机成本较高。

（六）仓储害虫防治技术应用与建议

在本区域，建议根据储粮的品质、具体粮情、虫害程度，采用经济有效的综合防治措施，即采用简单经济的物理防治（主要指低温冷冻杀虫、高温热风干燥杀虫）并辅助以简单经济的化学防治（主要指在粮堆表面和浅层埋藏施药低药量防护和磷化铝缓释熏蒸杀虫），对非低温粮堆（或粮堆局部）加以防治和控制。只有当出现大规模虫害时，才采用更为有效的熏蒸杀虫措施（如采用整仓磷化氢环流熏蒸）。也可以采用综合防治仓储害虫的方法，如生物防治方法：可利用捕食性寄生性昆虫、寄生蜂、微生物和病毒；利用食物引诱剂等杀灭仓储害虫。物理防治方法：如利用高温闪热，低温冷冻杀虫；利用太阳能、微波、激光、电离辐射杀虫等。

（七）粮食干燥技术应用与建议

在本生态区可采用的粮食干燥技术主要有自然晾晒、通风降水、就仓干燥和机械烘干四种方式。从经济性角度比较，自然晾晒和通风降水较为经济，机械烘干成本相对较高。在选用不同粮食干燥方式时，除根据粮食品种、具体粮情和气候条件灵活选用外，建议根据粮食的原始水分进行合理选择。

第四节

中温干燥储粮生态区

一、概述

（一）本生态区地理位置、与储粮相关的生态环境特点

中温干燥储粮生态区域政区主要包括山西省、山东省、北京市、天津市的全部，河南省、河北省大部，陕西省秦岭以北地区以及辽宁省、宁夏回族自治区、甘肃省、安徽省、江苏省的一部分地区。本生态区西邻青藏高原，东濒黄海、渤海，北面与东北地区及蒙新地区相接，以秦岭北麓、伏牛山、淮河为界与华中区相接，此界相当于活动积温为 4 500 ℃或 1 月份平均气温 0 ℃、年降水量为 800 mm 等值线。

本生态区气候类型为暖温带、半湿润半干旱的大陆性季风气候。日平均气温≥10 ℃的积温为 3 200 ~ 4 500 ℃，日平均气温≥10 ℃的持续天数为 140 ~ 200 d。夏季高温多雨，日平均气温 >20 ℃时间一般持续 3 个月以上；7 月平均气温大部分在 24 ℃

以上；渭河谷地和华北平原南部极端高温在40 ℃以上，是本区的高温中心。日平均气温超过35 ℃的天数，渭河谷地达39 d，华北平原南部为20～25 d。本生态区年降水量为400～800 mm，降水集中于夏季，多暴雨。春旱普遍且严重。冬季寒冷、干燥，1月份平均气温为－10～0 ℃，极端低温达－30 ℃以下。如河南北部山区属暖温带大陆性季风气候，冬寒夏雨，春旱普遍。月平均相对湿度65%左右；全年最高气温接近41 ℃，一般出现在6～7月；最低气温－6 ℃，一般出现在1～2月。华北平原、山东半岛日平均气温0 ℃以下时间长达3个月。山东、河南以及河北南部四季分明，春秋季短暂，冬夏季较长；夏季盛行南风，炎热多雨；冬季多刮偏北风，寒冷干燥，年平均气温为11～14 ℃。年日照时数为2 300～2 900 h，日照率为52%～65%。年平均降水量为550～950 mm，多集中在6～9月；而黄土高原、冀北山地降水长达3个半月。本生态区春季气温回升快，3月份以后每5 d左右，日平均气温升高1℃；4月份气温超过10℃，5月份则增至20 ℃。本生态区几个重要的储粮区情况如下。

1. 山东低山丘陵区

本区位于华北地区最东部，包括山东半岛和鲁中南山地。本区毗邻海洋，属暖温带湿润、半湿润季风气候。活动积温为4 500～3 200 ℃，日平均气温≥10 ℃的天数为170～200 d，年降水量为650～950 mm，比华北其他地区多200 mm以上。降水多集中于夏季。气温年较差小，夏季气温比同纬度华北各地稍低，没有35℃以上高温，冬季气温较华北各地稍高。本区山地丘陵多，平原少。平原主要分布在山东的地堑谷地，这些平原是本生态区重要的农业区，也是人口密集度最大、经济最发达的地区。

2. 华北平原（包括黄淮平原）

本区气候属暖温带、半湿润气候。海河平原年降水量为450～600 mm，是华北平原气候干旱的中心地区。7、8月份雨量集中，为250～350 mm，日平均气温≥10 ℃的积温为4 300～4 600 ℃。黄淮平原气候偏暖，降水较多，且多梅雨，常有洪涝灾害。

3. 冀北地区

本区位于华北平原和内蒙古高原之间。山地中有一些重要的农耕区，如怀来、宣化、承德、大同盆地。从东南到西北，气候从半湿润向半干旱过渡，生产方式从农业过渡到牧业，年降水量为400～450 mm，最热月气温为21～24 ℃。

4. 黄土高原区

自然地理上包括陇中盆地，陇东、陕北黄土高原，山西高原和渭河平原。这些地区除黄土高原东南部、渭河谷地降水可达600 mm，属半湿润地区外，其余大部分地区年降水量多在450 mm左右，属半干旱地区。陇东、陕北黄土高原，位于吕梁山与六盘山之间，海拔较高，活动积温不到3 000 ℃，只能一年一熟旱作。谷底川道温度稍高，但面积很小，年降水量只有400～500 mm，集中于夏秋季节，多暴雨。山西高原位于吕梁山与太行山之间，1月份平均气温为－10～－6 ℃，7月份平均气温为22～24 ℃，日平均气温≥10 ℃的积温为3 000～3 800 ℃，年降水量为400～630 mm。汾河平原是山西省的粮棉基地。渭河平原与汾河平原相接，土地肥沃，灌溉发达，年降水量为600～700 mm，最冷月平均气温＞－2 ℃，日平均气温≥10 ℃的积温为3 500～4 500 ℃。

（二）本生态区主要粮食品种与储存期限

本生态区农作物两年三熟或一年两熟。多种植小麦、玉米、旱粮、水稻。几个重要储粮区的所产粮食品种有小麦、玉米、稻谷、高粱、豆类、谷子、大麦、莜麦、荞麦、薯类等。小麦和玉米是本生态区主产粮食品种。在常规条件下，小麦储存期一般为3～5年，玉米1～2年，若科学保粮水平高的粮仓或采用低温、恒温储存小麦可达8年以上。例如河北省的一些山洞粮库、地下粮仓，长年温度在14 ℃左右，储存小麦可达10年以上。

山东省低山丘陵主要种植小麦、玉米、水稻，粮食储存期限为：小麦一般为3～5

年，玉米2～3年，稻谷2年。储存期限在5年内的占95%以上，3年内的占90%。如果采用低温储存等先进手段，可延长粮食储存年限。

黄土高原种植玉米、谷子、冬小麦等作物，以玉米和豆薯、谷糜类杂粮为主；陕北气温较低，降雨量少，湿度小，粮食易干燥，虫霉不易为害，有利于粮食保鲜和延缓粮食陈化。据调查测定，陕北储存了近10年的小麦，经质量品质鉴定，综合指标变化不大。

河南省所产粮食品种有小麦、玉米、稻谷、豆类、谷子、大麦、油料等。小麦和玉米是其主产粮食品种。年均粮食库存2.87亿kg，最高达3.4亿kg以上。小麦储存期不超过3～5年，玉米储存期为1～2年，在一些地下粮仓中储存的粮食储存期则比较长。

（三）本生态区储粮设施配置概况

本生态区储粮仓型有基建房式仓（苏式仓）、简易房式仓、高大平房仓、立筒仓、钢板立筒仓、砖立筒仓、钢浅圆仓、砖混浅圆仓、砖圆仓、地下仓、山洞仓、拱形仓、土堤仓等多种仓型。其中房式仓是主要仓型。在浅圆仓和立筒仓中一般都配备了相应的输送设备、清理设备、计量设备等，有一些粮仓粮库配备有烘干设备。在新建或扩建的储备粮库和一些地方粮库配备有机械通风设备、粮情检测设备、熏蒸杀虫设备、谷物冷却机等。完善或不完善的检验设备应用面积较大，在少数粮仓中还不具备应有的通风设施、粮情检测设施等。

本生态区现有使用年限10年以内仓容459.4万t，10～20年仓容306.8万t，20年以上仓容487.9万t。现有价值2 000元以上的粮仓机械设备26 693台（套），其中完好的24 406台（套），需大修的1 547台（套），待报废的740台（套）。输送设备3 378台；清理设备3 292台；称量（称重）设备5 646台；装卸设备19台；烘干设备38套；熏蒸设备376套；粮情电子检测系统58套；谷物冷却机4台；机械通风设备2 486台；检验检测设备8 437台；计算机814台。到2000年3月底，山东全省共有仓容1 254.1万t，其中质量良好的仓容为1 037.5万t，需大修的仓容为138.9万t，待报废的仓容为77.7万t。

（四）影响本生态区储粮安全的主要问题

1. 影响山东省储粮安全的主要问题

据调研资料，山东省部分粮仓老化、陈旧严重，待报废粮仓和已经报废粮仓仍在储存粮食，严重影响了储粮安全。露天垛、外租仓储粮多，该省常年平均60万t。基层防保队伍不稳定，人员业务技能参差不齐；储粮设备不齐全，技术水平低，影响了粮情检测的准确性。

1990年以来，在山东省范围内发生的主要仓储害虫有玉米象、赤拟谷盗、锯谷盗、麦蛾、印度谷蛾、书虱、螨类、大谷盗、杂拟谷盗、粉斑螟蛾、谷蠹等。随着粮食贸易日益增多，谷蠹有由南向北频发的趋势，谷蠹、赤拟谷盗等仓储害虫对磷化氢抗性增加。微生物以霉菌为主，主要发生在玉米、花生和小麦局部结露处理不及时部位。熏蒸药剂主要采用磷化铝，对抗性虫种使用氯化苦、溴甲烷。防护剂使用很少，主要是因为缺少专用施药机械及输送配套设备。正常储粮条件下每年使用磷化铝熏蒸一次，个别粮仓熏蒸两次；基层粮仓磷化铝的使用量一般为5～6 g/m^3，中型粮库为2.5～4 g/m^3，新建的高大平房仓为2～3 g/m^3。该省储粮年平均成本为0.4元/t以下。

2. 影响陕西省储粮安全的主要问题

（1）粮仓超负荷储藏，存在安全隐患

现有粮仓承储能力基本可满足需要，但不平衡。目前问题主要是，条件差的粮仓采取超高、超负荷储存，利用待报废仓容和扩大露天储粮等超常规措施解决仓容不足的问题。粮仓设施和储粮安全均受到严重威胁。

（2）现有仓容陈旧、老化问题严重

陕西省现有仓容中，1950～1970年建设的苏式仓、民房仓、简易仓、窑洞仓、寺庙仓等占有很大比重，已属超期服役。目前粮仓的实际状况差，普遍出现基础下沉、墙壁裂缝、横向移动、屋架变形、屋面板损坏、返潮等情况。由于大修资金不落实和没有建仓规模，粮库仍在继续使用。

（3）部分粮库建设布局很不合理

如20世纪60年代受国际政治经济形势影响，为了符合战备的需要，在远离粮产区和交通沿线的地方建设一定的粮库粮仓。现因运输不便，储粮成本高，不适合继续储粮，已作他用。

（4）现有粮仓粮库装备技术落后

现有的大部分粮仓粮库的粮食出入库机械化程度不高，粮食的“四散化作业”程度低，与粮食仓库设施现代化要求有较大差距。

（5）粮库网点多、规模小

该省粮仓粮库网点虽多，但仓容较小，最小的库点仓容量仅25 t。

3. 影响河北省储粮安全的主要问题

河北省普遍存在储粮技术管理和粮仓设施老化的问题。在季节转换时，因昼夜温差大，易发生粮堆结露；冬季收购的玉米水分较高，不利于正常保管；粮仓隔热性差，不利于低温储藏；仓房密闭性能差，易感染虫害；露天存粮多，气温高，粮食度夏难；部分仓储害虫对主要化学剂磷化氢、防虫磷均已产生抗性。

4. 影响河南省储粮安全的主要问题

调温季节仓储害虫发生较多，是影响本省储粮安全的主要问题之一。该省所产粮食品种有小麦、玉米、稻谷、豆类、谷子、大麦、油料等，小麦和玉米是该省主产粮食品种，年均粮食库存巨大。小麦储存期不超过3~5年，玉米为1~2年。近几年来出现的一些微小害虫，如书虱，难以治理。当季节转换时因昼夜温差大，易发生粮堆尤其是近仓墙的粮食结露；低温或寒冷季节有储粮局部发热的现象；冬季收购的玉米水分较高，不利于正常保管。多数仓房隔热气密性差，除易感染虫害，熏蒸效果难以保证达到外，也不利于低温储藏和控温储藏。露天存粮多，气温高，粮食度夏难；受外界温湿度影响较大。部分储粮害虫对主要化学熏蒸药剂磷化氢气体已产生抗性。

二、本生态区仓型总体情况

（一）本生态区现有仓型、仓容利用情况及储粮性能技术经济分析

1. 河北省现有仓型、仓容利用情况

河北省有基建房式仓（苏式仓）、简易房式仓，立筒仓、钢板立筒仓、砖立筒仓、钢浅圆仓、砖混圆仓、地下仓、山洞仓、拱形仓、土堤仓等多种仓型。其中房式仓是河北省的主要仓型。

该省仓容总量 116 亿 kg，其中完好仓房 95.75 亿 kg，占全省仓容总量的 82%；租赁社会仓容 4.9 亿 kg，占全省仓容总量的 0.04%。房式仓容 90 亿 kg，占全省仓容总量的 77.5%，仓房利用率为 90% ~100%。房式仓的类型结构多样，小跨度房式仓、单仓容量一般为 500 ~2 500 t。高大平房仓有 5 000 t。房式仓便于移动机械设备作业，仓房性能相对较好，易实施科学保粮，仓房利用率相对较高，其通风密闭、隔热防潮性能均优于其他仓型。苏式仓单仓容量 2 500 t，该仓型占地面积大，粮堆低，密闭性能、隔热性能均比较差，且仓内梁柱太多，不利于日常管理及科学保粮技术的应用。

2. 陕西省现有仓型、仓容利用情况

基建房式仓为陕西省主要仓型，其中还有部分苏式仓在超期服役，其次为地下仓，其余仓型依仓容大小顺序为：简易房式仓、砖圆仓、砼立筒仓、砖立筒仓等。

3. 山东省现有仓型、仓容利用情况

山东省现有房式仓、立筒仓、浅圆仓、砖圆仓、地下仓及其他 6 类仓型，共计仓房面积 570.7 万 m^2，仓容 1 245.1 万 t。其中以房式仓最多，仓房面积 563.8 万 m^2，仓

容1 229.6万 t，其中基建房式仓仓房面积 533.9 万 m^2（其中含苏式仓仓房面积 17.67 万 m^2）；仓容 1182.4 万吨（其中含苏式仓仓容 37.4 万吨）。简易房式仓仓房面积 29.8 万 m^2，仓容 47.2 万 t。立筒仓仓房面积 1.92 万 m^2，仓容 17.2 万 t，其中砼立筒仓仓房面积 0.59 万 m^2，仓容 6.7 万 t。钢板立筒仓仓房面积 0.79 万 m^2，仓容 7.4 万 t。砖立筒仓仓房面积 0.54 万 m^2，仓容 3.2 万 t。钢浅圆仓仓房面积 0.12 万 m^2，仓容 0.4 万 t。砖圆仓面积 0.32 万 m^2，仓容 0.66 万 t。地下仓面积 4.08 万 m^2，仓容 5.3 万 t。其他仓仓房面积 0.44 万 m^2，仓容 0.8 万 t。质量良好的仓房面积 49.39 万 m^2，仓容 1 037.5 万 t；需大修的仓房面积 74.4 万 m^2，仓容 138.9 万 t；待报废的仓房面积 46.8 万 m^2，仓容 77.7 万 t。

山东省是粮食生产和购销大省，粮食多仓房少的矛盾比较突出。全省粮库基本爆满，另外还有露天垛、外租仓储粮，超仓容存粮等现象，特别在基层收纳库更是超负荷运转。从山东省总的情况看，仓房利用率较高，但也有个别粮仓闲置的现象。

山东省仓房的使用年限较短，基础条件较好的新建国储库储粮性能稳定，保粮及维修费用较低；使用年限较长、需大修、待报废的旧粮仓储粮性能相对较差，保粮及维修费用较高。由于山东省绝大多数粮库仓型为房式仓，因此从仓房存粮线高低来看，收纳库绝大多数为存粮线低小的房式仓（3.5 m×15 m 以下）。这种仓型粮食出入库方便，储存技术要求较低，可充分利用自然条件进行保管，经济实用，符合该省的实际情况，适应粮食收购、销售、储存的需要；大型粮库，尤其是高大平房仓则适合中长期储粮，易保温，密闭性能好，储藏技术水平要求高，但必须配备相应的机械设备和检测手段，粮食出入库及保管费用相对较高。

4. 河南省现有仓型、仓容利用情况

河南省现有仓房类型有基建房式仓、苏式仓、简易房式仓、窑洞仓、拱形仓、浅圆仓、立筒仓、钢板仓、高大平房仓、土堤仓等多种仓型。其中房式仓是该省储粮主要仓型。房式仓的类型结构多样，高大平方仓单仓容量 5 000 t 以上。从储存期和来粮情况来看，该省采用房式仓这一仓型，主要便于移动机械设备作业，易于实施检测管理和科学保粮。苏式仓单仓容量相对居中，该仓型占地面积大、粮堆低，密闭性能、

隔热性能均比较差，且仓内梁柱太多，不利于日常管理及科学保粮技术的应用。对现有部分旧粮仓储粮性能改善，该省主要采用以下措施，如提高粮堆的熏蒸气密性，实行墙内槽板墙外化，提高粮堆的密闭性能，并与电子、电脑测温系统相配套，提高熏蒸杀虫效果；对仓房进行机械通风改造，预防粮堆结露；对粮仓门窗用塑料薄膜密闭，以隔温防止仓储害虫。

（二）适合本生态区储粮生态条件的仓型

1. 河北省

根据在河北省的调研情况，此地区适宜建设单幢仓容量为5 000 t的房式仓。粮仓设计最好采用中间设置隔墙，仓顶防漏效果好，仓顶与仓内空间设置对流隔温层；仓顶、仓墙着光面采用光反射材料及隔热材料，减少吸热量；双层门窗，密闭隔热性能好；砖混结构墙体，仓墙厚度为50～74 cm。如果粮仓的整体结构在气密性能、隔热性能及防潮性能上质量再有提高，就更为理想。

2. 陕西省

陕西省粮食部门对平房仓的安全保粮有着丰富成熟的实践经验。结合陕西省粮食储备品种主要是小麦、部分稻谷的实际情况，综合使用功能、用途、规模、营运成本等因素，适合其生态环境特点的仓型应为平房仓。从陕西省现有的十几种仓型比较来看，平房仓具有造价低、容量大、经久耐用、便于保管等优点。已形成了一套便于使用、维修、管理的经验，值得推荐：

（1）陕西省应用平房仓的优势

陕西省冬夏温差大，年平均气温低于全国平均水平，平均降水量小，气候干燥，适宜各种平房仓安全储粮。再者，陕西地层大部分为黄土覆盖层，土层厚，土质均匀，地下水位低，地耐力高，当地有处理黄土湿陷性的成熟经验。由于平房仓大多采用砖混结构，良好的土质能够发挥其取材方便，工程进度快，工程造价低的优势。优越的地质条件和投资效益均适宜各类平房仓的建设。

（2）平房仓应用经验

该省平房仓已基本具备粮情检测、环流熏蒸、机械通风及机械化作业等各类功能。地面的地上笼，地下的通风槽，粮面的风机等机械通风系统，粮情检测系统，移动式及固定式环流熏蒸系统的配置，可以满足安全储粮的要求。移动式机械输送设备日趋完善，可以实现快装、快卸，快速实现机械化作业。同时平房仓便于不同粮食品种的分类储藏，可以满足储备、中转、收纳等不同用途的需要。平房仓粮情检测、环流熏蒸、计算机系统在陕西省有较强的技术力量。

3. 山东省

根据山东省气候条件和粮食储存的需要，适合该省的仓库类型为房式仓。该仓型密封性能、防水防潮性能好、保温隔热性能强、基础配套设施齐全。从安全、经济、方便的角度出发，基层收纳库和城市周转库宜采用跨度 12 m、15 m、18 m，存粮线 3.5 ~4.5 m 的房式仓，容量不宜过大，单仓仓容在 500 ~1 000 t，以便在频繁的周转过程中能一次性腾空，避免出现销半仓留半仓的现象，也有利于粮食保管和降低费用。储备粮库主要用于中长期储粮，要求仓房容量大，仓房保温隔热性能、气密性能、防水防潮性能和储藏技术水平较高，可采用跨度 21 m 或 24 m，存粮线 5 m、6 m 等组合的房式仓。存粮线 5 m 的房式仓可考虑单廒间仓容在 2 000 ~2 500 t，存粮线 6 m 的房式仓可考虑单廒间仓容在 2 500 ~5 000 t，单仓长度（无伸缩缝）36 ~72 m 为宜，在适当配置了安全储粮设备和进出粮设备后，既可用于中长期储粮又便于粮食的快速出入，粮食保管费用及搬倒费用也能降低。考虑山东省粮食仓储及对结构体系的影响，存粮线 3.5 m、4.5 m、5 m 的房式仓可用 4 m 开间；存粮线 6 m 的房式仓可采用 6 m 开间；存粮线 3.5 m、4.5 m 的房式仓应以砖砌体为主，适当采用钢筋砼构造措施，包括构造柱和圈梁。当存粮线为 3.5 m，跨度为 12 m 时可采用薄腹梁，跨度为 15 m 时可采用钢筋砼折线型屋架、预应力钢筋砼屋面板，也可考虑采用钢筋砼三角形屋架，槽板挂瓦屋面；当存粮线为 4.5 m，跨度为 18 m 时可采用折线型钢筋砼屋架；跨度为 21 m 时可采用预应力钢筋砼屋架，预应力屋面板；当存粮线为 5 m 时，砌体按组合砌体考虑。

组合砌体设计中，屋架下可采用钢筋砼柱与砌体组合，屋架可采用预应力钢筋砼折线型屋架，预应力空心板屋面；当存粮线为6 m时，砌体按组合砌体考虑，屋架可采用预应力钢筋砼折线型屋架，预应力大型屋面板。

根据山东省储粮的实际情况，从粮仓粮库砌体强度、隔热、密闭等方面综合考虑，结合设计理论，墙体可采用490墙。仓房存粮线4.5 m及以上的屋面防水等级按Ⅱ级考虑，存粮线3.5 m以下的可适当降低防水等级。屋面防水材料可采用SBS、PVC和油毡；地面、墙面防潮可采用SBS、JS、SBC、聚氨酯等材料。粮仓屋面保温可采用珍珠岩等保温材料；门窗均采用保温、密闭门窗。

（三）本生态区现有老粮仓、新建粮库存在的主要问题

1. 老粮仓存在的主要问题

老粮仓由于使用年限较长，存在隔热性能差，电器设计不合理，门窗结构不太符合安全储粮要求。仓房配套设施落后，仓门、仓窗密闭性能差；地面、墙面防潮性能差；屋面保温隔热性能差。不利于机械操作，人力消耗大，科学保粮及维修费用高。

2. 新建粮库存在的主要问题

河北省新建粮库存在的主要问题是：仓房隔热性能差，门窗隔热效果达不到安全储粮要求，机械通风设计不很合理。

河南省新建粮库存在的主要问题是：仓房隔热性能差，门窗隔热效果仍不太理想。为达到安全、经济的储粮目的，建议改善仓房隔热性能，对仓房门窗、仓顶进行技术改造，以提高仓库的气密隔热性能。在第一批250亿kg项目中所修建的房式仓隔热保温性能还可以，但后来扩建的平房仓，隔热性效果不理想。

山东省新建粮仓存在的主要问题是：仓房密闭性、防潮性虽好，但库房跨度大，存粮线高，粮食出入库不方便，给虫害的检查和防治带来了一定的困难。“四项储粮新技术”配套设施不完全符合实际使用要求。储粮技术要求较高，费用大，部分粮仓存

在窗户过多等问题。

（四）对现有粮仓的改善措施、设想与建议

（1）河北省提出的改善措施及建议

为达到安全、经济的储粮目的，建议改善粮仓的隔热性能，对仓房门窗、仓顶进行技术改造，以提高仓库的气密隔热性能和防虫性能。

①仓门设置防虫线，门口设置密封膜。

②搞好春季防虫工作，每年春季实施粮面拌和防护剂，通风口施药密封。

③搞好日常粮仓内外清洁卫生。

④重点抓好空仓的清洁、消毒、保洁工作。

⑤对零散入仓粮食，注意隔离除治，防止虫害交叉感染。

另外，主要采取的措施是要提高粮堆的熏蒸气密性，实行单面密闭粮堆与电子、电脑测温系统相配套，用以提高熏蒸杀虫效果；对粮仓进行机械通风改造，预防粮堆结露；门窗用塑料薄膜密闭，以隔温防虫。

（2）山东省采取的改进措施及建议

①针对粮仓不同情况分别采取不同措施。如部分老仓库已到报废年限的要及时报废处理；对可用需要维修的老粮仓应及时进行维修改造，使其达到“上不漏，下不潮”的安全储粮基本要求。

②结合实际，采取粮面塑料薄膜密封、管槽密闭措施（包括仓门、仓窗及测温洞孔四周等），提高粮仓的气密性能，增强药物熏蒸效果。对于财力尚可的粮库，可采取膜下熏蒸措施，以降低粮食保管费用。

③结合各粮仓实际和当地气候条件，对原有粮仓采用机械通风措施。

④根据粮仓不同情况，将仓房门窗改造为保温密闭门窗，有条件的仓房可以增加吊顶，以增加仓房的保温隔热性能。

⑤针对本省大多数粮仓无防虫网的弊病，添设防虫网。

⑥对新建粮仓不合理的设计部分，推广储粮新技术配套设施不齐全的粮库，进行

局部改造，以发挥仓库的最大效能。

（3）河南省对苏式仓采取的改进措施及建议

苏式仓仓檐底柱多，给储粮管理带来很大困难。一是制约了存粮高度，储存量较小、达不到设计容量；二是仓内柱子多，给储粮密闭增加了难度，不利“双低”储藏技术管理。针对以上问题，有关企业积极开展了科技攻关，从而使这一技术难题得到了有效解决，具体做法是：

①粮堆按走向呈三级阶梯状，粮堆中间增高，这样不仅充分利用了现有的仓房设施，而且提高了仓容利用率。

②将粮堆分成三大块，粮面覆盖膜分成七大块进行密闭，柱子与柱子纵横之间，自制一种槽框。槽框两头能夹住柱子，四周凿成双槽，安上槽板，可以根据粮堆高度的不同、梯形平面宽度的不同来自由升降框子。采取以上措施后，可以进行高质量的密闭，提高粮仓的利用率。

三、本生态区安全储粮技术总体情况

（一）现有安全储粮技术总体情况及评价

1. 山东省安全储粮技术总体情况及评价

山东省库存粮食品种大多为小麦和玉米，主要采用低氧、低药储粮技术、自然通风技术、机械通风技术、微机及电子检测粮情技术、环流熏蒸技术。基层收纳库粮仓仓容量小，一般在 2 500 ~ 5 000 t，单仓容量在 100 ~ 500 t，存粮线在 2 ~ 3.5 m，7 ~ 9 月购小麦，10 ~ 12 月开始收购玉米。新收获小麦入库主要采用高温密闭技术，充分利用后熟以降低氧气，采用低氧、低药量保管，秋冬季采用自然通风降温，在降温过程中注意防止表层结露，个别降温不良区域采用单管通风机通风。第二年春季（4 月底前）全仓密闭保持较低的粮温和仓温，以利于度夏。采用电子测温、日常检查以判定粮情安全状况。基层收纳库保管小麦使用上述办法安全经济，不需要价格昂贵设备，但人工需要量大，对自然外界环境依赖程度高。收纳库收购玉米水分较高，一般在冬季露天通风、降温、降水保管，第二年4～5月通过人工晾晒水分降低到14%以下入库密闭度夏。

山东省国家粮食储备库的仓型基本为房式仓。平房仓跨度21～24 m，装粮线6 m，单仓容量2 500～5 000 t，全部采用微机检测粮情、地上笼机械通风、环流熏蒸、准低温技术。大中型粮库一般尽量避开在高温季节入仓。一旦有7～9月入库小麦，要在满仓后高温密闭进行熏蒸杀虫。随着气温下降，分别在10月、翌年的1～2月两次进行机械通风，使粮温分别降到15℃和5℃以下。4月份密闭，对粮食进行准低温保管。对储存玉米的粮仓，入仓时要严格控制玉米质量，水分要求在16%以内，同时使用机械通风技术，冬季连续运行，使其降到安全水分标准，以保证安全度夏。该办法适用于大批量散装储存玉米，可减轻粮库保管人员的劳动强度，特别适合人员精干的粮库。机械通风能够迅速降低粮温，保证粮食安全，如果时机把握不好，也容易造成结露。解决办法是：一旦表层或底部结露，要不间断地施行机械通风，直至结露区域水分降到安全水分标准。环流熏蒸杀虫效果虽然好，但对粮库气密性要求高，固定设备费用高，整仓改造原有粮库费用过大，因此一些库点也开始探索用膜下环流熏蒸技术。微机检测粮情技术，节省了人力，提高了效率，增强了保管人员的管理能力，是值得推广的技术。

2. 陕西省安全储粮技术总体情况及评价

陕西省仓型有十几种，其主要仓型为平房仓。该省大部分粮库主要采用的储粮技术是：冬季利用寒冷干燥的天气合理使用通风设施，并配套使用粮情测控系统进行机械通风和自然通风，以降低仓内湿度和温度；春季以后，粮面压盖隔热保温层，密闭粮库，进行适时通风。以上方法适合陕西省的自然生态环境和仓型，经济实用，效果也较为理想。

粮食实际储藏过程中，该省发现的主要仓储害虫有赤拟谷盗、书虱、玉米象、谷蠹、麦蛾、印度谷蛾、锯谷盗、长角谷盗等。虫害一般发生在每年夏季气温最高时期。大部分粮库主要采用磷化铝熏蒸的办法进行杀虫，一般每年用药一次。有环流熏蒸设备的粮库用药较少；无环流熏蒸设备的粮库采用粮面施药、埋藏施药等办法，用药量相对多一些。

3. 河北省安全储粮技术总体情况及评价

原粮散存是该省主要储存形式。该省散存原粮全部采用机械通风，粮情电子检测，粮面防护剂防护，单面密闭，粮库门窗薄膜密封等技术以及“双低”“三低”“粮面压盖”和熏蒸综合技术储粮。粮情电子检测系统大大提高了工作效率，改善了工作环境，减轻了粮库保管人员的劳动强度。由于分线器抗腐蚀性能差，准确度、重复性还有待进一步完善和改进。有粮仓近年来采用环流熏蒸系统，效果不错。该省应用谷物冷却机技术试点少，起步晚，目前还处在试验阶段。就该省情况来讲，只要解决了粮库的气密性和隔热性能，配合机械通风技术，就能够完全保证储粮的安全。

1995 年以来，河北省储粮发生的主要仓储害虫有玉米象、谷蠹、麦蛾、赤拟谷盗、印度谷蛾、长角扁谷盗、书虱等虫种。杀虫常采用以磷化铝为主的化学防治，应用防虫磷、凯安保等防护剂。每年施用化学药剂杀虫一次，个别情况施用两次。化学药剂年度用量为 17 万 kg，吨粮成本为 0.15 ~ 0.30 元。此外，粮食微生物分布情况不容忽视。各种粮仓均有微生物大量存在，并以霉菌为多，过雨粮、生芽粮、高水分粮、陈粮、虫粮等更为突出。

（二）新建浅圆仓安全储粮技术和装备情况，在应用中存在的问题及改进建议

本生态区新建浅圆仓安全储粮技术和装备情况，以陕西省为例：陕西省浅圆仓仓容较小，只有西安大明宫粮库、田家湾粮库两个库点建有浅圆仓，总仓容 0.9 亿 kg，均是 250 亿 kg 国家粮食储备库建设项目。浅圆仓在储粮安全和工艺设备运行方面主要存在问题是：

1. 浅圆仓隔热保温效果有待改进

秋冬季节，室外温度与粮温差异过大，粮食易发生结露，不宜于粮食的长期储存。通风口、进人孔为钢板制作，在气温突降时，钢筒体易发生结露并向仓内滴水；如遇大雾天气情况更为严重，建议增设仓体隔热保温层，另须设置进人孔和进仓爬梯。

2. 浅圆仓密闭性和气密性应加强

浅圆仓仓门、门洞、通风口、仓顶与仓壁之间、进人孔、环流熏蒸口等密闭性差，不保温，钢结构屋顶易漏水，影响了局部粮堆储粮安全。

3. 机械输送设备安放存在安全隐患

粮仓顶部机械输送设备在露天安置，若遇降雨，雨水便顺着输送机汇集并流入粮仓内，直接影响储粮安全及工作效率。建议增设仓顶遮雨保护机械装置。

4. 布料器使用效果不理想

现有布料器在使用过程中自然分级严重，抛料不均，仓内各处粮食数量不均，易形成杂质集中区域，需更换或改进布料器。

（三）对生态储粮技术发展方向的建议

1. 本生态区各省储粮技术应用与探索

在陕西省，因地制宜、因粮制宜发展生态储粮技术的经验有：

①利用本生态区有利的气候条件，实施低温储藏技术。寒冷冬季定时开仓，进行低温通风，至来年春季将至时，再封闭粮仓。利用低温以保障储粮安全。

②塑膜压盖密封储粮技术。在密封储粮之前，先投放低剂量的药物，然后用塑膜密封，以保证储粮安全度过夏季高温季节。

③“双低”储藏技术。河北地区充分利用冬季气候干冷的有利条件，在条件较好的仓库，实施低剂量和低氧科学技术储粮。对储粮进行机械通风降温，然后进行密闭储存，这是河北省目前较为成功、成熟，也是最有效、最经济的生态储粮技术。通风技术应用的关键是重点解决好粮温降低后的粮仓隔热保冷问题。如果粮仓具有良好的气密性、隔热保温性能，那么机械通风密闭储粮将是适合河北省的储粮优化生态技术。目前，河北省采用的主要技术是通风密闭和环流熏蒸。通风主要是降低粮温和降低水分，平衡粮温，防止粮食结露，降低粮食陈化速度，减少整晒、减低搬倒费用，利用冬季低温防治仓储害虫。压盖密闭是为了保温及减少或防止虫害感染。

④外垛储粮技术探索。近年来，随着外垛储粮的增多，河南省辉县市粮食局将外垛管理技术作为新的攻关课题。在抓好外垛建设，使之具有“六防一通”（防虫蛀、防鼠害、防水冲、防火患、防风刮、防破坏和机械通风）功能的基础上，不断总结经验，探索外垛管理经验，采取了“空间法”“通风洞法”“草苫打卷法”和“生石灰吸湿法”，有效地防止了外垛储粮的结露问题。同时对篷布进行质量检查维修更新，并加盖篷布和编织片对储粮进行防护，防止暴雨冰雹袭击。

（四）利用当地生态条件进行科学储粮的典型案例

案例：通州区徐辛庄国家粮食储备库利用华北地区秋冬季冷空气通风降温，春夏保温低温储藏的典型案例

北京通州区（原通县）徐辛庄国家粮食储备库 5 万 t 扩建库是 1998 年国家投资建设的 250 亿 kg 中央直属储备粮库重点工程之一，1999 年 12 月投入使用。储粮期间，该企业充分利用粮库现有设施，灵活运用“四合一”储粮新技术，实施科学保粮。2001 年 11 月上旬至 2002 年 2 月初，在往年通风降温技术应用经验的基础上，该企业运用不同通风方式进行了降温试验。通过试验，对高大平房仓通风工艺有了较全面的

了解，对今后在通风降温工作中更加合理地选择通风时机和方式、降低能耗、提高工作效率积累了经验。

试验观察基本数据：粮仓为该库5号仓西廒间。粮仓长36 m，跨度36 m，装粮线6 m，东西墙体为砖混结构，南北墙体为SP板，仓顶为双层彩钢板（中间填充有保温材料），设计仓容5 000 t。试验粮仓储粮为1999年产于北京的三等白小麦，于2000年2月入库，平均水分10.7%，杂质0.66%，不完善粒3.04%，数量6 300 t。

通风降温基本数据：通风过程中先后采用了磷化氢环流熏蒸系统中的环流熏蒸风机和离心风机进行通风。环流熏蒸风机风量为500 m^3/h，全压1 000 Pa，主轴转速2 800 r/min，功率0.37 kW。离心通风机为石家庄风机厂生产的L4－72No8c离心风机，流量为13 643～25 297 m^3/h，全压为1 507～1 106 Pa，电机功率为11 kW，转速为1 250 r/min。

风道风管基本数据：风道为等截面半圆形的地上笼通风管道。其开孔率从风管始端到末端分别为25%、30%、35%，一机三道，南北各2组；风管长15 m，风管间距离为6 m，风管离墙面距离3 m，风管末端间距离为3 m，供风管离墙面距离为1.5 m，途径比为1.5。

粮情检测系统测温点的布置为：全仓8排8缆，共64根测温电缆。每根测温电缆上的测温点从粮面至粮堆底层共分4层，分别标为第1层、第2层、第3层和第4层；其中第1层距粮面0.5 m，第4层距仓底0.3 m，各相邻层间距离为1.7 m，同层测温点间的距离为5 m，测温点离墙面的距离为0.5 m。

试验观察时段为：2001年11月2～7日，打开窗户和通风孔，利用环流熏蒸风机进行通风降温试验。2001年11月15～20日，利用机械通风系统，打开窗户采用压入式通风进行第一阶段通风降温；2002年1月26日至2月2日，进行第二次通风降温。

通风开始条件为：粮堆平均温度－仓外大气温度≥8 ℃；即时粮温下的平均绝对湿度≥即时大气绝对湿度。

通风结束条件为：粮堆平均温度－仓外大气温度≤4 ℃；粮堆温度梯度≤1 ℃/m（粮层厚度）；粮堆水分梯度≤0.3%（水分）/m（粮层厚度）。

在通风过程中利用了某公司生产的粮情检测系统进行粮温、气温、气湿和仓湿的检测，每次开、关机前后均进行检测。每阶段通风完成前后取样化验储粮水分。两个阶段的通风结束后（3 月初），气温回升时，对粮仓房门、窗户、通风孔和粮面进行密闭。

试验观察过程：从 2001 年 11 月 2 日开始，每天 9：00 ~ 17：00 打开窗户和通风孔，利用环流熏蒸风机进行通风，于 2001 年 11 月 7 日通风结束。通风结果显示利用环流熏蒸风机通风降温效果不明显，温度变化情况与自然通风粮温变化规律基本一致。分析其原因，有可能是环流熏蒸风机功率较小，达不到通风降温的效果，再者是通风时机不合适或通风时间较短。

从 2001 年 11 月 15 日开始，在夜间打开离心通风机进行第一阶段通风降温观察观察，于 11 月 20 日结束，通风时间为 39 小时 50 分，通风前后平均粮温变化情况为：

此阶段从上面数第 1 层和第 2 层粮温比第 3 层和第 4 层高，且第 3 层和第 4 层粮温与外温相差不大。通风的主要目的是为了降低上面第 1 层和第 2 层的粮温，并平衡各层粮温，为下阶段进一步降低整体粮温打下基础。由表中结果所示（详见表 2 -5，表 2 -6），通风期间，每次开机前后全仓平均粮温基本变化不大，通风结束后第 1 层和第 2 层粮温下降将近 5 ℃，幅度较大，而第 3 层和第 4 层粮温下降近 1 ℃，且各层粮温基本维持在 10℃左右，达到了预期目的。

从 2002 年 1 月 26 日开始，在夜间打开离心通风机进行第二阶段通风降温观察，于 2 月 2 日结束，通风时间 69 h。此阶段平均气温接近 0 ℃。由于受外温的影响，第 1 层粮温比第 2 层、第 3 层和第 4 层低，粮温接近 0 ℃。通风的目的是大幅度降低第 2 层、第 3 层和第 4 层粮温，使全仓平均粮温接近 2 ℃。表中结果所示（详见表 2 -5 和表 2 -6），通风期间每次开机前后，全仓平均粮温都有所下降，其下降幅度为 1 ℃左右；且通风结束后，各层粮温下降幅度较大，各层平均粮温也接近 2℃左右，通风效果良好。

从上述通风观察过程分析：

第一阶段通风初期，第 3 层单位降温幅度增大至峰值后开始下降，第 2 层和第4 层单位降温幅度缓慢增加，而第 1 层粮温上升，降温幅度为负值；在通风中期，第3 层单位降温幅度逐渐降低接近 0 ℃后相对不变，第 1 层、第 2 层和第 4 层单位降温幅度上升至峰值后逐渐减小，第 1 层上升值峰值的时间滞后于第 2 层和第 4 层；通风末期，第 1 层和第 2 层的单位降温幅度逐渐降低至最低值，第 3 层和第 4 层的单位降温幅度降低为 0 ℃后变为负值，粮温有所回升。在第一通风阶段第 2 层单位降温幅度最大，说明第 2 层的通风降温效果最好，这主要是因为通风前第 2 层的粮温最高。

第二阶段通风初期，第 4 层单位降温幅度增大至峰值后急剧下降，通风降温效果最好，第 1 层、第 2 层和第 3 层粮温上升，降温幅度为负值；在通风中期，第 2 层和第 3 层单位降温幅度上升至峰值后开始减小，第 1 层单位降温幅度逐渐增大。在此期间，第 2 层和第 3 层通风降温效果最好；通风末期，第 2 层、第 3 层和第 4 层单位降温幅度逐渐趋于 0 ℃，第 1 层上升至峰值后缓慢下降，在此期间，第 1 层通风降温效果最好。可见在此阶段通风过程中，粮温将由底层至上层逐层降低，在每一时期各层单位降温幅度均不相同，每层粮温单位降温幅度都有一个上升至峰值后逐渐下降的过程，其峰值出现时期是上层滞后于下层，即峰值随着通风的进行将由粮堆底层至上层依次出现，而其峰值大小逐渐减小。

由两次通风前后储粮的水分变化情况看出，通风过程中粮食水分基本上没有什么变化，这主要与粮食水分和大气湿度较低有关。在第一阶段通风过程中，仓温和仓湿受通风的影响不大。

在第二阶段通风过程中，通风前期仓温和仓湿受通风的影响不大。随着通风的持续进行，仓温和仓湿有微弱的上升，但幅度不大，通风结束后，影响逐渐消失。

通风后粮温（2002 年 2 ~7 月）变化情况见表 2 –5。

表 2 –5　通风后粮温（2002 年 2 ~7 月）变化情况

月份	气温/℃	仓温/℃	平均粮温/℃
2	7	1.8	1.3
3	13.4	10	3.3
4	18.7	15.2	5.4
5	24	20	8.7
6	25.7	24.3	12.1
7	33.3	27.8	14.3

由表 2 –5 可知，粮温随气温和仓温的上升而上升，但上升的幅度较小，导致粮温上升的原因是由于仓房保温性能不好，四周和表层粮温受外温的影响较大。

经过冬季通风降温后，粮食储藏品质变化情况见表2-6。

表2-6　粮食储藏品质变化情况

时间（年·月）	湿面筋/%	面筋吸水量/%	黏度/（mm^2/s）
2001.10	29.67	205	6.5
2002.04	31.63	202.6	6.4

由表2-6所示，经通风密闭储藏后，粮食品质基本没有变化。实践证明，低温密闭储藏可以减缓粮食陈化的速度。

根据上述试验结果可知，利用环流熏蒸风机进行通风降温，效果不明显，有待于进一步研究和探讨。在华北地区进行冬季储粮通风降温时，第一阶段通风选择在11月中旬，第二阶段通风选择在次年的1月下旬比较合理。分阶段通风，可以防止因室外气温和粮食温差过大引起的粮食结露，避免出现安全隐患。在通风降温过程中，要严格按照通风降温控制条件进行操作，如果没有达到相应的条件，不仅降温速度慢，而且单位能耗也大。在通风结束后，待气温回升前务必要做好仓房的密闭保温工作，巩固通风降温效果。此阶段试验结果表明：粮仓的最佳密闭时间为2月底至3月初。

（五）本生态区粮食在不同条件下的安全储存期限

了解本生态区粮食在不同储藏条件下安全储存期限，有利于细化量化储粮管理工作。

小麦耐高温、耐储存，山东省小麦在常温下可储存3～5年，准低温储存可达8年；该省玉米胚部含油高，易氧化变质，如颜色变浅，储存不宜超过2年；大豆可储存2年。目前只有少数新建库配备了相应检测设备，开始探索应用《粮油储存品质判定规则》。小麦不易储存的判断指标为黏度、面筋吸水率及品尝评分值，而黏度重现性差，设备不统一，宜采用降落数值作为参考指标。国家优质小麦只要求降落数值大于300 s，没有要求降落值上限，但降落数值过高则表明小麦淀粉酶活性很低，说明储存期长，需要改进降落值指标。

粮食安全储藏期限也受仓型和气候条件的影响，如陕西省房式仓储存粮食一般情况下的保管年限为2~3年；地下仓相对较长，为5~6年，在加强管理，改善仓房条件的情况下，还可相对延长保管年限。从气候状况看，陕北气温较低，降雨量少，湿度小，粮食易干燥，虫霉不易为害，有利于粮食保鲜，延缓粮食陈化。据调查测定，陕北储存了近10年的小麦，质量鉴定综合指标变化不大。

（六）《粮油储存品质判定规则》应用现状及改进建议

《粮油储存品质判定规则》的发布实施，有力指导了本生态区的粮食储藏工作，有个别指标缺乏统一的基层应用规范。建议在应用过程中不断完善，制定出基层单位能够操作的指标进行界定，如储藏微生物的变化值等指标。

对河北省、河南省的调研情况表明，《粮油储存品质判定规则》的发布实施，对科学的粮食储藏管理起到了规范性的指导，但个别指标，如品尝评分指标在基层缺乏可操作性，加之基层粮仓技术设备较差，粮食检验设备落后，制约了该规则的推广和应用。

（七）“四无粮仓”推广应用情况

“四无粮仓”是目前仓储企业的主要考核指标，以下是本生态区各省推广应用“四无粮仓”的调研情况。

1. 山东省

山东省实现“四无粮仓”单位占全部仓储单位的99%以上，大中型粮库实现“四无粮仓”是最低标准，要在此基础上不断提高管理水平。基层收纳库经营比较困难，改革措施还不够配套，专业人员流失，容易在实现“四无粮仓”上降低标准。为了加强管理，该省在落实《粮油储藏技术规范》《机械通风储粮技术规程》等规章制度的基础上，制定了《山东省规范化储粮单位标准》《粮油仓储工作百分考核办法》《山东省露天储粮管理办法》等规章细则，各地及仓储企业根据自身实际情况，制定了一些操作性强、细化量化的制度。如威海市制定了《仓储管理质量与储粮费用挂钩制度》《仓房维修制度》。山东省粮油收储有限公司制定了《保管员工作质量标准》《保管员职责》《保管员岗位责任制》等规章。制定这些规章是做好仓储工作的前提，落实这些规章是做好仓储工作的保证。落实出现偏差，仓储工作就会出现问题，因此，继续落实相关管理制度是今后该省仓储管理工作的重点。

2. 陕西省

陕西省长期坚持“以防为主、综合防治”的保粮方针和“安全、经济、有效”的原则，各库点认真贯彻实施《粮油储藏技术规范》和《国家粮油仓库管理办法》，在此基础上，制定了《一符四无粮仓管理制度》《储粮检查制度》《粮油出入库制度》《粮油检化验制度》《仓储器材管理制度》《化学药剂管理和使用制度》《消防安全制度》等一系列管理制度，建立岗位责任制，加强粮仓日常管理，在实践中不断完善仓储管理制度，保证了储粮安全。粮油安全水平常年保持在95%以上；“四无粮油”达到90%以上；“四无粮仓”建设单位达到95%以上。

3. 河北省

河北省在仓储管理工作中，一直严格按照“一符四无”粮仓标准开展工作，全省“一符四无”粮库一直保持在95%以上。各粮仓严格执行从粮食检验质量到入库、保管、出库等一系列仓储管理制度和储粮技术规范，采用科学、综合的储粮技术取得一定成果。具体应用技术是秋冬季进行通风降温；春季预先进行防护剂处理后再进行仓房密闭；秋季及时解除密闭，进行通风平衡粮温。

对河北省安全储粮技术评价指标体系的建议：一是考虑储粮的品质变化；二是考虑储粮的单位成本及综合效益；三是考虑地域及气候对安全储粮的应用。

4. 河南省

河南省在仓储管理工作中，广泛开展“一符四无”粮仓活动，经常开展省地级的技术比武，促进仓储管理工作者对“一符四无”粮仓标准的认识，在实际工作中的应用技能，使该省“一符四无”粮仓比例一直保持在较高水平。许多地县（市）连续30年保持了省市储粮企业“‘一符四无’活动先进县（市）”的殊荣。这些企业长期严格执行各种仓储管理制度和储粮技术规范，在原有仓储制度的基础上，结合本地实际，不断完善创新，形成了一套具有地方特色的仓储管理制度。例如，河南省辉县市储粮企业建立的“三个三”工作制度，为该市的仓储工作增添了新的活力。

“三个三”具体含义是：

①平时工作确保“三不留”（在包仓责任上不留空挡；在粮情检查上不留死角；在储粮管理上不留隐患）。

②月底狠抓“三个小”（小普查；小总结；小评比）。

③三是对保管化验人员要求实现“三个高”（思想素质高；业务素质高；工作和生活细节要求标准高）。

该市储粮企业还采用科学的综合储粮技术，即实施秋冬季进行通风降温；春季先进行防护剂处理，后进行粮仓密闭；秋季及时解除密闭进行通风，平衡粮温，使储粮得以安全过冬。

对河南省安全储粮技术评价指标体系的建议为：

一是考虑储粮的品质变化；

二是考虑储粮的单位成本及综合效益；

三是考虑该地域气候特点落实安全储粮。

5. 改进建议

当然，目前的一些制度是在计划经济物资缺乏时期制定的，有片面强调粮食安全，对经济效益不够重视，对粮食食用安全性、加工品质、食用品质重视不够，对环境危害认识不深的地方，这些问题应该在确保开展“四无粮仓”活动的同时，继续贯彻储粮“低损失、无污染、低成本；高质量、高营养、高效益”和“经济效益、社会效益、生态效益”相统一的原则。

四、本生态区储粮设施总体情况

（一）本生态区粮库基本设施配置及应用情况

1. 山东省粮储设施基本配置使用情况

山东省粮食仓库的仓型大都是房式仓，仅有一小部分为其他仓型。粮仓机械化程度较低，通风设施、害虫防治设施、粮情测控系统的配置水平还不高。近年来随着国家投资高大平房仓的建设和省粮食局推行的一系列规范化储粮单位标准的实施，山东省的安全储粮设施有了较大的改善。在粮油装卸输送机械运用方面主要有胶带输送机，这是粮食出入库的必需设备，也是该省应用最多、数量最多的设备。扒谷机在储备库粮食出仓时应用也较普及；刮板输送机、斗式提升机、螺旋输送机、吸粮机只在为数不多的筒仓和钢板仓使用。根据调研，该省不同规模粮仓输送机的配置情况为：基层收纳库 1～3 台，县级库 4～6 台，省级库 8～10 台，国家新建粮食储备库 12 台以上。基层储粮仓库的粮食清理设备配置水平较低，县级库、基层收纳库一般只有初清筛（俗称溜筛），新建粮食储备库都配备了振动筛，旋风分离器、布袋除尘器、磁选机等。比重去石机在粮库还未开始应用（面粉厂应用较普遍）。大小粮库及基层收纳库都配备了粮食称重设备，县级以上储备库配备了地中衡（20～80 t 不等），多数配置了电子秤。

2. 河北省粮储设施基本配置使用情况

河北省现有仓储机械设备总数 32 084 台/套。其中完好数量 30 187 台/套，需要大修的1 266台/套，待报废的 631 台/套。其中输送设备 6 509 台/套，清理设备 1 991 台/套，称量（称重）设备 7 804 台/套，烘干设备 93 台/套，装卸设备 17 台/套，熏蒸设备 120 台/套，粮情电子检测系统 583 套，通风设备 3 808 台/套，检验设备 7 422 台/件，计算机 1 441 台，谷物冷却机 3 台，其他粮仓机械 1 004 台/套。

粮仓机械化是粮库生产经营的一个重要组成部分，年利用率一般为 40% ~70%，基层小粮站相对较低，大中型粮库相对较高。粮仓机械的应用与发展，提高了入库粮食的质量和等级，降低了费用，同时也提高了工作效率，改善了职工的劳动环境和条件，减轻了职工作业的劳动强度。合理的机械配套，有利于发展和提高粮库作业的机械化程度，已经被越来越多的粮油库站所认识，特别是大中型粮库。河北省南部两季产粮区利用率较北部单季产粮区生产利用率高。多年的生产实践证明：储粮库站根据自己的实际情况合理配置粮仓机械，有利于企业的生产作业，对产粮区的储粮企业是非常必要的。

3. 陕西省粮储设施基本配置使用情况

陕西省的粮库基本设施配置参差不齐，依粮库的规模大小、新旧程度、粮库的用途不同而不同。在陕西省新建、扩建的库点，如国家 450 亿 kg 粮食储备库，在设备种类、数量、生产厂家等均按照国家粮食储备库建设的有关规定及实际情况进行配置。一般配有称重设备、装卸设备、粮食清理设备、通风设施、环流熏蒸、粮情测控及粮食取样装置等。使用较多、使用性能良好和使用效果也较好的机械设备是：粮油装卸输送设备、粮食称量（称重）设备、取样器、机械通风、环流熏蒸、粮情测控。一些移动不便、功率过大的设备使用率较低。除国家新建粮食储备库以外，由于经济因素等诸多原因，原有粮库的设施配置较为简单，只配置了一些简单的、基本的仪器设备，如粮食装卸输送设备、称量（称重）设备、取样器、粮情测控等设备。一些大型的、价格较高的粮储机械设备没有配置，在储粮许多环节上还都采用人工的方式操作。仓容大的粮库设施配置得相对好一些，基层规模较小的粮仓（站）的配置相对差一些。

4. 河南省粮储设施基本配置使用情况

河南省储粮企业仓储机械设备的配置水平不统一，储粮输送设备、清理设备、称量（称重）设备、装卸设备、粮情电子检测系统、通风设备、检验设备等均有不同程度的应用。

除了合理配置粮储机械设备外，正确地使用、维护和维修储粮机械设备同样是储粮企业不可忽视的一项工作。常规的粮仓机械如称量设备、输送设备、清理设备、干燥设备等一般性能都比较稳定，一些小型粮食机械厂生产的仓储机械设备性能相对较差，在运转过程中常见的问题主要有：

①输送机皮带跑偏、撕裂；轴承、蜗杆蜗轮损坏、托辊不转或严重磨损。

②计量秤出现继电器损坏，准确度下降，拉杆断裂。

③振动筛易发生堵孔，口绳缠绕设备等现象（影响除杂效果）。

④地中衡有时出现线路接触不良，计量误差较大等现象。

（二）安全储粮设施配置及应用情况

1. 河北省、河南省安全储粮设施配置及应用情况

在河北省、河南省储粮地区，机械通风是粮仓广泛应用的主要储粮技术设备之一。该设备广泛运用于降温、平衡粮温、预防粮堆结露、发热等储粮工艺中，是安全储粮中不可缺少的一项技术。通风道形式有“U”形、“一”字形、“非”字形等多种型制，采用钢板冲孔风道或鱼鳞孔板较多，风机配备有低压离心风机、轴心风机、排风扇等，单位通风量一般为 10～20 m^3/（h·t）。目前在机械通风操作上存在的主要问题有：应用技术参数不规范，区域性操作规程没有跟上技术发展的需要，致使出现盲目通风、无效通风的现象。

河北、河南两省在害虫防治设施、化学药剂熏蒸方面和安全储粮过程中发挥了重要作用。由于两省环流熏蒸技术起步较晚，大部分还采用人工进仓施药，仅有国家粮食储备库新建的高大平房仓配备了环流熏蒸设备。粮情电子检测系统可实现对粮温、仓温的随机测定，劳动强度小，利用率高。目前出现的不足之处是稳定性能较差，分线器不耐腐蚀，重复测定误差大，准确度低；测试结果不太准确。两省粮仓采取的储粮安全度夏措施一般为密闭门窗、隔热保冷、低剂量缓释熏蒸、日常检测时采用多功

能电动扦样器、按规定分层布点扦样等。

2. 山东省安全储粮设施配置及应用情况

山东省的储粮机械通风技术应用较广，深受储粮单位的欢迎，通风设施多是可移动的地上笼、存气箱。20 世纪 80 年代中期，这项技术主要用于玉米、花生的通风、降温、降水以及结露粮的处理。1995 年以后，随着大跨度粮仓的建设，这项技术在小麦通风降温中得到了较好的应用。由于新建仓房跨度大（21 ~ 30 m 不等）、粮层高（5 ~ 6 m），加之小麦是热的不良导体，致使夏季 7 ~ 8 月份小麦入库，粮温高达 30 ℃；不采取通风降温措施，中、下层粮温将常年居高不下。目前大型储备库在冬季采用机械通风降温技术，将粮温降至 10℃左右。中下层粮温一般可常年保持在 16℃左右，较好地保持了储粮品质，同时结合使用通风设施和环流熏蒸设施，大大提高了通风设备的利用率。储粮机械通风技术还应用于给玉米降水，深受储粮企业的欢迎。没有通风设备的单位，在玉米收获时，入库的高水分玉米只能外垛存放，春天晾晒后再入仓。大跨度仓房大多都不敢散存，只能采取包装垛存，劳动强度大，粮仓利用率低。对跨度为 21 ~ 30 m、粮堆高度为 4 ~ 5 m 的仓房和水分达到 15% ~ 16% 的散存玉米，春季利用机械通风可使玉米降到安全水分以下，并可安全度夏。

山东省害虫防治设施较为落后，除了国家投资建设的粮食储备库配有固定式或移动式环流熏蒸装置和熏蒸气体检测装置外，其他储粮单位都没有配备齐，防护剂施药装置尚未应用。目前该省县级以上的粮食储备库应用熏蒸机仓外投药熏蒸储粮技术开始推广，各储粮单位应用害虫检测装置较为一致，即用害虫选筛来检查储粮害虫密度。应用环流熏蒸技术防治仓储害虫的好处是显而易见的，有利于降低劳动强度，减少用药量且用药均匀，存在的问题是一次性投资太大，利用率较低。

山东省计算机测温系统应用情况。目前配备计算机测温系统的粮库还不多，仅在国家投资新建的国储库和部分挂牌国储库使用。测温系统布置情况为：高大平房仓粮层高 6 m 的测温点一般分 4 层，每隔 4 m 设置 1 个点；粮层高 5 m 的分 3 层或 4 层，每隔 4 m 设置一个点，比《粮油储藏技术规范》的要求设置点略多。粮食取样装置省内各粮库用分手动和电动两种，基本能满足取样要求，但操作不够简便。该省目前只有国家投资建设的大型粮食储备库有4台谷物冷却机，其他粮仓都没有配置。配置情况与该省气候有关。6 m高的粮层，21 m以上跨度的粮仓，若冬季通风使粮温降至15 ℃左右，5 m以下的粮温可常年保持在20 ℃以下 。

3. 陕西省安全储粮设施配置及应用情况

陕西省目前在安全储粮设施配置上根据自身条件配置，主要配置有机械通风系统、环流熏蒸系统、粮情测控系统等设备，大部分粮仓都是按照国家建库和粮食储存方面有关规定以及各库点的实际情况配置的，其型号、数量、规格等配置合理，利用率较高，使用性能良好，经济实用，适合陕西省的生态环境特点和以平房仓为主要仓型的实际情况，基本能够保证粮食的储存安全。

（三）适合本生态区条件的储粮设施优化配置方案

本生态区粮仓粮库因规模不同，所需要的基本设施不同，配置数量也不尽相同。通过多年的实践表明，为了使粮仓经济、高效、安全地运行，必须选取与本生态区实际储粮情况相适应的优化配置方案。山东省有关部门提出的检验、化验设备优化配置方案见表2－7，表2－8。

表2－7　山东省建议检验、化验设备优化配置方案　　仓容单位：t

配置数量 \ 粮仓容量 / 设备名称	单位	5 000	5 001 ~ 15 000	15 001 ~ 25 000	25 001 ~ 50 000	50 000 ~ 100 000	10 万 t 以上
分样器	台	1	2	2	3	4	5
害虫选筛	套	2	2	3	5	6	8
容重器	台	2	2	3	4	4	4
粮食黏度测定仪	台	—	—	—	1	1	1
培养箱（发芽率）	台	—	—	1	1	1	1
水分快速检测仪	台	3	3	3	4	6	8
扦样设备（手动）	套	1	2	4	—	—	—
扦样设备（自动）	套	—	—	—	1	2	3

表 2-8　山东省建议储粮设备配置优化表

粮仓容量单位：t

配置数量 / 粮仓容量 / 设备名称	单位	5 000	5 001 ~ 15 000	15 001 ~ 25 000	25 001 ~ 50 000	50 000 ~ 100 000	10 万 t 以上
胶带输送机	台	2	2	3	6	9	15
扒谷机	台	—	—	1	1	2	3
散粮装仓机	台	—	—	1	1	2	3
打包机	台	—	1	1	1	2	3
振动筛	台	—	—	—	1	3	4
初清筛	台	1	1	1	2	3	5
地中衡	台	—	1	1	1	1	2
台秤	台	3	8	10	10	10	10
单管风机	台	5	10	20	30	40	50
离心风机	台	—	2	4	6	10	15
气体检测仪	台	—	—	1	1	2	2
电瓶车	台	—	—	1	1	2	4
机械通风	套	—	1	1	2	3	4
环流熏蒸	套	—	—	1	1	2	3
粮情测控系统	套	—	—	1	1	1	1

河北省提出适合本区生态条件的储粮设施优化配置方案：

仓储机械配置
- 称量（称重）设备
  - 地中衡 1 台（50 ~ 100 t/h）
  - 电子散粮秤 2 台（30 ~ 50 t/h）
  - 台秤若干
- 装卸输送设备
  - 输送机（8 m、10 m、15 m、18 m）各规格不少于 3 台
  - 装仓机 3 台 [50 t/（h·台）]
  - 扒谷机 3 台 [50 t/（h·台）]
  - 吸粮机 1 台 [50 t/（h·台）]
- 粮食干燥设备
  - 离心通风机 15 台
  - 烘干机（30 t/h）
- 粮食清理设备：振动筛不少于 4 台 [50 t/（h·台）]
- 储藏设备
  - 离心通风机 20 台
  - 轴流风机若干
  - 排风扇若干
- 粮食运输机械：自卸式集装箱散运车两辆

河北省提出的适合本区生态条件的安全储粮设施优化配置方案简要如下：

（1）配置完善的机械通风系统，辅以合理的排风扇通风系统。

（2）配置稳定且具有一定准确度、精确度的粮情巡测系统。

（3）配置有效的环流熏蒸系统。

（4）解决储粮仓库应具备的良好通风密闭、防潮隔热性能和设施；逐步实现仓储害虫、微生物检测自动化。

五、本生态区安全、经济储粮技术应用优化方案

（一）本生态区储粮技术优化方案概述

适应本生态区的储粮优化方案可简述为：

1. 春季气温上升前，粮仓实施门窗、风口隔热密闭；有条件的实施粮堆压盖；搞好仓内外清洁卫生；粮堆进行防护处理。

2. 夏季高温、高湿季节严格密闭粮仓、控制温度、湿度，加强虫霉检测，必要时实施杀虫措施。

3. 秋季对储粮进行适时和及时通风降温，并作好环境防护工作。

4. 冬季对储粮进行通风冷冻、降低粮温、降低水分，根据粮仓隔热性能控制降温速度和幅度。

（二）低温储藏技术应用与建议

本生态区气候特点为冬季寒冷、夏季炎热，应根据气候特点采取进入深秋季节即施行自然通风措施，冬季机械通风降温，使粮温降至 5 ℃左右；春夏季节压盖密闭，使粮温控制保持在 15 ~ 20 ℃是完全可行的。具体方法：通常在秋季气温下降的时节，

气温低于粮温的9月中下旬，打开粮仓的门窗进行自然通风，使粮温随气温下降而下降，使粮食尽量处在低温环境下，避免一步通风引起结露现象。为减少降温费用，11月下旬至12月上旬、次年的1～2月，分两步采用机械通风手段，将粮温降到最低（如操作得当，粮温可以降到5℃以下）。3月下旬、4月初进行压盖密闭，以保持低温。在整个气温上升季节应密封粮仓门窗，尽量减少开仓次数，以减轻室外温度对仓温的影响。在仓温高于气温的夜晚，可以打开通风窗，进行通风散热，解决因为水分转移、结露原因引起的局部水分高而导致储粮局部发热的现象，最经济、快速、有效的技术措施是，利用当地干燥空气，采用间歇式机械通风降水技术，再根据发热部位合理选用通风方式。如根据粮堆发热的不同情况，采用不同的机械通风方式，如底部发热采取吸出式，上层发热采取压入式；中心部位发热面积较大采取压入式，面积较小采用单管或多管通风机吸出式。当水分降到安全水分标准以内时停止通风。

机械制冷（如空调、谷物冷却机）低温储藏技术设备投资大，应用成本高，在以储藏小麦为主的冬寒地区不宜推广应用。只要在秋冬季节充分利用自然冷源将粮食冷却，春夏季节压盖密闭，隔热保冷，在跨度18 m以上，堆粮高度4.5 m以上的粮仓可以实现准低温储藏，甚至低温储藏。具体措施是：粮食入库尽量安排在秋冬季节，在入库过程中将粮食冷却；其他季节入库的粮食，采用秋季自然通风、冬季机械通风技术，将粮温降到最低程度；气温上升季节采用压盖粮面、密闭仓房的办法保持低温。围护结构的隔热保温措施，主要为在粮仓外墙表面喷涂白色防水涂料，屋顶铺设珍珠岩用以隔热，粮仓内上部空间用5 cm厚泡膜板吊顶隔热；小型仓房采用双笆仓，在关闭门窗的基础上，窗口采用塑料薄膜管槽密闭等。采取上述低温储藏技术及机械通风的年成本为1～2元/t。利用空调进行低温储藏在河南省等地曾有所应用（主要用于大米的度夏储存），后由于储粮品种的转换、经济运行成本较高以及技术等方面的问题，现在基本上没有实际使用。

低温储藏技术日益受到重视，许多地方也在积极探索因地制宜、因条件制宜的低温储藏技术。山东省、河南省的一些粮库一边实践，一边对隔热、保温、降温等低温储藏技术进行总结探索；河南省有粮库正在尝试利用地下冷空气置换粮仓隔热层空气的办法降低仓温，以期达到低温安全储粮的目的。

（三）气调储粮技术应用与建议

气调储粮技术对粮库密闭性要求较高，如果粮仓密封性能不佳，则气调储粮难度较大，可采用低温储藏技术。低温储藏技术成本低廉，操作简单，储粮效果好，因此在山东省有气候优势，没有必要选用气调储粮技术，对新收获入库的粮食可采用密闭缺氧办法进行“双低”和“三低”储藏技术。河南省有粮仓曾试验薄膜密封条件下的气调储粮，也由于其经济性、操作性和方便性不太理想等原因没有得到推广应用。

（四）粮情检测技术应用与建议

本生态区应以房式仓储存原粮为主，测温技术可全部采用电子测温，测点按 100 m^2设 5 个点进行布置，上下分三层，测温数据采集时间为一周测定一次，如有异常应随时检测。安全粮取样时间以每月扦取一次为原则，重点测定粮食水分，筛选害虫。然后根据测定的粮温、粮食水分、虫害等情况进行每月粮情分析。每年的 4 月、10 月应该对存粮进行一次品质测定。

（五）机械通风技术应用与建议

对河北省、河南省的调研情况为：度夏高温粮主要施行通风降温或平衡粮温，每年至少三次；根据高水分粮的情况，每年至少一次对春季高水分粮进行降水。通风时机的确定主要须具备以下条件：

1. 降温通风

温差条件：粮温 - 气温 ≥10℃；

湿度条件：大气相对湿度 < 粮堆平衡相对湿度。

2. 降水通风

$RH_{粮堆} - RH_{大气} \geqslant 20\%$；

式中：$RH_{粮堆}$——气温条件下粮堆平衡相对湿度；$RH_{大气}$——大气相对湿度；

气温条件：气温≥15℃。

3. 通风单位成本

降温成本：一般情况下，0.02~0.08 元/（t·kW·h）；

降水成本：一般情况下，每降低1%的水分，需花费0.20~0.50元/t。

在山东省施行机械通风的目的主要是降低储粮的粮温和水分。作业时可用单管通风机或多管通风机在熏蒸死角区和书虱聚集区通风。通风时机主要选择深秋季节和寒冷冬季，应在空气相对干燥时对粮食进行通风降温并兼作降低水分措施；也可选择春季空气干燥天气就仓通风。对于因局部水分高而引起的发热部位，则应选择空气干燥的天气实施机械通风降温、降水。

高大平房仓推荐使用一机三风道半圆形地上笼式机械通风方式。它比地槽通风更具安装布置灵活、通风死角少、风道阻力小、耗能低等特点，小型收纳库宜选用箱式通风系统。宜选择4-72 No.6风机，功率5.5 kW，单位通风量20 m^3/（h·t）。其他应用条件按《储粮新技术教程》中机械通风操作条件确定。通风应用的次数应根据原始粮温、粮食水分和通风时的空气参数确定，一般应采用分步、间隔式机械通风；对于局部水分高、局部发热粮则应选择单管风机施行通风降低粮温和降低水分的处理措施。

（六）仓储害虫防治技术应用与建议

河南省、河北省的粮油库站长期坚持“以防为主，综合防治”的保粮方针，日常工作中实行了仓库入粮前进行清洁消毒，保持库内仓内清洁卫生，春季对粮堆进行低药量保养等措施。本生态区常见虫种有玉米象、麦蛾、谷蠹、赤拟谷盗、锈赤扁谷盗、米蛀等多种害虫，优势种为玉米象，难治虫种为谷蠹、锈赤扁谷盗、米蛀。一般采用化学防治方法用磷化铝施药熏蒸。用药量在密封性高、条件好的粮仓粮库为1~2 g/m^3，有谷蠹则适当加大药量；对一些密封条件较差的基层粮仓（站），施药配套技术装备应用较少。

防虫应贯彻“以防为主，综合防治”的保粮方针，做到入库前进行清仓消毒，入仓粮食应尽量无虫。必要时，在入库结束后及时熏蒸杀虫，防止仓储害虫滋生蔓延；采取严防措施，搞好清洁卫生，布好防虫线，切断仓储害虫传播途径；创造长时间低温储藏环境，弱化仓储害虫繁殖能力，使粮食处在无虫或基本无虫状态下；加强抗性治理，交替使用化学药剂，防止害虫产生抗性。害虫检测方法主要是定时取样，用害虫选筛检测害虫发生情况及害虫密度，出现局部发热时，应及时取样检验。

山东省的仓储害虫优势种为玉米象、赤拟谷盗、杂拟谷盗、锯谷盗、谷蠹、书虱、麦蛾、印度谷蛾，其中谷蠹、抗性拟谷盗和书虱等为难治虫种。在仓储害虫防治中，对敏感仓储害虫可采用磷化氢气体低剂量长时间密闭措施达到“治了”目的；对难治虫种，采用氯化苦与凯安保混合熏杀谷蠹、溴甲烷熏杀书虱、氯化苦与磷化氢混合熏杀书虱等方法。书虱主要发生在粮堆湿度偏大的时期和部位，利用生石灰压盖粮面，也是一种较好的防治方法。

磷化氢熏蒸技术，在收纳库可采用仓内投药方法。根据粮堆气流性布置投药点，表层用药可采用瓷盘投药法，堆内用药可采用探管投药法。大型仓库宜采用仓外投药环流熏蒸技术，或采用仓内粮面投药环流熏蒸技术。磷化氢钢瓶混合气熏蒸成本较大［1元/（次·t）以上］，加上运输困难，不宜推广使用。仓内投药量应按《粮食储藏技术规范》中的剂量要求，密闭时间适当，就能达到“治必彻底”之目的。仓外环流熏蒸技术，用药量在2 g/m^3，仓内粮膜下投药3 g/m^3，采用环流熏蒸，同样可以达到很好的熏蒸效果。这两种熏蒸用药方法年成本都在0.4元/t以下。

（七）粮食干燥技术应用与建议

河北省现有粮食干燥设备91台套，以辽宁海城生产的全钢结构塔式烘干机为主。该技术应用主要适用于玉米、小麦等入仓作物。高水分玉米烘干技术，张家口地区应用广泛。应用条件是应保持一定的热源。在一般情况下进行储粮烘干，正常天气均可作业，最佳时机可选择在春季，大气相对湿度低于60%，气温高于5 ℃时，成本为13 元/t（电费0.2 元/t，煤6.8 元/t，维修费用2 元/t，搬倒费4 元/t）。地区不同、单位成本有所不同。烘干后玉米色泽略有改变，伴有个别焦煳粒、爆花粒，外观不如晾晒玉米光亮新鲜，对玉米等级有一定影响。

山东省、河南省入库的小麦均在安全水分以内，玉米水分有时比安全水分稍高，但没有必要采用机械烘干设备，对超安全水分的玉米，在机械通风降温过程中，可选择干燥天气进行通风，可以同时达到降粮温、降水分的目的；个别水分偏高的玉米仓，如冬季通风后水分达不到要求时，可以在春季选择空气干燥的天气施行机械通风降水。采用通风降水措施，比烘干机械干燥技术具有节约设备投资，降低干燥费用，保证粮食质量，达到储粮干燥的目的和效果。

六、其他

（一）本生态区 1995 ~2001 年有关储粮的主要气候情况

本生态区 1995 ~2001 年有关储粮的气温、气湿、积温、降水情况见表 2 -9。

表 2－9 本生态区 1995～2001 年的气温、气湿、积温、降水情况

年份	项目	观测点	北京	天津	石家庄	太原	延安	兰州	西安	郑州	徐州	青岛	济南
1995	气温/℃	最低	－4.6	－5.7	－3.6	－8.3	－9.0	－8.8	－2.2	－3.8	－3.0	－3.2	－3.0
		最高	30.4	29.2	29.4	27.0	27.2	27.6	33.7	30.4	31.6	28.2	31.8
	相对湿度/%	最低	8	19	11	16	20	14	23	16	30	31	17
		最高	97	96	96	97	96	93	96	94	96	100	96
	积温/℃·d	≤10 ℃的天数	222	221	234	194	193	195	227	240	231	218	241
	降水量/mm	年降水量	5 725	7 160	6 873	4 892	3 607	3 682	3 122	5 486	8 253	5 465	5 968
		年最大降水量	618	820	706	484	507	3 336	260	639	941	656	518
1996	气温/℃	最低	－5.8	－6.1	－4.7	－10.6	－11.6	－8.0	－3.8	－5.2	－5.5	－4.6	－5.2
		最高	29.4	30.6	32.0	26.7	26.6	27.0	3105	32.3	32.2	27.4	32.2
	相对湿度/%	最低	7	16	7	10	16	17	24	10	16	22	16
		最高	94	98	97	98	98	90	98	96	97	98	96
	积温/℃·d	≤10 ℃的天数	208	206	212	188	191	186	215	223	222	206	225
	降水量/mm	年降水量	7 009	4 721	10 971	6 520	4 648	3 688	7 134	6 283	9 658	7 496	8 340
		年最大降水量	914	855	3 593	926	375	500	567	928	1 061	1 082	1 157

续表 2-9

年份	项目	观测点	北京	天津	石家庄	太原	延安	兰州	西安	郑州	徐州	青岛	济南
1997	气温/℃	最低	-9.3	-11.8	-8.1	-10.2	-9.3	-7.6	-3.6	-5.1	-4.9	-7.4	-7.1
		最高	32.1	32.9	32.7	27.5	28.0	29.8	32.8	31.2	32.2	30.2	34.4
	相对湿度/%	最低	14	24	18	14	19	22	25	24	23	33	17
		最高	95	98	98	94	92	87	97	100	99	99	98
	积温/℃·d	≤10 ℃的天数	216	210	220	201	201	2.8	224	230	237	222	233
	降水量/mm	年降水量	4 309	3 781	3 288	2 478	3 721	2 354	3 620	3 806	7 943	4 643	6 181
		年最大降水量	644	577	326	565	486	281	342	562	3 154	1 057	1 148
1998	气温/℃	最低	-10.1	-10.3	-8.4	-15.2	-15.3	-11.8	-8.0	-5.4	-7.8	-7.7	-8.8
		最高	30.7	30.6	33.5	29.0	28.4	28.2	32.1	31.2	31.7	29.0	32.8
	相对湿度/%	最低	12	28	10	18	15	23	28	16	28	30	17
		最高	96	98	94	94	98	85	96	96	98	100	97
	积温/℃·d	≤10 ℃的天数	215	220	239	203	210	204	246	240	239	233	245
	降水量/mm	年降水量	7 317	5 006	3 747	3 729	5 678	3 192	6 005	7 818	11 289	8 560	7 725
		年最大降水量	1 030	856	458	725	609	320	738	1 102	816	1 635	1 152

续表 2－9

年份	项目	观测点	北京	天津	石家庄	太原	延安	兰州	西安	郑州	徐州	青岛	济南
1999	气温/℃	最低	－7.3	－7.8	－4.9	－11.0	－10.6	－9.3	－4.4	－3.2	－5.1	－5.6	－8.2
		最高	34.2	32.3	33.3	29.6	29.5	29.1	31.7	31.0	32.0	28.2	31.6
	相对湿度/%	最低	9	17	16	12	21	17	16	6	23	30	14
		最高	95	99	95	91	95	90	96	96	96	100	99
	积温/℃·d	≤10 ℃的天数	213	214	224	207	209	207	237	239	239	226	233
	降水量/mm	年降水量	2 669	3 907	5 187	3 483	3 443	3 286	5 895	6 169	6 419	6 144	5 748
		年最大降水量	395	546	1 387	755	395	503	464	838	944	776	805
2000	气温/℃	最低	－10.4	－11.0	－8.8	－11.7	－12.2	－6.9	－3.4	－5.6	－5.4	－7.0	－9.9
		最高	32.8	32.5	32.2	28.0	30.3	32.0	33.4	31.3	30.6	28.6	31.9
	相对湿度/%	最低	8	15	12	14	15	22	20	16	18	29	16
		最高	93	94	96	96	92	88	97	97	98	98	98
	积温/℃·d	≤10 ℃的天数	217	227	224	194	199	198	233	229	235	222	229
	降水量/mm	年降水量	3 711	4 588	5 959	4 193	3 673	3 599	5 390	6 371	9 796	7 882	7 212
		年最大降水量	548	938	1 319	328	272	319	383	693	1 513	985	715

续表 2-9

年份	项目		北京	天津	石家庄	太原	延安	兰州	西安	郑州	徐州	青岛	济南
2001	气温/℃	最低	-11.5	-12.1	-9.6	-11.4	-8.2	-8.1	-2.4	-5.1	-4.8	-9.0	-10.5
		最高	30.8	30.0	31.9	27.7	29.1	29.0	33.0	32.5	33.0	28.3	32.8
	相对湿度/%	最低	8	18	6	15	23	19	22	10	28	26	18
		最高	94	95	98	97	94	90	96	96	97	100	98
	积温/℃·d	≤10 ℃的天数	218	222	233	210	208	210	244	246	238	223	236
	降水量/mm	年降水量	3 389	5 029	3 032	2 980	5 735	2 703	4 059	4 018	7 651	7 660	5 993
		年最大降水量	495	853	438	579	512	404	415	532	831	2 191	523

（二）典型粮库的“三温”“三湿”图

北京八达岭华天国家粮食储备库2001年平房仓及浅圆仓“三温”图（见图2－1）。

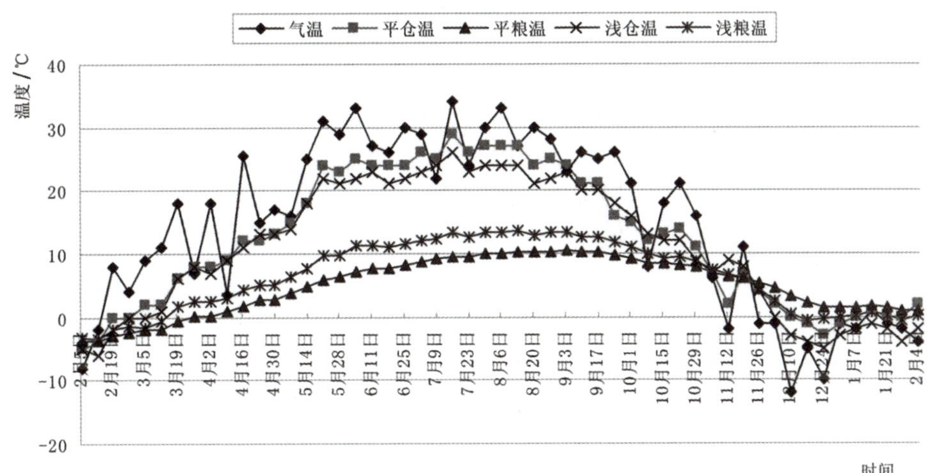

图2－1　北京八达岭华天国家粮食储备库2001年平房仓及浅圆仓“三温”图

中央储备粮沈丘直属库Q37号仓2001年1～12月温度变化图（见图2－2）。

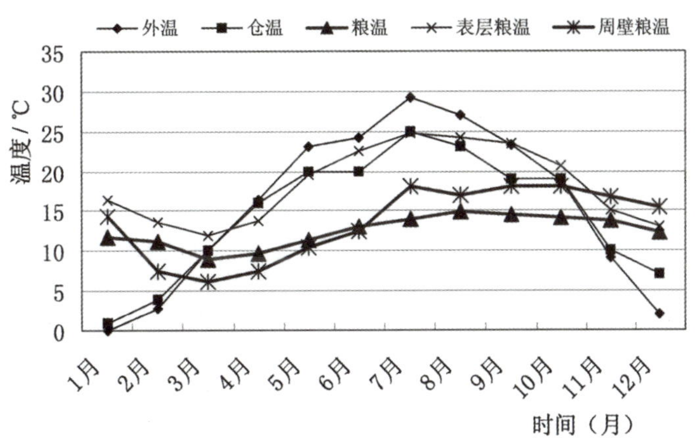

图2－2　中央储备粮沈丘直属库Q37号仓2001年1～12月温度变化图

（三）典型粮库1年期以上粮堆不同层次的粮温变化表

北京通州区徐辛庄国家粮食储备库七仓东厫间气湿、仓湿、气温、仓温、平均粮温记录见表2－10。

表 2-10 北京通县徐辛庄国家粮食储备库七仓东廒间气湿、仓湿、气温、仓温、平均粮温记录表

日期	气湿/%	仓湿/%	气温/℃	仓温/℃	平均粮温/℃					
					上层	中上层	中下层	下层	南墙	北墙
2001-03-02	78	71	4	3	2	5	4	6	4	1
2001-03-07	38	54	5	3	2	4	4	6	4	2
2001-03-12	58	71	8	6	2	4	4	7	5	2
2001-03-17	29	57	9	7	4	4	4	7	5	3
2001-03-22	27	50	12	7	6	4	5	7	6	4
2001-03-27	24	50	14	8	7	4	5	7	7	5
2001-04-01	43	61	15	9	7	5	5	8	7	5
2001-04-06	74	65	15	10	8	5	5	8	8	6
2001-04-11	31	51	16	11	9	6	5	8	8	6
2001-04-16	42	53	20	13	11	5	6	8	9	7
2001-04-21	37	53	22	15	11	6	5	8	10	8
2001-04-26	51	54	23	16	12	6	6	9	11	9
2001-05-01	78	72	23	17	13	6	6	9	11	10
2001-05-06	92	67	23	18	14	7	7	9	12	11
2001-05-11	54	53	25	19	15	8	8	10	13	12
2001-05-16	28	47	26	20	18	9	8	10	14	13
2001-05-21	41	56	27	21	21	9	7	9	14	14

续表 2 – 10

日期	气湿/%	仓湿/%	气温/℃	仓温/℃	平均粮温/℃					
					上层	中上层	中下层	下层	南墙	北墙
2001 – 05 – 26	32	50	28	20	20	9	8	10	16	15
2001 – 05 – 31	30	51	29	21	21	9	9	11	17	17
2001 – 06 – 05	73	60	30	24	21	9	9	11	18	18
2001 – 06 – 10	55	64	31	24	22	10	9	11	18	18
2001 – 06 – 15	78	72	22	23	22	10	9	11	18	18
2001 – 06 – 20	65	73	29	25	22	9	9	11	18	18
2001 – 06 – 25	80	72	30	25	23	10	8	11	18	18
2001 – 06 – 30	60	67	30	25	23	10	8	11	18	18
2001 – 07 – 05	59	74	32	26	23	10	8	10	18	19
2001 – 07 – 10	67	71	32	26	23	10	9	10	19	19
2001 – 07 – 15	75	68	32	27	23	10	9	11	20	19
2001 – 07 – 20	81	70	32	27	24	11	9	11	20	20
2001 – 07 – 25	74	80	32	26	24	11	9	11	20	20
2001 – 07 – 30	97	78	31	26	25	12	9	11	21	20
2001 – 08 – 04	91	78	30	26	25	13	11	12	21	21
2001 – 08 – 09	85	72	29	26	25	14	12	12	21	21
2001 – 08 – 14	66	73	32	25	25	15	11	12	22	21

续表 2-10

日期	气湿/%	仓湿/%	气温/℃	仓温/℃	平均粮温/℃					
					上层	中上层	中下层	下层	南墙	北墙
2001-08-19	74	77	29	25	25	16	11	13	22	22
2001-08-24	92	74	29	24	26	15	12	13	23	22
2001-08-29	73	72	28	24	26	15	12	13	23	22
2001-09-03	84	72	28	27	26	11	7	8	23	22
2001-09-08	75	68	28	25	24	12	8	8	20	21
2001-09-13	77	71	30	25	24	12	7	8	21	20
2001-09-18	50	63	26	25	25	12	7	9	23	21
2001-09-23	45	61	26	24	22	14	9	9	21	19
2001-09-28	56	59	23	21	22	13	8	9	22	20
2001-10-03	70	63	19	18	21	13	7	10	20	18
2001-10-08	80	70	17	15	20	12	6	9	19	17
2001-10-13	80	67	17	15	19	13	7	9	18	17
2001-10-18	65	68	17	15	19	13	8	9	18	18
2001-10-23	74	65	18	16	18	13	8	9	18	17
2001-10-28	64	60	18	14	17	13	8	9	17	17
2001-11-02	40	65	14	13	16	13	8	9	17	16
2001-11-07	58	50	14	13	15	14	10	12	17	15

续表 2－10

日期	气湿/%	仓湿/%	气温/℃	仓温/℃	平均粮温/℃					
					上层	中上层	中下层	下层	南墙	北墙
2001－11－12	60	55	10	13	13	11	11	11	15	13
2001－11－17	55	60	14	13	11	10	9	8	12	10
2001－11－22	56	67	15	11	11	10	9	8	12	10
2001－11－27	45	60	5	2	9	9	8	8	11	9
2001－12－02	40	60	2	2	8	9	8	8	10	8
2001－12－07	65	65	0	1	6	8	7	7	9	7
2001－12－12	40	55	－1	0	5	8	7	8	9	5
2001－12－17	35	50	2	1	4	9	8	9	8	5
2001－12－22	35	50	－1	－2	2	9	8	9	7	4
2001－12－27	40	55	0	－3	2	9	8	9	7	4
2002－01－01	46	62	0	－1	2	9	8	8	7	3
2002－01－06	20	54	5	0	2	9	8	9	6	3
2002－01－11	78	50	7	1	2	8	7	8	6	3
2002－01－16	35	55	6	3	7	8	7	7	7	4
2002－01－21	42	55	5	5	8	5	3	5	5	4

第五节

中温高湿储粮生态区

一、概述

（一）本生态区域地理位置、与储粮相关的生态环境特点

中温高湿储粮生态区绝大部分位于长江中、下游流域，政区包括浙江省、江西省、上海市的全部以及湖南省、湖北省、河南省、安徽省、江苏省、福建省、广西壮族自治区、广东省、四川省、重庆市的一部分地区，本生态区大致位于秦岭—淮河与南岭之间。东及于海；西界以武当山、巫山、武陵山、雪峰山等海拔1 000 m等高线与西南地区为界；北界大致以西峡、方城、淮河，苏北灌溉总渠一线与华北为界；南界以福清、永春、华安、河源、怀集、梧州、平南、忻城一线与华南相接，此线大致相当于1月平均气温为10～12 ℃、活动积温为6 500 ℃等值线。

本生态区属亚热带湿润季风气候。冬温夏热，四季分明。冬季和夏季时间大致相

等，为4个月。1月平均气温为0～10 ℃（或0～12 ℃），寒潮南下，会引起气温大幅下降。夏季普遍高温，7月平均气温为28 ℃左右，5～9月常出现35 ℃以上的酷热天气，极端高温达40 ℃以上，在长江沿岸的洞庭湖盆地、鄱阳湖盆地和沿江河谷平原形成高温中心。春秋季温暖，4月和10月平均气温为16～21 ℃，秋季气温略高于春季。本生态区年降水量为800～1 600 mm，是华北区的1～2倍。降水的季节分配，以春夏多雨（占年降水量的70%），秋雨次之（占年降水量的20%～30%）冬雨少（占年降水量的10%以下）。本生态区是全国春季雨量最为丰沛的地区。梅雨显著，持续时间长，历时近一个月，约占本生态区全年降水量的40%，梅雨是华中地区降水的重要组成部分。7月天气晴朗，高温少雨，形成伏旱。9～10月间秋高气爽，东南沿海此时有台风雨。本生态区日平均气温≥10 ℃的积温为4 500～6 500 ℃，热量资源丰富。

本生态区1995～2001年的气象资料（气温：年平均、月平均、日平均；湿度：日最高、日最低；积温：≥10 ℃的天数；降水量：年降水量、日最大降水量）详见表2－11。

本生态区丰富的热量以及夏季的高温高湿，有利于水稻生长。在熟制上，本生态区北部稻、麦两熟；中部种植两季稻；南部种植双季稻、油菜一年可三熟。

表 2－11　中湿高温储粮生态区 1995～2001 年气象资料

年份	项目	观测点	南京	桂林	赣州	合肥	杭州	福州	长沙	武汉
1995	气温/℃	年平均	15.8	19.09	19.32	16.40	16.67	19.69	17.36	17.42
		最低（月平均）	2.92（1月）	7.40（1月）	7.19（1月）	3.23（1月）	4.7（1月）	10.79（1月）	4.13（1月）	3.32（1月）
		最高（月平均）	28.57（8月）	28.54（7月）	29.42（7月）	29.05（7月）	29.25（8月）	28.47（7月）	29.02（7月）	30.03（7月）
	湿度/%	最低（日平均）	44%	27	46	34	28	32	50	34
		最高（日平均）	98	98	99	98	98	98	98	99
	积温/℃·d	≥10 ℃的天数	243	309	297	249	261	328	267	360
	降水量/mm	年降水量	720.7	1 423.6	1 361.8	584.1	1 449.3	984.2	1 513.2	1 296.3
		日最大降水量	140.5	62.8	93.7	81.0	85.6	79.4	82.6	110.0
1996	气温/℃	年平均	15.4	18.74	19.15	15.80	16.53	19.90	16.84	16.79
		最低（月平均）	2.51（1月）	7.32（1月）	7.75（1月）	2.95（1月）	4.32（1月）	11.38（1月）	4.63（1月）	4.23（1月）
		最高（月平均）	27.84（8月）	27.49（8月）	29.12（7月）	27.89（8月）	28.36（8月）	29.57（7月）	28.28（7月）	28.37（8月）
	湿度/%	最低（日平均）	38	31	46	41	37	42	40	38
		最高（日平均）	98	98	98	98	98	99	98	96
	积温/℃·d	≥10 ℃的天数	232℃	306	297	238	245	331	254	361
	降水量/mm	年降水量	1 213.5	2 106.4	1 206.0	1 157.8	1 481.7	1 338.7	1 396.1	1 319.5
		日最大降水量	130.3	206.6	110.5	75.5	136.4	147.6	85.1	116.6

续表 2－11

年份	项目	观测点	南京	桂林	赣州	合肥	杭州	福州	长沙	武汉
1997	气温/℃	年平均	16.2	18.93	19.48	16.77	17.11	20.14	17.24	17.61
		最低（月平均）	2.1（1月）	9.6（12月）	8.93（1月）	2.75（1月）	4.46（1月）	11.14（1月）	5.07（1月）	4.03（1月）
		最高（月平均）	27.66（8月）	27.60（8月）	27.67（8月）	28.45（8月）	27.71（7月）	28.05（7月）	28.70（8月）	29.60（8月）
	湿度/%	最低（日平均）	44	37	45	38	44	42	56	43
		最高（日平均）	97	98	98	97	98	98	100	97
	积温/℃·d	≥10 ℃的天数	253	311	314	252	268	335	271	361
	降水量/mm	年降水量	902.8	1 946.5	1 649.1	697.2	1 435.2	1 832.1	1 824.3	946.6
		日最大降水量	56.1	73.0	63.2	47.4	109.6	893.9	249.5	106.5
1998	气温/℃	年平均	16.7	19.91	20.61	17.11	17.88	21.14	18.12	18.18
		最低（月平均）	2.32（1月）	6.65（1月）	7.30（1月）	2.03（1月）	4.05（1月）	10.99（1月）	3.57（1月）	3.17（1月）
		最高（月平均）	29.48（7月）	29.29（8月）	30.74（8月）	29.65（7月）	29.71（7月）	29.77（7月）	29.95（7月）	29.86（7月）
	湿度/%	最低（日平均）	43	30	45	41	39	47	52	38
		最高（日平均）	98	97	98	98	98	99	99	97
	积温/℃·d	≥10 ℃的天数	259	311	309	256	272	315	272	359
	降水量/mm	年降水量	1 239.0	2 143.4	1 623.2	1 123.0	1 538.4	1 328.5	1 822.3	1 729.2
		最高	70.1	204.3	89.3	63.3	68.8	79.9	132.6	285.7

续表 2－11

年份	项目	观测点	南京	桂林	赣州	合肥	杭州	福州	长沙	武汉
1999	气温/℃	年平均	15.9	19.56	19.97	16.42	16.85	20.52	17.41	17.64
		最低（月平均）	4.35（1月）	9.92（1月）	10.21（1月）	5.02（1月）	6.21（1月）	12.44（1月）	6.96（1月）	6.61（1月）
		最高（月平均）	26.09（8月）	27.64（7月）	28.51（7月）	26.80（7月）	26.84（8月）	28.29（7月）	26.50（7月）	28.04（8月）
	湿度/%	最低（日平均）	38	24	34	32	31	28	42	25
		最高（日平均）	97	98	97	97	98	98	99	97
	积温/℃·d	≥10 ℃的天数	250	321	317	255	267	315	281	362
	降水量/mm	年降水量	1 214.5	2 018.0	1 279.6	986.0	1 824.0	1 570.4	1 681.2	1 380.6
		日最大降水量	132.7	168.1	106.7	91.8	92.4	136.8	74.6	12.2
2000	气温/℃	年平均	16.4	18.88	19.43	16.76	17.25	20.51	17.19	21.07
		最低（月平均）	2.27（1月）	8.26（1月）	9.12（1月）	1.54（1月）	4.28（1月）	12.27（1月）	3.86（1月）	2.72（1月）
		最高（月平均）	32.20（8月）	29.12（7月）	29.35（7月）	29.70（7月）	29.41（7月）	28.65（7月）	30.23（7月）	34.7（7月）
	湿度/%	最低（日平均）	46	43	37	41	32	45	39	30
		最高（日平均）	98	99	98	98	98	98	99	96
	积温/℃·d	≥10 ℃的天数	251	304	290	251	265	307	202	342
	降水量/mm	年降水量	1 029.6	2 056.1	1 589.7	901.9	1 198.3	1 560.2	1 507.8	1 179.8
		日最大降水量	117.8	195.2	71.6	71.6	62.4	88.4	93.7	115.3

续表 2-11

年份	项目＼观测点		南京	桂林	赣州	合肥	杭州	福州	长沙	武汉
2001	气温/℃	年平均	16.6	28.29	19.69	16.86	17.34	20.69	17.62	18.08
		最低（月平均）	-1.0（1月）	8.35（12月）	9.84（1月）	3.71（1月）	6.06（1月）	12.92（1月）	5.46（1月）	4.65（1月）
		最高（月平均）	33.3（1月）	30.7（7月）	29.17（7月）	30.50（7月）	30.32（7月）	29.12（7月）	30.43（7月）	31.79（7月）
	湿度/%	最低（日平均）	54	48	46	40	28	44	50	38
		最高（日平均）	98	99	98	98	98	99	98	97
	积温/℃·d	≥10 ℃的天数	253	301	306	258	280	315	278	350
	降水量/mm	年降水量	737.3	1 419.1	1 537.3	794.3	1 566.6	1 273.0	1 451.5	899.8
		日最大降水量	81.3	76.2	78.0	62.9	78.4	73.9	103.7	84.7

（二）本生态区粮食品种与储存期限

本生态区粮食种类以稻谷为主，小麦次之，产少量玉米及少量的杂粮，如高粱、谷子等。

在本生态区内，江苏、安徽两省的主要储粮品种是稻谷和小麦，且两者的储存量基本相当；其他省市则以稻谷为主，其次为小麦，本生态区各省市都有少量的储备玉米。

本生态区内一些省市，经常从北方调入小麦、玉米、高粱、大麦等，如江苏、安徽两省。这些品种不作为长期储备，只作为酒和调味品的酿造及饲料等工业原料，基本不进入储备库。

在夏粮收购季节，本生态区自然气候正处于炎热高温期，阳光充足，只要不出现灾害，夏粮的质量比较好，能够符合国家的收购标准，粮库可以收到充足的干燥、饱粒、干净的粮食；但在秋粮收获期间，因自然气候变化幅度较大，气温下降速度快，自然晾晒还来不及将粮食水分干燥至要求的安全水分标准以内。另外的因素是农村的相当一部分壮劳力转入城市务工后，余下的农民无条件和能力将粮食晾晒到安全标准水分以内，达不到粮食部门的收购标准，致使本生态区一些储粮企业由于粮食水分偏大不能入库而无充足的储备粮源。

（三）本生态区储粮设施配置应用概况

本生态区内粮仓的主要类型有房式仓、浅圆仓、立筒仓和其他仓型。

1998 年以前，本生态区用于粮食储备的粮仓类型有：苏式仓、改造苏式仓（升顶仓）、仿苏仓、基建仓、砖筒仓、钢板仓、站台仓、简易仓，也有少量的露天储藏等。

1998 年以来，中央政府投资新建了一批大型粮库用于储备粮食。本生态区内新建的国家粮食储备库有 4/5 是高大平房仓，1/5 是浅圆仓和立筒仓。

（四）影响本生态区储粮安全的主要问题

影响本生态区安全储粮的主要因素包括以下几个：

1. 气候环境因素

本生态区地处亚热带，四季分明、气候湿润，雨热同季，容易形成粮食及虫霉等生物体的有利生活环境，严重影响了粮食的安全储藏。

2. 仓储设施因素

大部分老式粮仓普遍存在墙体不同程度的裂缝、地基下沉、屋顶漏水现象，多数已不具备安全储粮的能力。有些新建粮仓密闭性能和隔热性能较差，通风设施不完善，对本生态区粮食安全储存十分不利。

3. 粮食质量因素

收购粮食入库时，其原始水分偏高。这些高水分粮在烘晒前如遇冬季回暖天气或粮堆中混入高温粮，就会引起坏粮事故的发生。

4. 储粮害虫因素

本生态区内仓储害虫种类多、为害严重。每年的 4 ~ 12 月是仓储害虫的发生期，仓储害虫为害较重的时段在 5 月下旬至 11 月上旬，如果防治不力，储粮企业会遭受很大的经济损失。

5. 保管人员新老交替因素

由于粮食系统的体制与经营模式发生了重大变化，一些有经验的粮库老保管员因各种原因离开了仓储岗位，而许多新上岗的新保管员经验不足，出现了技术上的青黄不接。

二、本生态区仓型总体情况

（一）本生态区现有仓型、仓容利用情况及其储粮性能技术经济分析

本生态区现有粮食仓库类型主要为房式仓、浅圆仓、立筒仓和其他仓型。

20世纪50年代至90年代，本生态区所建粮仓多为苏式仓或改造苏式仓（升顶仓）、仿苏仓、基建仓、楼房仓、砖筒仓、站台仓、简易仓。这些粮仓日常管理方便，适用于基层粮管所（站）分品种收购和储藏来自农村千家万户的粮食。由于这些老粮仓设计年代较久远，一般存在密闭性能差，易出现上漏下湿的问题，给储粮带来一定安全隐患。

自1998年开始，国家投资兴建了一批高大房式仓，这些粮仓跨度为21～30 m，堆粮高度6 m，单仓仓容3 000～5 000 t，具有气密性好、机械化程度高、单仓容量大等优点，适用于粮源充裕地区储备粮的储存，但这种仓房也存在着隔热性能差，分品种储存难等问题，不适用于粮源少的基层库点。

大直径浅圆仓也是近几年建造的一种新仓型。其特点是造价低，单仓容量大，配套设施齐全，进出粮机械化程度高，密闭性能好，但需要采用多项先进储粮技术来确保储粮安全，对保管人员的技术水平和素质要求较高，保管风险较大。

（二）适合本生态区储粮生态条件的仓型

修建适合本生态区储粮生态条件的仓型应考虑当地的地质条件、气候特点，同时也应考虑利于“四散化作业”、完成快速流通的要求；能够最大限度地利用土地，降低造价和管理成本，以求达到最大的投资效益。结合上述因素，在本生态区最适合粮食储藏的仓型应该是高大房式仓，理由如下：

（1）在目前粮仓机械实现基本配置的情况下，高大房式仓的进出粮方式显得较为灵活，散装或包装存粮、人工或机械进出粮操作均可根据当时情况和需要来选择。

（2）高大房式仓的气密性较好，适宜在较高气温的夏季熏蒸杀虫（如便于缓释、间歇熏蒸，许多地方可降低1/3至2/3以上药剂费用）。

（3）方便检查粮情、投药施药、粮仓维护管理及环境卫生清洁。

（三）本生态区现有老粮仓、新粮库存在的主要问题

现有老粮仓存在的主要问题：

（1）因年久失修，仓房漏雨，气密性不好。

（2）防鼠门、防虫帘等仓储设施不足或缺乏，易造成鼠害及虫害交叉感染。

（3）点多面广规模小，许多库点位于边远偏僻处，交通十分不便。

新建粮库存在的主要问题是：

（1）仓房的保温隔热性能差，为安全储粮带来较大的隐患。

（2）谷物冷却机可保持储粮长期的较好品质，但投资成本高、能耗高、运行费用高。如何更好地安全经济使用，有待相关部门进一步研究改进。

（3）粮情监测系统的标准不统一，目前主要用于检测粮温、仓温；而湿度、虫情和气体浓度等检测技术和软件，均有待开发。

（四）对现有粮仓的改善措施、设想及建议

对1995年以前建设的粮仓要进行有计划的改造和维修。对其中一些仍有较大使用价值的粮仓进行维修改造，应增添部分通风、隔热、保温、防虫等设施，提高安全储粮的能力，减少重复建设投资，节省国家财力。

对新建粮仓的改善或改造，应体现在增强使用功能上，主要有：

1. 进一步提高粮仓的气密性

对气密性不好的粮仓要改造门窗及屋顶，新仓屋顶如由于热胀冷缩而导致的裂缝可采用玻璃密封胶嵌缝，或者进行膜下环流熏蒸，以提高粮堆的密封性能和杀虫效果。

2. 进一步提高粮仓的隔热保冷效果

强化粮仓门窗和屋顶等方面的隔热保冷措施，是保证储粮安全的重要环节。由于粮仓屋顶是传热的主要因素，所以尤其要做好仓顶的隔热保冷改造。建议今后在投资新建粮仓时，可在丘陵地区依山新建地下粮仓和半地下粮仓，使储粮长期处于低温状态，以提高安全储粮效果；同时应减少熏蒸药剂污染，保持储粮品质。

3. 增加必要的粮仓设备，改进已有设备的性能

本生态区新建粮仓目前已配备设施有机械通风、粮情测控、环流熏蒸等系统。在农作物的收获季节，如遇天气处于低温，高湿地区的粮仓还应增加必要的烘干设备，这样才能确保入库的粮食能够安全储藏。本生态区在使用中的粮情测控系统，还应加强该测控系统其他方面的功能研发。

三、本生态区安全储粮技术总体情况

（一）现有安全储粮技术总体情况及评价

1. 本生态区采用的储粮技术

本生态区所采用的各种储粮技术可以分为“常规储粮技术”和“四项储粮新技术”两项技术内容。

（1）常规储粮技术及应用

常规储粮技术主要包括“双低”“三低”储藏技术、防护剂储粮、低温储藏、冬季冷冻储粮、粮面缓释熏蒸、粮面压盖等。常规储粮技术一般能基本保证粮食安全，耗费低是应用此技术的优点。在应用和实施过程中还有待正确科学的指导和规范的操作。

（2）“四项储粮新技术”及应用

该技术是指粮情测控系统、机械通风系统、环流熏蒸系统、谷物冷却系统四项新技术。“四项储粮新技术”主要应用于新建大型国家粮食储备库中的散装粮。目前本生态区各省新建国家粮食储备库已普遍采用了“四项储粮新技术”。根据使用后的调研情况，各库点普遍反映，“四项储粮新技术”虽具有先进性、可行性和必要性，但在每次技术实施时需要较大的资金投入，这对部分经费比较紧张的库点来说存在一定难度。另外，有些粮库的保温、隔热、密闭等性能还不是很理想，从而导致了技术实施后持续性效果较差的问题。

2. 主要仓储害虫

本生态区各省粮食仓储中发生的主要仓储害虫有：谷蠹、玉米象、米象、赤拟谷盗、长角扁谷盗、锈赤扁谷盗、大谷盗、锯谷盗、蚕豆象、绿豆象、豌豆象、裸蛛甲、脊胸露尾甲、黑粉虫、麦蛾、印度谷蛾、粉缟螟、一点谷蛾、书虱和螨类等。

其中，对本生态区储粮为害较严重、防治较困难的仓储害虫是：谷蠹、玉米象、米象、赤拟谷盗、锈赤扁谷盗、长角扁谷盗、麦蛾、印度谷蛾、书虱和螨类。

3. 储粮微生物

本生态区内，由于高温持续时间较长（日平均气温≥10℃的天数一般都在 250 d以上）；湿度较大（最大相对湿度在97%以上），年降水量和日最大降水量也较大，加之有的地区还有明显的梅雨季节，造成了微生物孳生极为有利的环境。

在本生态区，粮仓中常见的储粮微生物有曲霉、青霉、毛霉、杆菌等。代表种有灰绿曲霉、黄曲霉、桔青霉、芽孢杆菌等。这些储粮微生物对储粮都有较大的威胁，如果防治不力，会造成储粮的重大损失。

4. 仓储害虫防治应用

本生态区常用的储粮杀虫方法有物理防治（温控和机械筛除）、清洁卫生防治和化学药剂防治，近两年开始尝试微波光触媒和习性诱杀。

主要熏蒸剂为：磷化铝、氯化苦、二氧化碳和敌敌畏等。常用的使用方法有磷化铝粮面埋藏，风槽绳拉；磷化铝与氯化苦，磷化铝与二氧化碳、磷化铝与敌敌畏混合熏蒸、间歇熏蒸或环流熏蒸。敌敌畏缓释块的应用目前也较为普遍（杀灭微小害虫）。

本生态区储粮每年使用化学药剂熏蒸杀虫的次数为：粮仓条件较好的大库采用“双低”密闭技术储粮，一般 1 ~ 2 年熏蒸一次；其他条件一般的粮仓一年熏蒸一次；露天储粮如果不密闭，防护效果不会好，一年至少应该熏蒸两次。

（二）新建浅圆仓安全储粮技术和装备情况

本生态区仅有为数不多的几座大型浅圆仓，因使用时间短，尚未发现大的问题。（详见“第五章，第五节，二、本生态区仓型总体情况”）

（三）对生态储粮技术发展方向的建议

向环保绿色方向发展是生态储粮的目的，简单说来就是在储粮过程中少用或不用杀虫药剂，从而达到安全储粮的要求。自然条件下的低温储藏方法是首选技术，这也是目前全世界公认的、最为安全可靠、合理和最为符合绿色环保要求的储粮防护保鲜技术。

结合本生态区的气候特点，很难实现自然条件下的低温储藏。有些地方因地势有条件修建地下粮仓或半地下粮仓，可以全年保持低温，做到安全储粮，终因此种粮仓建仓条件要求高、数量少，即便应该推广，也不易实现普及。

（四）《粮油储存品质判定规则》应用现状及改进建议

已得到普遍应用的《粮油储存品质判定规则》是目前公布的唯一判定粮油品质的规则，因其仅限于测定储粮的发芽率、黏度、脂肪酸值、品尝评分值、色泽、气味等指标，要达到具体、客观地反映粮食储存品质的要求明显还存在着不足。例如该规则不能全面体现粮油的储存品质等情况，应增加能够反映粮食内在品质变化的各项理化指标，如蛋白质溶解比率、直链淀粉和支链淀粉含量、过氧化氢酶活性等，同时采用自动化、仪器化的检测方法。

另外，《粮油储存品质判定规则》未将杂粮和成品粮等品种包括在内，所以粮食在达到一定的储存年限后，其粮食陈化的程度将无法判定，从而无法合理处置杂粮和成品粮。建议将杂粮和成品粮等粮食品种列入《粮油储存品质判定规则》中，明确规定其检验项目和指标。

（五）“四无粮仓”推广应用情况

“四无粮仓”活动自20世纪50年代推广至今，对确保储粮安全、杜绝和减少仓储责任事故的发生起到了不可小视的作用，应予以充分肯定。根据调研基层“四无粮仓”推广应用情况，有储粮企业建议，在新形势下，“四无粮仓”的建设，不能再停留于原来单一的“四无粮仓”建设层面上，而应该赋予其新的内涵，要有一个便于操作的考核内容和评定办法来进行综合评价。特别是现在新修建的大型粮储库，各方面的设施都比较先进，应在科学储粮、管理水平、人员素质等方面提出更高的标准和要求，达到绿色、安全、经济储粮的目的。

四、本生态区储粮设施总体情况

（一）本生态区粮库类型及基本设施配置与应用情况

本生态区粮食储备库类型可分为两大类：一类是新建的国家粮食储备库；另一类是20世纪90年代以前修建的粮食储备库点。

新建的国家粮食储备库是由国家统一招标，故基本设施一致，配套比较齐全。配套设施主要有称量（称重）设备（如地中衡、台秤和电子散粮秤），装卸输送设备（如刮板输送机和气垫式输送机），粮食清理设备（如初清筛、初清溜筛等），粮食干燥设备（如谷物冷却机等）。

除新建的国家粮食储备库外，其他储粮库点基本上没有配备齐现代化保粮设施设备。有仓容为亿kg以上的大粮库曾在20世纪七八十年代配备过一些机械设施，如移动输送机等，但由于种种原因，大部分被闲置，在日常作业中很少使用。这类粮库无论库点大小，一般都配置有机械通风设施，风道形式多样，如有地上笼、地下槽。风机主要有4－72系列离心通风机和排风扇两种类型，通风降温和降水效果好。

（二）安全储粮设施配置及应用情况

1. 通风设施及应用

①窗式（带自动百叶）轴流通风机，功率1.1 kW，主要用于降低仓温。

②离心风机，主要用于降低粮堆温度。本生态区储粮库点在80年代中期开始推广使用。采用在老粮仓的墙身上打洞，仓内用竹笼或用麻袋码成纵向“U”字形或“E”字形的通风道进行通风，其后建设的粮仓一般建有专门的通风地槽，风道为纵向“U”

字形或“E”字形。以上粮仓使用的风机型号各异，一般功率为7.5 kW。新建粮食储备库为一机四道，风机功率11 kW，单位通风量12 m^3/（h·t）。地上笼通风系统不方便仓内机械作业，空仓时钢笼难以存放，易受损变形。1999年后新建粮食储备库改为通风地下槽后，方便了操作。

③散装粮堆局部通风降温设备的使用情况反映较好，对处理局部粮食发热起到了预期效果，现在本生态区使用较普遍。

2. 仓储害虫防治设施及应用

害虫检测装置：一般粮仓主要使用虫筛。

熏蒸投药装置：一般粮仓购买或使用自制的仓外熏蒸机。新建粮库使用的设备是国家指定配备的仓外混合熏蒸机。基层粮仓大部分依靠人工完成熏蒸作业，使用自制的投药装置。

环流熏蒸：一般粮仓通过改造仓库的通风系统来达到环流熏蒸的目的。办法是将仓内空间和通风地槽在仓外用管道和风机连接成为一个循环，以系统开展环流熏蒸。新建粮食储备库配备了完整的环流熏蒸系统，为固定式单侧外环流。

磷化氢浓度检测：一般粮仓用 PH_3 气体检测管进行检测。检测的结果比较准确但操作难度大。新建粮食储备库采用磷化氢检测报警仪，但检测结果不够准确，且使用成本高，不易被基层粮库所接受，影响和制约了对仓库熏蒸情况的分析。

3. 粮情检测系统及应用

粮情检测大部分使用手工单点检测。电子检测系统经历了单板机、集成电路和自动巡回检测三个阶段。现在该系统在技术应用上比较成熟，但还缺乏统一标准，互换性差，故障率高。

存在的主要问题有：

（1）粮情检测仪的部件防腐能力差

传感器的接口和分线盒的防腐能力极差，究其原因主要是受仓库熏蒸的影响而损坏。

（2）传感器性能问题

没有测水、测虫的自动控制功能，主要是传感器性能不过关。

（3）测温系统不抗雷击

究其原因，发现从微机室到仓库的电缆是空中架设，夏季容易遭到雷电的轰击而导致测温系统击坏或击毁。

（4）缺乏粮情综合分析的能力

粮情检测系统功能设计还有待完善、改进。

上述应用中存在和出现的问题，特提出如下建议：

①开发检测仓储害虫、检测粮食降水技术检测装置，增加综合分析功能和用不同的颜色反映数据变化曲线功能。

②统一数据编辑，传输功能，以便使数据在网络上能够实现共享。

③配套电视监控功能。

4. 粮食取样装置

粮食取样装置主要包括包装扦样器、长套管扦样器以及电动吸风多功能扦样器。

5. 谷物冷却机

新建粮库粮仓都配备了谷物冷却机。从谷物冷机的使用效果来看，对粮食的安全保质、保鲜及降温都有不错的预期，是将来粮储设备发展的方向。

根据各库点反映，谷物冷却机虽然使用效果不错，但还存在一些问题：一是能耗大；二是与仓房保冷隔热性能不配套。建议要建立精确的微机控制谷物冷却机的参数及方案，以降低储粮成本；要提高粮仓的隔热保温性能，减少外温对粮温的影响，以利于谷物冷却机发挥更大效力。

(三) 适合本生态区条件的储粮设施优化配置方案

1. 储粮基本设施的优化配置

对大中型储备库，根据其进出粮业务量，应配置以下基本设施：

称量（称重）设备：地中衡 1 台（20 ~ 30 t），并配备若干台秤。

装卸输送设备：皮带输送机 8 m、12 m、15 m、20 m 各若干台，每 5 000 万 kg 仓容应配置 10 台以上，还需配置窗式进粮机械，同时配置相应的出仓设备。

清理设备：每 5 000 万 kg 仓容粮仓，除杂机外应配备 5 台以上。每台清理设备能力至少 20 t/h，以满足多个仓库同时进粮的需要。

烘干设备：配备中小型即可（5 t/h），以解决小批量的高水分粮，同时应大力推广应用“四散化作业”及相应的粮仓机械设备。

2. 安全储粮设施的优化配置

除少数固定收纳中转仓外，均应配置机械通风系统（2 ~ 4 台/万 t）；配置移动式的仓外环流熏蒸装置（1 ~ 3 台/库）。储粮在 1 万 t 以上的所有仓库均应配置粮情测控系统，由中心控制室统一检测粮情和控制，以便及时处理储粮工作中有关问题。要大力推广应用防护剂储粮技术，减少药剂熏蒸。如应用“双低”密闭与膜下环流技术，可达到储粮保质保鲜的要求。

(四) 适合本生态区条件的储粮新技术、新设备配置方案

目前正在推广使用的储粮新技术、新设备，是由国家粮食局粮食储藏技术咨询专家组在总结 250 亿 kg 建库项目设备、技术配置经验的基础上，组织有关人员在全国范围内对近年来出现的粮食仓储新技术、新设备进行了搜集和调研后总结出来的。从总体上看，这些新技术、新设备基本反映了我国粮食仓储技术的最新成果和发展趋势，

主要可分为两个大类：

1. 首次在国内粮食仓储系统出现的新技术、新设备

（略）

2. 对原有粮食仓储技术、设备的改型

经过重新设计、制造，其关键性能指标进一步完善和提高。根据用途，这些新技术、新设备可分为以下几种类型：

（1）储粮害虫防护剂及粮食抑尘剂（白色矿物油）喷施设备

防护剂及白油抑尘剂都是经过长期使用，已经发展成熟的粮食仓储技术。此项中包括4个厂家生产的5种产品，均可用于防护剂和白油抑尘剂的喷施，并能够根据流程的实际输送量调节喷射流量，完成各种微量及常量的喷施作业，达到按规定剂量施药的目的。

（2）功能涂料

该涂料包括防虫、防霉、隔热涂料各一种。在仓体内壁使用防虫、防霉涂料，能有效改善仓内储粮生态环境，在一定程度上防止虫霉发生，减少投药次数，降低防治费用和药剂残留。当外界环境温度较高和阳光辐射较严重时，在仓体外部使用隔热涂料，可以利用涂料内部的细微陶瓷颗粒反射阳光辐射，并阻滞热量向仓体内部传导，使仓内谷物保持在较低的温度状态，有利于延缓粮食陈化，降低虫害发生效率，减少储粮能耗。目前，该技术经其他行业使用证明，有较大的经济效益和社会效益。

（3）粮食搬倒输送机械及配套装置

该类装置包括移动式吸粮机、转向输送机、清仓机和补仓机共七种粮仓专用搬倒机械和摆动装车溜管、液压翻板、防爆型电器三项配套装置。这些设备适用于新建仓型的粮食进出仓及清仓作业，有利于提高散粮搬倒作业的机械化、自动化水平和提高工作效率，降低人工劳动强度。

（4）通风、熏蒸及粮情检测设备及配套装置

该类装置包括LDQ-1400Ⅱ型粮食多功能扦样器、粮堆局部处理机、机械通风全自

动控制系统、自动配气熏蒸施药装置，两种不同的粮情检测与控制管理系统、DLK-A型测温电缆自动紧固装置。

利用粮堆局部处理机，可在避免倒仓的情况下对粮堆内部进行局部通风、熏蒸、挖掘、扦样和铺设电缆等多种作业，最大作业深度可达粮面以下 6 m，是对仓内粮食进行应急处理的快捷手段。机械通风全自动控制系统与通常的机械通风系统不同之处在于：系统中全部采用轴流风机，通过粮情检测系统实时检测粮堆内部及外界环境的温度、湿度参数，利用计算机进行比较判断并控制系统的开启和关闭，实现粮库通风作业的全自动和智能化，最大限度地利用自然冷源及时对仓内谷物进行降温、除湿，效率比人工通风提高了 30% ~50% 。

自动配气熏蒸施药装置使用纯 PH_3 钢瓶气与 CO_2 钢瓶气现场按规定比例配气熏蒸，与常规 AIP 片投药、采用 PH_3 与 CO_2 混合钢瓶气或仓外 PH_3 发生器熏蒸相比，综合费用减少 30% ~50% ，同时熏蒸后无药渣残留，符合环保要求；DLK-A 型测温电缆自动紧固装置能够解决目前新建粮仓入粮过程中测温电缆发生漂移的问题。

（5）气密筒式仓及仓房气密材料及技术

气密筒式仓分固定式和移动式两种，采用双筒体结构，钢架支撑。内筒为氧分子单向透过性的高分子气密柔性材料，粮食入仓后真空杀虫，通过一段时间后仓内恢复到常压低氧状态，能有效抑制粮食的呼吸作用，延缓陈化；储粮全过程无须投药，从而实现无污染的绿色储粮。该型式粮仓还具有防结露、防鼠、隔热、抗震等功能，配备有电子粮情检测及机械通风装置。气密筒式仓造价低、建设快。以 500 t 仓容的气密筒式仓为例：固定式仓投资为 8. 25 万元，建设周期 7 ~10 d，寿命 30 年；移动式仓投资为 7. 5 万元，建设时间 3 ~4 h 可安装完毕，寿命 10 年。这种仓型是目前国际上非常流行的仓型和较为先进的储粮方式。

仓房气密材料主要以氧分子单向透过性高分子材料对仓房进行整体密封，仓房密封后能够形成常压和低氧的储粮生态环境，防止粮食陈化和虫害的发生，提高环流熏蒸和冷却通风的作业效果，同时也具有良好的隔热和防潮效果。

（6）检化验仪器

包括 GAC2100 Agri 型高精度谷物水分快速测定仪、DGGK-1 型低温高水分谷物快速水测器、GSC-1 型谷物水分在线测试仪及 WT-2 型粮食水分在线监测仪等两类四个品种的仪器。其中 DGGK-1 型低温高水分谷物水测器解决了过去我国东北地区在温度较低的情况下无法对粮食，特别是高水分粮水分含量进行精确测定的问题。WT-2 型粮食水分在线监测仪用于粮食烘干过程中在线检测谷物的水分含量和温度，可及时调整热风温度和粮食流量，确保最大限度地降低烘干能耗和保持烘干后的谷物品质良好。

五、本生态区安全、经济储粮技术应用优化方案

（一）本生态区储粮技术优化方案

根据本生态区地理气候特征、储粮技术应用情况和粮仓状况分析，在储粮设施优化配置方案的基础上和保证安全储粮的前提下，达到以控制生态因子为主的科学储粮综合防治技术的基本要求，针对本生态区粮情检测、低温储藏、气调储粮、粮食干燥、机械通风、仓储害虫防治以及入库粮食质量保障等方面的技术问题提出经济有效的储粮技术优化方案。

（二）粮情检测技术应用及建议

粮情检测系统具有高效、快速、准确的特点。它改变了过去传统的粮温杆人工操作法，减轻了储粮企业职工的劳动强度，提高了粮食检测的准确性。目前此项技术发展比较成熟，已成为安全储粮不可缺少的重要手段之一。测温点的分布应用，在粮面以梅花 5 点的形状进行分布；点间距一般为 3 ~4 m，测温点距墙、距粮面和地坪一般为 50 cm，层间距为 1.5 m。粮情检查间隔时间为 1 d、3 d、7 d。

（三）低温储藏技术应用与建议

低温储藏技术是本生态区粮仓应用较多的储粮方法之一。按温度控制可分为两类：一类是低温储藏技术，即将粮食的温度控制在 15 ℃以内，主要用于保管难以度夏的高水分粮；另一类为准低温技术，即将粮食温度控制在 20 ℃以内，它主要用于保管供应居民的大米和一些难于度夏的优良品种。实现低温储藏的主要方法有机械制冷和自然通风降温，具体分析如下：

（1）机械制冷

机械制冷又分以下类型：

家用空调机制冷和中央空调机制冷：此设备适用于各类基建房式仓，特点是安装便捷，使用方便，不需要专业技术人员，投资少、见效快，制冷效果好。一般粮仓开机时间为每年的 6 ~ 10 月，包括人员工资，电能消耗，机械折旧，其年费用为 10 ~ 20 元/t。

谷物冷却机：谷物冷却机适用于具备有预定风道的（地槽或地上笼）粮仓，其应用要以冬季机械通风降温为基础，在上层平均粮温升高到 25 ℃以上时开启，待出风口温度与中下层粮温相近时（一般在 15 ℃左右），将上层平均粮温降低到 20℃以内，单位能耗为 0.224 kW · h/（t · h）。

（2）自然通风降温

自然通风降温是利用冬季气温较低的时机（一般气温低于粮温 5 ~ 10 ℃），适时开启门窗，并配合机械通风，将粮食温度降低至 20 ℃以下，然后保持仓内低温。自然通风降温储粮的效果较好，费用成本较低，基层粮仓应用普遍。

（四）气调储粮技术

利用氮气或二氧化碳气体，调整改变密闭粮堆内气体成分的储粮技术（主要是降低氧气浓度）。由于氮气源制造技术不过关（纯度低、成本高），粮仓及密封材料的气密性差，在本生态区只宜在小包装成品粮的周转储存期间进行应用，在大宗原粮储存粮仓中难于推广；对于大宗长期储存的稻谷、小麦等，还是要大力推广“三低”（低氧、低药、低温）储藏技术，依靠粮堆内生物因子自然降低氧的浓度，抑制仓储害虫和微生物的活动，再辅以低温和少量的药剂，达到安全储粮的效果。要着力控制此技术应用中的粮质条件（粮食水分应控制在当地安全水分标准以内，杂质应控制在1.0%以内；做到基本无虫），粮仓条件完好以及正确选用密闭材料等。应用“三低”储藏技术可将储粮年成本控制在5元/t以内。

（五）粮食干燥技术

本生态区是中温高湿储粮区，粮食生产以家庭耕种为主，根据农户出售粮食批次大、批量小的特点，在粮库配备中小型烘干设备即可（5 t/h），以解决小批量的高水分粮。建议使用辅助加热机械，强力通风降水或开发太阳能干燥设施。

粮食干燥应以农户晾晒为主，建议国家给予一定的资金扶持，农户自筹部分资金，多建水泥晒场，解决粮食晾晒问题。

（六）机械通风技术应用与建议

随着粮食购销市场化和人们对绿色食品的追求，今后无论在大中型粮库粮仓，还是在农村收储站点，机械通风将成为一种广泛应用的主要储粮技术设备。因此，今后凡新建的粮食储备库和收纳仓，均应配置机械通风设备。对没有通风设施的老粮仓应尽量改造，增设其通风设施，无通风设施的仓房不宜散存稻谷。通风的主要目的是降低粮温，其次是降低粮食水分、环流熏蒸和调质等。应继续遵循原商业部《机械通风储粮技术规范》所制定的开关机原则，掌握通风时机；大中型粮库应向自动化控制方向发展；通风方式也不要长期单一地使用压入式或吸出式，应合理选用风机大小。如果一个仓堆内粮情无异常危急情况，且供电正常，应尽量采用低压、大风量的离心风机。对单位通风成本（即单位能耗）应控制在1.5 kW·h/t为宜。

（七）仓储害虫防治技术应用与建议

本生态区夏季气温高，持续的时间长，平均气温为 27 ~ 29 ℃，高温持续为储粮害虫的繁殖提供了有利条件；秋季为本生态区仓储害虫发育的旺盛期，要提前进行防护。仓储害虫防治的主要药剂分为防护剂、熏蒸剂和消毒剂。防护剂有 4049 和凯安保；熏蒸剂有磷化铝、氯化苦、二氧化碳；消毒剂有敌敌畏等。

预防仓储害虫的措施应以物理隔离为主，化学预防为辅。各粮仓应做到以下几点：

（1）严把粮食入库质量关，杜绝虫粮入库。

（2）搞好粮食入库前的清仓消毒和仓外环境卫生。

（3）搞好“三防”设施，安装好防虫门窗，布设防虫线；根据气温情况，每周喷洒敌敌畏 1 ~ 2 次，每半月在仓外喷雾敌敌畏一次，防止交叉感染。

防治仓储害虫措施及应用建议如下：

1. 粮面拌防护剂

目前使用较广泛的防护剂为 4049 和凯安保。在粮食入库时分层拌入，或入库结束后在粮面拌药 30 ~ 50 cm 厚，一般可保持半年无虫。

2. 熏蒸杀虫

目前常用的杀虫药剂主要是磷化铝和氯化苦，为保证良好的杀虫效果，必须提高仓库气密性，粮温最好控制在 20℃以上，保持粮堆内的药物气体均匀分布和长时间的有效浓度。基层站点在没有环流熏蒸设备的情况下，可采用间歇熏蒸法，此法是较为理想的熏蒸杀虫法。方法是按总药量分 3 次投放磷化铝，间隔 10 d 投药一次。条件好的粮仓应采用环流熏蒸措施，分 3 ~4 次投药，效果较好。

3. 不同虫种的杀虫药剂和剂量选择

虫种及杀虫药剂：本生态区常见的储粮害虫以玉米象、谷蠹、扁谷盗的为害最为广泛，谷蠹、长角谷盗等较难除治。一般采用磷化铝气体熏蒸，要保持 100 mL/m^3 以上的浓度；较难除治的仓储害虫，要采取磷化铝和氯化苦混合熏蒸的办法，并保持 150 mL/m^3 以上的体积分数（浓度）。

害虫检测方法：由于目前检测方法仍然是目测和手工筛选，故合理选点显得十分重要，包装存粮主要观察粮堆表面和地坪上的害虫；对散装存粮除肉眼观察外，还要选点筛虫，并依靠粮温高低确定重点部位，可按 5 点/200 m^2 选点，兼顾粮堆四角与中心部位。夏季高温季节在粮面取样筛虫即可；春冬季低温季节须在粮面 30 cm 以下取样筛虫。建议有关部门大力研制虫害自动检测技术。

熏蒸治虫效果的评价：粮食经熏蒸后，当磷化铝气体体积分数（浓度）降到 70 mL/m^3以下时开仓放气，一个月后检查，如果没有发现活虫，则表明熏蒸杀虫取得成功。

熏蒸治虫成本：由于基层站点粮仓的气密性较差，用药量偏大，以一年熏蒸一次计算，其成本为 0.6 ~ 0.8 元/t；条件好的仓房，熏蒸成本为 0.3 ~ 0.5 元/t。

（八）入库粮食质量保障

我国现阶段粮食生产绝大部分不是靠大型农场和机械化作业，而是以个体为单位的分散作业，粮食的脱粒方式也比较落后，因此入库粮食质量难以统一。对此，收购单位应配置小型的烘干去杂质设备，帮助农户整理好粮食，达到质量标准后方能收购。这样既能保证入库粮食质量，又能减少粮食的损失。只有把住收购关，才能保证入库的粮食质量；只有保证了粮食的收购质量，配合安全有序、规范的仓储技术和保管措施，才能保证储粮企业有较好的经济效益。

第六节

中温低湿储粮生态区

一、概述

（一）本生态区地理位置、与储粮相关的生态环境特点

中温低湿储粮生态区政区主要包括贵州省的全部，云南省除景宏和普洱以外的大部地区以及四川省、重庆市、陕西省、甘肃省、河南省、湖北省、湖南省、广西壮族自治区的一小部分地区。现将其主要区域的生态环境条件特点分述如下：

1. 云南省

（1）云南省气候及生态环境特征

云南省位于北纬 21°8′32″～29°15′8″，东经 97°31′39″～106°11′47″，北回归线横贯该省南部。云南地处低纬度高原，地理位置特殊，地形地貌复杂。由于大气环流的影

响，冬季受干燥的大陆季风控制，夏季盛行湿润的海洋季风，属低纬度高原季风气候。全省气候类型丰富多样，有北热带、南亚热带、中亚热带、北亚热带、南温带、中温带和高原气候区共七个气候类型。云南省气候兼具低纬气候、季风气候、高原气候的特点，其主要表现为：气候的区域差异和垂直变化十分明显，这一现象跟云南的纬度和海拔这两个因素密切相关。从纬度看，其位只相当于从雷州半岛到福建、江西、湖南、贵州一带的地理纬度，但由于地势北高南低，南北之间高低悬殊达6 663.6 m，大大加剧了云南省范围内因纬度因素而造成的温差，形成了这种高纬度与高海拔相结合、低纬度和低海拔相一致，即水平方向上的纬度增加与垂直方向上的海拔增高相吻合的状况。一方面，使得云南全省垂直方向上 1 km 的气温变化，相当于全国水平方向上1 400 ~2 500 km的变化；另一方面，使云南全省水平方向上八个纬度间的温度差异，相当于从我国南部海南岛到东北长春之间的年平均温差，呈现出热、温、寒三带多样气候。云南省各地的年平均气温，除金沙江河谷和元江河谷外，大致由北向南递增，平均在5 ~24 ℃，形成南高北低的总趋势，南北气温相差达 19 ℃。云南省各地四季起止时间，南北可相差 5 个月以上，同一时期各地季节有不同。如在 4 月，滇中尚是春暖季节，滇南已是炎热夏季，滇北高寒山区仍为寒冷冬季。由于地形的影响和天气系统的不同，云南省气温纬向分布规律中常会出现特殊的情况。这些特殊情况同样反映了该省气候的区域差异和垂直变化。如“北边炎热南边凉”的现象：北部的地谋比中部的景东气温高；景东又比南部的江城气温高。特别是在垂直分布上，因该省境内多山，河床受侵蚀又不断加深，形成山高谷深。不论在云南省的北部、中部、南部，由河谷到山顶，都存在着因高度上升而产生的气候类型差异：一般高度每上升 100 m，温度即降低 0.6 ℃。“一山分四季，十里不同天”就是云南省多种多样气候类型的写照，也表明了“立体气候”的特点。“四季如春，一雨成冬”的气候特征主要是在海拔为1 500 ~2 000 m的地带。年温差小，日温差大是云南省气候的又一特点。由于地处低纬度高原，空气干燥而比较稀薄，各地所得太阳光热的多少除随太阳高度角的变化而增减外，也受到云层、降雨的影响。夏季阴雨天多，太阳光被云层遮蔽，气温不高，最热平均气温为 19 ~22 ℃，低于北京、哈尔滨同期温度；冬季受干暖气流控制，晴天多，日照充足，湿度较高，最冷月平均气温为 6 ~8 ℃，年温差一般为 10 ~15 ℃ ，但阴雨天气温较低。从日温变化来看，早晚较凉，中午较热，尤其是冬、春两季，日温差可达 12～20 ℃。

（2）降水及其分布特点

云南省降水充沛，干湿季分明，分布不均，全省大部分地区年降水量在 1 100 mm。由于冬夏两季受不同大气环流的控制和影响，降水量在季节上和地域上的分配极不均匀。80%～90% 的雨量集中在每年 5～10 月的雨季，尤以 6～8 月的降水量最多，约占全年降水量的 60%。雨季常有低温现象和洪涝灾害，影响农作物的生长和收割。11 月至次年 4 月的冬春季节为旱季，此时天晴日暖，风高物燥，雨雪很少，降水量只占全年的 10%～20%，甚至更少，故常有春旱出现，使农作物的生长受到影响，森林火灾也多在这个季节发生。在地域分布上降水很不均匀，最多的地方如江城、金平、西盟等地年降水量可达 2 200～2 700 mm，为全国多雨区之一；最少的地方如宾川，年降水量仅有 584.1 mm。不仅如此，在较小的范围内，由于海拔高度的变化，降水的分布也不均匀。云南无霜期长。南部边境全年无霜；偏南的文山、蒙自、普洱以及临沧、德宏等地无霜期为 300～330 d；中部的昆明、玉溪、楚雄等地约 250 d；比较寒冷的昭通和迪庆可过 210～220 d。云南省光照条件好，太阳年辐射量 5 016～5 852 MJ/m^2，仅次于西藏自治区、青海省、内蒙古自治区等省区。因此，该省不宜一概而论，应因地制宜，参照情况相似的生态区域来选择各自的最佳储粮技术组合。

2. 贵州省

（1）贵州省气候及生态环境特征

贵州省位于副热带东亚大陆的季风区内，气候类型属中国亚热带高原季风湿润气候。全省大部分地区气候温和，冬无严寒，夏无酷暑，四季分明。高原气候或温热气候只限于海拔较高或低洼河谷的少数地区。境内包括该省中部、北部和西南部在内的全省大部分地区，年平均气温在 14～16 ℃；其余少数地区以及该省南部边缘的河谷低洼地带和该省北部的赤水河谷地带，年平均气温为 18～19 ℃；该省东部河谷低洼地带为 16～18 ℃；该省海拔较高的西北部为 10～14 ℃。各地月平均气温的最高值出现在 7 月，最低值出现在 1 月。就贵州全省大部分地区而言，7 月平均气温为 22～25 ℃，

1 月平均气温为 4 ~6 ℃，全年极端最高气温为 34.0 ~ 36.0 ℃，极端最低气温为 -9.0 ~ -6.0 ℃，但出现天数很少，或仅在多年之中偶尔出现。贵州省大部分地区的气候四季分明。中心部位的贵阳市在四季划分上具有代表性，四季以冬季最长，约 105 d，春季次之，约 102 d，夏季较短，约 82 d，秋季最短，约 76 d。

（2）降水及其分布特点

贵州省常年雨量充沛，时空分布不均。该省各地多年平均年降水量大部分地区为 1 100 ~ 1 300 mm，最大值接近 1 600 mm，最小值约为 850 mm。年降水量的地区分布趋势是南部多于北部，东部多于西部。该省有三个多雨区和三个少雨区。三个多雨区分别位于贵州省西南部、东南部和东北部，其中西南部多雨区的范围最大，该区的晴隆县，年降水量达 1 588 mm，是该省最多雨量的中心；三个少雨区分别在威宁、赫章和毕节一带，大娄山西北部的道真、正安和桐梓一带，舞阳河流域的施秉、镇远一带。各少雨区的年降水量在 850 ~ 1 100 mm。因此，对贵州省绝大部分地区而言，多数年份的雨量是充沛的；从降水的季节分布看，一年中的大多数雨量集中在夏季，但下半年降水量的年际变率大，常有干旱发生。

（3）光照特点

贵州省大部分地区光照条件较差，降雨天数较多，相对湿度较大。年日照时数为 1 200 ~ 1 600 h，地区分布特点是西多东少，即省之西部年日照时数为 1 600 h、中部和东部为 1 200 h，年日照时数比同纬度的我国东部地区少 1/3 以上，是全国日照最少的地区之一。

（4）降雨多，湿度大

贵州省各地年降雨天数一般为 160 ~ 220 d，比同纬度的我国东部地区多 40 d 以上。该省大部分地区的年相对湿度高达 82%，不同季节之间的变幅较小，各地湿度值之大以及年内变幅之平稳，是同纬度的我国东部平原地区所少见的。

（5）地势高低悬殊，立体气候明显

贵州省地处低纬度山区，地势高低悬殊，天气气候特点在垂直方向差异较大，立体气候明显。由于该省东、西部之间的海拔高差在 2 500 m 以上，随着从东部到西部的地势不断增高，各种气象要素有明显不同。如西部的威宁较中部的贵阳海拔增高了

1 163 m，年太阳辐射量较贵阳多 96 MJ/m^2，年平均气温较贵阳低 4.8 ℃，年平均绝对湿度较贵阳少 400 Pa。故威宁气候高寒，贵阳则气候温和。再将东部的铜仁与中部的贵阳作一比较：铜仁比贵阳海拔降低 787 m，年太阳辐射量比贵阳少 234 MJ/m^2，年平均气温比贵阳升高了 1.6 ℃；7 月平均气温比贵阳升高了 3.7 ℃；1 月平均气温比贵阳升高了 0.3 ℃。故铜仁的气候特点是冬暖夏热，贵阳则是冬暖夏凉。在水平距离不大但坡度较陡的地区，立体气候特征更加明显。和云南省一样，贵州也有“一山有四季，十里不同天”的说法，充分说明了贵州省山区垂直气候的差异性。因此，该省也不宜一概而论，应因地制宜，参照情况相似的生态区域来选择各自的最佳储粮技术组合。

（二）本生态区粮食品种及储存期限

本生态区粮食种类以稻谷和冬小麦为主，大豆、玉米、高粱、豌豆、蚕豆、马铃薯、花生和油菜等均有种植。主要储粮以稻谷为主，约占储粮总量的 60%，小麦次之，约占 30%，玉米和其他粮食品种约占 10%。玉米用于食品的很少，多用作饲料。有一定数量的大麦和高粱，多用作酿造，长期储藏的也不多。储藏的大米和面粉等成品粮以保证日常供应为目的，一般不作长期储藏。该地区夏粮和秋粮收获期间气温较高，太阳光能资源基本可以满足粮食的自然晾晒及干燥，收购入库的粮食品质和水分大多符合现行国家标准中等以上的质量要求。一般新收获后即入库的小麦可安全储藏 4 年以上，稻谷一般可安全储藏 2 ~ 3 年。

（三）本生态区储粮设施配置应用概况

本生态区近几年新（扩）建的国家粮食储备库较多。储粮仓型包括高大平房仓、浅圆仓、立筒仓、老式房式仓（包括基建仓和苏式仓）等，但绝大多数粮库的仓房为老式房式仓（基建仓和苏式仓等）。除近几年新建的粮食储备库气密性、隔热性和防潮性能较好外，绝大多数老式房式仓的气密性、隔热性能较差，防潮性能尚可。机械通风和环流熏蒸系统基本都没有配备。

近几年新建的中央粮食储备库（含高大房式仓，浅圆仓），其整体性能很好，大多配备了“四项储粮新技术”，对保证中央储备粮的安全储藏起到了决定性的作用。在调研时，库点普遍反映仓顶的隔热性能太差，高大房式仓和浅圆仓的彩钢板屋顶更差，希望尽快安排进行隔热改造，以降低仓温和粮温上升速度，减少机械通风或谷物冷却机处理费用，以降低储粮成本，延缓储粮品质陈化，为实现低温或准低温储藏创造条件。此外，新建高大平房仓门窗多且结构不合理，对仓房密闭和储粮机械化进出仓造成一定障碍。一机四道的离心通风系统能耗高，噪音大；粮情测控系统的测温电缆和探头抗腐蚀性差，抗雷击和抗干扰性能也需进一步提高；系统软件功能单一。总的来说，设备存在一定问题，在应用中储粮企业普遍反映不太满意。

除近几年新（扩）建的少数几个国家粮食储备库配备了电子检测、环流熏蒸、机械通风和谷物冷却机以及输送机、提升机、振动筛、吸粮机等设备以外，绝大多数粮库都没有上述设备，该地区所有的普通粮仓都没有配备谷物冷却机。实际上，大多数普通粮仓特别是老式仓房基本未用环流熏蒸和机械通风技术。

（四）影响本生态区储粮安全的主要问题

由于本生态区夏无酷暑，冬无严寒，年气温振变幅度小，给予储粮机械通风的机会相对较少，通风效率也相对较低，机械通风能耗相对高些，储粮在秋冬季节通风后所能达到的极限低温为 8 ℃左右，为低温或准低温储藏带来一定难度。储粮害虫和微生物几乎一年四季都可以对储粮造成为害。粮食可长期安全储藏最主要的问题是储粮害虫和微生物造成的发热、霉变以及由此而产生的重量和质量的损失；其次是基础粮温偏高所造成的粮食陈化较快的问题。

二、本生态区仓型总体情况

（一）本生态区现有仓型、仓容利用情况

本生态区现有仓库类型主要为苏式仓、基建房式仓、高大平房仓、浅圆仓和立筒仓。其中约70%为老式仓房（基建仓和苏式仓等）。近几年新建的国家粮食储备库较多，储粮仓型包括高大平房仓、浅圆仓、立筒仓等。老粮仓因年久失修，出现地基下沉、屋架变形、墙壁裂缝、上漏下潮的有所增加，部分已报废的粮仓仍在超期使用。由于财力所限，近几年未能将粮食仓库和油罐维修、改造及报废工作列入议事日程。

（二）适合本生态区储粮生态条件的仓型

适合本生态区粮食安全储藏的仓型有苏式仓、基建房式仓和高大平房仓。从粮仓结构、储粮性能和经济性来看，高大平房仓优于其他几种仓型；如果加强科学管理，浅圆仓储粮经济性也较好，但自动分级所造成的高杂质区域问题需进一步解决。

（三）现有老粮仓、新粮库存在的主要问题

目前现有老粮仓存在的主要问题是仓容紧张，仓储设施陈旧，防治仓储害虫的方法单一。20世纪60年代以前建设的老粮仓上漏下潮、地基下沉、墙体裂缝的情况较为普遍；除中央储备粮新建库以外，几乎所有粮仓设施设备均不配套。如大多数普通粮仓无配套完善的机械通风设施，粮情测控系统和环流熏蒸设施，虫害检测仍沿用扦样筛虫法，难以准确及时地提供仓储害虫为害情况；熏蒸药剂方法单一（主要是使用磷化铝），仓储害虫已对磷化氢产生了越来越高的抗性，给防治工作带来一定难度。

（四）对现有粮仓的改善措施、设想及建议

为达到安全、经济、绿色的储粮目的，应根据本生态区的气候特点，制定相应的储粮技术应用方案，减少化学药剂的使用，实现准低温储藏。提高储粮企业的经济效益是本生态区粮食安全储藏的重点。要达到这个目的，就必须对现有粮仓进行必要的改造，使其具备良好的通风、密闭和隔热性能，以利于安全储粮，利于对有害生物的防治；利于有效地利用秋冬季节和早晚相对低温时机通风降低粮温；利于密闭隔热，保持粮堆内部的相对低温。只有完善粮仓设施，才能改善和延缓储粮品质陈化的速度，抑制储粮有害生物的发展和为害，在确保储粮安全的前提下，降低储粮成本，提高经济效益。

三、本生态区安全储粮技术总体情况

（一）现有安全储粮技术总体情况及评价

1. 储粮技术应用全面但不均衡

由于本生态区年气温振变幅度小，基础粮温偏高，储粮害虫和微生物几乎一年四季都可以对储粮造成为害，储粮陈化速度也相对较快。基于粮食安全储藏中害虫防治和品质保鲜要求较为严格，所需技术相对复杂，本生态区许多库点在储粮作业中应用了几乎目前我国正在使用的各项储粮技术，如“四项储粮新技术”中的粮情测控技术、环流熏蒸技术、机械通风技术、谷物冷却机低温储藏技术、“双低”和“三低”储藏技术、仓房隔热改造技术、粮堆局部处理技术、储粮保护剂应用等技术，但是，这些技术的实际应用在各库点之间的发展很不均衡：新建国家粮食储备库由于粮仓性

能好、配套设施完善，技术力量强，可以综合应用各项技术措施来营造良好的粮堆生态环境，确保储粮安全，同时也存在技术组合过于复杂，储粮费用增高，能耗过大的情况；大多数普通粮仓的仓房气密性能、通风性能、隔热和防渗漏性能较差，安全储粮设施少，只能采取相对简单的“双低”或“三低”储藏技术、自然通风或机械通风等技术。本生态区绝大多数普通粮仓目前还没有配备粮情测控系统，这是本生态区储粮安全的一个最大隐患。

2. 仓储害虫防治技术及应用

该地区常见的储粮害虫有玉米象、米象、谷蠹、赤拟谷盗、杂拟谷盗、锈赤扁谷盗、长角扁谷盗、麦蛾、印度谷蛾、大谷盗、锯谷盗、豌豆象、绿豆象、裸蛛甲、脊胸露尾虫、黑粉虫、书虱和螨类等。其中，玉米象、米象、谷蠹、赤拟谷盗、杂拟谷盗、锈赤扁谷盗、长角扁谷盗、麦蛾、印度谷蛾、书虱和螨类为该地区的主要储粮害虫。对储粮为害最大的是玉米象、米象、谷蠹、麦蛾和印度谷蛾；书虱和螨类发生时数量最大，3～11 月均有发生，多发生于 5～10 月；6～9 月发生数量最高时仓储害虫密度可达 40 头/kg 以上。

常见储粮微生物有曲霉和青霉两大类，由于气温和粮温相对较高，遇雨水较多的年份，新收获的粮食有大批生芽、发热、霉变的情况发生，储粮过程中也时有结露、霉变事故发生。

近几年本生态区大部分粮仓常采用磷化氢常规熏蒸或环流熏蒸。常规熏蒸的磷化氢用量为 6～10 g/m^3，环流熏蒸用药量一般符合国家粮食局 LS/T 1201—2002《磷化氢环流熏蒸技术规程》的规定，但部分粮仓有害虫杀不死的情况。一方面可能是由于长期单一使用磷化氢，储粮害虫对磷化氢产生了抗性，另一方面也可能是仓房气密性较差和施药方法不当，致使磷化氢浓度分布不均匀所造成的。每年化学药剂杀虫的次数一般为一次。云南省推广应用的高效低毒储粮防护剂——保粮磷，治虫效果很好。该省在广大农户中大量推广应用保粮磷治虫，收购入库的粮食感染害虫较少，有利于入库后的安全储藏。该技术经总结后建议在全国推广，对改善和提高我国入库粮食的整体质量水平有十分重要的意义。

（二）新建浅圆仓安全储粮技术和装备情况

目前，新建浅圆仓在配套设施设备上比较齐备，进出仓作业流程已基本实现了“四散化作业”。

如中储粮昆明西直属库，在浅圆仓进粮时用大功率离心风机与粮流相向对流的办法，可以“吹”出几乎全部有机杂质和体积较小、质量较轻的无机杂质，从而有效地减轻了仓内储粮的杂质含量，将自动分级所形成的杂质聚集程度减到最低，提高了储粮的稳定性。作业过程中情况正常，没有发生任何安全责任事故。

（三）本生态区因地、因时、因仓、因粮制宜科学储粮的典型案例

中储粮昆明西直属库职工根据当地气候、环境特点和企业自身特点，在实践中潜心钻研，勇于实践，因地、因时、因仓、因粮制宜，重点抓好低温储藏工作。

他们在实际作业中发现，当地一种用于矿井送风的GKJ高效低噪音节能轴流风机通风效果很好，不仅能耗低、噪音小，安装拆卸也很方便，于是将其应用到储粮机械通风的实际工作中，取得了非常好的降温效果。该粮库还利用冬春季节的自然低温气候，通过自然通风和机械通风技术相结合的方法给储粮降温，使粮温保持在10℃以下，顺利实现了粮食在低温状态下的安全储存，不仅保证了粮食的储藏安全，也取得了较好的经济效益。

该粮库在采用不同技术为保证储粮安全方面也取得了一定经验，如采用高反射涂料对粮库屋面外墙刷白，减小了阳光辐射对仓温的影响；对线缆孔洞进行密闭处理；在粮温回升前关闭粮库门窗，在其夹层里填充聚苯乙烯隔热材料；必要时进行适当的谷物冷却机复冷降温等技术，基本实现了可以保证年平均粮温不超过15℃，在高温季节也能实现低温储藏的目的。抑制了储粮有害生物的生长繁殖与为害，延缓了储粮品质的陈化，使仓储经济效益大幅度提高。

保障储粮安全的工作，是一项需要技术和智慧相结合、各工种间相互配合、在特

殊季节和特殊时段突击实施的辛勤工作。该粮库在实践中同心协力，取得了安全储粮的好成绩，成为本生态区因地、因时、因仓、因粮制宜科学储粮的典型案例。

（四）本生态区粮食安全储存期限及品质判定改进建议

目前本生态区储粮在安全储存期限方面没有一个统一和明确的规定。从调查情况看，新收获后即入库的小麦一般可安全储藏 4 年以上，稻谷一般可安全储藏 2 ~ 3 年。应用《粮油储存品质判定规则》中发现，在进行玉米脂肪酸测定时难以准确判断滴定终点；在执行脂肪酸标准时，发现有新收获经自然晾晒干的玉米有不合格的情况。建议完善修改其标准。其余应用技术情况正常，无特殊改进建议。

（五）“四无粮仓”推广应用情况

“四无粮仓”活动开展应用多年，对安全储粮功不可没，建议在完善其内容的基础上，继续开展此项活动。现有的粮食仓储技术和管理制度，如《粮油仓储技术规范》《国家粮油仓库管理办法》等已试行多年，很多内容已不适合目前储粮工作现状，建议尽快修改完善，以适应新的储粮技术和管理理念。

四、本生态区储粮设施总体情况

（一）本生态区粮库基本设施配置及应用情况

除近几年新建的国家粮食储备库配备了称量（称重）设备、装卸输送设备（如输送机、提升机、吸粮机）、粮食清理设备（如振动筛）外，本生态区绝大多数粮仓都没有配备齐上述输送设备。由于该生态区夏粮和秋粮收获期间气温较高，太阳光能资源基本可以满足粮食的自然晾晒干燥，收购入库的粮食品质和水分大多符合现行国家标准中等以上的质量要求，所以部分粮库未配备粮食干燥设备。

（二）安全储粮设施配置及应用情况

除近几年新建的国家粮食储备库配备了电子检测设备、环流熏蒸设备、机械通风设备和谷物冷却机等安全储粮设备以外，大多数粮仓没有配齐上述设备。具体配置及应用情况如下：

1. 通风设施配置及应用

机械通风技术在安全储粮中极为重要。该地区因常年气温较高，仅靠自然通风很难满足低温或准低温储藏的要求，有条件的粮仓大部分应用了机械通风储粮技术，取得了较好效果。也有相当一部分老旧仓房没有地槽或地上笼，只能靠轴流风机进行简单的通风降温。

2. 仓储害虫防治设施配置及应用

除新建国家粮食储备库配备了环流熏蒸设施外，其他粮仓仍依靠常规技术如熏蒸、“双低”或“三低”储藏等技术来防治仓储害虫。大部分粮仓采用扦样筛虫法检测仓储害虫，熏蒸气体检测采用 PH_3 检测管；少部分粮仓配备了防护剂施药装置。

3. 粮情测控系统设置及应用

在本生态区，按照现行国家粮情检测系统布点标准和检查时间的规定，配置了粮情测控系统（包括主机、测温点数量及布置、软件等），可以满足储粮温度检测的要求。软件为厂家配套提供，目前只能检测粮温和大气湿度，无法检测粮堆气体、粮食水分、害虫和微生物等。

4. 粮食取样装置及应用

除新建国家粮食储备库采用多功能扦样器外，本生态区大多数粮仓还是采用老式人工扦样器扦样。

5. 谷物冷却机配置及应用

部分新建粮库配备了谷物冷却机，应用情况良好。从经费方面考虑，较多储粮企业普遍反映谷物冷却机能耗太高，大多不愿意使用。从中储粮昆明西直属库的经验来看，该企业采用的高效低噪音节能轴流风机通风效果很好，说明谷物冷却机的应用还是可行的，在技术方面还需要上级主管部门给予指导。

（三）适合本生态区条件的储粮设施优化配置方案

1. 粮仓基本设施的优化配置

除部分新建粮食储备库外，本生态区一般粮仓规模不大。从储粮现代化的角度看，1 亿 t 及以上仓容的粮仓应该配备称量（称重）设备、装卸输送设备（如输送机、提升机、吸粮机）、粮食清理设备（如振动筛）等，以提高粮库的机械化水平和应对特殊情况的能力。

2. 安全储粮设施的优化配置

从安全储粮的角度考虑，本生态区的一般粮仓都应配备环流熏蒸系统、机械通风设施、粮情测控系统、PH_3 气体检测仪等设备，以便保证降低粮温、检测粮情、熏蒸杀虫和检测磷化氢浓度的需要。

五、本生态区安全、经济储粮技术应用优化方案

（一）本生态区储粮技术优化方案

本生态区域海拔高度变化较大，因此，气温、湿度、年降水量、储粮有害生物区系差别也较大，选择储粮技术组合不宜一刀切。在本生态区的大部分粮仓、粮库，可采用“自然通风＋机械通风＋‘双低’密闭＋环流熏蒸＋谷物保护剂（粮堆上、下各30 cm）＋粮情测控系统”的技术组合，结合使用谷物冷却机，实现准低温储藏的经济运行模式。该模式就是在新收获入库、干净、无虫、品质合格的粮食入仓时，对粮堆下层和上层各30 cm的粮食用保粮磷等高效低毒、残效期长的谷物保护剂进行处理，对粮堆进行严格的“双低”储藏密闭技术，以杀死粮食中可能存在的害虫；当秋季气温下降时及时通过自然通风和低功率轴流风机进行机械通风，使粮温随气温同步下降；当冬季寒潮来临时用大功率离心风机将粮温降到10 ℃以下；在翌年气温回升前严格对粮堆进行压盖隔热处理；在夏季利用夜间低温时开动风机排除仓内粮堆上部空间的热空气，以降低仓温，减小仓温对粮温的影响。有条件的粮库可在必要时适当辅以谷物冷却机复冷降温，从而实现准低温储藏。由于对粮堆进行严格的密闭和压盖，采用了高效低毒、残效期长的谷物保护剂进行处理，最大限度地防止了外界害虫的感染，使粮堆长期处于准低温状态，即使有少量仓储害虫感染也很难对粮食造成为害。因此，减少熏蒸次数，减少药剂用量，减少粮食中的药剂残留，可以取得最大的社会效益和经济效益。对于储粮中的局部问题，可配合局部设备进行技术处理；高海拔地区可参考高寒干燥储粮生态区域的技术组合；纬度和海拔偏低地区可根据当地具体的储粮情况，适当应用谷物冷却机对储粮进行复冷降温。

（二）粮情检测技术应用与建议

在本生态区基层粮仓调研发现，很多粮仓在按照现行国家粮情检测系统布点标准进行粮情检测时，对相邻4个检测点之间的粮温变化无法及时检测到。建议在4个相邻检测点中间加设一个检测点，检查时间按现行规定执行，如此可以满足储粮温度检测的要求，保证储粮安全。

（三）低温储藏技术应用与建议

尽管本生态区冬无严寒，夏无酷暑，因此结合自然通风和机械通风技术，适当辅以谷物冷却机处理技术实现准低温储藏还是可行的。只要对粮仓进行必要的隔热改造，使其具备良好的隔热性能，在秋季气温下降时及时采用低功率风机进行通风，使粮温随气温同步下降；冬季寒潮来临时用高功率离心风机加大通风降温力度，将粮温降到10 ℃以下；来年气温回升前作好粮仓门窗的隔热密闭准备工作，一般都可以成功地实现准低温储藏。谷物冷却机技术在本生态区可用于粮温回升后的复冷降温，以提高准低温储藏的可靠性。

（四）气调储粮技术应用与建议

本生态区可以采用“双低”或“三低”储藏技术，但严格意义上的气调储粮技术，如二氧化碳气调储粮技术或氮气气调储粮技术，本生态区目前还没有成功应用的范例。

（五）粮食干燥技术应用与建议

本生态区无梅雨季节，夏粮和秋粮逢收获季节一般天气晴好，对粮食的自然晾晒十分有利。正常年景收购入仓的粮食多在安全水分以内，几乎所有的粮仓都没有配备粮食干燥设备。从本生态区降水规律等自然生态条件看，该区域的大多数粮仓没有配备粮食干燥设备的必要。若遇非正常年景，粮食水分偏高的特殊情况。目前已有成都粮食储藏研究所与澳大利亚合作研究的“粮食在储干燥智能控制系统”可以推广应用。

（六）机械通风技术应用与建议

机械通风技术应用与建议详见本节“五、本生态区安全、经济储粮技术应用优化方案”之“（三）低温储藏技术应用与建议”。

（七）仓储害虫防治技术应用与建议

本生态区根据施药方式和仓房密闭性能的不同，磷化铝使用剂量一般为 1 ~ 10 g/m^3，近几年新建的高大房式仓或浅圆仓因密闭性能好，又配备了先进的环流熏蒸系统，用药量一般为 3 g/m^3，杀虫效果很好；年久失修的老式仓房气密性较差，用药量虽然有时可高达 10 g/m^3，但仍不能获得满意的杀虫效果，需进行二次熏蒸。在粮仓气密性较差或遇到有抗性的仓储害虫时，部分粮仓采用了磷化铝和氯化苦混合熏蒸的方法。氯化苦用量为 60 g/m^3，尽管如此，有的粮仓一年仍需熏蒸两次。仓房空间、空仓处理和防虫线多用敌敌畏喷洒。有的粮仓在粮堆底层和上层各 30 cm 的散装粮中施用保粮磷或防虫磷等保护剂，可有效防止外界害虫的感染，起到了事半功倍的效果。

第七节

高温高湿储粮生态区

一、概述

（一）本生态区地理位置、与储粮相关的生态环境特点

本生态区政区主要包括广东省和广西壮族自治区的中南部、海南省全部、云南省南部及西南部、福建省的东南部，地处热带和亚热带，属热带—亚热带湿润季风气候区，高温高湿为其主要气候特征。大部分地区年平均气温为17～26 ℃，年降水量为1 500 mm左右。

各省的地理位置及与储粮相关的生态环境特点分述如下：

1. 广东省

广东省地处岭南海之滨，近邻港澳，面向东南亚。海岸带长达4 310 km，有我国

南大门之称。北回归线横穿该省大陆中部，全省为亚热带—热带湿润季风气候，南沙群岛已属赤道气候。高温多雨为主要气候特征。

广东省年平均气温为 19 ~ 26 ℃。沿海气温年较差小于 15 ℃，略具海洋性气候特征。除粤北山区外其余广大地区长夏无冬。1 月平均气温为 8 ℃ ~ 16 ℃，7 月平均气温为 28 ~ 29 ℃。无霜期始于 1 月底至 2 月初，长约 11 个半月，粤北 10 个月。日平均气温稳定通过 0 ℃和 10 ℃的天数分别为 360 d 以上和 300 ~ 360 d。

广东省降水充沛，年降水量为 1 300 ~ 2 500 mm，恩平、海丰、清远为多雨中心，年降水量均大于 2 200 mm。在罗定、兴梅盆地和雷州半岛、潮汕平原少雨区，年降水量小于 1 400 mm。4 ~ 9 月汛期降水量占全年降水量的 80% 以上。生长期农田水分盈余量约 750 mm。

广东省主要灾害性天气是 5 ~ 11 月间，沿海常受台风暴雨影响。春季低温阴雨，夏秋间多台风暴雨，秋季的寒露风①以及秋末春初的寒潮和霜冻是该省多发的灾害性天气，不可忽视。

2. 广西壮族自治区

广西壮族自治区地处南海之滨、钦州湾畔，海岸带长约 1 500 km。背靠大西南，南向东南亚。毗邻越南，国境线长 1 020 km。该区地处北回归线两侧，柳江、东兰一线南北分属南、中亚热带湿润季风区，属亚热带湿润季风气候。中南部长夏无冬，干湿季分明。

广西壮族自治区年平均气温为 17 ~ 23 ℃，1 月平均气温为 6 ~ 15 ℃，是我国冬季温度较高的地区；7 月（沿海 8 月）气温为 25 ~ 29 ℃。桂中、北部无霜期始于 2 月初，各地无霜期多在 300 d 以上，沿海地区全年无霜。气温稳定通过 0 ℃和 10 ℃天数分别为 360 d 以上和 260 ~ 340 d。

广西壮族自治区年降水量为 1 500 ~ 2 000 mm，是我国降水量最多的省区之一。该

---

①是秋季冷空气侵入后引起显著降温，使水稻减产的一种低温冷害。在中国南方，它多发生在“寒露”节气，故名“寒露风”。

区南、北山地迎风坡降水较多，东兴为全国多雨地区之一；中部丘陵平原区降水较少。4 ~9 月降水占全年的 80% 。西北部干旱。

该区多发灾害性天气，主要是夏秋季节的强台风暴雨、寒露风以及冬季寒潮对热带作物造成的冻害。

3. 海南省

海南省地处祖国南疆海上，隔琼州海峡与广东省雷州半岛相望。全省包括海南岛和三沙市的西沙群岛、南沙群岛、中沙群岛三群岛的岛礁及其海域。其中海南岛的环海岸线达 1 528 km。属热带湿润季风气候区。气温年较差小于 15 ℃，具海洋性气候。

海南省年平均气温为 22. 4 ~25. 5 ℃。1 ~2 月最冷，平均气温约为 16 ~21 ℃；7 ~8 月最热，平均气温为 25 ~29 ℃。海南省除中部山区以外的其余广大地区全年日平均气温基本上都在 10 ℃以上。海南省北部夏天酷热，最高气温≥35 ℃的天数全年有20 d以上。日平均气温≥10℃的积温约为 8 300 ℃，最高达 9 200 ~9 300 ℃。

海南省年降水量为 1 500 ~2 000 mm，中、东部可达 2 400 mm；西南沿海只有约 900 mm，为气候干热区。海南岛东部正当台风走廊，台风暴雨连同夏雨降水量占全年降水总量的 70% 。5 ~10 月大致集中了全年降水量的 75% ~86% ，使海南省的气候具有十分明显的干湿季节。海南省是全国湿度比较大的地区之一，年平均相对湿度为 80% ~86% 。

海南省属多台风地区，素有“台风走廊”之称。每年影响海南省的台风约 8 次，风力一般在 7 ~12 级左右，风向以东北风到东风为主。

4. 云南省

云南省地处我国西南边陲，与缅甸、老挝、越南为邻，国境线长达 3 207 km。云南省跨北回归线，分别受印度洋季风和太平洋季风的影响，属亚热带—热带高原性湿润季风气候。由于纬度较低、短距离内地形高低悬殊，气候特点是垂直变化显著，干湿季节分明，类型多样，高原上“四季如春，一雨成冬”。

云南省年平均气温为 4 ~24 ℃，大部地区 15℃左右。1 月平均气温为 8 ~12 ℃，

7月平均气温为18～24 ℃。无霜期自2月初起，长达约11个月，滇南河谷几乎全年无霜。日平均气温稳定通过0 ℃和10 ℃的天数分别为360 d和240～340 d。元江和金沙江谷地夏季酷热。

该省年降水量为1 000～1 500 mm，在太平洋和印度洋气流的影响下，干湿季分明，5～10月降水量占全年的85%～90%。

5. 福建省

福建省位于我国东南沿海，东与台湾省隔海相望，海岸带长达约3 300 km。属亚热带湿润季风气候，西北有山脉阻挡寒风，东南又有海风调节，温暖湿润为本区气候的显著特色。

该省年平均气温为15～22 ℃。1月平均气温从西6 ℃向东南增至12 ℃，7月平均气温为28～29 ℃。无霜期始于2月下旬，长约10个月，西北隅约9个月，沿海全年无霜雪。日平均气温稳定通过0 ℃和10 ℃的天数分别为360 d和260～340 d。

该省年降水量为800～1 900 mm，沿海地区约为1 000 mm，武夷、戴云山区为1 800 mm以上。3～4月春雨，5月转梅雨，6月后有热雷雨和台风暴雨。福建省是我国暴雨多发区，夏秋季节的7～9月台风影响很大。

（二）本生态区粮食品种与储存期限

本生态区属华南高温高湿储粮生态区，种植的粮食品种以水稻为主；储藏的粮食品种主要是稻谷、玉米、小麦、大米、面粉。其中玉米、小麦多为国内其他产区调入或国外进口。

本生态区粮食储存期限一般为：稻谷储存3年；小麦储存2年；玉米储存1年；大米和面粉储存一般不超过半年。

海南省粮食储存期限一般为：稻谷2年、小麦3年、玉米1年。

（三）本生态区储粮设施配置应用概况

本生态区1998年以来新建的中央粮食储备库都配备有较为先进的储粮机械技术设备，如输送机、装仓机、扒粮机、打包机、清理筛，还配置有机械通风系统、粮情测控系统、环流熏蒸系统、谷物冷却机、地中衡、检化验等10多种设备。这些设备除谷物冷却机外（有粮库因使用费用高，目前尚未普遍使用），都得到了广泛应用，并取得了较好的效果，确保了储粮安全。

本生态区1998年以前修建的粮仓，因仓房设计所限，各种粮储设备大部分都没有配齐，因此，机械化程度低，目前这些粮仓只能采用自然通风的常规储藏方法。比如测量粮温的方法，大部分粮仓还采用插杆温度计进行粮温测量，仅有少部分粮仓采用电子测温仪进行粮温测量。

（四）影响本生态区储粮安全的主要问题

影响本生态区储粮安全的主要问题有如下几个方面：

1. 粮仓库点多，规模小，仓房陈旧破损严重

该生态区现有粮仓仓容中，使用10年以内的占30%～35%，使用10～20年的占20%～25%，使用20年以上的占30%～35%；有5%～10%需要大修，约有0.3%待报废。一些20世纪60年代建设的粮仓，因年代久远，大部分仓门、仓窗被锈蚀、墙壁渗漏、地面返潮，甚至有些屋面还出现裂缝，已经达不到防鼠、防雀、密闭、防水、防潮等安全储粮的要求。

2. 仓储害虫抗性高

由于老旧粮仓气密性差，影响了杀虫效果，加之杀虫药剂单一，常年使用磷化铝，仓储害虫抗药性提高，仓储害虫对磷化氢的抗药性问题日益突出。目前尚未开发出可全面替代磷化氢的熏蒸剂或其他防治方法。

3. 微生物防治难

由于本生态区处于高温高湿的地理环境，除了适宜于粮食本身的呼吸作用，加快了粮食的新陈代谢外，也适宜于各种储粮仓储害虫的生长发育和各种微生物的繁殖。微生物的防治工作不容小视，也加大了安全储粮的难度。

二、本生态区仓型总体情况

（一）本生态区现有仓型、仓容利用情况及其储粮性能技术经济分析

1. 现有仓型、仓容及利用现状

根据结构形式的不同，华南高温高湿储粮生态区现有的粮仓类型可分为房式仓、立筒仓和地下仓三种。其中房式仓包括平房仓、楼房仓、拱形仓等；立筒仓包括砼立筒仓、钢板立筒仓、砖立筒仓、砼浅圆仓、砖圆仓；地下仓又包括地下仓和半地下仓。房式仓是本生态区内现有最主要的仓型，约占总仓容的90%以上。

以福建省为例，说明本生态区各种仓型的利用情况。根据2001年的报表统计：在已有的仓容约45亿kg中，房式仓占总仓容的92.1%，砼浅圆仓占3.3%，砼立筒仓占2.9%，其他仓占1.7%。

2. 现有粮仓储粮性能技术经济分析

房式仓的主要优点是造价低，配套设备少，可以按照实际需要储藏散装或包装粮，在干燥寒冷的季节可以通过粮仓门窗进行自然通风，对保管人员的技术水平和素质要求不高，保管风险小、费用低；其缺点主要是占地面积大。由于该粮仓的建筑结构特点是向平面发展而不是向空中发展，其仓顶和侧墙的受热面积大，因此仓房隔热性能差，门窗多，气密性能差，不利于储粮机械施展，不利于粮食进出仓等，机械化程度低。

本生态区近年新修建的平房仓，在防水、防潮、防风、密闭等方面和机械化操作方面有了很大改善。

作为本生态区新建库仓型之一的浅圆仓，具有占地少、仓容大、机械化程度高、吨粮造价较低等优点。配套设施、设备主要有粮情检测分析系统、机械通风系统以及空气分配系统、环流熏蒸施药控制系统、谷物冷却系统、粮食进仓布料装置、清仓机械等，为实现安全储粮提供了可靠保障。不过由于设计、技术、质量等种种原因，尚有一些设备未能发挥其作用。如粮情检测分析系统运行不稳定，直接影响到仓储保管人员对粮情的质量跟踪，影响储粮安全；粮食布料器无法正常启用，入仓粮食自动分级严重，给通风和谷物冷却工作留下隐患；环流熏蒸系统未能实现集中投药，施药环境和操作条件无法改善等。

本生态区的砖圆仓和砖瓦仓，因其建设年代久远，在防潮、防漏、密闭设施等方面都较差，且仓容量较小，难于发挥其效益。在福建省，新建仓容 1.08 亿 kg 的砼立筒仓也开始试用。由于南方温度、湿度高且配套的现代化设施不全，长期存放在其中的粮食易导致发霉、结块，也有查仓不便等情况。原修建 0.21 亿 kg 砼立筒仓仅作为临时周转仓用，并专用于小麦加工面粉的周转。

（二）适合本生态区储粮生态条件的仓型

根据对本生态区各地调查结果与科学保粮的实际情况来看（包括结构、储粮性能及经济技术分析），适合华南高温高湿储粮生态区条件的仓型应为房式仓。其结构和储粮性能的长处在于：一是该仓型长期保持气密性好，便于多种形式的熏蒸杀虫（如便于缓释、间歇熏蒸等防虫技术；可降低 1/3 至 2/3 以上药剂费用）。二是便于检查粮情、投药施药，仓房维护及卫生清理方便。三是方便散装或包装存粮，人工或机械化操作均可根据具体情况进行选择。

此外，适合华南高温高湿区储粮生态条件的仓型还有浅圆仓。在中储粮广东新沙港直属库，浅圆仓储粮品质优于房式仓和立筒仓。浅圆仓显著特点是粮堆大，暴露于外界环境或受外界环境影响的部分相对较小。由于粮食是热的不良导体，因此，在外界环境温度、湿度相同的情况下，房式仓、立筒仓由于受外界直接或间接影响相对较大，粮食发生陈化或异常变坏的概率增加，而浅圆仓却可以使整个粮仓的粮情稳定。根据较多粮仓扦样结果显示，浅圆仓储粮的主要品质比房式仓、立筒仓储粮陈化速度要慢得多。

（三）本生态区现有老粮仓、新粮库存在的主要问题

1. 现有老粮仓存在的主要问题

①由于维护资金短缺，老粮仓维修、养护困难，缺少防鼠门、防虫帘等仓储设施。

②大部分老粮仓密闭性能较差，破旧简陋，门窗锈蚀损坏，漏雨处多。由于粮堆密封差等原因，“双低”储藏技术应用受到很大的限制。尽管一些粮库采用薄膜密封进行“双低”储藏技术，实际上很难做到真正的“双低”。为了达到杀灭仓储害虫的目的，管理人员有时不得不增加施药量（有的施药量高达 16 g/m^3）。

③老粮仓一般采用自然通风方法进行常规储粮。大部分老粮仓检测粮温采用插杆温度计进行测量，仅有少部分粮库采用电子测温仪进行测量。

④点多、面广、规模小。许多库点位于边远偏僻处，交通不便。随着粮食流通体制改革的深入，不少库点逐渐撤并、拆迁，进行集中管理。

2. 新建粮仓存在的主要问题

①南方气候潮湿，炎热时间长，立筒仓、浅圆仓储粮经验不足，加大了降温处理、粮情检测的难度。

②谷物冷却机可保持粮食长期的较好品质，但由于成本高，能耗大，许多粮仓难以应用或未配置。

③粮情监测专家系统缺乏统一的标准。目前主要检测粮温、仓温，湿度和虫情问题的系统软件有待研制开发和完善。

（四）对现有粮仓的改善措施、设想及建议

为达到安全、经济的储粮目的，对本生态区现有仓房的改善措施、设想及建议（包括仓房的隔热性能、熏蒸气密性能、防虫设施与技术等）提出如下：

1. 增强仓房的隔热性能

采用自然通风或与机械通风相结合的方法降温、降湿；增加仓房的隔热密闭性，以利于安全储粮；采用低剂量化学药剂熏蒸密闭。

2. 粮仓隔热性能改善措施及建议

增强仓房的隔热性能，可对外墙进行刷白；有木式屋架的粮仓如苏式房式仓，宜装置吊顶；门窗的隔热密闭方法可采用在入仓后，填入聚乙烯泡沫等隔热材料，或用塑料薄膜进行密封，这样可大大增加隔热作用与密闭效果。

3. 采用安全有效的防虫措施

做好低剂量药剂熏蒸，就要做好粮仓的密闭。最好采用薄膜压盖密闭的方法进行熏蒸，如密闭工作做不好，安全储粮只能事倍功半。要避免仓储害虫的抗药性，增强仓房的密闭性，包括改善屋面、地坪、墙体及门窗设施，如门窗处添置槽管，利用槽

管（厚）薄膜密闭，门窗密闭后可大大增强熏蒸气密性能。仓内木柱、横梁等表面宜光滑，缝隙和不平处用生石灰等补嵌，既可减少仓储害虫适宜的生长因子，又可防止害虫躲藏在木头缝隙内。

三、本生态区安全储粮技术总体情况

（一）现有安全储粮技术总体情况及评价

1. 本生态区安全储粮技术历史、现状及评价

1998年以前，本生态区储粮主要采取的安全储粮方法是：自然通风和机械通风相结合、外墙刷白、槽管密封门窗、电子检测粮温、吊顶隔热、空调准低温、密闭度夏、低剂量熏蒸、环流熏蒸等技术。山区许多地方还采用竹笼通风、习性诱杀等方式（如地瓜、南瓜丝等拌敌敌畏、防虫磷诱杀）保证储粮安全；仅有少数国家粮食储备库试用微机粮情监控专家系统。机械通风、外墙刷白、槽管密封门窗、电子测温技术对粮仓位置、仓型、仓房状况等粮仓设施条件要求不高，本生态区各地采用广泛。空调准低温仓初次投入成本较高，只有粮仓设施条件好的储粮效果较佳，故主要分布在气候炎热而粮仓密闭条件较好的沿海地区；密闭安全度夏也主要用在配置条件相对较好、采用散装形式储粮的粮仓（用于储存小麦效果较佳）。竹笼通风方式经济、降温效果好，广泛用于以散装形式储粮的小型仓库；习性诱杀方式十分适用于局部虫害处理，既避免了储粮虫害，也降低了药剂费用，还延缓了粮食陈化。

1998年以后，本生态区扩建了一批高大平房仓、立筒仓和浅圆仓。这批新建粮仓全部使用粮情测控系统、机械通风系统、环流熏蒸系统、谷物冷却机“四项新技术”。实践证明，采用“四项新技术”后，对安全保粮、科学保粮、提高粮食品质、减轻仓储管理人员的劳动强度方面都产生了积极作用。

2. 仓储害虫及微生物防治情况

本生态区1995年以来粮食仓储中发生的主要害虫和螨类是米象、玉米象、谷蠹、赤拟谷盗、锈赤扁谷盗、长角扁谷盗、土耳其扁谷盗、麦蛾、印度螟、米扁虫、嗜虫书虱、嗜卷书虱、腐食酪螨、粗足粉螨等；最常见的有米象、玉米象、谷蠹、锈赤扁谷盗、麦蛾、嗜虫书虱、嗜卷书虱、腐食酪螨、粗足粉螨。在本生态区几乎全年均有仓储害虫发生，多发生于4～10月。

仓储中最常见的储粮微生物有曲霉和青霉。曲霉包括黄曲霉、灰绿曲霉、白曲霉等。粮食中的微生物在环境条件适宜的情况下，便会大量繁殖，并导致粮堆发热霉变、粮食结块、变色、变味，甚至产生毒素，造成极大经济损失。

除虫霉、螨类为害外，鼠害也是影响本生态区粮食安全储藏的一大问题。

本生态区大部分粮仓常采用磷化铝熏蒸或结合敌敌畏、防虫磷进行综合技术灭杀仓储害虫的办法。随着仓储害虫抗药性的提高，大部分地区一年之内须进行两次熏蒸杀虫，特别是缺粮区，刚从外地采购新粮入库的头一年，新粮中一般都含有部分害虫。仓库破旧，气密性差又无薄膜压盖的粮仓，熏蒸杀虫效果最不理想。

（二）新建浅圆仓安全储粮技术和装备情况

本生态区新建浅圆仓在配套设备设施上比较齐备，主要配置有粮情检测分析系统、机械通风及空气分配系统、环流熏蒸施药控制系统、谷物冷却系统、粮食进仓布料装置、清仓机械等储粮设备。浅圆仓的进出仓作业流程已基本实现“四散化作业”；作业方式也从传统的重体力作业方式向大规模机械化作业方式转变，减少或减轻了粮食进出仓和运输过程的作业强度，提高了生产效率。在储藏环节上，也基本体现了浅圆仓仓型占地少、仓容大、机械化程度高、吨粮造价较低等优势，但鉴于粮仓设计、技术实施、质量监测等方面的原因，有一些设备未能发挥其作用。

此外，建议加强粮仓的隔热性能。实践证明，浅圆仓环流熏蒸效果虽较好，但仍有待进一步改进。优点是，气体在仓内分布较均匀，磷化氢浓度维持时间较长，杀虫效果较好；缺点是，出粮口处为熏蒸死角，浓度很难维持，致使出粮口处害虫无法彻底杀死，只能另外用溴甲烷局部熏蒸处理。结果是费事、费力，效果也不太好，还需继续探索更好的杀虫处理方法。

（三）对生态储粮技术发展方向的建议

在本生态区，房式仓是最主要的仓储仓型，约占本生态区总仓容的90%以上，该仓型有代表性且值得推广。科学保粮的做法是：各粮仓库点全部采用薄膜压盖，并分别或混合采用槽管密闭，竹笼通风，吊顶隔热，电子测温，机械通风等方法，同时重点监测熏蒸杀虫效果、控制粮温指标和粮温定点对比检查等三个重点环节。以下是对本生态区储粮技术发展方向的建议：

1. 熏蒸杀虫技术

熏蒸杀虫技术实际作业中，要做到熏实不熏空，减少甚至杜绝常规熏蒸的方法，应全部采用薄膜压盖、低剂量熏蒸或间歇熏蒸。一般用药量控制在磷化铝片 6 g/t，最多不超过 10 g/t，熏蒸密闭时间为 45 d 以上。熏蒸要点是薄膜和墙体不能漏气，使粮堆保持有较长时间低浓度药量，保证能消灭各虫期害虫。

2. 控制粮温指标

在冬季到来之前，要求各粮仓库点必须充分利用冬季低温天气揭膜通风，最大限度降低粮温，一旦气温回升，应及时进行密闭门窗。春季普查时应专门对揭膜通风进行专项检查。通过降温延缓粮食陈化，可有效地抑制仓储害虫的生长和繁殖。

3. 粮温定点对比检查

粮温的变化能及时反映粮情变化，因此各粮点对每间粮仓都要进行粮温定点比对检查，进行记录对比，结合不定点检查监测，及时掌握粮温变化情况。在正常的外界环境气候条件下，凡定点粮温对比相差 2℃以上的，就应及时进行揭膜检查，以便及时处理问题。

（四）《粮油储存品质判定规则》应用现状及改进建议

在不同生态气候等环境条件下，《粮油储存品质判定规则》规定，“玉米脂肪酸值宜存为≤40；不宜存为＞40，≤70；陈化为＞70”，但按标准（GB/T 15684—1995，乙醇）中规定的方法测定，“刚收获的新鲜玉米的脂肪酸值在 50 mg KOH/100 g 以上”，建议将此句改为“刚收获的新鲜玉米的脂肪酸值宜存≤70，不宜存 70～100，陈化＞100”。另外，《粮油储存品质判定规则》对小麦陈化指标的判定标准不太明确。

（五）“四无粮仓”推广应用情况

根据国家有关粮食仓储管理的规章制度，结合本生态区粮仓的自身特点，有关部门细化实施了仓储管理制度，加强了粮情检测，保证和及时发现粮情的变化，及时处理异常粮情。如在仓储管理方面实施了《仓储管理员岗位职责》，执行了《粮食仓储管理规章制度》《粮食仓储管理实施细则》以及《仓储作业规范规程》等规章制度。通过仓储管理制度的建立、健全，使新仓型、新技术条件下的储粮管理逐步规范化、制度化，也使仓储员工的绩效测评有了客观依据。

四、本生态区储粮设施总体情况

（一）粮库基本设施配置及应用情况

本生态区粮库基本设施配置及应用情况可以举福建省仓储设施为例：1998 年以前，该省粮仓输送机、清理筛、计量机、烘干机、通风机械等设备共 3 651 台（套）；

安装微机管理系统库点 5 个，安装微机测控系统库点 2 个。1998 年以后该省粮仓输送机、清理筛、计量机、烘干机、通风机械等设备共 4 758 台（套），其中：输送设备 533 台、清理设备 114 台、计量设备 616 台、装卸设备 2 台、熏蒸设备 141 套、谷物冷却机设备 24 台、粮情电子检测系统 32 套、通风设备 2 083 台、其他机械设备 1 245 台（套），1998 年以后的粮仓机械设备总值是 1998 年以前的 10 倍。目前安装微机管理系统库点数 8 个，安装微机测控系统库点 10 个。

从福建省 1998 年前后粮仓的粮储机械设备递增变化可以看出：该省粮食仓储设施原来老旧、简陋、单一，几乎无现代化先进仓储设施的现象已发生很大改变。1998 年以后增添了与高大平房仓、浅圆仓、立筒仓相配套的先进仓储设施，提高了该省仓储技术的现代化、科技化。不足的是，至今该省粮仓仍存在点多规模小，粮食还基本采用包装运输的问题。散装输送设备的利用率低，有清理设备的粮仓不多，有装卸设备、微机测控系统和烘干设备的粮仓少。就目前该省仓储技术的现状来看，还远远满足不了储粮现代化、科技化的需要。

（二）安全储粮设施配置及应用情况

1. 平房仓通风设施优势明显

本生态区各高大平房仓配有轴流风机和移动式离心风机，粮仓内安装地上笼通风系统，具有以下明显优势。

①能满足仓内粮食通风降温、降湿的需要。在某些地区，秋季的机械通风可以将全仓粮温降至 15 ℃左右。

②轴流风机负压通风操作方便，具有单位能耗低的优点。

③轴流风机负压通风为气流通风，经各风道均匀渗入粮堆内部，通风、换气较为充分、均衡。

④离心风机通风风压高，风量大，降温、降湿速度快。

2. 浅圆仓通风系统配备应用分析

在华南高温高湿储粮生态区，其通风机能耗较大，究其原因如下：

①采取轴流风机与轴流风机同时结合使用增加能耗。

②间歇性通风增加能耗。遇到天气变化无常，仓房的隔热性能较差，致使储粮温度刚有下降，如遇上不宜通风时段，储粮温度又逐步回升，遇适宜通风时机时又继续通风，这种反复通风作业增加能耗。

③通风时机少；粮仓管理人员未能很好地把握到最佳通风时机。

3. 环流熏蒸仓储害虫防治技术

在本生态区各省区高大平房仓和浅圆仓内，均配置了熏蒸投药装置、固定式或移动式环流熏蒸防虫装置、熏蒸气体检测装置等设备。高大平房仓和浅圆仓单仓容量大，堆粮高，常规的熏蒸方法因磷化氢气体穿透能力有限，不能在仓内均匀分面，不能熏杀粮堆中央和粮堆底层的仓储害虫，而环流熏蒸技术为解决这个难题提供了技术保障。该技术具有如下优点：

①用药量少。与常规熏蒸防虫技术相比，节约70%以上的熏蒸费用，延缓了粮食品质的陈化。

②减轻了职工劳动强度，与常规熏蒸防虫技术相比，节省人力约70%。

③由于环流熏蒸技术是在仓外作业，操作人员接触毒气时间短（一般只有几分钟时间）。

④便于仓内补药和浓度检测。

⑤降低了仓储的熏蒸费用。

4. 粮情测控系统

安全储粮对粮情测控系统的要求是（包括主机、测温点数量及布置、软件等）：系统性能稳定，抗雷击，防腐蚀能力强，密封性能好。本生态区各粮仓一般都采用了数字式粮情测控系统，该测控系统有以下优点：

①测温点多，扩大了粮情监测范围，提高了粮情检测的可靠性。

②检测速度快，无须人工进仓操作，降低了管理人员的劳动强度。

③解决了以往由于熏蒸密闭，管理人员无法进仓检测的问题。

④电子检测系统通过计算机 Excel 软件，可以定期绘制气温、仓温、粮温的“三温”变化曲线图，由此可以综合分析不同措施对粮情的影响。

仓储机械产品性能的稳定性还有待于进一步提高，对操作人员应该作必要的培训，以便搞好正常的维护和检修工作。

5. 谷物冷却机技术应用及建议

本生态区目前主要是用谷物冷却机应急处理发热粮，尤其是在高温、高湿和不适合用机械进行通风的季节。谷物冷却机技术处理粮食发热效果较好，特别是处理粮食因水分偏高引起的粮食发热问题。不仅起到了降温作用，还通过适当设定出风温、湿度值，可以对粮食水分起到一定程度的调节作用。谷物冷却机用于降低储粮温度十分有效，其优势主要表现在：

①谷物冷却机功率大，降温速度快。例如某仓库对 6 000 t 储粮进行降温，谷物冷却机开机 7 d，平均降低粮温 5 ℃。

②谷物冷却机与机械通风相比，受自然条件的限制较小，能解决外温高而不能实施储粮通风降温的问题。应用整体效果良好，设备运行较平稳，系统自控性能完好，基本没出现严重的问题。为解决谷物冷却机能耗大的问题，本生态区各省库点因地制宜，科学掌握时机，把机械通风和谷物冷却机降温结合起来使用，然后再进行密闭度夏，使储粮温度在盛夏保持在准低温状态。在冬季，应用了机械通风，可将全仓粮温降至 15 ℃左右。某直属库某仓储藏有散装 2000 年产稻谷，应用了机械通风结合谷物冷却机通风技术，至今黏度为 6.1 mm^2/s，脂肪酸值 20.4（KOH/干基）/（mg/100g），达到“宜存”指标；而 9 号仓同批量购进包装储藏的稻谷，没有应用机械通风和谷物冷却机通风技术，至今黏度为 4.0 mm^2/s，脂肪酸值 25.2（KOH/干基）/（mg/100g），已经不宜储藏。

在应用谷物冷却机时应注意的问题，建议如下：

①系统配备的传感器失灵现象导致机械普遍寿命较短，传感器问题易引起设备误停机。

②设备防潮、防锈功能不够，即仪器外围的保护手段应加强，以便更好发挥其性能。

五、本生态区安全、经济储粮技术应用优化方案

“四项储粮新技术”在新建直属库如何优化合理应用还在进一步的探索之中。因本生态区粮仓多为房式仓，且仓库完好程度相差较大。要安全、经济保管好粮食必须做到以下应用优化方案。

（一）狠抓基础工作，特别是抓好粮仓库点的清洁卫生工作

凡是库区范围内都要做到整洁、卫生。所有仓库薄膜、门窗、屋架都应仔细擦拭。调查表明，做好清洁卫生工作，仓储害虫的繁殖和感染都很少，效果十分显著。主要是通过破坏仓储害虫有利的生态因子，使仓储害虫失去生存的环境。

（二）认真贯彻以防为主，综合防治的保粮方针

坚持“治早”“治了”“治好”的原则。各粮仓库点应坚持做到：对空仓及时消毒；没有达“四无”标准的空仓不进粮；收购完成后应及时密闭仓门窗；进行低剂量熏蒸或间歇熏蒸，把储粮害虫消灭在萌芽状态之中。对新入仓的有虫粮食应及时进行密闭熏蒸，比收购入库后过一阶段再密闭熏蒸的杀虫效果好，粮温下降也较快。

（三）尽可能采取物理防治处理虫害

在一些硬件条件好的粮仓粮库（标准是：库区远离人群或住宅区，地势较高，门窗墙体气密性好，地坪硬化、平整，仓内面面光、仓外“三不留”等），可采取长期五面薄膜密闭压盖法，使仓储害虫长期处于低氧状态而窒息死亡，处于休眠状态而不发生为害，特别是散装储存小麦的仓库利用此法效果较佳。

（四）条件一般粮仓综合防虫方法

本生态区内，在无配置现代化、科技化仓储设施、条件一般的粮仓，也可采用综合防治方法科学保粮、安全储粮。如采用薄膜压盖与低剂量熏蒸相结合的杀虫方法，另可采用探管缓释熏蒸的办法；分别或混合采用槽管密闭，竹笼通风，吊顶隔热，电子测温，机械通风等方法防虫杀虫。根据调研，经验是：气温高，密闭性好，磷化铝熏蒸杀虫的效果才较好，一般选择在 20 ~ 25 ℃以上气温灭虫。由于仓储害虫抗药性提高，各地粮仓反映，常规密闭杀虫和熏蒸密闭杀虫的时间应在 15 d 以上为宜。

（五）机械通风技术应用与建议

根据本生态区高温高湿的气候特点，通风是仓储过程中很有必要、保障安全储粮的环节之一：通风不仅可以把粮温降至准低温以下，也可以把水分降低到安全标准。建议作业时采取阶段性间歇式适时通风。试验结果表明，采用 2 台离心风机同时通风的方式，不仅降温效果明显，而且能耗低，均匀性也好。建议每座浅圆仓至少要配 2 台离心式风机，采取 2 台离心风机同时通风。在华南高温高湿区，通风时机是稍纵即逝的，建议将进风口的密封形式改为容易开启的形式，且具保温、防结露性能，或者将移动式离心风机改为固定式离心风机，在中央控室或电子检测系统中有集中控制风机运行的软硬件，对减小劳动强度，把握最佳通风时机，进行适时通风是有利的。

综上所述，要做到安全、经济储粮，重点是要抓基础建设。从仓储的各环节进行综合治理、综合防治。防治仓储害虫的技术关键是：充分利用本自然条件和各项设施，保持储粮尽可能的低温；严防局部转潮结露；按照预防为主、综合防治的方针，采取多种手段，及时、有效地防止仓储害虫的侵害。

第三章

中国不同储粮生态区域安全储粮经济运行方案

第一节

高寒干燥储粮生态区

一、本生态区的现状和基本特征

（一）本生态区所在的地理位置

本生态区地处终年高寒干燥的青藏高原，主要包括西藏自治区的全部和青海省南部以及四川省、云南省、新疆维吾尔自治区和甘肃省的一部分地区。

（二）本生态区的主要生态因子及特征

1. 粮食

本生态区粮食种类以春小麦为主，其次为青稞。主要储粮品种以小麦为主，有一定数量的大麦和青稞，多作酿造原料或特殊食品（糌粑等）；长期储藏的不多，稻谷（大米）储藏较少，玉米也不多，大米和面粉等成品粮以保证日常供应为目的，一般不作长期储藏。由于该生态区春小麦在收获期间接收的太阳光能资源充足，空气湿度极低，因此，非常适合春小麦的自然晾晒与干燥，收购入库的粮食品质和水分大多符合现行国家标准中的中等以上质量要求。小麦属于耐储粮种，一般新收获后即入库的小麦，储藏 5 ~ 6 年后品质尚好。

2. 气温

气温（最高气温和最低气温出现的时间及持续的时间）、日平均气温≥10℃的积温详见第一章第一节。

3. 气湿

气湿（大气相对湿度最高和最低出现时间）、年降水量、月最大降水量详见第二章第一节。

4. 仓储害虫

尽管本生态区地处青藏高原，终年寒冷干燥，粮仓内 7 ~ 9 月份的上层平均粮温多为 13 ~ 17 ℃，但由于储粮害虫经过长期的生存竞争和自然选择，已适应了该地区恶劣的储粮生态环境，在粮堆中的个别高温点仍有害虫繁殖为害。本生态区主要储粮害虫有玉米象、米象、麦蛾、印度谷蛾、大谷盗、书虱、黑皮蠹和日本蛛甲等，多发生于 5 ~ 10 月，7 ~ 8 月最高可达 100 头/kg 以上。

5. 微生物

常见储粮微生物有曲霉和青霉两大类，由于本生态区终年寒冷干燥，历史上未发生过大批量储粮结露、发热、霉变的情况。

6. 其他因子

本生态区粮仓多为房式仓，储粮高度小，粮仓机械化程度低，粮食基本靠人工进出仓，所以粮食自动分级现象不严重，因杂质大量集中而影响储粮安全的情况基本不存在。

二、高寒干燥储粮生态区的储粮技术优化方案

（一）粮食入库要求

1. 粮食水分

小麦的水分≤12.5%，青稞的水分≤13%。

2. 杂质及分布控制

储粮杂质的质量分数（含量）≤0.5%，杂质分布基本均匀。

3. 粮食等级

入库粮食等级必须达到现行国家粮油标准中等以上（含中等）。

4. 其他要求

入库粮食的品质必须符合国家粮油卫生标准。

（二）最适宜高寒干燥储粮生态区的粮仓

1. 最适宜本生态区的仓型

从本生态区的自然条件看，几乎所有仓型（包括高大平房仓、普通房式仓、浅圆仓和立筒仓）都可以安全储粮。

2. 对粮仓的性能要求

粮仓气密性必须符合 LS/T 1201—2002《磷化氢环流熏蒸技术规程》的要求，隔热性和防潮性可不作特别要求，只要无裂缝、无渗漏、可密闭即可。

（三）储粮技术设备

1. 必须配置的储粮技术设备

包括电子检测系统、通风设备（可以进行自然通风和机械通风的设备），可以进行局部环流的熏蒸处理设备和 PH_3 检测设备等。

2. 必须配置的仓储配套设备

进出仓输送设施（如输送机、提升机、吸粮机等）和清理（如清理筛等）设施。对以上设备的性能和数量无特殊要求，只要能满足安全储粮和进出仓需要即可。

（四）适用于本生态区的储藏技术优化方案

适用于本生态区的储藏技术及合理应用工艺。

1. 粮情检测技术

粮情检测技术对于及时监控粮情，确保储粮安全具有至关重要的意义。由于本生态区终年寒冷干燥，基础粮温低，粮情一般较为稳定，所以按照现行国家粮情检测系统布点标准和检测时间的规定，即可以满足储粮温度检测的要求。目前只具有检测粮温、仓温和空间湿度的功能，其他功能需尽快扩展，使其成为具备检测 CO_2、O_2、PH_3 浓度，粮食水分，害虫种类及密度等功能，可以自动控制通风的粮情测控系统。

2. 通风技术

本生态区常年高寒干燥，自然通风就可以满足低温储藏的要求，机械通风技术仅在少数几个新建国家粮食储备库中应用。为确保低温储藏的实效，建议在普通粮库配备一些简易的机械通风设施（如简单的风道和低功率轴流风机等）。由于本生态区空气过度干燥，因此保湿通风技术无法应用，建议尽快研制可人工调节的增湿调质技术，以解决储粮水分损失过大的问题。

3. 低温储藏技术

结合通风实现常年低温储藏是本生态区储粮的最大特点，谷物冷却机技术在该地区一般没有应用的必要。

4. 气调储粮技术

由于本生态区可以实现低成本的低温储藏，所以，本生态区基本没有采用气调储粮技术。

5. 粮食干燥技术

由于本生态区终年干燥，大气相对湿度极低（年最高相对湿度仅 75%，年平均相对湿度约 50%），太阳光能资源极为丰富，是中国日照时数较多、总辐射量较大的地区。收获的粮食通过自然晾晒即可满足降水要求，储粮在储存期内水分损失相当严重，所以，不仅没有配备粮食干燥设备的必要，反而亟须开发配备增湿调质设备。

6. 仓储害虫防治综合技术

本生态区储粮害虫防治难度不大，一般多为局部发生，因此，在做好低温储藏的前提下，利用粮情测控系统检测粮温变化情况，加强日常管理，发现问题及时处理，再配合谷物保护剂技术和粮堆局部处理技术，即可保证储粮安全。磷化氢熏蒸杀虫时，必须进行磷化氢浓度检测，以实际浓度指导熏蒸杀虫，避免盲目性，做到稳、准、狠，力求全歼，防止害虫抗性的产生和发展。同时，由于基础粮温低，储粮害虫不足以大量繁殖构成为害，所以，对少量不足以对储粮安全产生威胁的害虫，建议采取适当的容忍策略，待气温下降后，利用通风冷冻来杀死害虫，实现真正的绿色储粮。

7. “三低”和“双低”储藏技术

本生态区基本不采用“三低”和“双低”储藏技术，因为此地常年高寒干燥的气候特征，仓储害虫不易构成威胁，所以，基本没采用，也没有采用的必要。

8. 不同粮仓适用的储粮技术及所采用技术的经济效益比较

本生态区几乎所有粮仓均可采用低温储藏技术，实现低成本的绿色储粮。

（五）应急处理措施

因为本生态区储粮一般无发热、结露和生霉现象，所以一般不必采取特殊的应急处理措施。

第二节

低温干燥储粮生态区

一、本生态区的现状和基本特征

（一）本生态区所在的地理位置

本生态区位于我国北部与西北部，深居内陆，面积约占国土总面积的29%。本生态区主要包括新疆维吾尔自治区的全部，内蒙古自治区大部以及宁夏回族自治区、甘肃省、陕西省、河北省的一部分。区内有高原，巍峨挺拔的高山和巨大的内陆盆地，高山上部有永久积雪和现代冰川。畜牧业在本生态区占重要地位，山前绿洲农业和灌溉农业发达。本储粮生态区以国界线为西界和北界；东界从大兴安岭的根河河口开始，沿大兴安岭西麓，向南延伸至阿尔金山附近，然后向东沿洮儿河谷地跨越大兴安岭至乌兰浩特以东，再沿大兴安岭东麓南下，经突泉、扎鲁特、开鲁至奈曼；南界自昆仑山、祁连山北麓至乌鞘岭、长城、张北、沽源、围场、阜新。

（二）本生态区的主要生态因子及特征

1. 粮食

本生态区主要种植旱作作物，如小麦、玉米、稻谷等。内蒙古还生产稻谷、大豆及少量的荞麦、莜麦、高粱及豆类杂粮等，甘肃还生产荞麦、莜麦糜子、豆类杂粮及油菜籽、亚麻籽、麻籽等，新疆还生产棉花、甜菜、油料等农作物。该区共有耕地面积约 3 001. 5 万 hm^2（45 000 万亩），粮食总产量约为 2 800 万 t。年库存量（包括国家储备粮）保持在 1 300 万 t 左右。

本生态区生产的小麦、玉米、稻谷均属于原粮，原粮又称带壳（皮）粮，是收获后未经加工的粮食，系储备粮的主要种类。一般来说，原粮均具有完整的皮壳，有一定的保护作用，在储藏期间有较强的抵御温变、潮湿、虫霉等不良影响的能力，其耐藏性较成品粮好。但由于粮种不同，它们的物理性质、化学组成、生理特点、形态特征及收获季节的不同，因而其储藏特性也就必然不同。

稻谷籽粒具有完整的内外颖（稻壳），使易于变质的胚乳部分得到保护，有一定的抵抗虫霉、温湿侵害的能力；同时稻谷籽粒的最外层稻壳的水分又偏低，这些结构上的特点使稻谷相对来讲易于储藏。但是另一方面，稻粒表面粗糙，粮堆孔隙度大，易受不良环境条件的影响，使粮温波动较大。再者，稻谷籽粒的组织较为松弛，不耐高温，陈化速度较快，特别是经过夏季高温后，易发热、结露、生霉、发芽、黄变，品质劣变明显；储藏期可为 2 ~3 年。

小麦储藏期间稳定性高，其具有较强的耐热性，具有较高的抗温变能力，在一定的高温和低温范围内都不致丧失生命力，也不致损坏加工的面粉品质；品质变化缓慢，不易陈化，耐储藏。储藏期可为 4 ~5 年。

玉米储藏期间稳定性较差，原始含水量高，成熟度不均匀；胚部大、生理活性强。玉米的胚部很大，几乎占整个籽粒体积的 1/3，胚中含有 30% 以上的蛋白质和较多的可溶性糖，故吸湿性强，呼吸旺盛。据检测，正常玉米的呼吸强度比正常小麦的呼吸强度大8～11倍；玉米胚部较之其他部位具有更大的吸湿性；胚部脂肪含量高，易酸败；胚部带菌量大，容易霉变；储藏期一般只有1～2年。

低温干燥储粮生态区在粮食收购、储藏时存在的主要问题有：

①全区各地普遍存在仓容不足，粮仓老化、陈旧，储粮性能差的问题。

②有相当数量的粮仓存在上漏下潮、防水不好、容易漏雨的问题。

③大部分粮仓保温隔热性能差。进入夏季后，仓温与外界温度往往持平。

④粮仓密封性差，熏蒸效果不好。

⑤清理设备的数量不足，配套作业能力差，这些因素都影响了四项储粮新技术的推广应用，也在一定程度上使库存粮食存在安全隐患。

⑥简易仓的仓墙基本上是土木结构，屋顶大多是掾木挂瓦或竹泥挂瓦，由于年代久远，加之近年来粮食企业效益普遍下滑，资金紧张，缺少必要的维修费用致使仓库储粮安全性没有保障。许多简易仓维修后仍在继续使用 。

⑦通风设施不全。

⑧近年来各个库站人员分流力度较大，流失了不少有经验的专业保管、防化人员；同时由于企业经营困难，没有足够的财力对现有人员进行培训，造成保管、防化人员水平参差不齐，新技术应用水平低，给科学储粮带来一定的难度。

⑨露天存粮的保粮费用很大，保粮难度大、损耗大。

⑩保粮费用严重不足。一些检化验器材、粮情检测仪器、防虫杀虫剂和正常的粮食搬倒、不安全粮食的处理等费用，也无法得到落实，直接影响安全储粮 。由于受资金限制，科学保粮及新技术应用难以开展。

⑪个别粮仓测温点设置少，空挡位置出现问题，短时间内难以发现。

⑫粮仓过大，仓容5 000 t，跨度大，给粮食储藏技术的实施带来一定的困难。

⑬一些老仓屋顶无组织排水，仓墙呈梯形外延式，易吸湿，仓内易返潮，往往造成仓内靠墙部分粮食发霉、变质。

⑭部分浅圆仓仓顶进口没安装布料器，装粮时粮食自动分级现象明显。

⑮使用现有输送设备，入库粮食破碎率明显增高。

⑯部分浅圆仓仓顶隔热保湿效果不好。

⑰由于粮油储存品质判定的承检单位太少，各基层送样或承检单位抽样，集中到一起检验，速度慢、效率低，且检验费高，工作繁杂。同时储粮单位点多、面广，承检单位也无法顾及赴各地抽取样品。

⑱由于保管期间气候干燥而造成粮食失水量大，在粮食出库时粮食水分远远低于入库水分，水分减量加大，给国家、集体造成了经济损失。故在出仓时我们抓住有利时机，进行调质通风，既降低了损耗又提高了加工品质。

2. 气温

本生态区基本属于温带大陆性季风气候区，具有降水量少，寒暑变化剧烈的显著特点。冬季寒冷，夏季气温较高，其中1月份最冷，月平均气温为－20～－8 ℃；内蒙古极端最低气温一般为－45～－25 ℃，也曾出现过－60 ℃的纪录。7月份最热平均气温为18～24 ℃。新疆7月份平均气温为25 ℃左右，极端高温为30～40 ℃，也曾出现过40 ℃以上的极端高温。年、日较差大，分别为30～50 ℃、13～20 ℃；日照充足，太阳辐射强，新疆年日照时数2 700～3 500 h，太阳总辐射5 020～7 110 MJ/m^2，仅次于青藏地区；降水少，<400 mm。风多，风力强，以冬春季为甚，常形成风沙天气。内蒙古地处我国北部，介于西北干旱气候与东北冷湿气候之间，属于过渡类型。气候除了以上共性外，较新疆地区还有其特殊之处：冬季寒冷时间漫长，达半年以上，夏季温热时间短促，只有1～3个月，年降水量少（200～400 mm）且集中于夏季，冬春干旱。日平均气温≥10 ℃的积温为1 600～3 400 ℃，日平均气温≥10 ℃的天数<200 d。

总之，本生态区为半干旱、干旱气候，年降水量由本区东界的400 mm向西锐减至几十毫米，呈现出径向差异，主要适宜种植旱作作物。干冷区因其极为干旱的气候及相对较低的粮食水分使其成为我国储粮最为有利的区域之一。

3. 气湿

本生态区的空气干燥度≥1.5，年降水量≤400 mm，为中国最干旱地区。其中内蒙古自治区地处中纬度内陆，大部分属温带大陆性季风气候，只有大兴安岭北段属寒温带大陆性季风气候，终年为西风环流所控制，以中纬度天气系统影响为主，而季风环流影响则视季节变化而定，冬季风影响时间长，夏季风不易到达，且影响时间短。其主要气候特点是：冬季漫长严寒，春季风大少雨，夏季湿热短促，秋季气温急剧下降，昼夜温差大，日照时间充足，降水变率大，无霜期短。全区降水多集中于夏季，占全年降水量的 60% ~75%，而年蒸发量却相当于降水量的 3 ~5 倍。霜冻期都在 200 d以上。自治区大部分日照充足，都在 2 700 h 以上，属全国日照高值区之一。

甘肃省各地年降水量为 300 ~860 mm，大致从东南向西北递减，乌鞘岭以西降水明显减少，陇南山区和祁连山东段降水偏多，受季风影响，降水多集中在 6 ~8 月份，占全年降水量的 50% ~70%。全省无霜期各地差异较大，陇南河谷地带一般在 280 d 左右，甘南高原最短，只有 140 d。

宁夏回族自治区各地多年平均降水量为 178 ~680 mm，南多北少。南部固原地区多在 400 mm 以上，中部为 300 mm 左右，北部宁夏平原在 200 mm 上下，贺兰山、六盘山是宁夏南北两个多雨中心，年降水量分别为 421.9 mm 和 680.3 mm。

新疆维吾尔自治区主要属大陆性气候，冬季长、严寒，夏季短、炎热。该地区极度干旱，年降水量 100 mm 左右，空气干燥，相对湿度仅为 40% ~50%，是我国最干旱的地区；表现为光热丰富，降水稀少，其原因是远离海洋并被高山环抱。以天山为界，南、北疆差异明显。北疆为温带大陆性干旱半干旱气候，南疆属暖温带大陆性干旱气候。北疆年均气温为 -4 ~9 ℃，年降水量为 150 ~200 mm，全年无霜期为 140 ~185 d；南疆年均气温为 7 ~14 ℃，全年降水量为 25 ~100 mm，全年无霜期为 180 ~220 d。吐鲁番盆地是全国夏季最炎热的地方（47.7 ℃），素有“火洲”之称。

4. 仓储害虫

低温干燥储粮生态区迄今发现的主要储粮害虫有：玉米象、米象、赤拟谷盗、杂拟谷盗、麦娥、印度谷蛾、锈赤扁谷盗、绿豆象、黑粉虫、黄粉虫、书虱、黑菌虫、花斑皮蠹、黑皮蠹 、日本蛛甲、粉斑螟蛾、土耳其扁谷盗、书虱、谷蠹、毛衣鱼、二带黑菌虫等。

储粮害虫主要分布在粮面下 3 ~4 m 深处。该区大部分仓库常采取化学药剂熏蒸法进行杀虫，采用的熏蒸剂主要是磷化铝，熏蒸方式是粮面施药和探管施药相结合，由于熏蒸剂单一，使用年限长，很多仓储害虫已产生抗药性。

5. 微生物

微生物主要是黄曲酶、青霉等，主要分布在粮面下 0.3 ~0.8 m 深处。由于低温干燥储粮生态区空气干燥，所以粮食储藏过程中的发霉现象并不普遍，只是在粮堆的极个别部位偶尔会出现发霉现象。

6. 其他因子

（1）杂质

粮食中的杂质不但会影响粮食的等级和价格，更会影响其加工品质、储藏品质和食用品质。因此对粮食中杂质的含量，国家标准中都有严格的限定。我国粮食质量标准中规定，大多数粮食种类收购时的最低杂质含量为1%，也即是说，一般情况下，入仓的粮食并非净粮。

一般在入仓前要对粮食进行必要的清理，以保证粮食在此期间的安全储藏。但由于来粮状况、仓库性质、储存期限等方面的差异，入仓前粮食的清理工艺也各不相同。

（2）自动分级

自动分级现象的产生与粮食输送移动时的作业方式、仓房类型密切相关。作业方式不同，自动分级状况不相同；仓房类型不同，自动分级的状况也不相同，由此产生的杂质聚集区的位置及形状也不同。

房式仓粮食入库易形成带状杂质区和圆窝状杂质区；立筒仓粮食入库易形成环状轻型杂质区和一个柱形重型杂质区；而自动分级最明显的仓型是浅圆仓，由于此仓型直径和高度均较大，在入仓时会形成较为严重的中心杂质区和半径杂质区，分级严重时，杂质区的杂质含量可能超过10%。

自动分级现象使粮堆组成重新分配，这对安全储粮十分不利。杂质区往往水分较高，孔隙度较小，虫霉容易孳生，是极易发热霉变的部位，如不能及时发现，可能蔓延危及整堆粮食。因此，对自动分级严重的部位，要多设临时取样检查层点，密切注意粮情变化。

自动分级中灰尘集中的部位，孔隙度小、吸附性大，在熏蒸杀虫时，药剂渗透困难，杀虫效果差。同时，在通风、降温、降水过程中，也因空气阻力的加大，使风速达不到规定的要求，造成局部通风效果差。同时自动分级也会使取样时的代表性下降。总之，自动分级给储粮的安全性带来了很大的威胁。

二、低温干燥储粮生态区的储粮技术优化方案

（一）粮食入库要求

对入库粮食应按照各项质量标准进行严格检验。对不符合收购标准的粮食，如含水量大、杂质含量高等，要处理达标后再接收入库；对发生过发热、霉变、发芽的粮食及陈粮不能接收入库或分开存放。入库粮油应按不同种类、不同等级、不同水分、新粮陈粮、有虫无虫分开储藏，有条件的库应分等级、分种类储藏。

1. 粮食水分

粮食中的水分不仅会显著影响粮食颗粒的生理，而且对粮食的安全储藏、加工品质等都有影响。当粮食中的水分含量增高，出现游离水时，粮食的生命活动趋于旺盛，同时促进粮堆中虫霉的孳生，导致储粮安全性大大降低。

粮食中的水分含量最初取决于田间生长期间的成熟度、收获时期及收获时的气候条件等。在收获后粮食的含水量也会随时发生变化，这主要是因为粮食与环境之间的吸湿平衡移动而产生，或者取决于粮食储藏环境的湿度。由于仓内储藏的粮食在储藏期间水分的变化并不明显（特别是在气候比较干燥的干冷储粮生态区），所以储藏期间粮食的水分含量很大程度上是取决于入库时的原始水分含量，而粮食水分含量的高

低是决定其储藏期限的重要因素。为了保证粮食的安全储藏，必须使入库的粮食水分含量达到一个安全标准值。这个水分含量值就称作粮食的“安全水分”，安全水分的概念是建立在温度、水分对储粮安全性影响联合作用的基础上的，同时安全水分与温度密切相关，因此，各地方粮食部门根据当地的气候条件，对于不同粮种都规定有一个安全水分标准。在干冷储粮区小麦的安全水分值为12.5%，玉米的安全水分值为14.0%，水稻的安全水分值为14.5%。一般来说，符合安全水分标准的粮食在正常情况下，一年四季均处在稳定储藏的状态中。因此有效控制粮食入库的水分含量，对粮食的安全储藏是非常必要和有效的。

2. 杂质及其分布控制

杂质对粮食安全储藏的影响是非常明显的，所以从粮食入库的环节就应严格控制。不合格的粮食、杂质含量高的粮食入仓时应进行必要的清理。

粮食中的杂质是降低粮食商品价值的有害物质，杂质对粮食加工品的色、香、味都有影响，使粮食品质显著下降。粮食收购时，杂质含量每低于或高于国家标准0.5%时，价格便增加或减少0.75%。

在粮食收购工作中，质量检、化验人员应严格按照国家标准检、化验，对杂质超标的粮食，应该要求交粮者将粮食清理达标后再接收入仓，也可以按照有关规定，对杂质含量在规定的范围内者，根据含杂率降价收购，杂质含量过多者可以拒收。

杂质含量在1%以下且均匀分布时，并不会对粮食的稳定性造成太大的影响。但是如果这些杂质相对地聚集在一起时，其为害程度便会显著增加。所以粮食在入仓时，不仅要控制杂质的含量，更重要的是应防止入仓时的自动分级。

防止自动分级最积极的办法有两种，一是预先清理粮食；二是采用机械的方法，在粮仓上安装一些机械设备，使粮食入仓时能均匀地向四周散落，减轻自动分级程度。特别是浅圆仓，在入粮口应安装高效的减缓自动分级的机械装置，以保证粮堆组成成分的均匀性，提高储粮的安全性与稳定性。在浅圆仓中安装减缓自动分级的装置，要充分保证其效果，可采用旋转散粮器，借助粮流的惯性和旋转离心力，将粮食均匀抛出。在立筒仓中可使用锥形散粮器或使用中心管进粮与中心管卸粮的方式，可以有效减缓粮食分级。但是目前在干冷储粮区基本未使用减缓自动分级的设备，即使有个别库使用此类设备，效果也较差。

3. 粮食等级

在收购时，应尽可能收购质量较高的粮食，并按照国家规定以 2 级为标准等级收购。低于等级标准的粮食可酌情降价收购或拒收，以保证粮食入库的质量。

（二）最适合低温干燥储粮生态区的粮仓

粮仓是储藏粮食及其加工产品的专用建筑物。粮仓的建设应将粮食储藏安全放在首位，从粮食自身的物理特性、生理特性、生态特点等方面满足储粮安全的需要。仓型的选择应因地制宜，根据各地区气候条件、地质结构、粮种特点、粮仓性质与功能而确定适宜的仓型，全国不能搞“一刀切”；粮仓建筑结构及建筑材料应根据建仓的经济性及储粮的安全性来选择；应逐步提高我国粮仓的综合性能（如防潮性、隔热性、气密性等）；粮仓仓储工艺及设施的配置应根据科学技术的发展、储粮区域以及粮库性质来选择，应将安全储藏和应急处理同时考虑，配备必要的技术装备。

1. 最适宜本生态区的仓型

根据本生态区现有仓型及储粮稳定性、可靠性对比，结合当地的气候和粮种特点，并适当考虑经济发达程度及投资能力，比较适合本生态区的储粮仓型应是以隔湿隔热性能好、气密性能好、有机械通风、环流熏蒸和密闭门窗等设施的大中型砖混结构的高大平房仓，其特点是仓容大、仓顶高，粮温受气温影响小。同时粮仓容积不宜超过 3 000 t，便于轮换，加之储藏中采用机械通风和常年“双低”储藏技术，使粮食长期处在低温条件下，不易陈化，粮食品质好。其结构可采用屋面构筑弓形板与屋面板双层，且其间空心；仓顶采用隔热材料，并进行隔热层处理；仓壁采用砖墙双层且空心；地坪在采取防潮技术处理的基础上，设置地槽机械通风网。

立筒仓更适用于粮食加工企业或周转期较快的储粮企业，因此，常常有部分立筒仓闲置。

内蒙古自治区有浅圆仓仓容 54.01 万 t，其中砼浅圆仓 53.98 万 t，钢板浅圆仓 0.03 万 t。浅圆仓在 1998 年的新仓建设中首次作为储备仓型应用，该仓型具有直径大、单仓容量大，吨粮土建造价低于平房仓，同时机械化程度高等特点。在两年多的储粮过程中，在不断摸索浅圆仓储粮性能，提高储粮稳定性的总结中，人们逐步认识到在浅圆仓的使用中应充分利用其粮情稳定的优势，在入粮时把好质量关，严格控制水分和杂质含量，最好采取低温入仓方式，并在秋冬季节采取机械通风，将粮温降至尽可能低的水平。在浅圆仓建造时的隔热性、防潮性及气密性均较理想时，粮食的储藏稳定性甚至高于房式仓。加之浅圆仓机械化程度高，可以实现自动化，以提高生产效率，是今后粮仓建设的一个发展方向。

内蒙古自治区的赤峰地区、甘肃省的部分地区有一部分地下仓，地下仓储粮具有省投资、省占地；自然低温、低湿、密闭缺氧效果好；防鼠雀、防破坏、粮食进出仓机械化程度高；节能降耗、减少储粮损耗；保鲜能力强、延缓陈化效果好等特点，而且在低温干燥储粮生态区的地下仓储粮不需环流熏蒸杀虫，粮食不受化学药剂的污染，既节省熏蒸费用，也保护了环境，完全属于绿色储粮，符合当今世界发展潮流。

2. 对粮仓的性能要求

（1）防潮性

粮食储藏期间容易出现的发热霉变、结块结露现象均是由粮食水分增加引起的，而造成粮食水分增加的主要原因是大气湿度大，因此粮仓良好的防潮性是至关重要的，是保证粮食安全性的首要条件，特别是对于散装粮关系密切。对粮仓的防潮性要求主要指仓墙、地坪不透湿、不返潮，屋顶不漏雨，即所谓“上不漏，下不潮”。

（2）隔热性

粮温是影响粮食安全的又一重要粮情，外界温度的变化会在一定程度上引起粮温的变化，而粮温变化的幅度主要与粮仓的隔热性有关。粮仓良好的隔热性可以减少气温对粮温的影响，使粮温趋于稳定，提高储粮的安全性。

（3）通风性

粮食储藏期间，保持良好的通风，使仓内粮堆中的高温、高湿、有毒气体和仓内异味能及时排出仓外，以满足安全储粮的需要。

（4）气密性

粮仓的气密性良好与否关系到某些储粮技术的实施效果，如气调储粮、熏蒸杀虫等技术的实施效果都与粮仓的气密性有关。粮仓良好的气密性是这些技术实施高效的必要条件。粮仓的气密性常用压力半衰时间表示。

（5）防虫、防鼠雀

仓墙、地坪、仓顶应尽量平整光滑，即所谓“仓内面面光”。不留害虫、鼠、雀隐蔽孳生的条件，门窗应有防虫、防鼠雀的设施，如防鼠板、防鼠雀网、防虫线等。

（6）防火性

粮仓建筑设计应按国家规定的《工程设计防火规范》要求进行。选材时，尽量少用易燃材料。粮仓之间，粮仓与民用及其他建筑物之间应留有足够的防火通道。

（7）便于机械化作业

仓储作业正在逐渐向机械化、自动化方向发展，粮仓的建设应考虑方便机械化作业、方便设备的出入及移动，以适应仓储作业机械化程度的提高。

（8）利于散装储粮

粮食的“四散化作业”（散装、散卸、散运、散储）具有节约包装器材、节约仓容、减少储粮成本、便于粮情检查及提高机械化程度等优点。“四散化作业”是我国今后粮食企业的一个主要发展方向，因此，粮仓的性能设计应顺应这一发展，利于散装储粮。

（9）坚固抗震性

粮仓应具有坚固性，仓墙和基础应既能承受粮食在储藏期间产生的静压力，又能承受进出粮时粮食流动产生的流动压力。另外，建仓时对地基、粮仓结构均有一定的抗震要求，应选择整体性强的地基、强度高的粮仓结构及较轻材料的仓顶，并严格把好施工质量关。

（三）储粮技术设备

1. 必须配置的储粮技术设备

本生态区国家粮食储备库必须配置的储粮技术设备主要有：电子检测、环流熏蒸、通风等设备。

根据本区储粮现状以及自然条件、气候特点、仓库质量等情况，粮库基本设施应因地制宜地优化配置。考虑到全区内均具备虫害发生的条件，所以本区所有粮库均应配备环流熏蒸及机械通风设施。特别是仓容在 2 500 t 以上的较大粮仓内，应配备机械通风、环流熏蒸设施及粮情测控系统。另外还应根据仓型情况分布、配备安全储粮设施，如高大房式仓，起架高，粮堆厚，人工投药杀虫肯定效果不理想。同时要兼顾粮堆降温、降湿，没有机械通风设施，是难以做到安全储粮的。粮情检测系统，没有多区域、多层次布点，全方位、自动化的检测，是难以准确判定粮食安全状况的，为此必须配备机械通风、环流熏蒸设施、粮情测控系统。目前本生态区这三种储粮技术设备使用比较普遍。

根据本储粮生态区域气候干冷的特点，并通过对已配备谷物冷却设备的粮库使用情况的调查，认为本生态区的粮食冷却作业粮较少，建议少配备或不配备谷物冷却机，以节省资金和设备资源，保证粮食冷却作业量相对较大的区域使用。

2. 必须配置的仓储配套设备

粮食在仓库中，从入库到出库要经过许多作业环节，如卸载、称重、取样、清理、烘干、冷却、进仓、倒仓、出仓、装载等，这些作业可以由手工完成，也可以由机械设备来完成，机械化作业是发展方向，实现粮食机械化，对减轻粮库职工劳动强度，加强企业经济核算，提高劳动生产率，开创粮仓工业新局面有着重大意义。

实现粮仓机械化，首先可以提高粮库作业的劳动生产率，加快车船周转速度；其次可以更好地储藏粮食，当粮食在储藏期间出现问题时，能够及时发现并采取相应措施，将损失控制到最小；再次可以降低工人的劳动强度，改善操作工人的劳动环境，把工人从繁重的体力劳动中解放出来；最后可以降低仓储成本，保证储藏质量和作业速度，有效地提高企业的经济效益。仓储机械设备是实现粮仓机械化的基础，其配置配套应根据具体的地区特点、粮食特点及地区的经济发达情况而定。

在干冷储粮区应配备的配套设备包括：输送设备，清理设备，装卸设备，出入仓设备和粮食定量、包装设备。同时，应在玉米主产地（如内蒙古的大部分地区）所在的粮食仓库配备粮食干燥设备，以便于粮食储存、销售，提高粮食企业的经济效益。

3. 仓储设备的性能要求及配置数量

通风系统可采用地槽式，也可采用地上笼式，对于没有通风系统的老仓房可采用改建或购置装配式机械通风系统。风机配备根据本区域气候干冷，可利用的低温天数较多的优势，所以可采用小功率的轴流风机或混流风机。但对于仓容较大、粮层较厚的浅圆仓以及处理发热粮则应安装离心风机。环流熏蒸设备可根据粮库的具体情况配置固定式或移动式，并选购一定型号的仓外 PH_3 发生器。粮情检测系统则应具有选进性、功能多、测控精度适当（温度的测量误差在 0.5% ~1%）、测控速度适当（一般情况下系统应能在 30 s 内完成实时检测和动态控制）、安全性好、可靠性高、兼容性好、性能价格比高和耐磷化氢腐蚀的特点。

仓储设备的配置数量应根据仓库的规模和作业量来确定，对于收储量在 1 000 万 kg 以下规模的小型粮库需配置单项流程作业设施 1 ~2 套、30 t 左右的电子秤 1 台、100 t 左右日处理能力的烘干设备 1 台；收储量在 1 000 万 ~5 000 万 kg 规模的中型粮库需配置单项作业流程设施 3 ~5 套、50 t 左右的电子秤 1 台、100 ~500 t 日处理能力的烘干设备 1 套；收储量在 5 000 万 kg 以上规模的大型粮库需配置单项作业流程设施 5 套以上、60 t 左右的电子秤 2 台、500 t 以上日处理能力的烘干设备 1 套（见表 3 -1）。

表 3－1　仓储设备的配置数量（建议）

设　备	仓　容		
	1 万 t 以下仓容	1 万～5 万 t	5 万 t 以上
胶带输送机（台）	3～6	9～15	30
扒谷机（台）	1～2	3～5	5
散粮装仓机（台）	—	—	5
打包机（台）	1	1	5
初清筛（台）	1～2	3～5	5
地中衡（台）	1（30 t）	1（50 t）	1（60 t）
离心风机（台）	—		6
气体检测仪（台）	1	2	3
翻斗汽车（台）	2～4	6～10	>10
仓外混合熏蒸施药机（台）			3
防护剂喷药机			3
深层扦样器（台）			1（每幢房式仓） 2（每幢立筒仓）
粮情测控系统（套）	1	1	1

（四）适用于本生态区的储藏技术优化方案

适用于本生态区的储藏技术及合理应用工艺。

1. 粮情检测技术

“粮情测控”在粮食储藏过程中所起的作用就像“人工”保管时期保管人员的“眼睛”和“鼻子”，它可以对粮食储藏过程中各种粮情进行实时观察，并密切关注粮情的实时变化；“粮情分析”就像保管人员的“大脑”，通过对“眼睛”和“鼻子”观察到的各种粮情及变化情况的了解，并结合粮食储藏技术的特点和粮食保存期的各种环境条件进行综合分析与判断，给出相应的结论及处理建议；“粮情控制”就像保管人员的“手”和“足”，根据“大脑”给出的结论和处理建议来采取相应的处理措施，以确保粮食处在适宜的储藏状态，保证粮食储藏的安全。

同时，“粮情测控系统”是四项储粮新技术的基础，是“机械通风”“谷物冷却”“环流熏蒸”储粮技术运行状态的观察者和运行结果的真实反映者。“粮情检测与分析”的准确性和可靠性，直接关系到其他三项储粮新技术的运行和应用效果。“粮情控制”是“机械通风”“谷物冷却”“环流熏蒸”“生产过程”等储粮技术运行的实现者。“粮情测控系统”是新仓储技术应用的关键。由此可见，“粮情测控系统”在粮食储藏过程中的重要地位和所起的作用。但是，粮情检测技术只有在实践中合理设计、科学应用才能起到应有的作用。

（1）测温点设置

测温点的设置关系到能否准确、全面、及时地了解整仓粮食的温度状况及动态变化趋势，应该根据不同仓型、储粮品种、粮仓面积、堆粮高度、粮情检测软件技术参数的不同要求，按照国标规定分层设置测温点。测温点的布置要严格按照《粮情检测技术规程》执行，有些特殊部位还要设置临时的手工检测点。

①平房仓测温点布置原则。测温电缆水平间距不大于 5 m，垂直方向间距不大于 2 m；距粮面、仓底、仓壁 0.3 ~0.5 m。

②立筒仓、浅圆仓测温点布置原则。立筒仓、浅圆仓测温电缆间距不大于 5 m，垂直方向点距为 1.5 ~3.0 m，各点之间设置成等间距。多条电缆在仓内吊装时，应尽可能对称放置，在向阳方向、中心部位和入粮口处要设置测量点。在考虑吊装检测电缆方法时，应注意吊装点可能承受的拉力及本身的强度。

③其他仓型测温点布置原则。其他仓型测温点的布置应参照以上原则进行安排。对于储藏期较短的中转库可适当减少测温点的布置。

对于仓容较大的粮仓，还应在一些墙角、杂质集聚区、底部、靠仓墙等易出现问题的部位布置测温点，在粮情稳定性较差的季节，设置临时的检测点定期检查粮温的变化情况，发现问题及时处理。

在选择粮情检测系统产品时应综合考虑功能性、经济性与售后服务，应优先选用行业指定的产品或中标产品。目前市场产品中大多数粮情检测系统具有采集型与智能型相结合的功能，能将采集到的信号进行转换并分析，有些还具有通风自动控制的功能，可显示绘制三温变化图和二湿变化图。粮情管理人员可根据微机检测结果、人工测量结果以及气候变化情况进行分析，找出气温、仓温、粮温、气湿、仓湿、粮食水分的一般变化规律，用于指导储粮实践。

（2）粮食水分检测点的设置

测定粮食水分的布点可参考测温点的布置，一般水分检测点可少于测温点，特别是稳定安全的粮堆。但也要根据粮堆的具体情况，在一些水分含量易高的部位应酌情增设水分检测点，如通风时的通风口附近、风道的上方、杂质集聚区、发热部位等。目前粮食水分的检测比较准确的方法还是实验室烘箱法，虽操作麻烦、费时，但准确。

（3）虫粮取样点的设置

仓储害虫的检测目前也靠粮堆定点取样人工筛虫。取样部位应根据害虫的习性、发育阶段以及季节等情况确定，采取定点取样与易发生害虫部位取样相结合的方法。对于平房仓，粮堆表面积在 100 m^2 以内的，设 5 个取样点；101 ~ 500 m^2，设 10 个取样点；500 m^2 以上，设 15 个取样点。一般粮堆高度在 2 m 以内的，只在上层取样即可；粮堆高度超过 2 m 的，应设上、下两层取样。随着粮堆的增高，应适当增加取样层次。上层可用手或铲取样，中、下层则用扦样器或深层取样器取样。每一取样点的样品数量一般应不少于 1 kg。

圆仓和囤垛的设点取样方法基本与房式仓相同。以粮堆高度分层，按面积设点取样。对于体积高大的圆仓要适当增加取样点。

包装粮堆的取样也应分层设点取样，堆垛外层可适当多设取样点。500 包以下的粮堆，抽 10 包取样；500 包以上的粮堆，按 2% 的比例取样。取样方法一般是采用包装扦样器（探子）。扦取粮食样品的方法是将扦样器的凹槽向下，自粮包的一角插入至相对的一角，当扦样器完全插入粮包后，再将扦样器的凹槽转向上方，然后抽出。大颗粒粮如花生、薯干等应采用拆包取样。每包的取样数量应不少于 1 kg。

对于未装粮的空仓，一般是在四角和四周任选 10 个点，对于较大型的粮仓可适量增加取样点。每点以 1 m^2 为单位，在此面积内检查活虫的数量。

对于麻袋、面袋、席子、篷布及其他器材，只要是接触过虫粮的，都应按 2% ~ 5% 的比例取样检查。

仓温和仓湿的测定可采用干湿球温度计检测，也可以使用目前的一些电子测温测湿产品检测，检测点可设置在仓内上部空间具有代表性的位置，如仓房的四角和中心部位等。

（4）检查期限

粮温检查期限在粮温等于或低于15 ℃时，安全粮15 d内至少一次，半安全粮10 d内至少一次，危险粮5 d内至少一次；在粮温高于15 ℃时，安全粮10 d内至少一次，半安全粮5 d内至少一次，危险粮1 d内至少一次。虫粮检查期限在粮温高于25 ℃时，7 d内至少一次，粮温在15～25 ℃时，15 d内至少一次，在粮温低于15 ℃时，检查期限可适当延长。

2. 通风技术

在气候干燥和低温的干冷储粮区，可充分利用秋冬季节的冷空气，根据小麦、水稻、玉米粮粒间空隙度的不同，粮食阻力以及空气途径比的不同，通风系统（地上笼、地下槽）的不同，利用不同风机（离心风机、轴流风机、混流风机）对不同粮食进行通风，使秋季过高的粮温下降，保持粮食的低温状态，便于粮食储藏保管。

本生态区内对于有通风条件的粮仓，各主要粮种包括小麦、水稻、玉米，每年从11月份开始进行自然通风和机械通风降温，同时打开安装在窗户或山墙上的轴流风机（排气扇），以加快空气在粮堆中的流速，减少热空气在粮仓空间内的滞留时间，可加快通风降温的速度，并防止或减少冷热空气相遇造成粮面表层结露。通风后可将粮温降至0 ℃左右或以下，粮温普遍降低8～14 ℃，每年夏天高温季节，粮温会随之上升，但普遍低于冬季未通风粮温10 ℃以上，可有效提高粮食在夏季的稳定性并延缓虫害发生的时间。

本生态区通风后的粮食均可达到低温或准低温的温度范围。为了较好地保持低温或准低温的状态，可对原仓房进行适当改造，如外墙粉白，更换、密闭窗户，改造仓门等。干冷储粮区的许多地区经机械通风后的仓房，一年内粮温保持在17 ℃以下的时间约7个月，15 ℃以下时间约5个月，10 ℃以下时间约4个月。如同时进行粮食单面密封，低温时间可延长1～2个月。

在机械通风过程中，应配合粮情检测系统跟踪检测粮温，并根据环境条件，按照

《机械通风储粮技术规程》的判定方法及时终止通风，避免通风过剩，以便在保证通风效果的同时，提高经济效益。

为了防止通风时由于内、外温差过大而造成粮堆局部结露的问题，可采取分段通风的解决办法。如先在9月中旬至10月中旬进行自然通风，以使仓内温度与粮温均衡，同时缓慢降低，至11月份外界温度与粮温相差10 ℃以上时，对仓内进行通风，再次降低粮温，到11月至次年1月底期间，此时外界温度与粮温最大温差20 ℃以上，再次通风，把粮温降到最低。这样逐步降温，以避免粮食结露。若通风后仍然发现粮食存在结露现象，则利用次年2月中旬至3月上旬春天气候干燥，伴有少许微风，温度适宜的天气，再进行适当的通风，以缓解或消除粮食结露。

因本储粮生态区气候干燥，高水分粮少，所以本区粮食通风绝大多数情况下是以降温为目的的。在通风期间为了缩短通风时间、减少通风费用及由通风而造成的粮食重量损失，建议利用凌晨气温低、湿度合适的时间通风，夜通昼停，间歇通风，这样可降低单位能耗，并将平均失水率控制在0.2%左右。

对于没有通风道系统的老粮仓，则尽可能利用自然通风或排风扇通风，或进行通风系统的改造；也可购置移动组装式通风系统进行全仓通风或局部通风，以保证储粮安全。

3. 低温储藏技术

在储粮过程中可充分利用本区域低温干燥的特点，以低温储藏，特别是自然低温技术为主。冬季利用自然的冷源进行低温储藏，如在粮面扒沟冷冻仓内粮食，降低粮温，改善储粮环境，效果良好。同时应用防虫磷全仓或表层拌和、压盖防治及单管机械通风等技术，可达到有效、经济的效果。

另外，地下仓自然低温、低湿、密闭缺氧效果好，所以地下仓储粮也是一种充分利用自然条件的低温储藏技术。由于土石是很好的隔热材料，所以地温的变化随地层深度的增加而减少。据测定和资料显示：在内蒙古的赤峰元宝库区离地表4 m深处，地温恒定在12 ℃，离地表15 m处地温恒定在8 ℃，基本不受气温的影响。而地下仓顶部覆土均在1.5 m以上，装粮线在地表4 m以下，创造了地下仓不需能耗的自然低温优良环境。地下仓采取整仓的2毡3油2层干砖防潮层，达到密合无缝化，同时仓顶地坪混凝土硬化，排水设施齐全，加之门少无窗，唯一的地下门式出口采用金属密闭门，挡粮板由聚乙烯薄膜双层密封，装粮后顶部加防潮材料压盖和防雨隔热罩，隔断了外界因素的影响，形成仓内低湿、缺氧的独立小气候，仓内湿度常年保持在50%～60%。

4. 气调储粮技术

冬季通风结束后的粮食，可在次年的春季之前进行密闭自然缺氧储藏，以提高储粮的稳定性。密闭自然缺氧储藏是在密封环境中，通过粮食、粮食微生物和仓储害虫等生物群体自身的呼吸作用，逐渐消耗粮堆中的氧气和增加二氧化碳含量，使粮堆自身达到缺氧，自然缺氧的特点是方法简便，经济，除用塑料帐幕依照密封工艺密封好粮堆之外不需要其他降氧设备，只要认真做好各个环节的工作，便可取得良好效果。但高大房式仓和浅圆仓的粮堆密封工作量较大。

粮食本身的状况与其自身的降氧能力关系十分密切，有些粮食在密封后能将粮堆中的氧降至2%或绝氧，但有些粮食虽经较长时间的密封，粮堆的氧含量仍保持在10%～15%，降氧能力很弱。在进行自然缺氧储粮时，首先要熟悉和掌握储藏粮种的降氧能力和粮种间降氧能力的差异。降氧能力高的粮种才可以利用自然缺氧方法进行缺氧储藏，降氧能力低的粮种则应采用其他方法进行气调储粮。本区的主要粮种稻谷、小麦、玉米、大豆等都具有很好的自然降氧能力。

5. 粮食干燥技术

在干冷区几乎不存在高水分粮。少量的水分偏高者，可利用本区气候干燥的特点，通过晾晒降低粮食的水分，所以不须配置干燥设备。

6. 仓储害虫防治综合技术

本生态区由于气候比较适合粮食的储藏，所以储粮害虫的熏蒸工作量并不是很大，害虫的发生与其他区比较起来要少得多。如在宁夏常规储藏的粮食，小麦4年熏蒸一次，水稻 4 年一次，玉米 2 年一次。本储粮区可采用以下方法进行储粮害虫的防治：

（1）仓内大面积生虫防治法

如果仓内大面积生虫，特别是新粮入仓时发现仓储害虫，可采取全仓熏蒸，并且要杀虫彻底；如果杀虫不彻底，造成局部害虫杀不死，第二年复发，害虫抗药性增强，必须加大用药量。熏蒸剂一般可采用磷化铝片剂，投药方法可采用表面投药与粮堆埋设探管投药相结合。新仓则应利用环流熏蒸系统进行熏蒸杀虫。

（2）仓内局部生虫防治法

如果仓内局部生虫，可采取局部熏蒸，将探管施药和粮面施药相结合，篷布压盖，局部熏蒸，探管分布采用围包状，防止仓储害虫向四周蔓延。

（3）冷冻杀虫

冬季利用冷空气进行冷冻杀虫，尤其是对难以防治的谷蠹，冷冻是杀虫的较好方法之一，且绿色环保。

（4）书虱防治

书虱并不吃粮食，但是大量的书虱会引起储粮发热，破坏储粮环境。对于喜高湿、高热的书虱、螨类等害虫的防治，采用敌敌畏∶防虫磷为1∶2的比例喷施，同时选择合适的天气，进行通风降湿，破坏其生存环境，可取得一定的效果。也可利用本地资源——玉米芯，将玉米芯浸泡在敌敌畏中，然后放置于粮面上，利用敌敌畏的香味吸引诱杀书虱，效果良好。

（5）仓储害虫预防

对于尚未发生储粮害虫的粮仓，应做好预防工作，在采取严把入库关、清理杂质、适时通风保持仓内干燥、低温入库等物理措施的同时，应用防虫磷首先对空仓的各墙壁、角落、地面进行喷洒，也可将敌敌畏加热烟熏空仓杀虫。入仓后，在 3 月份气温回升时和 9 月份，用防虫磷全仓或表层拌和、压盖，以达到防虫、治虫的目的。

7. “三低”和“双低”储藏技术

“双低”或“三低”储藏技术，特别适用于本生态区，粮堆在密封条件下，氧含量减少，CO_2含量增高，使虫霉生存的生态环境恶化，再配合磷化铝片剂埋入粮堆，变粮面施药为粮堆内施药，变全仓熏蒸为粮堆熏蒸，缩小药物的挥发空间，相应地增加粮堆内磷化氢的有效浓度，也避免了磷化氢气体受外界气流影响，而大量地经仓房门窗和屋顶的缝隙外逸消失，迫使磷化氢气体向粮堆内渗透，并基本上局限在粮堆内扩散、循环，相应地延长了毒气在粮堆内的持续时间，提高了浓度时间乘积（$c \times t$ 值）达到或超过害虫的致死浓度。

粮食、害虫、微生物在“双低”综合条件的影响下，生命活动受到抑制，因而可以起到综合防治作用，使粮食处于稳定状态。低氧、低剂量的粮食水分，一定要在安全标准范围内，密封粮堆与施药可同时进行。投药可采用埋藏法，密封前将药袋埋入粮堆 30～50 cm 深处或中部，并使粮堆上、中、下磷化氢分布均匀，然后将预热合好的整块塑料薄膜进行粮面密封。也可按仓房大小设置若干条牵引药袋绳，在薄膜上预留投药口，磷化铝片剂用小布袋包好，待施药时将磷化铝袋引到薄膜内，投药于粮面上薄膜内的预定施药点位置。“双低”储藏能获得良好的杀虫、防霉、止热的效果。

“三低”储藏一般指低氧、低温、低剂量磷化氢，是另外一种粮食储藏综合防治措施。本区可在“双低”储藏技术的基础上，充分利用本区的低温条件，采用各种自然低温方法，进行“三低”储藏，以符合“以防为主，综合治理”的保粮方针和安全、经济、有效的原则。高温季节收藏入库的粮食可采取：低氧（密闭）→低药（有虫）→低温（秋后通风）的处理顺序，而低温季节入库的粮食可采取：低温（通风）→低氧（次年春季后）→低药（有虫）的处理顺序。

8. 不同粮仓适用的储藏技术及所采用技术的综合方案

在本储粮生态区，主要仓型为房式仓，其次是浅圆仓。房式仓在储粮管理中应冬抓通风降温、春抓密闭保温、夏抓防虫治虫、秋抓防霉结露等工作。

冬抓通风降温　本生态区常年湿度低，冬季气温低，每年 1～2 月份应抓住有利的通风降温时机，有条件的地方，对安装有通风系统的房式仓采用机械通风，可在短时间内将粮温降至 0 ℃左右。对一些没有配备通风系统的老房式仓，则尽可能利用本生态区秋冬季节的低温条件，进行自然通风，也可以改造加装通风系统或采用组合式通风系统进行机械通风。机械通风也是本生态区最有利、最有效、最经济的储粮降温手段。

春抓密闭隔热　春天是气温回升的季节，此时储粮工作的重点应放在粮堆密闭隔热上。春季外温回升时，应封闭粮面，紧闭门窗，同时如有条件还可用一些具有隔热性的材料压盖粮面。利用粮食不良的导热性，保持平均粮温在10～15 ℃，能有效地推迟粮温的回升、保持粮食品质、延缓粮食陈化。

夏抓防虫治虫　经“双低”“三低”储藏技术和机械通风技术处理过的粮食，夏季粮仓底层温度约10 ℃，中层不超过5 ℃，上层最高20 ℃。如有虫情发生，应采用先物理后化学的杀虫方法处理，配合膜下施药、局部处理、环流熏蒸即可防虫治虫。

秋抓防霉结露　在季节转换，特别是秋季气温下降的时候，如遇突然降温，或通风温差过大，可能发生粮堆结露，特别是采用自然密闭的粮堆更是如此。所以当外界温度骤降时，或在温差过大的通风过程中，应及时掌握粮堆的露点，对密闭的粮堆应适时揭膜；对于水分较高的粮堆应及时扒沟散湿，防止因结露而导致粮食进一步发热生霉。

没有通风条件的仓只能进行常规储藏，到了冬季，利用本地寒冷的气候，进行扒沟冷冻。春、夏季节利用早晚温差大的气候特点，晚上打开窗户通风，上午10点气温上升时关闭门窗，降低粮温。夏天高温季节仓温上升，可采用粮仓上部安装的轴流机，将仓内热空气排出仓外，保持仓内的低温状态。

浅圆仓的储粮管理除做好以上的各项工作外，还应注意尽可能提高入库的粮食品质，特别是杂质和水分含量一定要符合国家标准。入仓时要采取有效防止自动分级的措施，使粮堆组成均匀。在储藏期间要注意粮堆的隔热保冷，以减缓粮温的回升。

总之，根据干冷区储粮条件分析，实施机械通风是实现降温、降水，保持低温储藏和准低温储藏的主要途径，也是处理粮堆局部或大部发热及结露最经济、安全的技术。

根据本生态区仓储工作多年的经验总结，“四无粮仓”活动仍应坚持下去。“四无粮仓”活动，是几十年来总结和完善的安全储粮好经验、好办法，已深入人心，并在实际工作中得到了较好的应用和推广，也促进了粮食保管的规范化、科学化和程序化，提高了仓储管理水平。同时随着粮改的不断深入及加入WTO后市场的要求，“四无粮仓”活动也应重新定位。建立科学完善的指标评价系统，应以加强企业内部管理为目的，并着眼于推广安全、经济、生态和绿色环保的科学储粮技术，以追求企业经济利益最大化为目标，赋予“四无粮仓”活动新的内涵。

本生态区应充分利用气候优势，从储藏条件、储藏效果和经济性等方面进行分析，对粮食的储藏力求达到安全、有效、经济。为达此目的，首先要充分利用当地的低温条件，对配备有机械通风设备的各种仓型，在秋冬季节进行通风降温。正常条件下，每年每仓进行一次冬季的降温通风，成本如下：单位能耗为0.06 kW · h/（℃ · t），每度电按 0.7 元计算，一吨粮降低 1 ℃的成本大约为 0.042 元。在本生态区的大多数地区，年通风一次成本可控制在 0.44 元/t，若分段通风降温两次成本约为 0.70 元/t。机械通风是本生态区首选的储藏技术，也是较经济的储藏方法，通风后如果能及时隔热和密闭，将会取得更好的效果。

如粮仓未配备机械通风装置，也可采用常规储藏或“双低”和“三低”储藏的方法，这种方法最为经济，费用低于机械通风，但在同一季节其粮温高于通风的粮仓，粮食的稳定性较差。

在本生态区高温季节也会出现虫害，目前最有效的处理方法是磷化铝熏蒸。一般粮仓并不需要每年熏蒸，如果储粮管理得当可以做到 3 ~4 年才熏蒸一次。施药量视仓储害虫发生情况而定，成本约为 0.25 元/t。

本生态区的调查表明，谷物冷却机在低温干燥储粮生态区基本没有配置的必要，以后可考虑少配或不配，以减少或避免不必要的投资。

（五）应急处理措施

由于本生态区所具有的得天独厚的干冷自然条件，特别有利于粮食的储藏，所以在粮食储藏期间很少发生发热和霉变等事故。但是在一些特殊的情况下有可能发生局部发热和结露。

1. 储粮发热的应急处理

①秋冬季节的局部发热处理。可利用单管通风降温，或将发热粮取出仓外冷冻杀虫或晾晒。

②其他季节发热处理。除秋冬季节外，其他季节处理粮堆局部发热较为麻烦，费用也会增加，如夏季发热只能采用谷物冷却机降温。

③储粮霉变的应急处理。储粮霉变的处理应视不同霉变程度而定，初级霉变粮食应将霉变部位及四周波及的粮食全部搬出仓外进行彻底干燥处理，干燥后应单独存放，再根据情况进行相应处理。霉烂的粮食毫无食用价值，应作为肥料；稍有食用价值者可作为酿酒原料，但必须进行干燥处理，并经检验证明含毒量不超过安全标准，再搭配在正常饲料中使用。

④发热粮食的应急处理。应根据不同的发热原因而采取不同措施。因杂质多或仓储害虫活动而引起的粮食发热，应结合干燥处理进行清理杂质、熏蒸杀虫等；因粮食潮湿而引起的粮食发热，最根本的措施是进行干燥处理。

2. 储粮结露的应急处理

局部结露一般发生在秋冬季节的粮面，此时可以采取的措施有：

①打开窗户，粮面扒沟，散湿降水。

②开动风机，连续通风。

③局部结露严重时，可将结露部位的粮食取出单独处理。

3. 储粮发热和结露的预防

不管是发热还是结露均会造成一定的质量和数量的损失，所以对于发热和结露应以预防为主。首先要做好粮食入仓前的空仓消毒、空仓杀虫等工作；其次要提高粮食储藏品质，提高入库粮食质量，入库宗旨：干、饱、净，严禁“三高”粮食入仓；第三，要做好隔热防潮工作，改善仓房条件，合理堆装，适时通风密闭；第四，要做好粮食发热的预测预报工作，及早发现问题，及时处理。储粮发热预测除了测定粮食温度、水分的不正常变化等简单指标以外，还可根据测定储粮微生物类群的演替进行预测。

另外，露天垛粮堆是一种临时应急的储藏措施，对于露天垛粮堆的顶部应避免人踩、积雪或动物破坏，要加固临时仓房的结构，增强其防潮性、密闭性。露天粮垛也可进行机械通风和自然通风，露天粮垛中若无通风系统，可利用单管通风系统进行通风，自然通风则只需揭开篷布即可。通风冷却对粮食储藏是非常重要的，一般通风至粮堆温度与外界温度相等或接近冰点即可。应急储粮的储藏期一般都少于6个月，如果储藏期较长，应将粮食移至正规仓内。最后需注意，一旦出现发热现象要及时处理，不得延误，防止发热的蔓延和加剧。

结露预防应从两个方面入手，一是要保持粮食本身的干燥，只要将粮食的水分控制在安全水分以内，就可以有效地预防粮堆的结露；二是要尽可能地减少粮堆内外的温差，特别是在气温易急剧变化的季节。

第三节

低温高湿储粮生态区

一、本生态区的现状和基本特征

（一）本生态区所在的地理位置和气候特点

本生态区包括黑龙江省、吉林省的全部，辽宁省的北部和内蒙古自治区大兴安岭的东部区域，地处东经122°～135°、北纬38°～55°的区域。

该区域东部为东北—西南走向的长白山地，北部为东西走向的小兴安岭山地，西部为东北—西南大兴安岭山地，中部为东北平原。该区域地形复杂，相对高差较大，山脉与盆地交错分布。

由于所处的地理位置、地形条件和大气环流决定了除大兴安岭北段属寒温带大陆性季风气候以外，本区域主要为温带大陆性季风气候，其主要特点是：春季气旋活动频繁，每遇气旋过境往往造成大风天气，气温变化无常，一次升温或降温可达10 ℃以上；夏季一般降水丰沛，占全年降水量的60%以上，降水相对集中（多在6~9月份），气温为18~20 ℃，极端最高气温可达36~38 ℃，湿热短促；秋季气温剧降，昼夜温差大，霜降早，经常发生霜冻，多晴天，日照时间充足；冬季气候严寒，平均气温多在-5 ℃以下，降雪天多，湿冷期漫长。

（二）本生态区的主要生态因子及特征

1. 粮食

本生态区域粮食种植品种主要有玉米、水稻、大豆、小麦、高粱、荞麦和其他杂粮等。

按照储藏数量多少，主要收储的粮食品种是不耐储的玉米和水稻，其次为小麦。特别是玉米作为一种胚部大、营养丰富、呼吸旺盛的粮食品种，储藏不当极易酸败、易吸湿和易遭受虫霉侵害，只有在低温（准低温）、干燥和清洁的环境中，才能长期安全储藏。

由于本生态区地处严寒，昼夜温差较大，且常有早霜、早冻灾害，粮食成熟度常受气候和环境影响，所以粮食在收获期水分一般较高。而秋季气温下降速度快、幅度大，仅依靠自然晾晒不足以将粮食水分干燥至当地的安全水分标准以内，在入库前需通过通风降水和热力干燥等方式进一步减少粮食水分，以达到安全储藏的水分要求。特别是玉米，原始水分的质量分数（含量）高达25%~34%，需采取高温热风快速机械干燥的方式将水分含量降到安全水分线以下，方能进行安全储藏。

主要收储粮食品种的合理储藏期限往往受到粮食质量及水分含量、仓房类型及条件、储藏温度等多种因素的影响。对于当年产的玉米、稻谷和小麦，水分含量应控制在当地的安全水分标准以下，其他质量符合现行国家标准中等以上质量要求，其合理的安全储藏期限见表3-2所示。

表 3－2　主要收储粮食品种的合理储藏期限

仓房类型		常温储藏期限/年			低温储藏期限/年		
		玉米	稻谷	小麦	玉米	稻谷	小麦
基建房式仓	新建房式仓	2～3	2～3	3～4	2～3	3～4	4～5
	简易房式仓	≤1	1～2	2～3	1～2	2～3	3～4
筒　仓	钢板立筒仓	≤1	≤1	1～2	—	—	—
	砖立筒仓	1～2	1～2	2～3	2～3	2～3	3～4
	砼立筒仓	1～2	1～2	2～3	2～3	2～3	3～4
	砼浅圆仓	2～3	2～3	3～4	2～3	3～4	4～5
	砖圆仓	2～3	2～3	3～4	2～3	3～4	4～5
其他仓房（地下仓）		—	—	—	4～5	4～5	5～6
露天储藏		≤1	≤1	2～3	—	—	—

注：表中玉米主要指通过晾晒降水和热风烘干后质量保持较好的玉米。

若入库的粮食并非当年收获，或水分含量没有控制在当地的安全水分标准以下，或其他质量不符合现行国家标准中等以上质量要求的，则其安全储藏时间就要依据不同的原因缩短，甚至不能直接进入储备期。

2. 气温和气湿

本生态区部分城市 2001 年度气温（最高气温和最低气温出现的时间及持续的时间）、日平均气温≥10 ℃的积温、气湿（大气相对湿度最高和最低出现时间）、年降水量、月最大降水量情况详见表 3 -3。

由此可知，本生态区具有冬季潮湿寒冷、夏季湿热短促、春秋季节干燥的气候特点，为粮食低温储藏、通风降温和降水等提供了有利的条件，但也应重点防范因温差效应引起的粮堆结露、仓房结霜等安全储粮隐患问题。

3. 仓储害虫

储粮有害生物包括脊椎有害生物（啮齿类动物和鸟类）和储粮害虫。前者对封闭不严的简易粮仓、罩棚和露天储藏的席茓囤内的粮食形成常年为害，特别是从国家禁止使用磷化锌和邱氏鼠药后，国家至今没有推荐替代产品，各收储企业自行购买的鼠药真伪难辨，灭鼠效果较差，使得鼠害现象比较严重。

本生态域的储粮害虫种类基本相同。主要有以下虫种：

（1）鞘翅目害虫

玉米象、大谷盗、赤拟谷盗、杂拟谷盗、黑粉虫、四纹皮蠹、钩纹皮蠹、黑皮蠹、绿豆象、日本蛛甲等 10 多种。

（2）鳞翅目害虫

小谷蛾、黄粉虫、麦蛾、印度谷蛾、粉斑螟蛾、米黑虫（小斑螟）、米淡墨虫等。

这些害虫遍布本生态区各地，其中以玉米象、赤拟谷盗、印度谷蛾、四纹皮蠹的为害较严重。由于本生态区幅员广大，各地的地理及气候条件略有不同，再加上各库粮堆生态环境、储粮虫种群落组成、各类储粮虫种习性均存在差异，各地储粮害虫的年发生次数和主要储粮虫种年发生高峰期略有不同（详见表 3 -4）。但本生态区储粮害

表 3－3　本区域部分城市 2001 年度气温、气湿和降水量统计情况

项目		黑龙江省				吉林省			辽宁省			内蒙古自治区东北部		
		漠河	齐齐哈尔	哈尔滨	富锦	白城	长春	延吉	朝阳	沈阳	丹东	海拉尔	阿尔山	赤峰
气温/℃	最低	－38.8	－32.0	－30.9	－30.2	－31.7	－30.1	－23.2	－25.5	－24.1	－25.2	－39.6	－40.5	－28.4
	最高	24.8	32.0	30.8	27.8	27.4	29.8	26.9	35.1	34.6	33.2	29.0	26.5	34.8
气湿/%	最低	32	26	21	32	21	19	26	17	21	26	22	23	23
	最高	98	92	94	97	96	98	94	98	98	98	86	96	98
积温/(℃·d)	≥10 ℃	113	155	170	158	143	177	162	163	157	151	132	119	173
降水量/mm	年降水量	5 067	2 503	3 852	3 615	3 104	3 899	4 703	2 251	3 413	3 182	2 460	3 399	2 519
	日最大降水量	507	590	526	251	477	985	430	267	397	343	297	566	307

虫的年消长动态总趋势是，自每年5月开始，粮堆中储粮害虫种群组成由简单变复杂；在每年7~9月，各种储粮害虫相对集中、活动频繁，是主要储粮害虫活动的高峰期；在每年10月后，多数储粮害虫进入越冬期或虫态潜伏期。

表3-4　本生态区主要储粮虫种的年消长动态趋势统计情况

主要储粮虫种	鞘翅目害虫			鳞翅目害虫
	玉米象	赤拟谷盗	四纹皮蠹	印度谷蛾
年发生高峰次数	1	1	1	1
年发生高峰期	7~9月	6~9月	8~9月	8~9月

4. 微生物

微生物在本生态区各省分布种类繁多，其中较普遍的有：根霉属、毛霉属、梨头霉属、卷霉属、共头霉属、毛壳菌属、曲霉属、青霉属、拟青霉属、帚霉属、镰刀菌属、交链孢霉属、蠕孢霉属、芽枝霉属、弯孢霉属、黑孢霉属、矩梗霉属、葡萄状穗霉属、葡萄孢霉属、丝内霉属、木霉属等近30个属。

由于本生态区粮食在入仓前都及时进行了庭院晾晒、通风干燥甚至热风快速烘干，确保收储的粮食水分普遍能达到安全储藏水分标准，使储粮基本处于安全状态。粮食入仓又多在冬季，入仓后可及时利用自然低温进行通风降温，能将仓内储粮温度降到0 ℃以下，能够确保仓内储粮长期处于干燥、低温的储粮环境之中，有效地抑制了虫霉的繁殖和活动。除有时在防雨、防潮和密闭性能较差、粮堆控温能力较弱的简易仓房内，或杂质或破碎粮粒聚集区域内出现局部霉变外，很少出现大规模粮食霉变现象。

5. 其他因子

(1) 杂质

按照有关仓储规范（或规程），粮食入库时，多数收储企业能够通过清理和筛分工序，将粮食的杂质（包括有机杂、无机杂）控制在安全储藏标准范围内。但是由于以下因素，将造成粮食的破碎率增加。

（2）粮食破碎率

储粮经过高温热风快速机械干燥后，玉米的裂纹率、破碎率和热损伤率，以及稻谷的爆腰率、破碎率等均有所增加。除房式仓、小型砖圆仓、罩棚和露天储藏的席茓囤以外，大型立筒仓、砖圆仓和浅圆仓多以仓群的形式分布。按照进出仓和输送工艺，粮食入仓时，需经过多种机械输送设备（斗式提升机、埋刮板输送机和气垫皮带输送机）和多道提升，由于部分设备存在设计和制造缺陷，造成粮食在输送过程中普遍存在新增破碎率较大的现象，特别对烘后玉米，新增破碎率普遍为3% ~4%，最高可达10%以上。

对于高大的筒仓（主要指高大砼立筒仓、砖圆仓和浅圆仓），因入仓时落差较大，粮粒与仓底、粮粒之间发生撞击，使粮食的破碎率再次增高。

（3）自动分级

根据部分库点实测发现，因上述原因造成的综合破碎率可新增8%以上，最高可达13% ~15%。加上大直径的筒仓，多采用仓顶中心进粮方式，因入粮口处未设布料器或有布料器但效果不理想，粮食自动分级现象严重，即使是采用皮带输送机和补仓机械多点进料方式的房式仓，其仓内各落料点之间，也会形成一个杂质和破碎粒相对集中的区域。这些杂质和破碎粒聚集区域极易出现发热、生虫、结露现象，并且直接影响通风和熏蒸的效果。

二、低温高湿储粮生态区的储粮技术优化方案

（一）粮食入库要求

为确保本区域的储粮安全，建议在粮食入库时重点将以下各项指标控制在如下安全标准以内。

1. 粮食水分

各种粮食和油料的安全储藏水分标准详见表3－5。

表3－5 本生态区各种粮食油料的常年安全储藏水分标准

粮种	安全水分/%	粮种	安全水分/%	粮种	安全水分/%
小麦	13.5	面粉	14.0	油葵花籽	9
大豆	13.0	大米	14.0	油菜籽	8
玉米	14.5	高粱米	14.0	普通葵花籽	11
稻谷	13.5	玉米渣	14.0	糜子	14.0
谷子	13.5	玉米面	14.0	杂豆	14.0
高粱	14.5	小米	13.0	大麦	14.0

2. 杂质及其分布控制

（1）减少粮食自动分级和杂质

在应用房式仓储粮时，入库粮食杂质的质量分数（含量）应控制在1%以内。建议无论是人工入仓还是输送机械入仓均应采用多点卸料方式，以减少粮食自动分级和杂质相对集中的现象。

（2）利用辅助设备减少粮食自动分级现象

在应用各种形式筒仓储粮时，入库粮食杂质含量应控制在0.5%以内。由于多采用输送机械从仓顶中心进料方式，建议在进料口安装能有效减轻粮食自动分级和粮食破碎的进仓辅助设备，尤其对大直径的筒仓更应如此。在粮食入仓过程中，可采取分阶段进仓和平仓相结合、分阶段进仓与多次“抽芯”除杂等有效措施，减少粮食的自动分级和杂质相对集中的现象。

3. 粮食等级

对于计划储藏两年以上的粮食，建议入仓粮食等级控制在二等以上。

对于计划在一年内出库的粮食，建议入仓粮食等级控制在三等以上。

4. 其他要求

①计划长期储藏的粮食，入仓时其品质必须符合《粮油储存品质判定规则（试行)》中“宜存”的有关规定。

②不同品质、不同等级的粮食建议分仓储藏。

③入仓时遇粮温较高时，如利用热风快速干燥的粮食，可先采取合理堆积、通风降温等措施，使粮堆内积热充分散发，方可入仓。

④同一粮仓分批入粮时，各批次间的粮食温差应小于当时的露点温差。

（二）最适宜低温高湿储粮生态区的粮仓

1. 最适宜本生态区的仓型

最适宜粮仓类型的选择，除充分考虑各地的地质条件、气候特点及适合本区域储粮生态条件以外，还应满足粮食主产区快速流通的需要，适应“四散化作业”要求，同时能最大限度地提高土地利用率，降低造价和储粮管理成本，以求达到最大的投资效益。因此，综合考虑以上因素，适合本生态区的最佳仓型首选是直径在 15 ~ 20 m 的圆仓（主要指单仓容量 3 000 t 的浅圆仓和单仓容量 1 500 t 的大型砖圆仓）。对于水位和深土层含水量较低的内蒙古东北部（如赤峰地区）和辽宁西部（如朝阳地区），最适宜的仓房类型还应包括有主巷道和地下储粮机械输送线的地下仓或半地下仓。

2. 对粮仓的性能要求

除要求各类粮仓应具有防潮、防雨（雪）、防水、防鼠、防雀等基本性能外，就本区域季节性强、气温升降快、昼夜温差大等气候特点和自然条件而言，为达到安全、经济的储粮目的，从长远看，无论是对原有的老式房式仓、筒仓，还是新建的高大房式仓、大型筒仓（高大砼立筒仓、砖圆仓和浅圆仓)，均应具有较好的保温隔热性和气密性。

通过对现有具备安全储粮基本要求的仓房（主要指苏式仓、改造苏式仓、仿苏仓、简易基建仓、砖圆仓等）进行必要的密闭和保温隔热改造，并完善和提高各类新建仓房的保温隔热和气密性能，使其主要性能达到以下基本要求。

（1）保温隔热性

在环境温度较高的月份（一般是6～8月），仓内储粮平均温度保持在20 ℃以内，排除粮食发热因素，最高点粮温保持在25 ℃以下。

（2）气密性

通过对门窗、孔洞等部位进行简单的薄膜密闭后，按规定剂量对仓内进行一次投药后（包括埋藏磷化铝和输入磷化氢混合气体），有效的体积分数保持在100 mL/m³以上的时间不低于10 d。

（三）储粮技术设备

1. 必须配置的储粮技术设备

本生态区必须配套的仓储技术设备首选种类以及5 000万kg仓容规模的基本配置数量如下面所述：

（1）粮情检测系统设备

主要包括温湿度检测设备、水分检测设备、害虫检测设备、气体检测设备和扦样设备。

①温湿度检测设备

单仓固定式电子检测设备：1套/仓。

移动便携式电子检测设备：2台/库。

测温探杆：1 m、3 m、5 m标准长度的测温探杆各50根/库（建议选择能够通过扦插或螺纹连接后测量15 m以内粮温，并可通过仪表一次分层测量的测温探杆）。

干湿表：1套/仓。

②水分检测设备

标准检测设备：2 套/库。

快速检测设备：2 套/库。

③害虫检测设备

害虫选筛：10 套/库。

害虫诱捕器：5 套/仓。

害虫种类鉴定仪器：1 套/库。

害虫抗性检测设备：1 套/库。

④气体检测设备

主要指可检测 O_2、N_2、CO_2、磷化氢有效浓度的各种便携式气体检测仪器：各 1 套/库。

⑤扦样设备

电动扦样器：2 套/库。

手工扦样器：1 m、3 m、5 m 标准长度的扦样杆各 20 根/库（建议选择能够通过扦插或螺纹连接后扦取粮堆高度在 15 m 以内的标准扦样杆）。

（2）机械通风系统设备

①通风网络系统：1 套/仓。

②机械通风机

轴流风机：建议选择固定式安装方式，数量根据不同仓房的标准设计配置。

离心风机：建议选择移动式安装方式，基本配置数量为 30 台/库；若选择固定式安装方式，数量根据不同仓房的标准设计配置。

混流分机：建议选择移动式安装方式，基本配置数量为 30 台/库；若选择固定式安装方式，数量根据不同仓房的标准设计配置。

通风管网的类型、布置形式和通风机的选型，除应满足《储粮机械通风技术规程》（LS/T1 202—2002）有关的基本要求外，还应能够满足不同通风目的（降温、降水和调质）要求，并从经济、有效的角度出发，进行合理选择。

（3）粮食干燥系统设备

建议选用一次烘干降水幅度在 10% 以上、日处理粮食 300 t 以上的热风快速机械干燥系统设备，配置数量为 1 套/库。

（4）粮食入仓辅助设备

①对大直径筒仓（主要指砖圆仓和浅圆仓），应配备能有效减轻粮食自动分级和粮食破碎的进仓辅助设备（含各种形式的旋转布料式进仓设备、伸缩溜管式进仓设备和缓冲折溜板式进仓设备等），配置数量为1套/仓。

②对房式仓应配备转向式胶带输送机，配置数量为4台/库。

（5）局部粮情处理设备

主要指可满足对局部通风、局部熏蒸和局部挖掘等多功能粮情处理设备，建议配置数量为2套/库。

2. 必须配置的仓储配套设备

除新建高大筒仓（含高大砼立筒仓、砖圆仓和浅圆仓）的粮食装仓、出仓和发放工艺中已配套的输送、提升、清理、称重和除尘系统设备外，建议本区域还应配置的主要配套设备种类和5 000万kg仓容规模的基本配置数量如下面所述。

（1）粮食装卸输送设备

①10～30 m系列胶带输送机：15台/库。

②输送量在10 t/h以上的螺旋出仓机：10台/库。

③输送量在10 t/h以上的扒谷机：10台/库。

④输送量在10 t/h以上打包机：5台/库。

⑤输送量在10 t/h以上移动式补仓机：5台/库。

⑥对于有地下仓和半地下仓的库点，还应配备输送量在10 t/h以上移动式吸粮机：2台/库。

（2）粮食清理设备

①处理量在50 t/h以上的移动式初清筛：4台/库。

②处理量在50 t/h以上的移动式振动筛：4台/库。

（3）称重设备

①80 t地中衡：1台/库。

②移动式电子散粮秤：4台/库。

3. 仓储设备的性能要求及配置数量

（1）仓储害虫防治系统设备

由于本区域仓储害虫年发生高峰次数少、高峰期短，从安全经济运行角度出发，应主要采取冬季通风冷冻杀虫和高温期来临前采取简单的施药防护措施（主要包括粮面施药、埋藏施药、风道施药），对非低温粮堆（或粮堆局部）的虫患加以防治和控制。只有当出现大规模虫害时，才采取更为有效的熏蒸杀虫措施。

在选择配套设施时，应根据本库的仓房类型和数量、储粮品种、粮堆形态、通风系统类型等实际情况进行综合考虑，建议选择移动式的环流设备和投药设备。

5 000 万 kg 仓容规模的建议配套基本数量为：

①熏蒸管道系统（包括环流管道和气体取样管道）：根据仓房类型、通风系统类型等实际情况，在满足检测和环流基本要求的前提下灵活选配。

②环流设备：2 套/库。

③投药设备：建议选择 PH_3 发生器，2 套/库。

④检测设备

检测仪、报警仪：各 2 套/库。

PH_3气体检测管：50 根/次。

（2）谷物冷却机

从经济运行角度出发，本区域应主要采取冬季自然低温通风和机械通风，并结合仓房隔热保冷密闭手段，进行低温（或准低温）储粮。但存在以下几个因素时，应考虑配备谷物冷却机。

①仓房类型主要为高大房式仓和高大筒仓（含高大砼立筒仓、砖圆仓和浅圆仓）。

②主要储粮品种为优质稻谷。

③单仓散集储藏的玉米水分不均匀度高，有发热等储粮隐患。

④粮食经常在高温季节入库。

建议 5 000 万 kg 仓容规模的谷物冷却机配套基本数量为 2 台。

（四）适用于本生态区的储藏技术优化方案

1. 粮情检测技术

粮情检测应分为常规检测和特殊情况检测两个方面的内容。前者主要包括对仓房和粮堆的温湿度检测、粮食扦样化验水分和常规品质检测和虫害密度检测和种类判定，后者主要包括粮仓和粮堆气体成分检测、害虫抗性检测。

对于特殊情况检测主要根据仓储工作的需要灵活操作。对于常规检测除应严格按照《粮油储藏技术规范（试行）》等严格操作外，在确定检测点设置和检测时间间隔上，建议按以下方案执行。

（1）测温点设置

包括测温和扦样化验水分、品质和统计虫害密度时的检测点设置。

①全仓普查。建议在粮面上每50平方米设置检测位置1个，分层逐点检测每层间隔不超过2 m。

②典型区域抽查。在典型区域内设置检测位置不少于5个，分层逐点检测每层间隔不超过2 m。

③特殊情况检查。对有储粮隐患的粮堆，应视具体情况在增加测点数目，分层逐点检测每层间隔不超过1 m。

（2）检测时间间隔

①温度检测。对安全粮，每周至少检测1次；对半安全粮，每周至少检测3次；对有储粮隐患的粮堆，应视具体情况缩短检测时间间隔，尽可能每天检测1～2次，以便发现问题及时处理。

②粮食扦样化验水分和常规品质检测。对安全粮，每季度至少检测1次；对半安全粮，每月至少检测1次；对有储粮隐患的粮堆，应视具体情况缩短检测时间间隔，每周至少检测1次，以便发现问题及时处理。

③害虫密度检测。在仓储害虫年发生高峰期，每周至少检测2次；在高峰期以外，

每月至少检测1次。

2. 通风技术

通风技术的应用形式较多，主要有自然通风技术、机械通风技术和机械制冷通风技术。从应用的经济性而言，首选自然通风，其次为机械通风，应用机械制冷通风的成本相对较高。

（1）自然通风技术

主要应用于罩棚和席茓囤、包打围散集和包装袋垛等露天储粮形态。当粮堆高度在5 m以内的各种仓房内应用自然通风时，需辅助以简单的机械通风机械（主要指排风扇或轴流风机）；当堆粮高度超过5 m时，建议不采用自然通风技术。

根据本区域的自然气候条件，可选择在11月至次年2月，利用自然通风技术进行降温操作，在每年的3~5月和9~10月，利用自然通风技术进行降水操作。

（2）机械通风技术

可广泛应用于配置了适宜的通风网络系统的各种形式的仓房。按通风机械设备类型分类，可简单分为离心式风机通风、轴流式风机通风和混流式风机通风三种，其中利用轴流式风机通风最经济，混流式风机次之，相对而言利用离心式风机成本较高。

在选择上述三种通风设备进行通风操作时，除应根据具体粮情而定以外，应按照风网阻力的大小情况，加以科学的选择。建议：

①风网阻力在400 Pa以下，宜选用轴流式风机。

②风网阻力在800 Pa以下，宜选用混流式风机。

③风网阻力在800 Pa以上，宜选用离心式风机。

根据本区域的自然气候条件，可选择在11月至次年2月间，利用机械通风技术进行降温操作，在每年的3~5月和9~10月，利用机械通风技术进行降水操作。

3. 低温储藏技术

本区域具有冬季长且寒冷的特点，这决定了本区域应以低温储藏技术为主要生态储粮技术发展方向。从使用经济性角度出发，建议首选在低温季节，利用自然通风技术和机械通风技术冷却粮堆，结合仓房隔热、保冷改造和配合压盖、密闭等必要措施，确保储粮安全度夏，使储粮温度常年保持在“低温”和“准低温”状态。只有在因仓房隔热保温效果不佳引起粮堆温度普遍回升或出现局部发热症状时，才采用机械制冷设备（如谷物冷却机）进行冷却降温。

在本区域，建议低温储藏具体实施工艺如下：

①在9月下旬、11月上中旬和次年1月，气候相对寒冷，利用自然低温分别进行二次和三次通风降温（含自然通风和机械通风），将粮温普遍降低至5 ℃以下。

②6～9月间，采取粮面压盖、隔热、密闭等必要措施，确保储粮安全度夏，使储粮温度常年保持在“低温”和“准低温”状态（即在中、低温季节粮温保持在15 ℃以下，在高温季节粮温平均在20 ℃以下）。必要时可采用机械制冷设备（如谷物冷却机）进行冷却降温。

4. 气调储粮技术

由于应用气调储粮技术对仓房的气密性要求极高，本区域现有仓房的气密性均达不到上述要求，因此，在本区域基本没有采用真正意义上的气调储粮技术。

对必须采用气调储粮技术保管的粮食（主要指高品质的粮油及成品），从经济性和可操作的角度，建议采用复合塑料薄膜密封负压小包装储藏和利用塑料薄膜帐幕密闭进行气控储藏。

5. 粮食干燥技术

在本区域可采用的粮食干燥技术主要有自然晾晒、通风降水、就仓干燥和机械烘干四种方式。从经济性角度比较，自然晾晒和通风降水较为经济，机械烘干成本相对较高（因就仓干燥技术尚处于试验阶段，暂不作比较和论述）。

在选用上述各种粮食干燥方式时，除根据粮食品种、具体粮情和气候条件灵活选用外，建议根据粮食的原始水分进行合理选择。

①原始水分超过安全储藏水分2%以内，宜采用通风降水方式。

②原始水分超过安全储藏水分2%～5%以内，宜采用自然晾晒方式。

③原始水分超过安全储藏水分6%以上，宜采用机械烘干方式。

为确保干燥后良好的粮食品质，提高粮食的利用价值，以全面实现最佳的经济效益。建议在采用机械烘干方式（特别是热风式快速烘干）时，注意以下几个方面的问题：

①应根据对烘后粮不同用途和具体要求，确定合理的降水幅度、热介质温度等工艺参数，避免出现热损伤粒和焦煳粒。

②应选用结构合理的干燥设备，保证干燥段内热风均匀地穿过粮层，改进粮层受热不均，同一层面上各点温度不同的现状，提高干燥过程中的均匀性。

③应尽可能利用在线水分检测和自动控制技术，实现干燥过程的全程智能化控制，保证干燥后的粮食品质优良。

④建议采用低温缓苏烘干工艺配合其他干燥技术（如通风降水、就仓干燥等），有效降低作业成本和提高干燥后粮食品质。

采用机械烘干方式进行粮食干燥，干燥后粮食品质应达到如下要求，详见表3－6。

表3－6　机械烘干后粮食品质要求

检验项目	规定值	检验项目	规定值
水分不均匀度/%	≤2	稻谷爆腰率增值/%	≤3
玉米裂纹率增值/%	≤15	稻谷破碎率增值/%	≤0.3
玉米破碎率增值/%	≤0.5	焦煳粒	无
热损伤粒增值/%	无	色泽、气味	无明显变化

6. 仓储害虫防治综合技术

仓储害虫防治技术种类和应用形式较多，简单的可分为化学防治技术和非化学防治技术两种。

化学防治技术主要是应用化学防护剂和熏蒸剂进行仓储害虫防治。

非化学防治技术包括生物防治和物理防治，具体形式为生物防治和物理防治。

（1）生物防治

主要指利用以下方式进行仓储害虫防治：

①利用包括食物引诱剂、性信息素和聚集信息素和生长调节剂在内的生物信息

物质。

②利用捕食性寄生性昆虫、寄生蜂、微生物和病毒。

③利用生物工程技术培育抗虫防霉能力强的粮食油料品种。

（2）物理防治

主要指利用以下方式进行仓储害虫防治：

①热杀虫。如利用高温闪热杀虫等。

②冷杀虫。如利用低温冷冻杀虫等。

③气调杀虫。如利用高浓度 CO_2 和 N_2 杀虫等。

④辐射杀虫。如利用太阳能、微波、激光、电离辐射杀虫等。

⑤惰性粉杀虫。如利用硅藻土杀虫等。

⑥干燥杀虫。如利用高温热风杀虫等。

⑦物理机械损伤杀虫。如利用撞击、筛理杀虫等。

⑧阻隔杀虫。如利用不同包装材料物理排阻杀虫等。

在本生态区，建议根据储粮的品质、具体粮情、虫害程度，采用经济有效的综合防治措施，即采用简单经济的物理防治（主要指低温冷冻杀虫、高温热风干燥杀虫）并辅助以简单经济的化学防治（主要指在粮堆表面和浅层埋藏施药低药量防护和磷化铝缓释熏蒸杀虫），对非低温粮堆（或粮堆局部）加以防治和控制。只有当出现大规模虫害时，才采用更为有效的熏蒸杀虫措施（如采用整仓 PH_3 环流熏蒸）。

具体实施工艺为：

①粮食入库前，对高水分粮进行高温热风干燥，既杀虫又降水。

②在低温季节（每年的 11 月至次年 1 月），利用自然通风和机械通风将粮温普遍降低至 5 ℃以下，进行冷冻杀虫和低温储藏。

③在仓储害虫高峰期（每年的 7～9 月）来临之前，根据具体粮情，在通风道内、粮堆表面和浅层埋藏一定剂量的磷化铝，并密闭仓房或粮堆，通过磷化铝自然潮解进行低药量防护和缓释熏蒸。对配置了环流熏蒸管道系统的仓房，还可适当开启环流风机（或移动式熏蒸机）加速磷化氢在粮堆内的扩散。

7. “三低”和“双低”储藏技术

“三低”和“双低”储藏技术是一项综合性的防治措施，在本生态区可广泛应用，相比而言，“双低”储藏技术较为经济和易于操作。

在应用“三低”和“双低”储藏技术时，建议注意以下几点：

①采用“三低”和“双低”储藏技术时，储藏的粮食水分应符合当地安全储藏的水分标准，无局部发热、结露、生虫和霉变等储粮隐患。若水分偏高或有储粮隐患时，应先采取有效措施提高粮堆安全储藏条件，方可实施“三低”和“双低”储藏技术。

②应根据季节、粮仓条件、粮食品种、粮食水分、粮堆温度和害虫密度等不同情况，合理选择操作顺序，灵活组合，甚至采用低温、低氧、低药量中单一的储藏措施。

（五）应急处理措施

在本生态区域，建议采用以下正确操作，解决和预防储粮发热、结露和霉变情况及储粮隐患的发生。

1. 粮堆发热的应急处理

粮食发热的起因很多，主要有：

①粮食后熟期中，因粮食成熟度、含水量的差异，造成呼吸强度差别较大，造成局部温度偏高、局部出汗现象。

②因仓房漏雨、渗水、地坪返潮、粮堆中混有高水分粮，造成局部粮食水分过高，呼吸旺盛，导致局部发热。

③因粮堆内发生储粮害虫和霉菌等微生物的繁殖活动，其呼吸和代谢造成粮食的局部发热。

④因入仓时粮食自动分级造成局部杂质含量过高，粮堆空隙度减小，因不易换热产生局部热积累，导致局部发热。

预防局部发热，应利用粮情检测系统随时了解粮温的情况，注意分析粮温的变化，及时发现粮堆发热的迹象和可能发热的区域，并进仓进行现场实测和扦样，查明发热原因，及时采取如下相应的措施：

①对因水分过高原因的发热，应采取通风降水操作。

②对因虫霉因素造成的发热，应先通过机械通风降低粮温，再采取环流和投药熏蒸杀虫和喷洒防霉剂进行化学防霉。

③对其他因素造成的发热，可采取局部通风的方法，降低和平衡粮温；当局部发热区域较大或发热点较多时，可采用全仓机械通风甚至应用谷物冷却机来平衡和降低粮温。

2. 储粮结露的应急处理

粮食结露的主要起因是：在季节转换时，外界气温变换较快，或低温粮度夏过程中，由于粮温与仓温和气温的差别较大，在粮面表层水蒸气凝结产生结露现象。

预防粮堆结露，应利用粮情检测系统，及时掌握粮温和气温的变化，当粮温和气温的差值接近和达到露点温度时，注意检查仓内空间湿度和粮堆表层的水分变化，及时开启轴流风机排湿，必要时适时通风平衡粮温，降低温差。

若出现轻微结露现象，可采取翻动粮面、开启轴流风机排湿等措施；结露现象严重时，应及时进行机械通风操作。

3. 储粮霉变的应急处理

储粮霉变的主要起因是粮食长时间处于高温和高湿气候环境中，或因结露等原因，造成粮食水分升高，使粮食所带的霉菌活性大大增加，呼吸加快，生长繁殖加速，从而导致储粮霉变。

预防储粮霉变，除采用上述措施预防粮堆结露外，应确保入库粮食水分在安全储藏的水分标准以下，并做好粮仓的防潮隔湿工作。同时，在粮食储藏期间（特别是在度夏储藏期间），应通过取样化验水分来及时掌握粮食的水分变化，同时利用粮情检测系统，特别应注意检查仓内空间温度和湿度的变化，科学判断霉变发生的可能性（详见表3－7）。

表 3－7　储粮霉变发生的可能性及发生程度判定指标

级别	温度/℃	相对湿度/%	水蒸气压/$\times 10^2$ Pa	霉变发生度
1	≤23	≤50	≤17	不易发生霉变
2	23～26	50～60	17～22	难以发生霉变
3	26～29	60～70	22～27.5	成品粮食易霉变
4	29～32	70～85	27.5～31	较易发生霉变
5	≥32	≥85	≥31	易发生霉变

当仓温、仓湿达到和超过可能发生霉变的情况时，应及时开启轴流风机排湿，并通过适时通风平衡和降低粮温。

若出现霉变，应及时进行通风处理，必要时可采用谷物冷却机进行降水冷却通风，同时施用防霉剂抑制霉菌孳生。当出现大面积霉变时，应采取局部挖掘等措施清理出仓，必要时可采用 O_3 熏蒸等有效措施进行杀菌灭霉处理。

综上所述，储粮生态系统是粮堆内生物群体与其环境组成的具有能量和物质转化的统一体系。其生态因子主要由粮食、杂草种子、昆虫、螨类、微生物、杂质、温度、湿度、气体成分、围护结构等组成，它们都是影响粮食储藏稳定性的重要因素。为此，只要针对本生态区威胁储粮安全的因素，结合本生态区与储粮相关的生态环境条件特点，科学地应用以控制生态因子为主的储粮技术，并合理地确定安全经济运行方案，充分发挥各项技术应用优势和多项技术的协调作用，就能在保证储粮安全的前提下，实现“高质量、高营养、高效益，低损耗、低污染、低成本”的现代化仓储目标。

第四节

中温干燥储粮生态区

一、本生态区的现状和基本特征

（一）本生态区所在的地理位置和气候特点

本生态区西邻青藏高原，东濒黄海、渤海，北面与东北地区及蒙新区相接，以秦岭北麓、伏牛山、淮河为界与华中区相接，包括山西省、山东省、北京市、天津市的全部，河北省和河南省大部分，陕西秦岭以北及辽宁省、宁夏回族自治区、甘肃省、安徽省、江苏省的一部分地区。

本生态区气候类型为暖温带、半湿润半干旱的大陆性季风气候。四季分明，冬季寒冷，夏季炎热，终年空气比较干燥。

本生态区北部的河北省地处华北，位于渤海之滨、北京周围，近临天津，位于东经113°30′～120°，北纬36°～42°30′。该省面积 19 万 km^2，平原、山地和高原面积之比为 4:5:1。冀西、北太行山、燕山海拔约 1 000 m，北端坝上高原与内蒙古高原毗连，该省东南部的河北平原，由黄河、海河、滦河冲积而成，海拔 200 m 以下，有洼淀、白洋淀等。该省五分之三面积属于海河流域。该省土地类型多样，地质复杂，耕地面积约占全国耕地总面积的 7%，是主要粮食产区。

本生态区南部的河南省位于我国中部偏东，华北平原南部，黄河中下游地区。因其大部分地区位于黄河以南，故称河南。该省东与安徽、山东毗邻，北与山西、河北接壤，西与陕西交界，南和湖北相连，其顶端位置是：西起东经 110°21′14″，东至东经116°38′50″，东西长达 580 多 km；南起北纬 31°23′02″，北至北纬 36°21′56″，南北相距 550 多千米。河南省地势大致是西高东低，处于我国地形的第二阶梯和第三阶梯的过渡地带，高低悬殊，地貌类型复杂多样。全省土地总面积 16.7 万 km^2，约占全国总土地面积的 1.74%，是我国小麦主产区。其中山地面积占全省总面积的 26.6%，丘陵面积占 17.7%，平原面积占 55.7%。西部山地最高峰老鸦岔海拔 2413.8 m，东部最低处三河尖附近海拔高度仅为 23.2 m，相对高差达 2 000 多米。河南省大部分地处暖温带，南部跨亚热带，其气候具有明显的过渡性特征：伏牛山、淮河干流以北属暖温带半湿润半干旱气候区，属于干热储粮生态区域；以南属亚热带湿润半湿润气候区，属于湿热储粮生态区域。

本生态区东部的山东省位于中国东部沿海，大致介于东经114°36′～122°43′，北纬 34°25′～38°23′，即北半球中纬度地带。全省包括半岛和内陆两部分，总面积 15.67 万 km^2，耕地 667 万 hm^2（1.0 亿亩），是我国粮食主产区。海岸线长 3 024 km，东西最长距离为700 km，南北最宽处距离为 420 km，境内平原占全省总面积的 55%，山地约占 15.5%，丘陵占 13.2%，湖沼平原占 4.4%，洼地占 4.1%，其他占7.8%。山东省属于华北暖温带湿润和半湿润季风型气候，四季分明，春秋短暂，冬夏较长。夏季盛行南风，炎热多雨；冬季多刮偏北风，寒冷干燥。

本生态区西部的陕西省地处我国内陆腹地，黄河中游，全省总土地面积 20.58 万 km^2，是个农业省。陕西省位于东经 105°29′～111°15′和北纬 31°42′～39°35′，与山西、河南、湖北、四川、甘肃、宁夏、内蒙古、重庆八个省市区接壤。从地理形状特点看，陕西东西较窄而南北较长，南北长 1 000 km，东西宽 360 km，地势南北高，中间低，西部高，东部低，地形复杂多样，按照自然条件划分为三个自然经济区域，北部为陕北黄土高原，中部为关中平原，南部为陕南秦巴山地区，土质均匀，地质良好，大部分地区地下水位较低。按气候条件看，从南到北依次分属亚热带、暖温带、中温带三个气候带和湿润、半湿润、半干旱三个水分区。从储粮生态区域的划分来看，该省秦岭以北属于干热区，秦岭以南则属于中温低湿区。

本生态区中西部的山西省位于东经110°15′～114°32′，北纬34°35′～40°45′，面积15.63万km^2。地处华北地区，太行山以西；东部为山地，西部为高原山地，自北向南有大同、太原、运城等盆地。大部分地区为温带季风大陆性气候，属于典型的干热储粮生态区域。

（二）本生态区的主要生态因子及特征

1. 粮食

本生态区农作物两年三熟或一年两熟。

本生态区土地类型多样，地质复杂，所产粮食品种有小麦、玉米、稻谷、高粱、豆类、大麦、莜麦、荞麦、薯类等。其中主要品种是小麦，其次是玉米，还有少量的稻谷和其他杂粮。

粮食部门的收购和国家储备粮品种主要是耐储的小麦和不耐储的玉米，部分地区储藏有少量的稻谷。长期储备的品种以小麦为主。

小麦为耐热粮种，本区虽然夏季炎热，但常年空气比较干燥，适合小麦的长期储藏。但小麦组织相对松软，易受害虫侵染为害。在该地区采用常规储藏技术，小麦的储藏期限一般为3～5年，有些地区采用山洞库、地下仓储藏，常年温度在14 ℃左右，小麦的储藏年限为5～6年，有些地方甚至可达10年。

玉米耐储性较差，是较难保管的粮种之一，通常不适宜作长期储藏。玉米籽粒胚大，脂肪含量高，呼吸强度大，在储藏期间易吸湿发热生霉。玉米在本区的储藏方式有包装露天垛和平房仓散装储藏。一般入仓前可经自然晾晒达到安全水分，一般不需烘干降水。玉米在本区的储藏年限一般为 1 ~ 3 年。

稻谷在本区不是主要粮种，但在一些地方也有一定的储藏量，主要是粳稻。稻谷籽粒具有完整的内外颖（稻壳），使易于变质的胚乳部分得到保护，有一定的抵抗虫霉、温湿侵害的能力；同时稻谷籽粒的最外层稻壳的水分又偏低，这些结构上的特点使稻谷相对来讲易于保藏。但是另一方面，稻粒表面粗糙，粮堆孔隙度大，易受不良环境条件的影响，使粮温波动较大。再者，稻谷籽粒的组织较为松弛，耐热性差，陈化速度较大，特别是经过夏季高温后，品质劣变明显。因此，稻谷在该区不适合长期储藏，一般储藏年限在 2 年左右。

在加强管理，改善仓房条件的情况下，还可相对延长保管年限。

2. 气温

本储粮生态区域的气候类型为暖温带、半湿润半干旱的大陆性季风气候。

全年日平均气温≥10 ℃的积温为 3 200 ~ 4 500 ℃，日平均气温≥10 ℃的持续天数为140 ~ 200 d。

本生态区夏季高温多雨，日平均气温 > 20 ℃的时期一般持续 3 个月以上，7 月份平均气温大部分在 24 ℃以上，渭河谷地和华北平原南部极端高温在 40 ℃以上，是本生态区的高温中心。日平均气温超过 35 ℃的天数，渭河谷地达 39 d，华北平原南部达 20 ~ 25 d。

1 月份平均气温为 - 10 ~ 0 ℃，极端低温为 - 30 ℃以下。日平均气温 0 ℃以下天数，华北平原、山东半岛约 3 个月，而黄土高原、冀北山地长达 3 个半月。本生态区春季气温回升快，3 月份后每 5 d 左右，日平均气温升 1 ℃，4 月份气温超过 10 ℃，5 月份猛增到 20 ℃。

本生态区东部，包括辽东半岛、山东半岛和鲁中南山地毗邻海洋，属暖温带湿润、半湿润季风气候。本生态区活动积温为 3 200 ~ 4 500 ℃，日平均气温 ≥10 ℃天数为 170 ~ 200 d。气温年较差小，夏季气温比同纬度华北各地稍低，没有 35 ℃以上高温，冬季气温较华北各地稍高。

本生态区的中部为华北平原，包括辽河下游平原和黄淮平原，气候属暖温带、半湿润气候。辽河下游平原气候温湿，最冷月气温为 -13 ~ -9 ℃，最热月气温为 24 ~ 25 ℃，全年日平均气温≥10 ℃的积温大于 3 200 ℃，期间天数大于 170 d；海河平原是华北平原气候干旱的中心部分，日平均气温≥10 ℃的积温为 4 300 ~4 600 ℃。

本生态区的冀北地区，位于华北平原和内蒙古高原之间。从东南到西北，气候从半湿润向半干旱过渡，最热月气温为 21 ~24 ℃。

本生态区的黄土高原，包括陇中盆地，陇东、陕北黄土高原，山西高原和渭河平原。陇中盆地位于六盘山以西，海拔较高，气候较冷，日平均气温≥10 ℃的积温只有 2 500 ℃左右。陇东、陕北黄土高原，位于吕梁山与六盘山之间，海拔较高，活动积温不到 3 000 ℃。山西高原位于吕梁山与太行山之间，1 月份平均气温 -10 ~ -6 ℃，7 月份平均气温 22 ~24 ℃，日平均气温≥10 ℃的积温 3 000 ~3 800 ℃。渭河平原与汾河平原相接，最冷月平均气温低于 -2 ℃，日平均气温≥10 ℃的积温 3 500 ~4 500 ℃。

3. 气湿

本生态区年降水量 400 ~800 mm，降水集中于夏季，多暴雨。春旱普遍、严重；冬季寒冷、干燥。全年大部分时间空气干燥，最低相对湿度可达 10% ~20%，雨季虽然相对湿度可达 90% 以上，但持续时间较短。全年相对湿度较高的季节在 7 ~9 月份，月平均相对湿度 75% 左右；其余月份湿度较低，月平均相对湿度 45% ~65%；全年平均相对湿度 62% 左右。在粮食收购季节很容易自然干燥降水，及时入库储藏。

因此，本生态区最明显的气候特点之一是常年空气相对干燥，适合粮食储藏。

4. 仓储害虫

本生态区的储粮害虫种类主要有玉米象、麦蛾、谷蠹、赤拟谷盗、大谷盗、印度谷螟、锯谷盗、杂拟谷盗、锈赤扁谷盗、土耳其扁谷盗、米象、长头谷盗、书虱类和粉螨类等其中为害严重、可造成明显损失的害虫种类主要是玉米象、谷蠹和麦蛾等。玉米象是该区普遍发生的优势种类，但防治难度不大，通常的化学防治可以控制其为害。

谷蠹是热带地区的种类，但近 10 年来不断向北方扩散分布，目前在干热区已普遍分布。谷蠹不仅为害严重，而且防治较为困难。该虫除了可在高温季节为害外，进入秋冬季后，仍可在粮堆的中、下层繁殖为害，常常引起粮堆的局部发热。另外，谷蠹对主要的熏蒸剂磷化氢耐药性很强。因此该虫是干热生态区防治的难点。

麦蛾通常是随新收获的粮食带入仓内，经过粮食入仓后的防治措施，第二年粮情稳定后其为害一般可以消除。因此，麦蛾是新收获粮食害虫防治的重点。

米象也是热带地区种类，为害性类似于玉米象。近年来米象在本生态区个别地区也时有发生，但分布并不普遍。值得注意的是，不少米象品系对磷化氢的抗药性较强，对其防治也不可忽视。因此米象是干热生态区应该严防的检疫性害虫。

本生态区的拟谷盗和扁谷盗也是常发生的储粮害虫，其中赤拟谷盗和锈赤扁谷盗的一些品系对磷化氢的抗药性较强，也是该区仓储害虫防治的难点之一，应引起足够重视。

书虱类害虫是目前全国大部分地区普遍发生的仓储类害虫，在本生态区主要发生在高温、高湿的夏季。该类害虫虽不会像蛀食性害虫造成储粮的直接重量损失，但密度过高时也可导致储粮局部水分增加，甚至引起发热。书虱类害虫采用常规的防治方法难以根除，因此实际工作中也不容忽视。

储粮螨类在本生态区也时有发生，严重时可引起粮食水分增高，导致发热。螨类主要在环境湿度较大、粮食水分较高时发生。由于螨类防治比较困难，在实际工作中也应引起重视。其他害虫在本生态区虽有发生，但通常可以得到有效的控制。

本生态区一年当中仓储害虫活动通常从 4 月下旬至 6 月上旬开始，7 ~ 9 月份为发生为害盛期，10 月份以后活动减少，逐渐进入冬季休眠期。但谷蠹一年四季都可为害。

本生态区为害储粮的老鼠主要是褐家鼠和小家鼠，一般发生在简易的仓房或露天垛，在正规的粮仓一般不会造成显著的为害。

5. 微生物

在粮仓中常见储粮微生物以霉菌为主，主要是曲霉和青霉。代表种有灰绿曲霉、黄曲霉、桔青霉、芽孢杆菌等。主要发生在玉米、花生和小麦局部结露处理不及时部位，以过雨粮、生芽粮、高水分粮、陈粮、虫粮等更为突出。

从本生态区的储粮生态特点看，常年气候比较干燥，一般不会在粮仓内发生大范围的霉变现象。但该区气候的另一个特点是四季分明，一年当中温度波动范围大，即温差较大。在季节交替时期粮堆内易产生湿热扩散、水分转移现象，导致粮堆个别部位水分增加，微生物活动旺盛，使粮食结块、霉变。这种现象常常发生在隔热性能较差的仓房，如钢板仓、土堤仓和没有隔热层的立筒仓等，在秋季和初冬易出现粮面“板结”和粮食挂壁现象。

因结露、湿热转移、地坪返潮、墙面渗水、屋顶漏雨等引起的局部水分高，是微生物引起发热霉变的主要原因，只要采取相应的预防措施并尽早发现问题，及时处理，不会造成大的为害。

6. 其他因子

储粮中的有机杂质和无机杂质也是影响储粮稳定性的因素之一。

入仓时的自动分级现象导致的杂质聚集区，是造成粮堆湿热郁积的热窝区，通风和熏蒸的死角区，对储粮的为害较大。应采取先清理、后入仓的办法，结合采用摆头式输送机械入仓，减轻自动分级现象是根本措施。对于已出现的杂质聚集区造成的为害，可以采用单管和多管风机吸热引风、引毒，排除为害。

在现在的农业生产中，机械化作业越来越普及，收获后的粮食中无机杂质大量减少，有机杂质的含量则大大增加。与以往相比，虽然杂质的总量没有明显的增加，但对储粮的影响却会发生较大的改变，在粮食的收购、运输、入仓过程中会发生明显的自动分级现象，严重的会直接影响储粮的安全，甚至出现安全事故。

房式仓采用机械化入仓时，如果在入仓过程中有除杂机械，可大大减轻自动分级现象，对储藏安全影响不大；如果在入仓过程中没有除杂机械，自动分级现象可能会很明显，如在两个输送点之间，会有一个杂质区，在今后的储藏中，会造成局部通风不良，易生虫，熏蒸中出现低浓度区域而无法杀死仓储害虫，直接影响储粮安全。采用人工入仓的方式，自动分级现象不明显，因而对储藏安全影响不大。

在浅圆仓入仓的过程中，由于是机械化入仓且从高空落下的距离较长，虽然有些仓房装有布料器，但自动分级现象依然十分明显。如有的浅圆仓在中心形成直径约2 m的轻杂区，最大的杂质的质量分数（含量）达到80%以上。这些杂质区会导致通风不良、轻微霉变、生虫，影响熏蒸杀虫效果，对储藏安全有极大的影响。

二、中温干燥储粮生态区的储粮技术优化方案

（一）粮食入库要求

严把粮食的入库关是保证储粮安全的前提。这方面的工作主要包括：入库粮食的水分控制、粮食含杂量及其入仓时的分布控制、粮食品质等级的控制等。

1. 粮食水分

入库的粮食应确保达到安全储藏水分，该区主要粮种入库安全水分为：小麦，≤12.5%；玉米，≤14.0%；稻谷，≤14.5%。

在正常情况下，本生态区在粮食收购时一般都具有自然晾晒的环境条件，不存在水分超标的问题。因此，在本生态区控制收购粮食水分的首选技术，是采用自然晾晒降水。

个别地区玉米入仓时的水分会高于安全水分。可采用的控制水分技术有：

①先入仓，然后选择干燥天气通风，可以同时达到降温降水的目的。个别水分偏高的玉米仓，冬季通风降水达不到要求时，可以在春季选择空气干燥的天气，采用机械通风降水。

②采用烘干机干燥后再入仓，烘干降水的最佳时机是选择春季，大气相对湿度低于60%、气温高于5 ℃。

采用通风降水措施比烘干机械干燥技术具有节约设备投资、降低干燥费用、保证粮食质量、达到干燥目的的优势，在本区一般有实施的环境条件。因此，一般条件下，

可不采用烘干降水技术。

2. 杂质及其分布控制

粮食中的有机杂质含水量高，吸湿性强，带菌量大，呼吸强度高，影响储藏稳定性；细小的无机杂质可降低粮堆孔隙度，使堆内湿热不易散发，也是储藏的不安全因素。因此，在入库前应首先尽可能降低杂质含量，确保储粮的稳定。

首先，粮食在入仓前一定要经过清理筛除杂质，通常将杂质的质量分数（含量）降至1.0%以下。对于浅圆仓储藏的粮食，其杂质的质量分数（含量）必须控制在0.5%以下。

另外，入仓时避免粮食自动分级和增加破碎粒，也是保证储粮稳定性的重要措施。

采用人工入仓的方法，一般不存在自动分级和增加粮食破碎粒的问题。采用机械入仓的大型粮仓尤其是浅圆仓和立筒仓在入仓时应尽可能采用布料器或溜管，降低粮食落地高度来避免粮食自动分级，减少破碎粒。也可采用底部部分粮食先行人工入仓，然后再采取机械化顶部入仓，这样可以减轻入仓过程中破碎率增加的问题。采用皮带输送机入仓的大型平房仓，入仓过程中应经常移动输送机，分散粮食的下落点，避免自动分级，形成局部的环状杂质集中区。

3. 粮食等级

除非有特殊情况，入库粮食的品质必须符合现行国家粮油质量标准二等以上要求。

4. 其他要求

入库粮食除要达到安全水分、杂质要求及等级要求外，仓储害虫问题也应引起重视。入仓粮食应达到“基本无虫粮”的标准。特别是入仓时准备施用储粮保护剂的粮食，必须是基本无虫粮。

另外，粮食入仓时机应尽可能选择在秋、冬季节。这样便于入仓后可以立即采用机械通风技术，降低粮温和水分；或平衡粮温和水分，利于保证储粮的稳定性。

（二）最适宜中温干燥储粮生态区的粮仓

1. 最适宜本生态区的仓型

目前本生态区的仓型有：平房仓、立筒仓、浅圆仓、砖圆仓、地下仓、山洞仓、土堤仓等。

平房仓为本生态区主要仓型。其中包括装粮高度6 m的高大平房仓、装粮高度4～5 m的平房仓、装粮高度2～3 m的苏式平房仓及其他一些简易平房仓。浅圆仓为1998年后新建的仓房，所占比例不大。从结构上可分为砼浅圆仓、砼加保温层浅圆仓、钢板浅圆仓。立筒仓的总仓容要大于浅圆仓，从结构上可分为砖立筒仓、砼立筒仓、钢板立筒仓等。土堤仓是本生态区的一种特色仓型，是一种包围散装露天储藏的形式。土堤仓在某些地区相当普遍，通常单仓容量为0.5万～1.5万t，最大单仓容量可达2万t以上。其他还有一些因地制宜的地下仓和山洞仓等仓型。

根据本生态区的储粮生态条件和粮食储藏需要，同时从安全、经济、方便的角度出发，在一定时期内本生态区的适宜仓型应首选平房仓。

储备粮库主要用于中长期储粮，仓房容量要求大，可采用跨度21 m或24 m，装粮线5 m、6 m等组合的房式仓。装粮线5 m的房式仓考虑单廒间仓容在2 000～2 500 t；装粮线6 m的房式仓考虑单廒间仓容在2 500～5 000 t。廒间长度（无伸缩缝）以36～60 m为宜，在适当配置了安全储粮设备和进出粮设备后，既可用于中长期储粮又便于粮食的快速出入，粮食保管费用及搬倒费用也能降低。

基层收纳库和城市周转库宜采用跨度12 m、15 m、18 m；装粮线3.5～4.5 m的房式仓。容量不宜过大，单仓仓容在500～1 000 t，以便于在频繁的周转过程中能一次性腾空，避免出现销半仓留半仓现象，这样有利于粮食保管和降低费用，同时出现紧急情况也便于处理。

对装粮线3.5～4.5 m的平房仓可以砖砌体为主，适当采用钢筋砼构造措施，包括构造柱和圈梁；当装粮线为3.5 m，跨度为12 m时可采用薄腹梁；跨度为15 m时可采用钢筋砼折线型屋架，预应力钢筋砼屋面板，也可考虑采用钢筋砼三角形屋架，槽板挂瓦屋面；当装粮线为4.5 m，跨度为18 m时可采用折线型钢筋砼屋架；跨度为21 m时可采用预应力钢筋砼屋架，预应力屋面板。当装粮线为5 m时，砌体按组合砌体考虑，组合砌体设计中，屋架下可采用钢筋砼柱与砌体组合，屋架可采用预应力钢筋砼折线型屋架，预应力空心板屋面；当装粮线为6 m时，砌体按组合砌体考虑，屋架可采用预应力钢筋砼折线型屋架，预应力大型屋面板。

浅圆仓具有机械化程度高、单仓容量大、便于流通等特点，同时考虑未来粮食流通的发展趋势和近年来储粮经验的积累，也可以作为本生态区的一种长期储备的适宜仓型。适宜仓体直径25 m，装粮高度15 m。但本生态区的浅圆仓应采用整体砼结构，不宜采用整体钢板或钢板仓顶的结构。同时相应的储粮性能要求和储粮设施必须配套。

立筒仓具有机械化程度高、粮食进出仓方便等特点，但从吨粮建筑造价上要高于浅圆仓，且该种仓型相对表面积较大，粮情受外界环境影响明显，不利于粮食的安全储藏。因此，立筒仓在本生态区不宜作为长期储备仓型。

土堤仓是一种的露天储藏方式，虽然本生态区的地质条件和气候环境允许建造土堤仓，但作为长期储备之用，需要具有配套的储粮设施和技术手段。为缓解仓容紧张，对于拥有土堤仓储粮经验的单位可以作为一种临时应急性的仓型使用。

本生态区许多地方土层厚、土质均匀、地下水位低，特别是一些丘陵地带适合建造地下仓。只要配合相应的储粮技术手段，地下仓是一种很好的因地制宜的、安全的、长期储备的仓型。

2. 对粮仓的性能要求

（1）气密性

根据本生态区的气候条件和仓储害虫发生情况，本生态区储藏的粮食通常每年至少要进行一次熏蒸杀虫。粮仓的气密性是保证熏蒸杀虫安全、经济、有效的前提保证。

为满足一般的熏蒸要求，500 Pa的压力半衰期，高大平房仓空仓不低于40 s，实仓不低于20 s；浅圆仓、立筒仓空仓不低于60 s，实仓不低于30 s。对于单仓容量较小的粮仓可适当降低压力半衰期的时间。

粮仓的气密性应在建筑设计、施工时予以考虑，并达到以上气密要求。

对于已建成的达不到上述气密要求的粮仓，需要进行气密性改造。改造的重点：平房仓主要是仓顶接缝、檐口和门窗等部位；浅圆仓主要是仓顶、进出粮口、人孔和仓门；立筒仓主要是进出粮口和人孔。

对于气密性改造有困难或改造后仍达不到上述气密要求的粮仓，则需要采取其他技术手段（如利用薄膜密封、覆盖粮堆）或特殊的熏蒸技术（如补充投药）加以弥补。

（2）隔热性

隔热性是该储粮生态区域对仓房最重要的性能要求之一。

根据该区冬冷夏热的气候特点，冬季有充分的通风降低粮温的条件，炎热的夏季要求粮仓具有良好的隔热性能。实践证明，充分利用冬季干冷的空气进行机械通风，夏季提高粮仓的隔热保冷性能，在该区的平房仓和浅圆仓内实现准低温储藏是完全有可能的。

平房仓的隔热措施：可采用仓体刷白、仓顶表面喷涂反光材料、仓顶设置空气对流层、墙体及仓顶增加隔热材料、门窗均采用保温密闭门窗、仓内空间吊顶、覆盖粮面等措施。仓墙厚度最好在740 mm以上，或增加隔热层。平房仓的仓体和仓顶不宜采用钢板材料。

做好隔热的浅圆仓，是该区实现准低温储藏的理想仓型之一。目前浅圆仓270～300 mm的仓壁厚度不能满足该区隔热的要求，改善浅圆仓隔热性能必须增加仓壁厚度或增加隔热层，仓顶最好采用现浇砼结构，并增加隔热材料。目前在该区有在浅圆仓砼结构仓壁外再增加一层砖混结构层，在两层仓壁间形成一个空气隔热层。实践证明，该种结构的隔热性能良好，经过冬季通风降温，夏季基本可以使整仓粮温保持在20 ℃以下，在本生态区实现了准低温储藏。浅圆仓的仓体和仓顶不宜采用钢板材料。

（3）防水防潮性

防水性能是任何一种粮仓安全储粮的必备性能。防潮性能在干热区虽不如高湿区要求严格，但基本的防潮性能必须达到。

对于平房仓，装粮线4.5 m及以上的屋面防水等级按Ⅱ级考虑；装粮线3.5m以下的可适当降低防水等级，屋面防水材料可采用SBS、PVC和油毡；地面、墙面防潮可采用 SBS、JS、SBC、聚氨酯等。

浅圆仓仓壁是采用滑模砼结构，仓顶采用现浇砼结构或预制装配结构并有防水材料层等方式，一般都可达到基本的防水防潮性能要求。

（三）储粮技术设备

1. 必须配置的储粮技术设备

（1）粮情测控系统

粮情测控系统是储备粮仓必须配置的设备。粮情测控系统的功能包括粮情检测、粮情分析和粮情控制。

粮情检测是对粮食储藏过程中粮堆温度、水分、储粮害虫密度、仓内温度及仓内相对湿度和大气温度及大气相对湿度，以及各种气体浓度等基本检测参数变化的记录。就目前国内配置的粮情测控系统主要是检测粮堆温度、仓内温度、相对湿度等。

粮情分析是根据粮情分析数学模型和历史检测数据，自动归纳本生态区粮温变化规律，并结合当前情况，自动确定当前粮温的正确走向和报警温度阈限，提出粮情处理建议，它克服了人为因素对分析结论的影响。

粮情控制包括机械通风、环流熏蒸、谷物冷却、生产过程控制。目前只有机械通风控制已纳入粮情测控系统，而其余几项控制仍处于独立运行模式。

该区 1998 年以后建设的新型粮仓均配置了粮情测控系统，部分老粮仓也加装了该系统。粮情测控系统是独立于粮仓建筑的系统，对于已建成的粮仓都可以单独加装。

（2）环流熏蒸系统

1998 年以后建设的新型粮仓均配置环流熏蒸系统。环流熏蒸系统是解决深层粮堆熏蒸问题的系统，它虽不是储备粮仓必配的系统，但对于装粮高度大于 6 m 的粮仓必须配置。

环流熏蒸系统由施药装置、环流装置和浓度检测装置三部分组成。

施药装置是产生熏蒸气体并将其输入环流管道内的装置。目前的施药装置主要有

仓外 PH_3 发生器和 PH_3 钢瓶剂型施药装置。虽然新建粮仓均配置了施药装置，但从近年来的使用情况看，它并不是环流熏蒸作业必需的装置，各地可根据具体条件选配。仓外施药装置最大的优点是可以实现仓外投药，很适合于熏蒸过程中需多次补充投药的仓房。

环流装置是环流熏蒸系统的核心装置，主要由环流风机和环流管道组成。环流装置的作用是强制仓内气体循环，促使熏蒸气体在粮堆内达到快速、均匀分布。

浓度检测装置由气体取样管和熏蒸气体检测仪等组成，其作用是熏蒸期间实时监测仓内的熏蒸气体浓度。浓度检测装置虽然是新建粮仓配置的装置，但为了保证熏蒸杀虫效果，熏蒸期间必须了解仓内的熏蒸气体浓度，对于没有配置环流熏蒸系统的仓房，建议加装浓度检测装置。

（3）机械通风系统

机械通风系统主要由风机和风道组成，是干热区普遍配置的储粮装置，它在该区的安全储粮中发挥了关键作用。

机械通风系统的作用是降低粮温、降低水分、平衡粮温和水分。该系统在干热区的应用主要是利用冬季的干冷空气降低粮温及对高水分粮（主要是高水分玉米）的降水。所以它是该区实现准低温或低温储藏的安全、积极、有效的装置。

本生态区配置的风机主要是离心风机，根据不同的风道形式和数量配置不同型号的风机。风道形式主要有地上笼和地槽等形式。地上笼通风阻力较小，通风效果较好，但风道的摆布较为烦琐，粮食进出仓不太方便；而地槽风道使用简便，不占仓内空间，不影响粮食进出仓操作，风道阻力稍大，但也能满足通风要求。各地可根据具体条件和使用习惯选择不同的风道形式。

除了整仓通风系统外，该区也普遍采用单管通风装置。单管通风装置是一种可灵活移动的局部通风装置，主要用于小型粮仓的通风或大型粮仓的局部通风。

（4）谷物冷却机

谷物冷却机是专门为储粮降温而设计的制冷设备，可以灵活移动，多仓公用。

目前在本生态区谷物冷却机的配置数量较少，主要是在具有浅圆仓的粮库和部分储藏有稻谷的粮库。从近年来的实仓试验研究来看，谷物冷却机在中温干燥储粮区使用优势不明显，主要原因是本生态区在冬季有充足的机械通风降温的时间和温度条件，而进入夏季后气温炎热，使用谷物冷却机耗能太高，不经济。因此，除非有特殊需要，谷物冷却机在本生态区不宜大范围推广应用，但当大型粮仓粮堆的发热现象发生在不具备机械通风环境条件的季节，可以采用谷物冷却机作为应急降温的措施。

2. 必须配置的仓储配套设备

（1）粮油装卸输送机械

皮带输送机是粮食仓库应用最多、数量最多的设备，也是粮食出入库的必备设备。扒谷机在储备库粮食出仓时应用也较普及；刮板输送机、斗式提升机、螺旋输送机、吸粮机只在为数不多的浅圆仓和筒仓中使用。

（2）粮食清理设备

储粮仓库的粮食清理设备在基层粮库配置水平较低，县级库、基层收纳库一般只有初清筛（俗称溜筛）；国家投资建设的国储库都配备了振动筛，旋风分离器、布袋除尘器、磁选机、比重去石机在面粉厂应用较普遍，粮库还基本没有应用。

（3）粮食称量（称重）设备

粮食称量（称重）设备是各种粮库的必备设备。大小粮库及基层收纳库都配备了粮食称量设备，县级以上储备库大都配上了地中衡，多数是电子秤。

（4）粮食烘干设备

本生态区域无梅雨现象，夏粮和秋粮收获季节一般天气晴好，对粮食的自然晾晒十分有利。正常年景收购入仓的粮食多在安全水分以内，几乎所有的粮库都没有配备粮食干燥设备。从降水规律等自然生态条件看，本生态区的大多数地区没有配备粮食干燥设备的必要。若遇非正常年景，粮食水分偏高，目前已有成都粮食储藏研究所与澳大利亚合作研究的粮食在储干燥智能控制系统可以推广应用。

3. 仓储设备的性能要求及配置数量

各种仓储设备均应符合国家有关质量标准的要求。表 3 - 8 为不同规模粮库仓储设备优化配置表，可作为参考。

表 3－8　不同规模粮库仓储设备优化配置情况

设备名称	单位	规格	仓库容量/万 t					
			0.5	0.5～1.5	1.5～2.5	2.5～5	5～10	>10
皮带输送机	台	8～18 m	2	2	3	6	9	15
扒谷机	台	50 t/h	—	—	1	1	2	3
散粮装仓机	台	50 t/h	—	—	1	1	2	3
吸粮机	台	50 t/h	—	—	—	1	1	1～2
打包机	台	50 t/h	—	1	1	1	2	3
振动筛	台	50 t/h	—	—	—	1	3	4
初清筛	台	50 t/h	1	1	1	2	3	5
地中(上)衡	台	50～100 t/h	—	1	1	1	1	2
台秤	台		3	8	10	10	10	10
电瓶车	台		—	—	1	1	2	4
机械通风	套/仓		—	1	1	1～2	1～2	1～2
离心风机	台		—	2	4	6	10～15	15～20
轴流风机	台/仓		2～4	2～4	2～4	2～4	2～4	2～4

续表 3 - 8

设备名称	单位	规格	仓库容量/万 t					
			0.5	0.5 ~ 1.5	1.5 ~ 2.5	2.5 ~ 5	5 ~ 10	> 10
单管风机	台		5	10	20	30	40	50
环流熏蒸装置	套	移动式①	—	—	1	1 ~ 2	2 ~ 3	3
	套/仓	固定式①	—	—	1 ~ 2	1 ~ 2	1 ~ 2	1 ~ 2
施药装置②	台		—	—	1	1 ~ 2	2 ~ 3	3
磷化氢检测仪	台		—	—	1	1	1 ~ 2	2
测氧仪②	台		—	—	1	1	1	1
CO_2测定仪②	台		—	—	1	1	1	1
粮情测控系统	套		—	—	1	1	1	1

注:①固定式环流装置和移动式环流装置可选择其一配置。固定式环流装置:27 m 以下跨度的平房仓,每仓(廒间)配置 1 套;30 ~ 36 m 跨度的,每仓(廒间)配置 2 套;浅圆仓每仓配置 2 套。

②可选装置,各地可根据具体情况选择配置。测氧仪和 CO_2 测定仪为采用气调储藏技术和“双低”储藏技术的粮库配置。

粮情测控系统要求检测数据重现性好，特别是传感器应能抗磷化氢腐蚀，经多次磷化氢熏蒸不会影响检测数据的准确性。粮情分析软件可存储和打印测温数据，并具有粮情分析功能，可对异常粮温变化发出报警。系统应有扩展接口，便于今后适应测虫、测水功能的扩展。

环流熏蒸系统是各高大平房仓和浅圆仓必配的设备。从经济、实用的原则出发，平房仓应优先考虑配置移动式环流熏蒸装置；浅圆仓可考虑配置固定式环流熏蒸装置。由于 PH_3 仓外发生器必须与二氧化碳配合使用，对于难以购买二氧化碳或价格昂贵的地区，可以不必配置 PH_3 发生器。环流熏蒸施药可采用粮面施药后环流，或风道投药自然潮解环流。PH_3 浓度检测仪使用方便、检测准确，但传感器使用寿命通常为 1 ~ 2 年，整机价格较高，对于使用频率高的大型粮库可以考虑优先配置；对于小型粮库可用比长式检测管检测磷化氢浓度。

平房仓的机械通风系统的风道，以一机两道或一机三道形式较好。这样配置的风机型号适中，通风效果较好，通风效率较高。从近年来的试验研究看，浅圆仓以环形风道通风最均匀，效果最佳，可优先选择。

（四）适用于本生态区的储藏技术优化方案

1. 粮食入仓的技术管理

秋、冬季节是粮食入仓的首选时机，该区在秋冬季节具有机械通风的条件。对于安全粮，可以通风降温，稳定粮情；对于有虫粮，可以通过通风降温，可以抑制仓储害虫的活动和为害；对于高温、高湿粮，可以通过通风降温、降水，使之达到安全粮的标准。

春、夏季入仓。该季节入仓要严把质量关，应保证粮食水分在安全标准以内，尽量拒收有虫粮。入仓后尽快布置测温电缆，对粮温进行监测。立即检查仓储害虫情况，如果超过一般虫粮标准，应做好熏蒸杀虫的准备工作，尽早付诸实施。

对于整仓气密性达不到标准的仓房，应考虑采用薄膜密封粮面。对于安全粮可以防止外界害虫的感染，并有一定的防感染效果；对于有虫粮，可以采用膜下投药熏蒸，保证杀虫效果。

2. 粮情检测技术

粮情检测是粮食储藏的日常技术工作，是我们了解实时粮情的唯一手段，也是采取相应技术措施的科学依据。

（1）粮温、仓温及仓湿的检测

粮温、仓温及仓湿的检测可以通过电子测温系统实现。

平房仓测温点的布置：测温电缆水平间距不大于 5 m，垂直方向点距 2 ~ 3 m；外围点距粮面、仓底、仓壁 0.3 ~ 0.5 m。

浅圆仓和立筒仓测温点的布置：测温电缆水平间距为 5 ~ 6 m，垂直方向点距 1.5 ~ 3 m，各点之间设置成等间距；最外圈电缆距仓壁不大于 0.5 m，有时外围电缆布置困难，则需要进行人工补测。

粮温的检测时间：冬季可 10 ~ 14 d 检测一次；其他季节 7 ~ 10 d 检测一次。对于有安全隐患的储粮，视具体情况，应在增加测点数目的同时缩短检测周期，尽可能每天检测 1 次，以便发现问题及时处理。

（2）粮食水分检测点的设置

目前的粮情检测系统通常不具备粮食水分的检测功能，仍需人工取样检测水分。

在粮面上每 50 m^2 设取样位置 1 个取样点，粮堆内每层间隔不超过 3 m。每点取样不少于 1 kg，一般可以用快速水分检测仪检测，必要时采用实验室标准方法检测。

对于安全粮，每季度至少测定 1 次；对于半安全粮，每月至少测定 1 次；对于有坏粮隐患的粮堆，视具体情况，应在增加测点数目的同时缩短检测周期。

（3）仓储害虫的检测

仓储害虫检测方法通常有取样过筛法和诱捕器检测法。

取样过筛检查方法是目前最常用的方法。常用定点取样和重点部位取样相结合的方法，取样点的设置参照水分检测的取样点设置。另外可在仓储害虫易发生部位重点取样，如春、夏季节在粮面靠近仓壁增加取样点；秋、冬季节在粮堆中上层增加取样点。每点取样不少于1 kg，然后过筛，记录害虫的种类和数量，以全仓最高密度点代表该仓的害虫密度。

取样检查的时间间隔：粮温≤15 ℃，自定；粮温为15～25 ℃，15 d至少查一次；粮温>25 ℃，每周1～3次。

近年来，诱捕器的应用研究取得了一些进展，诱捕器能在储粮环境内连续工作，对提供害虫种类、虫口密度、感染源等重要信息。该方法与取样法相比明显减少了人员的工作量，而且便于害虫的计数。但由于害虫的活动受环境因素的影响，当环境条件不适合害虫活动（如温度较低）时，诱捕器的效果也会受到影响。

目前最常用的诱捕器是插入粮堆表层的探管式陷阱诱捕器，使用时将其插入粮堆表层不同部位，定期检查诱捕器内的仓储害虫种类及数量。

（4）储粮品质的检测

储粮品质的检测按照国家有关品质检测标准和方法进行，根据具体储粮状况每年检测2次，可安排在每年的4月和10月进行。

3. 通风技术

本生态区的通风的主要目的是降低粮温，可分为正常储粮的冬季通风降温和发热粮的应急降温。从通风技术上可分为自然通风和机械通风。

自然通风是利用冬季的低温，打开仓房的门窗对储粮进行自然通风降温。这种方法不耗费能源，最为经济，但需要时间较长，适用于装粮高度较低的小型仓房。对于大型粮仓，如装粮高于4 m的仓房，需要机械通风才可达到整仓粮温的降低。

正常储粮通风降温可采用风压较小的轴流风机。这种方法需要的时间较长，但粮食失水较少，因此适用于安全水分粮的保水、降温、通风。

对于高温粮或发热粮，需要在短时间内尽快降温的，则可采用轴流风机通风。这种方式降温快，但粮食水分损失较多，特别适合于高温、高湿粮食的通风降温。使用轴流风机的通风降温最好常用分步、间隔的方式，以免发生一次性通风在仓内形成结露，甚至结水的现象。方法是：在初冬气温降至10 ℃以下时，进行第一次通风；当进入冬季最冷季节时，再进行第二次通风。每次通风均要通透，使整仓粮温均匀较低，不存在温差。

中温干燥储粮生态区威胁粮食储藏安全的一个重要问题是水分转移、结露引起的局部水分增高导致的局部发热现象。最经济、快速、有效的技术措施是利用干燥空气采用间歇式机械通风降水技术，根据发热部位合理选用通风方式。例如，底部发热采取吸出式、上层发热采取压入式、中心部位面积较大采取压入式、面积较小采用单管或多管通风机吸出式机械通风，当水分降到安全水分以内时停止通风。

对于局部发热的粮堆，可采用单管通风机或多管通风机进行局部通风降温。

4. 低温储藏技术

低温储藏技术的主要目的是延缓粮食陈化、抑制仓储害虫发生为害。对于较耐高温的小麦来讲，是否采用低温技术对其品质的影响并不明显；对于高温条件下易于劣变的稻谷来讲，低温储藏无疑是最好的储藏方式。

本生态区适用的低温储藏技术主要是冬季通风降温、夏季隔热保冷。充分利用冬季的干冷空气，借助于机械通风降低粮温，在夏季高温季节做好隔热工作。如果仓房的隔热条件较好，在本生态区可以实现 20 ℃以下（整仓最高点粮温）的准低温储藏。

在本生态区，即便是不采取专门的隔热技术，对于大型平房仓和浅圆仓粮面下1 m和距仓壁 1 m 以内的粮温大多可以保持在 20 ℃以下。因此，要达到整仓各点粮温均保持在 20 ℃以下，关键是加强仓顶和仓壁的隔热性能。仓房的隔热措施主要有：仓体刷白、仓顶表面喷涂反光材料、仓顶设置空气对流层、仓内吊顶、隔热材料压盖粮面、增加仓壁厚度或空心隔热墙、增加仓壁隔热材料厚度等方式。以上方式可合理结合使用方可奏效。

从管理技术上讲，冬季通风应尽可能将粮温降至最低，高温季节尽量减少人员进出次数和时间，当仓内空间或吊顶三角区集热较多时，可利用夜晚较低的气温用轴流风机排除仓内的集热。

谷物冷却机虽然可以作为低温储藏的有效设备，但在该区通常情况下不太适用。原因是谷物冷却机功率大、耗能多，本生态区内大部分仓房夏季仓内中部大部分粮食温度较低，只是四周和表层粮温较高，如果使用谷物冷却机整仓降温效率太低，而且降温后四周及表层粮温又会在较短时间内迅速回升。如果高温季节多次利用谷物冷却机通风降温，显然是不经济的。但对于大型粮仓粮堆发热发生在不具备机械通风环境条件的季节，谷物冷却机可作为一种有效的应急降温的措施。

5. 气调储粮技术

气调储粮又称为改变大气，是人为改变储粮环境中大气的气体成分，达到延缓粮食陈化、抑制虫、霉为害的一种技术。目前通常的方法是用二氧化碳或用氮气再混合少量氧气来调节粮食中的气体，或控制仓储害虫生长，或防止谷物品质下降。

目前较常用的气调储粮技术主要有缺氧气调、二氧化碳气调和氮气气调。

在气调处理中，储粮环境中的空气混合物必须达到并控制在对仓储害虫和微生物致死的水平，并且要维持一定的时间。因此，气调储粮需要仓房有较高的气密性，普通仓房难以满足气调储粮的要求。

严格密封粮堆，采用自然缺氧的方法也是一种气调储粮技术，这种方法适用于达不到气调气密性要求的仓房，新收获的粮食呼吸旺盛，降氧效果明显；对于储藏多年的陈粮效果不明显。

在采用气调储粮技术的过程中，一定要定期检测粮堆内的气体成分的变化，以保证气调效果。

6. 粮食干燥技术

本生态区入库粮食水分小麦均在安全水分以内，玉米水分有时比安全水分稍高，但没有必要采用机械烘干设备。对超安全水分的玉米，在机械通风降温过程中，选择干燥天气通风，可以同时达到降温降水的目的。个别水分偏高的玉米仓，冬季通风降水达不到要求时，可以在春季选择空气干燥天气机械通风降水。采用通风降水措施比烘干机械干燥技术具有节约设备投资，降低干燥费用，保证粮食质量，达到干燥目的的优势。

本生态区的大多数地区没有配备粮食干燥设备的必要。若遇非正常年景，粮食水分偏高，目前已有成都粮食储藏研究所与澳大利亚合作研究的粮食在储干燥智能控制系统，可以进行粮食入仓后的就仓降水干燥。

7. 仓储害虫防治综合技术

（1）仓储害虫的预防措施

我国现行的保粮方针是“以防为主，综合防治”。仓储害虫的预防是主动的、积极的，无虫时防感染；有虫时防扩散。因此，割断虫源、杜绝仓储害虫的传播途径，防治仓储害虫感染是害虫防治的根本，也是害虫综合治理的重要组成部分。

清除仓储害虫感染源。仓储害虫的感染源包括来自田间的害虫感染、粮库残存粮内害虫的感染和栖息在储粮周围环境内仓储害虫的感染。清除仓储害虫感染源的根本是搞好储粮环境的清洁卫生，包括清除残存粮和净化储粮环境。

空仓与器材杀虫。空仓杀虫习惯上也叫空仓消毒。其主要措施是在做好空仓清洁卫生的基础上，使用杀虫剂杀虫。除了专门用于空仓杀虫的敌百虫烟剂外，辛硫磷、马拉硫磷、氰敌畏及其他储粮保护剂都可用于空仓杀虫。空仓杀虫剂采用稀释后喷雾的方法处理空仓。敌敌畏除可以喷雾处理外，还可以采用悬挂（布条或纸条）法处理。敌百虫烟剂则需要点燃后利用烟雾处理空仓，处理后的粮仓要经清扫后方可装粮。器材是很重要的害虫隐藏处所。当带虫器材接触储粮时，就能感染储粮。器材杀虫包括包装器材、铺垫物、器具、装具、输送设备及运输工具等的杀虫措施。器材杀虫方法包括日光曝晒、蒸气杀虫及用空仓杀虫剂喷洒处理等措施。

仓储害虫感染的预防。隔离与保护是防止储粮害虫从感染的储粮、器材及环境中蔓延、传播到未感染储粮，以保护无虫粮的预防措施。主要包括以下几个方面：

①仓库布局要合理。做到器材库与储粮粮仓，加工厂与储粮粮仓，办公室、检化验室与储粮粮仓三隔离。

②储粮要做到“五分开”。即有虫粮与无虫粮分开储藏；不同水分的粮食（干粮和湿粮）分开储藏；新粮与陈粮分开储藏；成品粮与原粮分开储藏；不同品质及等级的粮食分开储藏。

③粮仓要加装防虫的纱门、纱窗，仓门口要用保护剂打防虫线，以防外界害虫飞入或爬入仓内。

④进入储粮场所的工作人员，必须将衣服、鞋帽等掸刷干净。

⑤检查粮情时，要先查无虫仓，再查有虫仓。

⑥检查粮情用的工具和器材应保证无虫，最好专仓专用。

另外，对个别重要仓储害虫的检疫检查也是保护本地储粮安全的重要措施。根据本生态区的仓储害虫发生种类，重点检疫的害虫是谷蠹和米象。这两种害虫都是热带种类，近年来不断向北方扩散，而且为害严重、防治困难。因此当本地（或本粮库）发现这两种害虫时，应引起重视，必要时采取果断的歼灭措施。

（2）物理防治技术

本生态区适合的物理防治技术主要是低温防治。主要是利用寒冷的冬季，结合机械通风技术尽量降低粮温，可以杀死大量害虫，降低害虫越冬种群的数量。同时结合全年低温储藏技术，保持较低的粮温，减少害虫在高温季节的数量，减轻为害程度，为采用化学防治创造有利条件。

另外，利用硅藻土类保护剂拌粮也是一种有效的物理防治技术。使用硅藻土安全、无残毒、残效期长。硅藻土的使用可结合粮食机械化入仓时拌和（适合于浅圆仓和立筒仓），也可在粮食入仓后的表层拌和。但硅藻土类可降低粮食的散落性，并可产生粉尘环境，使用时应根据具体情况酌情选用。

（3）储粮保护剂应用技术

储粮保护剂是一类以触杀作用为主，拌和在粮食中防止仓储害虫感染和为害的化学药剂。保护剂的使用条件是基本无虫粮，同时是安全水分粮。

保护剂的使用方式　利用电动喷雾器随机械化入仓进行整仓拌和，该种方式适合于机械化入仓的浅圆仓和立筒仓；粮面拌和，该种方式适合于平房仓储粮及已入仓粮食的处理；结合熏蒸表面拌和，即当仓储害虫密度较高时先行熏蒸杀虫，然后再在粮面拌和保护剂，如果采用这种方法熏蒸杀虫彻底，平时加强保护工作，一般可保持1年以上无虫害。

对于不同的防治对象可采用不同的保护剂，如防治玉米象、拟谷盗等常见害虫，推荐采用杀虫松或防虫磷；对于防治谷蠹，推荐采用凯安保；如果有包括谷蠹在内的多种仓储害虫，推荐采用保粮安。

（4）熏蒸杀虫技术

在炎热的夏季，仓储害虫大规模发生时，熏蒸杀虫是必需的手段。在常规储藏条件下，干热区夏季通常要进行至少一次的熏蒸杀虫。

目前最常用的储粮熏蒸剂是由磷化铝产生的磷化氢气体。磷化氢片剂价格低廉、使用方便，是优先考虑的熏蒸剂剂型。磷化氢钢瓶混合气熏蒸成本大［1 元/（次·t）以上］，运输困难，目前还不宜推广使用。

国家行业标准 LS/T 1201—2002《磷化氢环流熏蒸技术规程》中推荐了在不同储粮温度下防治不同储粮害虫所需的磷化氢浓度和维持时间，可以作为磷化氢熏蒸杀虫的参考。

无论采用何种熏蒸剂，取得理想的熏蒸效果必须满足三个条件：

①熏蒸气体在粮堆内达到有效杀虫浓度。

②熏蒸气体在粮堆内达到均匀分布。

③熏蒸气体有效浓度维持足够的时间。

为满足熏蒸杀虫的以上三个条件，不同的仓房类型和储粮状况应采用不同的熏蒸技术。可参考以下具体技术操作要点。

①装粮高度 6 m 以上的平房仓。由于装粮高度高，常规的熏蒸技术难以使磷化氢穿透整个粮堆而达到均匀分布，因此，应采用环流熏蒸技术。对于粮仓气密性达到标准的仓房，可以采用整仓环流，通常一次投药即可满足熏蒸要求。对于气密性达不到标准的粮仓，可整仓环流，适时补充投药熏蒸，也可采用薄膜密封粮面，膜下环流熏蒸。环流熏蒸的投药方式可采用粮面投药或采用通风道口投药自然潮解；对于二氧化碳容易得到且价格较为低廉的地区，亦可采用 PH_3 发生器进行仓外投药的方式。

②装粮高度 4～5 m 的平房仓。采用粮面投药结合探管投药。如果气密性较好的粮仓可采用整仓熏蒸；对于气密性较差的粮仓应采用薄膜密封粮面，在膜下投药熏蒸；或采用多次投药间歇熏蒸；或采用缓释熏蒸技术。装配有环流装置的粮仓也可采用环流熏蒸。

③装粮高度 3 m 以下的平房仓。采用粮面投药熏蒸。如果气密性较好的粮仓可采用整仓熏蒸；对于气密性较差的粮仓（如未经改造的苏式仓）应采用薄膜密封粮面，

在膜下投药熏蒸；或采用多次投药间歇熏蒸；或采用缓释熏蒸技术。

④浅圆仓。浅圆仓的装粮高度通常在15 m左右，因此必须采用环流熏蒸技术。相对于平房仓，浅圆仓的气密性容易改善，对于达不到气密标准的浅圆仓应进行气密性改造，使之达到气密要求。浅圆仓最好采用仓外投药环流熏蒸；对于二氧化碳不易得到或价格较贵的地区，也可采用粮面投药环流熏蒸。

⑤立筒仓。立筒仓必须采用环流熏蒸技术。有关要求和投药方式可参照浅圆仓熏蒸。

由于磷化氢在我国长期的单一使用，一些仓储害虫对其产生了明显的抗药性，在该区典型的抗性虫种主要是谷蠹、赤拟谷盗和扁谷盗。防治这些抗性害虫除了可以提高磷化氢熏蒸浓度和密闭时间外，也可考虑暂时使用溴甲烷熏蒸剂。

溴甲烷与磷化氢相比，最大的特点是熏蒸密闭时间短、杀虫快。但其用药量相对较高。一般用药量每立方米粮堆体积30 g，空间体积15～20 g，密闭2～7 d。

溴甲烷可熏蒸各种原粮、成品粮、油料和薯干等，但不宜熏蒸蛋白质高的豆类含量。

采用溴甲烷熏蒸有时会影响种子的发芽率，因此熏蒸种子粮时，用药量应降至每立方米15～20 g，并且要严格控制粮食的水分含量。

溴甲烷为钢瓶装剂型，因此必须采用仓外投药。对粮仓的气密要求和熏蒸技术可参考磷化氢熏蒸技术。

敌敌畏和氯化苦也是常用的储粮熏蒸杀虫剂，但由于它们的扩散能力差，不易向粮堆内部穿透，一般不宜单独使用进行整仓熏蒸，可以与磷化氢配合使用，熏蒸仓内空间和粮堆表层。

8. “三低”和“双低”储藏技术

“三低”储藏一般是指低温、低氧和低剂量储粮技术；“双低”储藏是指低氧和低剂量储粮技术。

低氧的目的实际上是增加二氧化碳的体积分数（浓度），二氧化碳对磷化氢熏蒸具有增效作用，最佳增效体积分数（浓度）为4%～8%。此时磷化铝片剂的用量可以减至1～2 g/m^3，投药后长期密闭可以取得较好的杀虫效果。

一般生产单位把薄膜覆盖粮面，在膜下采用低剂量投药长期密闭都称为“双低”储藏技术。事实上这是未正确使用“双低”储藏技术，在熏蒸密闭过程中应该定期检测粮堆内氧气或二氧化碳的浓度，确认二氧化碳浓度达到了增效浓度。否则则不是真正意义上的“双低”储藏技术，而只能称为“低剂量”熏蒸。

“双低”储藏技术在该区有较长的应用历史，保管人员积累了较为丰富的实践经验，是该区安全、经济、行之有效的储粮技术。

9. 不同粮仓适用的储粮技术和优化组合

粮食的安全储藏是一项复杂的系统工程，不同的粮仓类型、不同的粮仓条件、不同的储粮品种、不同的储粮目的、不同的储粮设施及不同的人员技术水平等，采取的相应技术方案也不相同。根据隔热储粮生态区的生态条件、粮仓条件和储粮品种，可有以下技术组配方案。

（1）冬季机械通风 + 夏季严格隔热，实现低温或准低温储藏

粮仓条件：需要很好的隔热性能。

适用粮种：高品质的稻谷、小麦、玉米等各种粮食。

评价：可保持粮食品质，保持全年基本无虫害，可基本不用化学药剂，对粮食没有污染，储藏效果好。但粮仓建筑或隔热改造需要一次性经费投入。

（2）冬季机械通风 + 储粮保护剂 + 夏季隔热保冷

粮仓条件：有一定隔热性能，气密条件一般或较差。

适用粮种：小麦、稻谷、玉米等各种粮食。

评价：保持全年基本无虫害，可不用熏蒸杀虫，储藏效果较好。但粮仓隔热有一定要求，特别适合气密性较差的粮仓。对粮食有一定污染，费用略高于“冬季机械通风 + 夏季隔热保冷 + 熏蒸杀虫”组配方案。

（3）冬季机械通风 + 夏季隔热保冷 + 熏蒸杀虫

粮仓条件：有一定隔热性能，气密条件较好或有气密措施。

适用粮种：小麦、稻谷、玉米等各种粮食。

评价：人员工作量较小，夏季通常需要一次熏蒸杀虫，对粮食污染较小，储藏效

果较好。但粮仓气密性有一定要求，费用高于“冬季自然通风 + 夏季隔热保冷 + 熏蒸杀虫”组配方案；短期费用低于“冬季机械通风 + 夏季隔热保冷，实现低温或准低温储藏”组配方案。

（4）冬季自然通风 + 夏季隔热保冷 + 熏蒸杀虫

粮仓条件：有一定隔热性能，气密条件较好或有气密措施的小型粮仓。

适用粮种：小麦。

评价：人员工作量最小，夏季通常需要至少一次熏蒸杀虫，对粮食污染较小，储藏效果一般。粮仓气密性有一定要求，储藏费用最低。

（5）冬季自然通风 + 储粮保护剂 + 夏季隔热保冷

粮仓条件：有一定隔热性能，气密条件一般或较差的小型粮仓。

适用粮种：小麦。

评价：保持全年基本无虫害，一般不需要熏蒸杀虫，储藏效果一般。特别适合气密性较差的粮仓，对粮食有一定污染，费用略高于“冬季自然通风 + 夏季隔热保冷 + 熏蒸杀虫”组配方案。

（6）冬季机械通风 + 夏季隔热保冷 + 谷物冷却，实现低温储藏

粮仓条件：有一定隔热性能。

适用粮种：对品质有特殊要求的粮食。

评价：常年保持低温，保持储粮品质，不使用化学药剂，对粮食无污染，储藏效果最好。粮仓隔热性有一定要求，长期费用最高。

（五）应急处理措施

1. 粮堆发热的应急处理

粮堆发热有整仓发热和局部发热。

整仓粮食发热通常是由于粮食水分较高，储粮和微生物的呼吸旺盛所致。这种现象在该区主要发生在高水分的玉米仓。

如果发热发生在外温低于粮温的季节，应进行整仓通风降温，应选用离心风机以加快降水速度。

如整仓发热发生在高温季节，最好采用谷物冷却机通风降温。没有谷物冷却机降温条件的粮库，只有通过倒仓、晾晒降水降温。

粮堆局部发热大多是有局部害虫聚集为害导致发热，引起发热的害虫主要是谷蠹；粮堆局部粮食水分过高也可导致局部发热。因此，在采取处理措施之前，一定要查明发热原因才可对症下药。

如局部发热是有粮食水分过高引起，要进行通风降水。如果发热范围较小，可采用单管通风机进行局部降水、降温；如果发热点多、发热范围较大，可采用离心风机进行整仓通风降温。

如果局部发热是由仓储害虫引起，首先要进行杀虫处理。由于引起局部发热的害虫主要是耐药性较强的谷蠹，因此要进行高质量的熏蒸，即需要较高的磷化氢浓度和较长的密闭时间。最好进行整仓熏蒸，不建议采用局部熏蒸技术。如果局部发热发生在整仓粮温减低（如低于 15 ℃）的季节，应先进行通风降温，抑制害虫的活动和发展，待翌年粮温回升后再作熏蒸杀虫处理。

2. 粮堆结露的应急处理

本生态区威胁粮食储藏安全的主要问题是水分转移，导致粮堆局部水分增高引起结露。最经济、快速、有效的技术措施是利用干燥空气采用间歇式机械通风降水技术，根据不同问题部位合理选用通风方式，如果结露发生在底部，采取吸出式通风；如果发生在上层，采取压入式；发生在中心部位面积较大时，采取压入式，面积较小采用单管或多管通风机吸出式机械通风，当水分降到安全水分以内时停止通风。

结露发生在表面时，可先采取人工翻动粮面，在粮面扒沟，利用粮仓上部的轴流风机进行通风换气。如不能奏效，则需采取整仓通风。

3. 储粮霉变的应急处理

霉变是储粮微生物活动的结果，粮食发热以后，水分增加，微生物活动加强，由于微生物的大量繁殖，粮粒上出现各种颜色的斑点、菌落，造成粮食的霉变，霉变后的粮食颜色变得深暗，粮粒的胚部霉变更为明显。由于微生物进一步发展，促使储粮大批霉烂，结饼结块，并散发出强烈的霉臭味。

在粮食储藏过程中，漏雨、返潮和水分转移等原因都会使粮食水分增加而导致霉变。粮仓修建不善，地坪质量差，以及仓底和墙壁铺垫不好，地下的潮气上升，也会使底层或靠墙处粮食受潮生霉。仓内外湿度过大，可使粮堆四周和表面的粮食直接吸收空气中的水汽返潮生霉，粮堆内部或内外温差大，引起水分转移，也会引起粮食返潮，当返潮达到一定程度，霉变即会伴随而来。

发热和霉变是紧密相关的，粮食发热容易生霉生虫，而生霉生虫之后又往往促使发热，它们会给粮食带来不同程度的损失。

预防储粮霉变的主要措施是提高入库粮食质量，改善粮仓的储藏条件，采用科学合理的保管措施，加强储藏期间管理，发现问题及时处理等。

储粮霉变的处理应视不同霉变程度而定，初级霉变粮食应将霉变部位及四周波及的粮食全部搬出仓外进行彻底干燥处理，干燥后应单独存放。必须对霉变粮食和四周波及的粮食进行充分干燥，对于波及的粮食干燥后，可根据情况进行处理。霉烂的粮食毫无食用价值，应作为肥料，稍有食用价值者可作为酿酒原料，但必须干燥，对其四周波及的粮食，干燥后应单独存放，并经检验证明含毒量不超过安全标准，再搭配在正常饲料中使用。

第五节

中温高湿储粮生态区

一、本生态区的现状和基本特征

（一）本生态区所在的地理位置和气候特点

中温高湿储粮生态区域包括浙江省、江西省、上海市的全部以及福建省、广东省、广西壮族自治区、江苏省、安徽省、河南省、湖北省、湖南省、四川省、重庆市的一部分地区，大致位于秦岭—淮河与南岭之间。东及于海；西界以武当山、巫山、武陵山、雪峰山等海拔1 000 m等高线与西南地区为界；北界大致以西峡、方城、淮河，苏北灌溉总渠一线与华北为界；南界以福清、永春、华安、河源、怀集、梧州、平南、忻城一线与华南相接，此线大致相当于1月份平均气温为10～12 ℃、活动积温为6 500 ℃等值线。

本生态区属亚热带湿润的季风气候。冬温夏热，四季分明。本生态区1月份平均气温为0～10 ℃（或0～12 ℃），寒潮南下，会引起气温大幅下降。夏季普遍高温，

7 月份平均气温为 28 ℃左右，5 ~9 月常出现高出 35 ℃的酷热天气，极端高温达 40 ℃以上。长江沿岸的洞庭湖盆地、鄱阳湖盆地和沿江河谷平原形成高温中心。本生态区春秋温暖，4 月和 10 月份平均气温为 16 ~21 ℃，秋季气温略高于春季。四季分明，冬季和夏季时间大致相等为 4 个月。本生态区年降水为 800 ~1 600 mm，比华北地区多 1 ~2 倍。降水的季节分配，以春夏多雨（占年降水量 70%），秋雨次之（占 20% ~30%），冬雨少（<10%）。本生态区是全国春雨量最为丰沛的地区，梅雨显著。梅雨历时一个月左右，约占全年降水量的 40% 左右，是华中地区降水的重要组成部分。7 月天气晴朗、高温少雨，形成“伏旱”。9 ~10 月间秋高气爽，东南沿海此时有台风雨。本生态区日平均气温≥10 ℃的积温为 4 500 ~6 500 ℃，热量资源丰富。

本生态区丰富的热量及夏季高温高湿，有利于水稻生长。在熟制上，北部稻、麦两熟，中部种两季稻，南部种双季稻或种油菜和双季稻，一年可三熟。

（二）本生态区的主要生态因子及特征

1. 粮食

本生态区粮食种类以稻谷为主，小麦次之，产少量玉米及杂粮，如高粱、粟等。

在本生态区内的储粮品种：江苏、安徽两省稻谷和小麦是主要储粮品种，且两者的储量基本相当；其他省市则以稻谷为主，其次为小麦；各省市都有少量的储备玉米。

本生态区内一些省市，如江苏、安徽两省经常从北方调入小麦、玉米、高粱、大麦等，但不作长期储备，只作为酒和调味品的酿造及饲料等工业原料，基本不进入储藏。

在夏粮收购季节，自然气候处于炎热高温期，阳光充足，只要不出现灾害，夏粮的质量是比较好的，能够符合国家的收购标准，粮库可以收到充足的干饱净的粮食。但在秋粮收获期间，自然气候的变化较快，气温下降速度快、幅度大，自然晾晒不足以将粮食水分干燥至当地的安全水分标准以内，且由于当前农村的相当一部分壮劳力转入城市，加上一些观念的转变，不少的农民不愿意或无足够的能力将粮食水分晾晒到粮食部门收购标准以内，致使一些省区由于粮食水分偏高而无充足的粮源。

各种粮食的合理储藏期限往往受多种因素的影响。

（1）当年收获的粮食处理

如果入库的粮食为当年产的小麦和稻谷，水分控制在当地的安全水分标准以下，其他质量符合现行国家标准中等以上质量要求，在确保品质（工艺、使用、食用等）的前提下，其安全储藏时间为：

如在新建的房式仓，小麦一般为4～5年，稻谷一般为2～3年；

如在条件较差的房式仓，小麦一般为2～4年，稻谷一般为2年以内；

如在条件差的房式仓（如20世纪50～60年代建设的粮仓，简易粮仓等），小麦一般为3年以内，稻谷一般为1年；

如在新建的浅圆仓，隔热性能好，小麦一般为3～4年，稻谷一般为2年；如果隔热性能不好（如钢顶仓、钢板仓），小麦一般为2～3年，稻谷一般为1年；

如在新建的立筒仓，储粮情况可参照新建的浅圆仓。

（2）非当年收获粮食的处理

如果入库的粮食不是当年产的小麦和稻谷，或水分没有控制在当地的安全水分标准以下，或其他质量不符合现行国家标准中等以上质量要求，则其安全储藏时间就要依据不同的原因缩短，甚至不能直接进入储备期。

（3）依据规范确定储粮方法

依据“安全储粮技术评价指标体系”的评判，确定适当的储藏期和储藏方法。

2. 气温

2001年本生态区气温（最高气温和最低气温出现的时间及持续的时间）、日平均气温≥10 ℃的积温情况见表3－9。

表3－9　2001年本生态区月平均气温、日平均气温≥10 ℃的积温情况

项目		城市							
		南京	桂林	赣州	合肥	杭州	福州	长沙	武汉
月平均气温/℃	最低	－1.0	3.9	4.3	－2.8	0.0	7.6	0.8	0.1
	最高	33.3	30.7	32.4	33.6	32.9	31.2	33.2	34.0
积温	≥10 ℃（d）	253	301	306	258	280	315	278	350

3. 气湿

2001 年本生态区气湿（大气相对湿度最高和最低出现时间）、年降水量、日最大降水量情况见表 3－10。

表 3－10　2001 年本生态区气湿、年降水量、日最大降水量

项目		城市							
		南京	桂林	赣州	合肥	杭州	福州	长沙	武汉
气湿/%	最低	54	48	46	40	28	44	50	38
	最高	98	99	98	98	98	99	98	97
降水量/mm	年降水量	7 373	14 191	15 373	7 943	15 666	12 730	14 515	8 998
	日最大降水量	813	762	780	629	784	739	1 037	847

4. 仓储害虫

本生态区的粮库中常见的储粮害虫有谷蠹、玉米象、米象、赤拟谷盗、长角扁谷盗、锈赤扁谷盗、大谷盗、锯谷盗、蚕豆象、绿豆象、豌豆象、裸蛛甲、脊胸露尾甲、黑粉虫、麦蛾、印度谷蛾、粉缟螟、一点谷蛾、书虱和螨类等。

本生态区的粮库中为害较重、防治较为困难的仓储害虫种类是谷蠹、玉米象、米象、赤拟谷盗、锈赤扁谷盗、长角扁谷盗、麦蛾、印度谷蛾、书虱和螨类。

每年的 4～12 月是仓储害虫的发生期，仓储害虫为害较重的时期在 5 月下旬至 11 月上旬，在这段时期内，如果不能及时做好防治工作，将会造成储粮的严重损失。

5. 微生物

在Ⅴ区，由于高温持续的时间较长（日平均气温≥10 ℃的天数一般都在 250 d 以上），湿度较大（最大相对湿度都在 97% 以上），年降水量和日最大降水量也较大，并且有的地区还有明显的梅雨季节，对微生物的生长极为有利。

在粮仓中常见储粮微生物有曲霉、青霉、毛霉、细菌等。代表种有黄曲霉、灰绿曲霉、桔青霉、芽孢杆菌等。这些霉对储粮都有较大的威胁，若控制不当，会给储粮的安全带来严重影响。

6. 其他因子

（1）杂质

目前的农业生产中，机械化作业越来越普及，收获后的粮食中无机杂质大量减少，有机杂质的含量则大大增加。与以往相比，虽然杂质的总重量没有明显的增加，但数量（体积）则大大增加，在粮食的收购、运输、入仓过程中会发生明显的自动分级现象，给储粮的安全性带来较大的影响，严重时甚至会导致粮食发热等安全事故。

（2）自动分级

在房式仓收购和入仓的过程中，有两种情况：

①机械化入仓。如果在入仓过程中有除杂机械，自动分级现象不明显，对储藏安全影响不大；如果在入仓过程中没有除杂机械，自动分级现象可能会很明显，如在两个输送点之间，会形成一个明显的杂质区，在今后的储藏中，会造成局部通风不良、易生虫、环流熏蒸出现低浓度区域而无法杀死害虫，直接影响储藏安全。

②人工入仓。自动分级现象不明显，因而对储藏安全影响不大。

在浅圆仓入仓的过程中，由于是机械化入仓且从高空落下的距离较长，虽然装有布料器，但自动分级现象依然十分明显［有的浅圆仓在中心形成直径约 2 m 的轻杂区，最大的杂质质量分数（含量）可达 80% 以上］，通风不良、轻微霉变、生虫、环流熏蒸无法杀虫，对储藏安全有极大的影响。

二、中温高湿储粮生态区的储粮技术优化方案

（一）粮食入库要求

在粮食收购时，要严把水分、杂质、品质关，这是安全储粮的基础，也是储粮出效益的保证。

1. 粮食水分

（1）入库粮食的水分等于或低于当地粮食储藏的安全水分值，可直接进入正常储藏过程。

（2）入库粮食的水分高于当地粮食储藏的安全水分值1%以内，可进入正常储藏过程，但要加强日常的检查工作，防止局部结露和局部发热生霉的情况发生。

（3）入库粮食的水分高于当地粮食储藏的安全水分值1%以上，要经过晾晒、烘干，将水分降低到高于当地粮食储藏的安全水分值1%以内，方可入仓储藏。

（4）入库粮食的水分不均匀，则：

①冬季入仓，结合冬季通风，降低粮温，平衡水分。

②夏季入仓，利用晚间低温进行通风，平衡水分。

③入仓时，如果气候条件不允许通风，可利用环流熏蒸系统进行粮堆内的气体环流，平衡各部位的水分；若粮堆发生轻微发热的现象，可施用高剂量的AIP或防霉剂作应急处理。

2. 杂质及其分布控制

按照国家粮食收购的规定，入库粮食的杂质应达到的标准为：储藏于房式仓的粮食，杂质的质量分数（含量）应保持在1.0%以下；储藏于浅圆仓或立筒仓的粮食，其杂质的质量分数（含量）必须保持在0.5%以下。

（1）收购的粮食符合国家规定时

① 人工入仓。自动分级现象不明显，对后期的储藏影响不大，不必作另外的处理。

② 机械化入仓。虽然杂质含量低于国家标准，但仍会出现明显的自动分级现象，因此在进粮时，应经常变换进粮机的位置或抛粮角度，减轻自动分级。

（2）收购的粮食没有达到国家规定标准，则粮食入仓前一定要经过清理除杂，把杂质含量降低到国家标准的允许范围内，方可入仓。

3. 粮食等级

入库粮食必须达到国家粮油质量标准的中等以上的要求，可分为以下两种情况。

（1）收购的粮食达到中等以上标准的处理办法

如果收购的粮食达到国家粮油质量标准的中等以上的要求，可直接进仓储藏。

（2）收购的粮食未达到中等以上标准的处理方法

若收购的粮食没有达到国家粮油质量标准的中等以上的要求，必须经过处理（降低水分、除去杂质等处理），待粮食质量符合要求后，方可入仓。

4. 其他要求

粮食收购入仓时遇特殊情况（如不可抗拒的自然灾害等），可按有关部门当时的指示办理。

（二）最适宜中温高湿储粮生态区的粮仓

1. 最适宜本生态区的仓型

1999 年以前，用于粮食储备的仓房有许多类型，如苏式仓、改造苏式仓（升顶仓）、仿苏仓、基建仓、楼房仓、砖筒仓、钢板仓、洞库、简易仓、站台仓，也有少量的露天储藏等。

1999 年以来中央政府投资新建了一批大型仓房用于国家粮食储备，在本生态区新建的仓房 4/5 是高大平房仓，1/5 是浅圆仓和立筒仓。

2. 对粮仓的性能要求

1999 年以前建造的粮仓，由于使用多年，已有一部分出现了不同程度的损坏，尤其是 20 世纪 50 ~ 60 年代建造的苏式仓、仿苏仓，在建造初期就没有考虑气密性问题，又使用近 50 年，所以气密性、隔热性、防潮性均出现问题。20 世纪 80 年代建造的一批基建仓、虽然较上述仓型好，但其气密性、隔热性还是较差。

1999 年以来新建的大型仓房，在设计初期已考虑了气密性问题，再者中央投资较为宽裕，仓房的建造质量较高，气密性、防潮性、隔热性均达到了较高的水准。但存在的主要问题是，彩钢板屋顶、墙壁的高大房式仓，隔热问题没有根本解决，夏季仓温上升速度快，接近甚至超过外温，极易造成粮堆的温差，出现局部结露现象，影响储粮安全。

目前，用于国家粮食储备的仓房类型主要有：房式仓（包括高大平房仓、基建仓和普通房式仓）、浅圆仓、立筒仓。

（三）储粮技术设备

1. 必须配置的储粮技术设备

在本生态区，用于粮食储藏过程中的主要设备配置情况可分为两级水平。

（1）1998 年以来新建的国家粮食储备库

这些粮库都按规定配置了粮情检测、机械通风和环流熏蒸设备，其中一些仓库还配置了谷物冷却机。这些设备的应用，大大提高了国家大型粮库的现代化水平，满足了大型粮仓安全储粮的需要。

存在的问题是，如何科学地用好这些设备，尚缺乏大批的专业技术人才。

（2）1950～1994 年建造的国家粮食储备库

包括苏式仓、改造苏式仓（升顶仓）、仿苏仓、基建仓、楼房仓、砖筒仓、钢板仓、洞库、站台仓、简易仓。由于当时建仓投资的原因，大多数粮库没有配备粮情检测和环流熏蒸设备，更没有配备谷物冷却机。虽然大多数的仓库配备了机械通风设备，但风机选择、风道设置存在问题。

2. 主要输送设备

（1）1998 年以来新（扩）建的国家粮食储备库配备了输送机、提升机、振动筛、吸粮机，基本可以满足本库粮食储藏的需要。

（2）1995 年之前的许多粮库，其输送设备主要是皮带输送机，对粮食大批量进出的轮换需要不能满足，且有一些设备已经损坏，缺乏修理，甚至要报废，所以在粮食的进出过程中依靠人挑肩扛。

3. 仓储检验设备

1998 年以来，新（扩）建的国家粮食储备库都配备了国家储备粮储藏过程中品质测定所需要的检验仪器和设备，能对储备粮的品质进行必要的检测，基本满足了储备粮品质检测的需要。

1995 年之前的粮库，有半数以上的检测仪器和设备较为简陋，只能进行简单的物理检验。

（四）适用于本生态区的储藏技术优化方案

1. 粮情检测技术

目前在粮库中使用的粮情检测系统，其质量是按国家有关标准生产制造的，传感器的布设也是按照粮情检测技术规范执行的。

在粮情无异常变化时，按规定的检查时间巡测粮温，可以满足粮温检测的需要。

若遇到粮堆点状发热时，就不能保证及时检测到粮温的变化，尤其当发热点是处在相邻四个检测点之间，粮温检测的准确率会有所下降。

有条件的单位可适当增加检测点的密度（如在四个相邻检测点的中间增设一个检测点，使任何发热点距检测点的距离都不会超过 3 m），或人工进仓不定时、不顶点测定储粮温度，弥补粮情检测系统的不足。

2. 通风技术

在本储粮生态区内，常用的通风技术有自然通风和机械通风。

自然通风技术在本区使用较为普及，主要是利用外界低温，打开门窗进行冷热交换，过去这种方法主要用于秋末和冬季；现在除了在秋末和冬季使用之外，在夏季也可使用。夏季使用自然通风，当仓内温度接近或高于外界温度时，开启粮面上方的排气风机和较冷部位的窗户，以排除仓内的积热；另外，已有利用无动力自旋风帽进行常年换气，可保持仓温低于外界温度。

由于本生态区内冬暖夏热，空气湿度大，仅靠自然通风无法满足充分降低储粮温度的要求，机械通风的机会也相对较少，因此，所有粮库都非常重视利用冬季短暂的低温时机，通过机械通风快速降低储粮温度，为来年的安全储藏打好基础。

尽管本生态区的空气湿度较大，但冬季机械通风仍会造成储粮严重失水（一个冬季的机械通风会造成储粮失去0.5%～1.5%的水分）。为了减少储藏期间粮食的水分丢失，本区内已有多家单位开展了保湿通风技术的研究。

3. 低温储藏技术

尽管本生态区冬暖夏热，但通过粮食仓库的隔热改造，或在墙面和粮面使用隔热材料，可有效保持冬季通风所获得的粮食低温，使粮食度夏时的最高点温度控制在25 ℃以下，平均粮温控制在20 ℃以下，有效延缓粮食品质的陈化。

有谷物冷却机的单位，结合自然通风和机械通风，适当辅以谷物冷却机处理技术，实现准低温储藏是可行的。

4. 气调储粮技术

在20世纪70年代，本储粮生态区的许多粮库在多种仓房对多种粮食已进行过气调储粮技术研究，有了一些成果，但多为小仓房、小批量粮食的实验研究，在技术成熟度和经济效益方面有一些问题还没有真正解决，所以，对目前的大型仓房、数量巨大的粮堆还不能立即投入使用。

迄今为止，我国已在四川绵阳、安徽六安、江西九江和江苏南京建设了大型的储粮气调库，但其使用效果（经济效益、社会效益）和气调储粮技术中的一些问题（后期粮食品质的快速变化）等，仍需要深入研究。

5. 粮食干燥技术

在该生态区域夏粮和秋粮的收获季节，天气晴好对粮食的自然晾晒十分有利，正常年景收购入仓的粮食多在安全水分以内，90%的粮库都没有配备粮食干燥设备。

由于梅雨季节明显，且会发生时间上的变化，会影响夏粮的收购质量，粮食收购季节也常常遇到空气湿度大的情况，加之农民晒粮的主动性不高，往往收购的粮食水分偏高，难以符合国家历史收购的质量标准。因此，一些大型粮库已开始配备粮食烘干机。

对于已入仓的水分偏高的粮食，可以用成都粮食科学研究所与澳大利亚合作研究的粮食就仓干燥智能控制系统进行降水处理。

6. 仓储害虫防治综合技术

粮仓中的害虫防治技术是一类综合防治技术，包括非化学防治技术和化学防治技术。

非化学防治技术包括诱杀、机械除虫、气调、检疫等。广泛应用于粮食收购、储藏、调运等业务环节中。

化学防治技术则多采用化学药剂对仓储害虫进行防治，常用的药剂有磷化铝、溴甲烷、氯化苦、敌敌畏、防虫磷、溴氢菊酯等。根据仓储害虫种类、仓房类型（包括仓房密闭性能）、药剂种类、施药方式和施药环境等多种因素，该地区药剂的使用情况为：粮堆内杀虫多以磷化铝片剂为主，使用剂量为 1 ~ 10 g/m^3不等；近几年新建的高大房式仓或浅圆仓因密闭性能好，又配备了先进的环流熏蒸系统，用药量一般为 3 g/m^3以内，杀虫效果很好；一些旧仓房气密性较差，用药量高达 10 g/m^3，有时仍不能获得满意的杀虫效果，需进行重复熏蒸；在仓房气密性较差或有抗性害虫时，部分粮库采用磷化铝和氯化苦混合熏蒸，氯化苦用量为 60 g/m^3，尽管如此，有的粮库一年仍需熏蒸 2 次。

在粮堆底层和上层 30 cm 的散装粮中，施用保粮磷、防虫磷或溴氢菊酯等保护剂，可有效防止外界害虫的感染。

仓房空间、空仓处理和防虫线多用敌敌畏喷洒。

7. “三低”和“双低”储藏技术

本生态区的大多数粮库目前都在应用“三低”和“双低”储藏技术，可以明显控制储粮害虫的发生数量，减轻害虫的为害程度，保持较低粮食温度，延缓粮食品质劣变，保证粮食的安全储藏。但在应用“三低”和“双低”储藏技术时，大多数都没有进行 CO_2、O_2和 PH_3浓度测定，更没有进行严格的气体控制，因此，“双低”和“三低”储藏技术多为实际应用中的经验推广，没有进行科学的总结。

8. 隔热技术

粮堆的隔热技术在粮仓已应用多年，主要是在粮堆表面压盖隔热材料，阻隔外界的高温进入粮堆，使用的隔热材料多种多样：麻袋、砻糠袋、棉被、毛毯、泡沫塑料等等，隔热效果也不尽相同。除此之外，吊顶、门窗添加隔热材料等在不少粮仓也有应用。这些方法的应用，改善了一些粮仓的隔热性能，特别对于旧粮仓，提高了安全储粮能力。

1998 年以来新建的中央直属储备粮库，由于粮仓的构造不同，隔热性能很差，在夏季，仓内温度非常高，不利于粮食的长期储备。在新粮仓隔热改造方面，中储粮苏州直属库等多家单位采用聚乙烯泡沫塑料（PEF）对粮仓的墙壁进行隔热处理，并在粮面用 PEF 压盖后，可以实现全年准低温储藏。

1980 ~ 1995 年建造的粮仓，可以参照此法进行隔热改造，花钱不多，但效果明显，在隔热改造的同时，还可以结合密闭改造，效果会更好。

各种储粮技术应用时间见表 3 - 11，可为基层粮仓记录储粮应用时间使用。

表3－11　各种储粮技术应用时间表

储粮技术	应用时间											
	11月	12月	1月	2月	3月	4月	5月	6月	7月	8月	9月	10月
粮情检测技术	■	■	■	■	■	■	■	■	■	■	■	■
自然通风技术	■	■	■	■				■	■	■	■	■
机械通风技术	■	■	■	■								
保湿通风技术	■	■	■	■	■	■	■	■	■	■	■	■
谷物冷却机技术									■	■	■	
气调储粮技术							■	■	■	■	■	
粮食干燥技术（应用烘干机）	■	■	■	■					■	■		
仓储害虫综合防治技术	■	■	■	■	■	■	■	■	■	■	■	■
仓储害虫非化学防治技术						■	■	■	■	■	■	■
仓储害虫化学防治技术									■	■	■	■
绿色杀虫技术								■	■	■	■	■
“三低”储藏技术						■	■	■	■	■	■	■
“双低”储藏技术						■	■	■	■	■	■	■
隔热技术						■	■	■	■	■	■	■

注：深绿色表示应用储粮技术的月份。

（五）应急处理措施

1. 粮堆发热的应急处理

粮堆发热应首先查明发热的原因，根据具体情况使用有针对性的措施，原则上整仓发热整仓处理、局部发热局部处理。

（1）水分高引起的粮堆发热处理

①就仓通风降低水分，控制发热。可用大风量的离心风机进行整仓通风，或用多台单管风机进行局部通风。

②有条件的可用烘干机进行烘干。

③使用高剂量的 AIP（12 ~ 15 g/m^3）片剂，抑制发热。

④利用冬季低温倒仓降温。

（2）仓储害虫引起的粮堆发热处理

由于仓储害虫引起的粮堆发热大多是局部发热，多数情况是由于仓储害虫聚集而引发，尤其在冬季，谷蠹往往聚集在距粮面 1 ~ 1.5 m 深处，引起粮堆局部发热。

处理因仓储害虫而引起的粮堆局部发热，首先要进行杀虫。可进行局部 AIP 熏蒸，用药量应适当高一些（12 g/m^3，片剂，按探管包围的体积计算）。

如果粮温较低（15 ℃以下），不适宜 AIP 熏蒸，可换用溴甲烷熏蒸；否则，应利用机械通风降低粮温，抑制仓储害虫的活动，待粮温回升到适宜熏蒸时进行熏蒸杀虫，或当气温上升、害虫移动到粮面后再进行杀虫处理。

（3）由于霉菌引起的发热

应采用大风量风机进行通风，待降低粮温后，使用防霉剂及时进行灭菌处理。

2. 粮堆结露的应急处理

粮堆结露主要是由于粮堆内的湿热空气随粮堆内的微气流循环，遇冷凝结而形成的。遇到结露应根据结露的具体部位和气候条件进行处理。

（1）粮堆表面结露

利用人工翻动粮面、粮面扒沟散湿，解除结露；利用仓内的排风扇吸风换气，解除结露；如果以上两种不能解决结露，则应采取整仓压入式通风。

（2）粮堆底部结露

如粮堆底部有结露现象，应尽快采取吸出式通风解决。

（3）粮堆局部结露

结露的体积较小时，可采用单管通风机吸出式通风；若结露的体积较大，或多点结露，应采用大风量风机进行整仓通风。

3. 储粮霉变的应急处理

①因漏雨、返潮发生粮食霉变，应尽快通过通风、转移潮粮到仓外等措施解决水分问题。

②因水分转移（结露）引起粮食霉变，应首先解决结露问题。

③因微生物活动引起粮食霉变，可使用防霉剂解决。

④生霉后的粮食应单独存放，不能混入其他粮食，出库前要经过含毒量测定，达不到食用标准时，应根据具体含毒情况作为饲料原料、工业原料或作为肥料使用。

第六节

中温低湿储粮生态区

一、本生态区的现状和基本特征

（一）本生态区所在的地理位置和气候特点

本生态区包括贵州省的全部和云南省除景宏和普洱以外的大部分地区以及四川省、重庆市、陕西省、甘肃省、河南省、湖北省、湖南省、广西壮族自治区的一小部分地区。

本生态区冬季暖和、夏季炎热。气温年较差较小。降水丰沛，气候湿润。

（二）本生态区的主要生态因子及特征

1. 粮食

本生态区粮食种类以稻谷和冬小麦为主，大豆、玉米、高粱、豌豆、蚕豆、马铃薯、花生和油菜等均有种植。主要储粮以稻谷为主，约占储粮总量的60%，小麦次之，约占30%，玉米和其他粮食品种约占10%。玉米用于食品的很少，多作饲料。有一定数量的大麦和高粱，多作酿造原料，长期储藏也不多。储藏的大米和面粉等成品粮以保证日常供应为目的，一般不作长期储藏。该地区夏粮和秋粮收获期间气温较高，太阳光能资源基本可以满足粮食的自然晾晒干燥，收购入库的粮食品质和水分大多符合现行国家标准中等以上质量要求。一般新收获后即入库的小麦可安全储藏4年以上，稻谷一般可安全储藏2～3年。

2. 气温

气温（最高气温和最低气温出现的时间以及持续的时间）、日平均气温≥10 ℃的积温详见第二章第六节。

3. 气湿

本生态区的气湿（大气相对湿度最高和最低出现时间）、年降水量、月最大降水量详见第二章。

4. 仓储害虫

玉米象、米象、谷蠹、赤拟谷盗、杂拟谷盗、锈赤扁谷盗、长角扁谷盗、麦蛾、印度谷蛾、大谷盗、锯谷盗、豌豆象、绿豆象、裸蛛甲、脊胸露尾虫、黑粉虫、书虱和螨类等。其中，玉米象、米象、谷蠹、赤拟谷盗、杂拟谷盗、锈赤扁谷盗、长角扁谷盗、麦蛾、印度谷蛾、书虱和螨类为该地区的主要储粮害虫，为害最大的是玉米象、米象、谷蠹、麦蛾和印度谷蛾，书虱和螨类发生时数量最大，3～11 月均有发生，多发生于5～10 月，6～9 月最高时害虫密度可达 40 头/kg 以上。由于粮库防护措施较好，鼠类和鸟类对储粮一般不造成为害。

5. 微生物

常见储粮微生物有曲霉和青霉两大类，由于气温和粮温相对较高，遇雨水较多的年份，新收获的粮食有大批生芽、发热、霉变的情况发生，储粮过程中也时有结露、霉变事故发生。

6. 其他因子

除 1998 年以来新建国家粮食储备库以外，本生态区粮仓多为老式房式仓，储粮高度小，粮仓机械化程度低，粮食基本靠人工进出仓，所以粮食自动分级现象很少，基本不存在杂质大量集中影响储粮安全的情况。但依靠机械化入仓的高大平房仓和浅圆仓中自动分级现象严重，对储粮安全造成隐患。中储粮昆明西直属库用大功率离心风机“吹”杂质的做法可以推广，但由此造成的储粮重量损失如何处理需要上级业务主管部门有一个明确的说法。

二、中温低湿储粮生态区的储粮技术优化方案

（一）粮食入库要求

1. 粮食水分

根据储藏粮食品种的不同，安全储藏入仓的水分要求有所不同。稻谷的水分一般≤13.5%，玉米的水分≤14%，小麦的水分≤12.5%

2. 杂质及其分布控制

储粮杂质的质量分数（含量）≤1%，进仓时不产生自动分级。

3. 粮食等级

入库粮食等级必须达到现行国家粮油标准中等以上（含中等）。

4. 其他要求

计划长期储藏的粮食，入库时其品质必须符合《粮油储存品质判定规则》中的“宜存”标准，要求符合国家粮油卫生标准。

（二）最适宜中温低湿储粮生态区的粮仓

1. 最适宜本生态区的仓型

现有苏式仓、基建房式仓和高大平房仓等几种仓库类型都适合本生态区粮食安全储藏，从仓房结构、储粮性能和经济性来看，高大平房仓优于其他几种仓型；如果加强科学管理，浅圆仓储粮经济性也好，但自动分级所造成的高杂质区问题需研究解决。

2. 对粮仓的性能要求

仓房气密性必须符合国家粮食局 LS/T 1201—2002《磷化氢环流熏蒸技术规程》的要求，必须对现有仓房进行必要的通风、隔热和气密性能改造，使其具备良好的通风、密闭和隔热性能，以利于储粮有害生物的防治，利于有效利用秋冬季节和早晚的相对低温时机通风降低粮温，利于密闭隔热保持粮堆内部的相对低温，以延缓储粮品质陈化速度，抑制储粮有害生物的发展和为害，在确保储粮安全的前提下，降低储粮成本，提高经济效益。

（三）储粮技术设备

1. 必须配置的储粮技术设备

从安全储粮的角度考虑，本生态区的一般粮库都应配备环流熏蒸系统、机械通风设施、粮情测控系统、PH_3 气体检测仪等设备，以便保证降低粮温、检测粮情、熏蒸杀虫和检测磷化氢浓度的需要。

2. 必须配置的仓储配套设备

从储粮现代化的角度看，5 000 万 kg 以上仓容的粮库必须配备称重设备、装卸输送设备（如输送机、提升机、吸粮机）、粮食清理设备（如振动筛）等设备，以提高粮库的机械化水平和应对特殊情况的能力。对以上设备的性能和数量无特殊要求，只要能满足安全储粮和进出仓需要即可。

（四）适用于本生态区的储藏技术优化方案

1. 粮情检测技术

粮情检测技术对于及时监控粮情，确保储粮安全具有至关重要的意义。在本生态区，按照现行国家粮情检测系统布点标准进行粮情检测时，发现在相邻四个检测点之间的粮温变化无法及时检测到，建议在四个相邻检测点中间加设一个检测点。检查时间按现行规定执行，可以满足储粮温度检测的要求。但目前的粮情测控系统只能检测粮温、仓温和空间湿度，其他功能需尽快扩展，使其增加检测 CO_2、O_2、PH_3浓度，粮食水分，害虫种类及密度等功能，成为可以自动控制通风的粮情测控系统。

2. 通风技术

在新建国家粮食储备库，以机械通风为主，必要时辅以谷物冷却机复冷降温。其余粮库，可以采用自然通风与机械通风相结合的方法，降低能耗。建议推广应用计算机控制的智能通风系统，实现机械通风的自动化控制。由于目前还没有可以推广应用的成熟技术，在本生态区还未使用保湿通风技术。

3. 低温储藏技术

尽管本生态区冬无严寒，夏无酷暑，但结合自然通风和机械通风，适当辅以谷物冷却机处理技术实现准低温储藏还是可行的。只要对粮仓进行必要的隔热改造，使其具备良好的隔热性能，在秋季气温下降时及时用低功率风机进行通风，使粮温随气温同步下降，冬季寒潮来临时用高功率离心风机加大通风降温力度，将粮温降到 10 ℃以下，来年气温回升前做好门窗等部位的隔热密闭，一般都可以成功地实现准低温储藏。谷物冷却机技术在本生态区可用于粮温回升后的复冷降温，提高准低温储藏的可靠性。

4. 气调储粮技术

本生态区可以进行“双低”或“三低”储藏技术，但严格意义上的气调储粮技术如 CO_2 或 N_2 气调储粮技术没有成功应用的范例，希望能够在本生态区建设像四川绵阳直属库那样标准的 CO_2 气调库，实现绿色储粮。

5. 粮食干燥技术

该生态区无梅雨现象，夏粮和秋粮收获季节一般天气晴好，对粮食的自然晾晒十分有利，正常年景收购入仓的粮食多在安全水分以内，几乎所有的粮库都没有配备粮食干燥设备。从降水规律等自然生态条件看，本生态区的大多数地区没有配备大型粮食干燥设备的必要。若遇非正常年景，粮食水分偏高，目前已有成都粮食储藏研究所与澳大利亚合作研究的粮食在储干燥智能控制系统可以推广应用。

6. 仓储害虫防治综合技术

根据施药方式和粮仓密闭性能不同，该地区磷化铝使用剂量为 1 ~ 10 g/m^3，近几年新建的高大房式仓或浅圆仓因密闭性能好，又配备了先进的环流熏蒸系统，用药量一般为3 g/m^3，杀虫效果很好；年久失修的老式粮仓气密性较差，用药量可高达10 g/m^3，有时仍不能获得满意的杀虫效果，需进行2次熏蒸。在粮仓气密性较差或有抗性害虫时，部分粮仓采用磷化铝和氯化苦混合熏蒸，氯化苦用量为60 g/m^3，尽管如此，有的粮库一年仍需熏蒸2次。粮仓空间、空仓处理和防虫线多用敌敌畏喷洒。有的粮库在粮堆底层和上层30 cm的散装粮中施用保粮磷或防虫磷等保护剂，可有效防止外界害虫的感染，起到事半功倍的效果。

7. “三低”和“双低”储藏技术

在本生态区的大多数粮库都采用“三低”和“双低”储藏技术，但很少测定粮堆中O_2、CO_2和PH_3浓度，科学性和技术严密性不够，今后要进一步研究、完善。同时，“三低”和“双低”储藏技术中将磷化氢当作防护剂使用，不符合磷化氢的特点，可能引发储粮害虫对磷化氢的抗性，需引起大家的注意。

第七节

高温高湿储粮生态区

一、本生态区的现状和基本特征

（一）本生态区所在的地理位置和气候特点

本生态区位于我国最南部，含大陆和岛屿两部分，行政区包括海南省全部，广东省和广西壮族自治区的中南部、云南省南部和西南部、福建省东南部，地处热带和亚热带，属热带—亚热带湿润季风气候区，高温高湿为其主要气候特征。大部分地区年平均气温为 17 ~26 ℃，年降水量为 1 500 mm 左右。

本生态区绝大部分在北回归线以南，北界即为华中和西南储粮区的南界，大致相当于 1 月份平均气温 10 ℃等温线、活动积温 6 000 ~6 500 ℃等值线。西南界为中国与越南、老挝、缅甸三国的国界线。

（二）本生态区的主要生态因子及特征

1. 粮食

本生态区主产水稻，一年两熟或三熟。储藏的粮食品种主要是稻谷、玉米、小麦。其中玉米、小麦多为国内其他产区调入或国外进口。储藏期限一般为：稻谷储藏3年、小麦储藏2年、玉米储藏1年。

2. 仓储害虫

粮食仓储中发生的主要害虫和螨类是米象、玉米象、谷蠹、赤拟谷盗、锈赤扁谷盗、长角扁谷盗、土耳其扁谷盗、麦蛾、印度螟、米扁虫、嗜虫书虱、嗜卷书虱、腐食酪螨、粗足粉螨等。各地最常见的有米象、玉米象、谷蠹、锈赤扁谷盗、麦蛾、嗜虫书虱、嗜卷书虱、腐食酪螨、粗足粉螨。在华南高温高湿区几乎全年均有仓储害虫发生，多发生于4～10月。除虫霉、螨类为害外，鼠害也是影响本区域粮食安全储藏的一大问题。

3. 微生物

最常见的储粮微生物有曲霉、青霉两大类。曲霉包括黄曲霉、灰绿曲霉、白曲霉等。

二、高温高湿储粮生态区的储粮技术优化方案

（一）粮食入库要求

1. 粮食水分

入仓粮食的水分高低，是决定粮食能否安全储藏的关键。入仓粮食必须控制在当

地安全储藏水分范围内。在广东省粮食安全储藏的水分是：稻谷≤13.5%，小麦≤12.5%，玉米≤12.5%；在海南省粮食安全储藏的水分是：稻谷≤13.0%，小麦≤12.5%，玉米≤13.0%。

在本生态区，由于气温高，利于自然晾晒，粮食收购时一般不存在水分超标的问题。但从北方调入的粮食，特别是玉米，水分往往超标，需要特殊处理。

2. 杂质及其分布控制

粮食的杂质在入库时由于自动分级现象，常聚集在粮堆的某一部位，形成明显的杂质区。杂质区的有机杂质含水量高，吸湿性强，带菌量大，呼吸强度高，易造成局部发热、霉变，是储藏的不安全因素，因此，在粮食入库前应尽可能降低杂质含量。通常将杂质的质量分数（含量）降到0.5%以下（浅圆仓）或1.0%以下（房式仓）。

在粮食的收购、运输、入仓过程中，机械化程度越高，自动分级现象就越明显。房式仓人工入仓自动分级现象少于房式仓机械化入仓自动分级现象少于浅圆仓自动分级现象。粮食入仓时，应采取有效措施，尽可能避免粮食破碎率升高和自动分级现象。

在大型粮食储备库，从长远考虑，应当逐步在入仓输送线上配备清理设备，以便减少杂质及其所引起的自动分级现象。

3. 粮食等级

对不同粮种、不同水分、不同品质、有虫无虫的粮食，应分仓储藏，有条件的应分等级储藏。凡是长期储藏的粮食，水分必须达到安全标准。

4. 其他要求

对含有有毒物质超过国家卫生标准的粮食，不准接收入仓。

(二) 最适宜高温高湿储粮生态区的粮仓

1. 最适宜本生态区的仓型

根据结构形式的不同，本生态区现有的粮仓可分为房式仓、筒仓和地下仓三种类型，其中，房式仓包括平房仓、楼房仓、拱形仓等，筒仓包括砼立筒仓、钢板立筒仓、砖立筒仓、砼浅圆仓、砖圆仓。房式仓是最主要的仓型，约占总仓容的90%以上。

根据保粮的实际情况看，适合本生态区储粮生态条件的仓型应为房式仓和浅圆仓。在中储粮广东新沙港直属库，经三年多的实践摸索，浅圆仓储粮品质优于立筒仓，立筒仓优于楼房仓。

2. 对粮仓的性能要求

在本生态区现有粮仓中，使用10年以内的、10～20年的、使用20年以上的粮仓约各占1/3。绝大多数老式房式仓的气密性、隔热性较差，防潮性能尚可。1998年后，新建的一批高大平房仓、立筒仓、浅圆仓，气密性、防潮性、隔热性相对较好。

为了提高现有房式仓的气密性、隔热性和防潮性，可采取下列方法进行改造：做好外墙刷白工作，有木式屋架的仓房如苏式房式仓宜装置吊顶，门窗的隔热密闭可在入粮后填入聚乙烯泡沫等隔热材料或用塑料薄膜密封，这样可大大增加隔热作用与密闭效果；改善屋面、地坪、墙体及门窗设施；门窗处添置槽管，利用槽管（厚）薄膜密闭，仓内木柱、横梁等表面宜光滑，不平处用生石灰等补平以利于增强气密性和防潮性。

为了提高浅圆仓隔热、气密，可以作如下改进，如在通风口外围采用发泡聚氨酯隔热板和喷涂进口反光涂料的办法进行隔热；地槽口采用双层不锈钢板，中间填充发泡隔热材料、内扣软橡胶垫的办法加强气密；人员进仓孔洞采用外接小房屋的方法，提高隔热、气密、防风雨等性能。

（三）储粮技术设备

1. 必须配置的储粮技术设备

1998 年后，新建的一批高大平房仓、立筒仓、浅圆仓全部配备了粮情测控、机械通风、环流熏蒸、谷物冷却等设备，此前的绝大多数粮仓都没有配备电子检测、环流熏蒸和机械通风设备，几乎都没有配备谷物冷却机。

此外，在逐步实现标准化的基础上，建议在国储库配备高质量、高效率的扦样设备和在立筒仓、浅圆仓配备害虫陷阱检测器。

2. 必须配置的仓储配套设备

除 1998 年后新建的一批高大平房仓、立筒仓、浅圆仓全部配备了输送机、提升机、振动筛、吸粮机等设备外，绝大多数粮仓都没有配备或配备不齐。在本生态区仓库点多、规模小，粮食基本采用包装运输、储藏，散装输送设备的利用率低，清理设备不多，几乎没有烘干设备。

3. 仓储设备的性能要求及配置数量

在配备了上述输送设备的粮仓，基本可以满足本粮仓粮食储藏的需要。但对绝大多数粮仓而言，仓储设备的现状还满足不了现代化、科技化的需要。

（四）适用于本生态区的储藏技术优化方案

1. 粮情检测技术

为了掌握粮质、粮情，每周至少要巡视一遍各粮仓。

粮温检测　新建浅圆仓和高大平房仓以粮情检测系统检测为主，以测温探杆检测为辅，普通房式仓使用电子测温线或测温探杆检测。一般安全粮每周检测一次，半安全粮每周检测两次，危险粮每天检测一次。对于刚入库的粮食，一周内，每天检测一次；对温度处于明显变化中的粮食，每天检测一次；对品质较差的粮食，每周检测两次。

水分检测　以现场快速水分检测仪检测为主，以化验室标准法为辅。一般的浅圆仓粮面和出粮口处每半个月检测一次，结合春秋季普查，每年每仓进行两次深层扦样检测，扦样点为中心、阳面半径一半处、阳面墙壁 50 cm 处。房式仓在春防盖幕前、秋冬揭幕后，都必须作一次水分检测。对未盖幕的粮堆，每三个月作一次水分检测。

虫害检查　主要检查仓储害虫种类、密度。对浅圆仓储粮以虫筛法为主，陷阱法为辅，入库、出库和采取防治措施前，均进行虫害检查，非熏蒸期间每仓粮面和出粮口处每半个月检测一次。一般检查粮面和出粮口处，结合春秋普查，每年每仓进行两次深层扦样检测，扦样点为中心、阳面半径一半处、阳面墙壁 50 cm 处进行检查。对于房式仓，当粮温在 15 ℃以下时，每月作一次害虫检查；当粮温在 15 ~25 ℃时，每半个月内至少作一次害虫检查；当粮温高于 25 ℃时，每周内至少作一次害虫检查。

2. 通风技术

根据本生态区的气候特点，通风是很有必要的，不仅可以把粮温降至准低温以下，同时也可以把水分降低。建议采取阶段间歇性适时通风。秋冬季可以结合利用自然通风技术。本生态区通风技术包括：自然通风技术、机械通风技术、保湿通风技术等。

高大平房仓均配有轴流风机和移动式离心风机，仓内安装地上笼通风系统。

在本生态区，通风时机是稍纵即逝的，建议对浅圆仓进风口的密封改为容易开启且具保温、防结露性能，或者将移动式离心风机改为固定式离心风机，在中控室或电子检测系统中有集中控制风机运行的软硬件，对减小劳动强度、把握最佳通风时机、进行适时通风是有利的。建议每座浅圆仓至少要配 2 台离心式风机，采取 2 台离心风机通风方式，不仅降温效果明显，能耗低，均匀性也好。

因为本生态区空气湿度大，储粮自然失水现象不严重，所以保湿通风技术未加以应用。

3. 低温储藏技术

本生态区由于自然气候条件限制，在目前的仓储条件下，不可能实现低温储藏。只有结合通风实现低温、谷物冷却机辅助低温储藏技术。

目前本生态区谷物冷却机的使用，主要是用于应急处理发热粮，尤其是高温、高湿不适合用机械通风的季节，使用谷物冷却技术处理粮食发热（主要是水分偏高引起的粮食发热问题）效果较好，不仅起到了降温作用，同时通过适当设定出风温、湿度值可以对粮食水分起到一定程度的调节作用

4. 气调储粮技术

气调储粮技术除氮气和二氧化碳气调储粮技术外，还包括密闭储藏（ modified atmosphere storage ，如以薄膜六面密闭，使氧气降低和 CO_2 升高），历史的实践已经证明，在本生态区可以应用，而且很有成效。

5. 粮食干燥技术

本生态区由于气温高，夏粮和秋粮收获季节气温高，对粮食的自然晾晒十分有利，所以收购入仓的粮食多在安全水分以内。因此，从总体上来说，国储库一般可不配置干燥设备。但也有特殊情况，例如，由北方调来的玉米，一般含水量都很高，储藏困难，多年以来，一直是接收单位头痛的问题，应当安排定点接收的大库，在该大库配置干燥设备。

6. 仓储害虫防治综合技术

仓储害虫防治工作贯彻“以预防为主，综合防治”的方针，充分利用自然条件和各项设施，采取多种手段和综合防治技术、非化学防治技术、化学防治技术。坚持“治早”“治了”“治好”的原则，及时、有效地防止仓储害虫的侵害。防护主要是进粮前做好仓房及相关设备设施的清理消杀工作，粮仓空间、空仓处理和防虫线多用敌敌畏喷洒，可有效防止外界害虫的感染。对房式仓可以利用磷化铝熏蒸或结合敌敌畏、

防虫磷进行综合防治，对浅圆仓可以采用“防护剂+磷化氢环流熏蒸+溴甲烷”局部处理防治仓储害虫。储藏期较长的粮食，可采用熏蒸与结合使用多种防护剂，或缓释熏蒸等方法。大部分地区一年之内需进行2次熏蒸杀虫，56%磷化铝片剂用量一般为房式仓5～8 g/m^3，浅圆仓3～4 g/m^3。

7. “三低”和“双低”储藏技术

本生态区大部分粮仓采用低药量密封储藏，即“双低”储藏技术，广东省粮食储藏科学研究所（1981年）的研究成果证明：氧在12%以下和二氧化碳在4%～8%的情况下可对磷化氢增效。“双低”储藏效果与普通（常规）储藏相比好处多，主要体现在储粮害虫发生少、为害程度轻、粮温相对较低，粮食品质变化较慢等方面。

本生态区由于气温高，在达到低氧（包括二氧化碳的升高）和低磷化氢浓度的情况下，要达到“三低”，即加上低温，难度较大。

8. 不同粮仓适用的储粮技术及所采用技术的经济效益比较

在本生态区，切合实际的储粮管理模式是：在日常粮情检查的基础上，春秋季节使用磷化铝“自然潮解法”进行环流熏蒸（浅圆仓、高大平房仓）或“高密闭低药量”熏蒸（普通房式仓），夏季对粮仓实行隔热保温，使粮食低温度过夏季，冬季抓住时机利用自然低温进行机械通风降温，可以利用谷物冷却机对发热粮和高水分粮进行应急处理（浅圆仓）。

本生态区在现有条件下最经济、最安全的储粮技术措施（技术组合）如下：

房式仓采用“自然通风+高密闭低剂量磷化氢熏蒸+施用谷物保护剂+粮情检测”技术措施。

浅圆仓采用“自然通风+机械通风+谷物冷却机冷却通风+环流熏蒸+施用谷物保护剂+配套使用粮情测控系统”技术措施。

广东新沙港国储库，同时拥有房式仓、立筒库、浅圆仓。现以该库为例，对这三种仓型的储粮所用技术的经济效益进行比较（详见表3-12）。

表 3 - 12　不同仓型储粮成本核算　　单位：元/（t·a）

仓型	楼房仓	立筒库	浅圆仓
储粮成本（合计）	12.26	11.65	10.63
防治用药费用	0.79	1.19	1.33
电费	0.57	6.65	7.76
检验费	1.48	2.39	0.72
接触药物补贴	1.03	0.31	0.28
低值易耗材料费	0.67	0.30	0.30
人工劳务费	7.72	0.81	0.24

在表 3 - 12 中，储粮成本由日常粮食保管费用、进出仓及倒仓费用两部分组成。人员工资、办公费用、接待费用、仓储设施设备的维修、维护及零配件的配置费用、仓储设备设施的折旧费用未列入。

其中，日常粮食保管费用包括下列三部分：

（1）防治化验费用

包括防治、检化验用药，用电、用油，根据规定支付给防治化验人员的营养补贴费、劳保费等。

（2）保管用品费

包括防治化验用的低值易耗品，如试管、常用玻璃器皿、仓锁、扫帚、塑料薄膜、麻绳、施药袋（不包括麻袋和其他包装物品）等。

（3）其他保管费

指现有聘用工人工资、风筛处理虫粮、挖塘或搬倒、清理处理发热或霉变粮、粮仓及周围清洁卫生、铺垫塑料薄膜、整理地脚粮等所雇用的人员工资等费用。进出仓及倒仓费用，包括电费及人工费用。

从上述经济效益比较可知，浅圆仓的储粮成本小于立筒仓，立筒仓的储粮成本小于楼房仓。

（五）应急处理措施

1. 粮堆发热的应急处理

当发现粮食发热时，应首先分析发热的原因。由于粮食水分过高而引起发热，应采取降低粮食水分的处理措施，将粮食的水分降到安全水分以下，秋冬季可以利用外界干燥、低温的自然风降水、降温，在春夏季如有条件，可以利用谷物冷却机对粮食进行降水、降温。因粮食后熟作用引起发热，应进行通风促进后熟。由于仓储害虫猖獗造成的粮食发热，应进行杀虫处理，再考虑降温。因粮食中含杂质过多引起发热，应进行清杂降温处理。由于粮食中微生物为害造成发热，可用高浓度磷化氢应急熏蒸，以抑制霉菌的生长，达到降温目的。

2. 储粮结露的应急处理

结露现象在浅圆仓储粮中曾有发生，尤其是钢顶结构浅圆仓发生频率及严重程度较砼顶浅圆仓为甚，这与沿江（海）库区湿度大和仓体结构有关。发生的部位以粮面居多，同时在通风地槽盖板上方也有不同程度、不同范围的结露现象发生，发生时间主要在冬季通风作业时较为突出。处理方法是采用屋顶轴流风机结合自然通风孔进行粮面适时通风排除积热的办法，效果较好。对于地槽盖板处的结露问题，目前正在结合地槽口的隔热、气密和空气分配器的改进方案一并研究实施。

3. 高水分粮的应急处理

高温高水分粮应急熏蒸时，禁止使用易燃物品装药，施药点要求均匀分布，每点药量不能过多，不能过于集中，防止药剂产生自燃。应急处理时，粮堆面层最少要铺一层麻袋，且要盖过四周 10 cm 以上，以防止内结露时水珠流入粮堆内。应急处理的粮堆，不论有无产生内结露，在放气揭幕的同时，应立即将麻袋全部取下来，不允许将麻袋放在粮堆上。

第四章

中国储粮工艺模式图的研究与应用

第一节

中国储粮工艺模式图的定义与依据

一、中国储粮工艺模式图的定义

“中国储粮工艺模式图”是以模式图的形式表达我国七个储粮生态地域、几个主要粮种、安全储粮的最佳工艺和经济运行模式。

二、中国储粮工艺模式图的科学依据

借鉴国际上生态学、生态系统、粮堆生态系统研究成就及国内外储粮生态系统研究，特别是储粮害虫种群生态研究已有成果，在我国储粮生态地域研究基础上，创建了“中国储粮生态系统理论体系”框架。在借鉴国内其他相关学科发展基础上，创立了“中国储粮安全学”的理念。上述“框架”与“理念”就是创制“中国储粮工艺模式图”的重要依据。

“中国储粮生态系统理论体系”框架，包括中国储粮生态地域的合理划分；不同储粮生态地域储粮围护结构的科学、合理选择与设计；不同生态地域、不同围护结构粮仓机械和确保储粮安全专用机械设备的合理配置；不同生态地域、不同围护结构、储藏不同粮种最佳的储粮工艺和经济运行模式；不同生态地域、不同围护结构储藏不同粮食的技术、管理、成本、效益的经济学评价以及储粮安全（包括储粮品质、储粮营养、储粮卫生）的技术评价体系标准。

“中国储粮安全学”研究主体（粮油及其加工产品）、客体（生态因子：生物的与非生物的）和社会学（技术、管理、成本、效益、生态等）之间的关系。

第二节

安全储粮的历史、成就与现状

一、安全储粮的经验积累

中华民族是一个聪明、智慧的伟大民族，我国先民创造、积累了十分丰富的储粮经验。从20世纪我国考古发掘证实，我国先民有意识地积储、加工粮食和其他种实至少有7 000年至10 000年历史。我国古代储粮实物遗存：如7 000年前浙江余姚河姆渡遗址，稻谷储藏于可通气散热的“干栏式”建筑物内；5 000年前陕西西安半坡村粟储藏于可隔热保冷的地下窖穴内；2 000年前甘肃敦煌“大方盘仓城遗址”大麦、青稞储藏于仓壁具有通风洞的粮仓内；1 500年前洛阳粟储藏于具有隔热、保冷、防湿、降氧土体或砖砌的地下粮仓内。我国先民共同经验是：各地储粮生态（包括气候、土质等）条件不同，使用储粮围护结构各异。充分利用对储粮品质有利生态条件（如低温、低湿等）达到安全储粮的目的。我国考古出土的历代与储粮有关的冥器（如仓、囷等）也证实了先民上述储粮经验。从20世纪40年代至今在全国各地出土的储粮仓囷何只几百件，凡在我国南方湿热地域（如广东、广西、四川、湖南等）出土的粮仓仓底多有支柱，仓顶仓壁多有通气装置；凡在我国北方干冷地域（如青海、北京、河南、河北等）出土的粮仓仓底多无支柱。2 000 年前，我国先民已经构思和塑造出二层、三层、四层、五层粮仓，其结构之合理、彩绘之精美令世人震惊。

据靳祖训编《中国古代粮食贮藏的设施与技术》记载：“我国先民对于贮藏粮食的重要作用一直是极其重视的。”历代文献中都有关于粮食贮藏的著述，诸如《诗经·小雅》《诗经·大雅》《诗经·周颂》《礼记·月令》《吕氏春秋》《氾胜之书》《焦氏易林》《齐民要术·收种、种谷》《唐六典》《唐书·食货志》、宋董煟撰《救荒活民书》、宋戴植撰《戴氏鼠璞、蓄米》、宋包拯有关粮食贮藏《奏议》、元《王祯农书》、明徐光启《农政全书》等等。这些文献有的详细记述储粮仓窨的结构；有的介绍储粮管理，储粮虫霉防治、鼠雀预防。明代还有很多关于储粮著述，如万表《灼艾余集》、田艺蘅《留青日记》、吕坤《实录》、陈侃《使琉球录》、施大经《泽谷农书》等。《留青日记》已提出鼠雀储粮损耗，《泽谷农书》载明太祖提出每石储粮以七升为鼠雀损耗制度。清代《农圃便览》《农学纂要》《种树书》都记载粮食储藏技术问题。清代松筠《西招图略》、陈盛韶的《问俗录、鹿港厅》分别介绍西藏和台湾储粮情况。台湾岛气候湿热、粮仓“如若悬亭”。我国历代的粮食储藏史料是研究我国储粮生态珍贵的储粮技术遗产。

中华人民共和国成立以后，我国粮食系统基层职工创造和积累了十分丰富的储粮经验。在全国范围开展了“一符四无”群众性安全储粮创优争先活动。在党中央、国务院直接关怀下，我国粮食仓储基础设施技术面貌发生巨大变化。中国粮食储备体系已经完整建立，中国储备粮管理总公司建立了全国性垂直、完整的管理系统，并且已经实现高效、科学、精细管理。从总体上正朝装备现代化、管理科学化、信息网络化、检测智能化、人才高素质化迈进。我国粮食储藏科学技术发展理念，装备技术水平和储粮应用技术已居世界前列。

二、粮食安全储藏学科的研究历程

我国粮食储藏学科建立，大约是20世纪20年代，它大体与世界同步。20世纪20~40年代我国科学院系统、综合性大学、农业院校、动植物检疫部门少数专家涉足储粮昆虫学、储粮微生物学、谷物化学、粮油品质检验，粮仓建筑等方面的一些研究工作，并做出一定成绩。这批老一辈知名专家相继辞世，包括张宗炳、忻介六、赵养昌、王鸣岐、黄瑞纶、姚康、黄文几、陈跃溪、向瑞春、赵善欢、洪用林等。20世纪50年代我国正式建立粮食科研机构、大专院校，各省市自治区也相继成立粮食科研教育机构，从事粮食储藏科研有一批老专家、教授已仙逝，包括冯学棠、赵同芳、陈啟宗、周景星、倪兆祯、朱大同、赵慕铭、刘维春、朱跃炳、詹继吾、何其名、张祯祥、樊家琪、吴汉芹、王建镐、王宜春、关延生、王立、黄建国等。一代宗师李隆术先生，诸学长梁权、徐国淦、檀先昌、张国樑、路茜玉、殷蔚申、项琦、邓望喜、刘瑞征、杨浩然、曹子丹、李况、管良华、姜永嘉等均健在，仍为我国粮食储藏科学技术事业不懈奉献。自20世纪50年代末，在党中央、国务院的关怀下，我国建立粮食科研机构，我国粮食科研事业，特别是粮油、薯类储藏、储粮害虫防治科研有了一定发展。20世纪60年代我国正式建立粮食储藏科研专门机构，我国已多次开展全国性储粮害虫、螨类和粮食微生物区系调查，深入进行消长、演替规律研究，深入开展防治储粮害虫熏蒸剂、保护剂研究，储粮害虫抗性调查及对策研究。电离辐射防治储粮害虫有效剂量及对粮食品质影响的研究，全面开展了全国性粮食真菌毒素调查，检测技术研究及去毒技术探索。在“六五”“七五”“八五”期间，专门的研究机构牵头开展“现代储粮保鲜技术”国家攻关项目。在国家粮食局主持下，“九五”“十五”“十一五”继续开展了绿色储粮关键技术与设备示范试验。“十五”期间开展了“不同储粮生态区域粮食储备配套技术优化研究与示范”，取得一大批有价值的研究成果。早在20世纪80年代原西南农业大学与原国家粮食储备局储藏科研所共同在北碚校区建立了储粮生态研究室，为我国储粮害虫种群生态研究作出了贡献。随着国家粮食局科研院储粮生态实验室建立和河南工业大学、南京财经大学、成都储藏科研所储粮生态研究条件不断完善，相关基础性数据已经不断得到充实和积累，它预示我国储粮生态系统研究有着良好的前景。

三、储粮生态学研究的理念创新

在储粮科学技术理念创新方面，除了建立"中国储粮生态系统理论体系"框架、《中国储粮安全学》理念，提出"世界储粮生态系统网络体系研究设想"以外，近年我国专家提出"储粮数学生态学""储粮化学生态学""储粮工程生态学"等理念。"储粮化学生态学"即研究储粮生态系统中粮食与其他生物因子之间，生物因子之间（生物种内和种间）关系中发挥作用的天然化学物质的结构、功能、来源与重要性。"储粮数学生态学"即研究储粮生态系统中粮食与生态因子之间关系，各生态因子之间关系以及在储藏过程中物质与能量变化关系，以数字形式表达的科学。"储粮工程生态学"是工程生态学的一个分支，它重点研究储粮自然生态系统与工程技术系统的协调性，使工程技术系统与储粮生态系统相协调，以确保储粮稳定性。换言之，人类已进入21世纪，粮食储藏过程作为生物体生命现象的一部分，以现代生物技术揭示储粮在储藏期间品质变化的本质，以化学物质变化的现象和机理揭示储粮稳定程度，以数学方法分析、判断、表达储粮与生物因子、非生物因子关系，生物因子与非生物因子关系以及在整个储藏过程中物质与能量变化规律。上述理念都是以增加储粮稳定性为目的，研究储粮自然生态系统与储粮工程生态系统的协调，这些都预示着中国和世界粮食储藏学科的发展与进步。

第三节

储粮工艺模式图与技术规范的关系

《粮油储藏技术规范》是我国粮油储藏重要的标准文件，对我国粮油储藏技术的规范和发展已经和正在起着重要的引领、指导作用。《粮油储藏技术规范》以“中国储粮生态系统理论体系”、《中国储粮安全学》为依据，内容包括储粮基本要求，粮仓设施与设备的基本要求，粮油进出仓、粮油储藏期间的粮情检测与品质检验，粮油储藏技术以及有害生物控制。“中国储粮工艺模式图”是以模式图的形式表达我国七个储粮生态地域、几个主要粮种、储粮的最佳工艺和经济运行模式。当然，它也与粮油品质、围护结构、管理、成本、效益密切相关。“模式图”与“技术规范”、科学依据相同，服务功能相同，同出一辙、相互印证、相互补充、相得益彰。

第四节

“中国储粮工艺模式图”的内容

一、中国七个储粮生态区主要粮种储粮工艺模式图

中国七个储粮生态区主要粮种储粮工艺模式图见图 4 －1 至图 4 －7；图 4 －1 至图 4 －7 的图例见表 4 －1。

表 4-1　图 4-1 至图 4-7 的图例

序号	样　式	所代表的技术措施	填充样式类型
1	◇ ◇ ◇ ◇	粮食收获	
2	s^s　s^s　s^s　s^s	晾晒或辅助加热干燥	浅色棚架
3	o^o　o^o　o^o　o^o	粮食入仓	浅色竖线
4	00　00　00	就仓干燥	
5		机械通风	浅色上斜线
6		自然通风	浅色下斜线
7		适时密闭和排积热	浅色网格
8	×　×　×　×　×	严格密闭和低剂量熏蒸	深色网格
9		粮食出仓	浅色横线
10	※　※　※　※　※	有虫害发生时进行熏蒸	
11		环流熏蒸	
12	▽▽▽▽▽▽	谷物冷却	
13	～　～　～　～　～	密闭加保护剂	

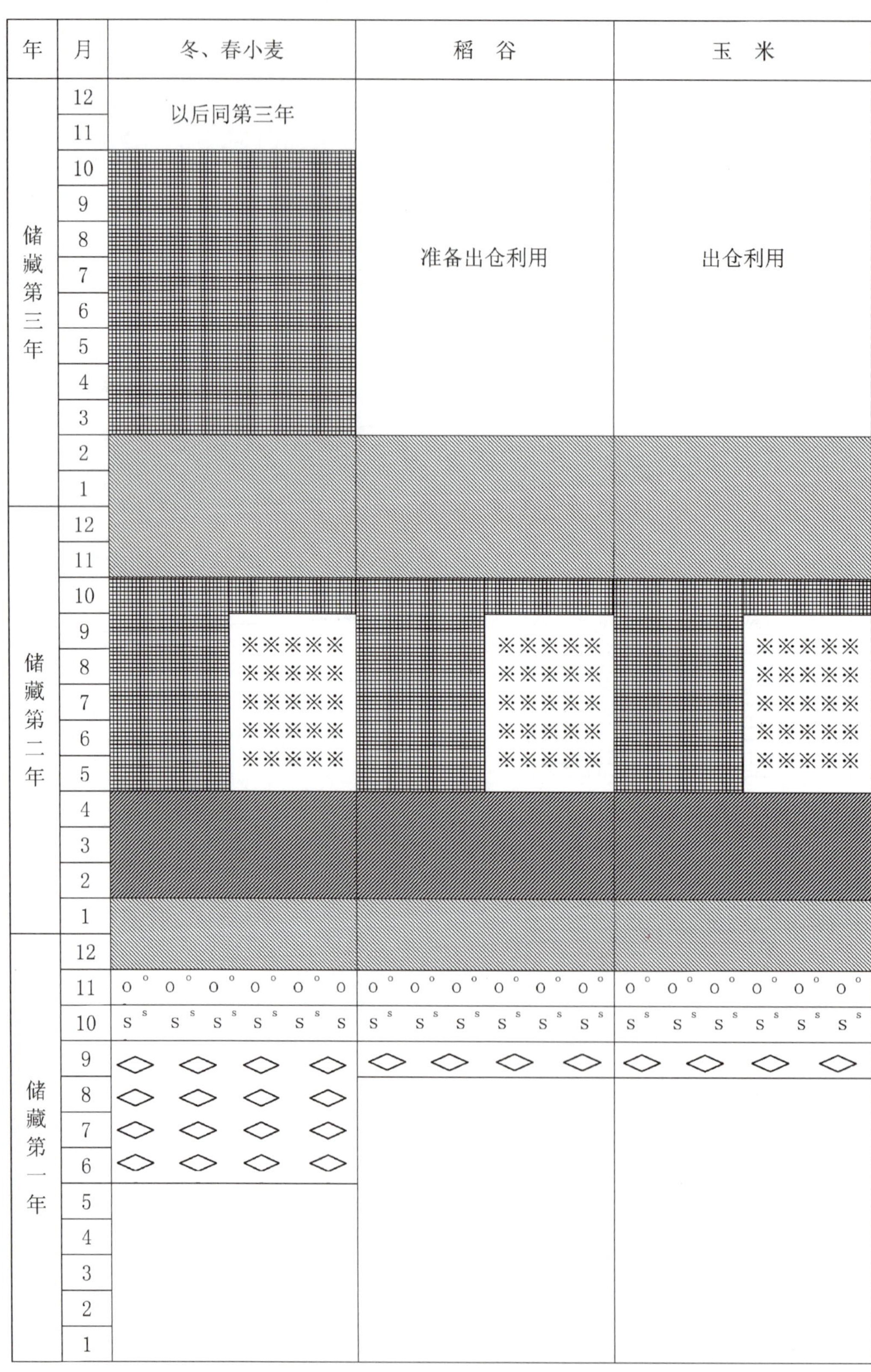

图 4－1　第一区　高寒干燥储粮生态区储粮工艺模式图

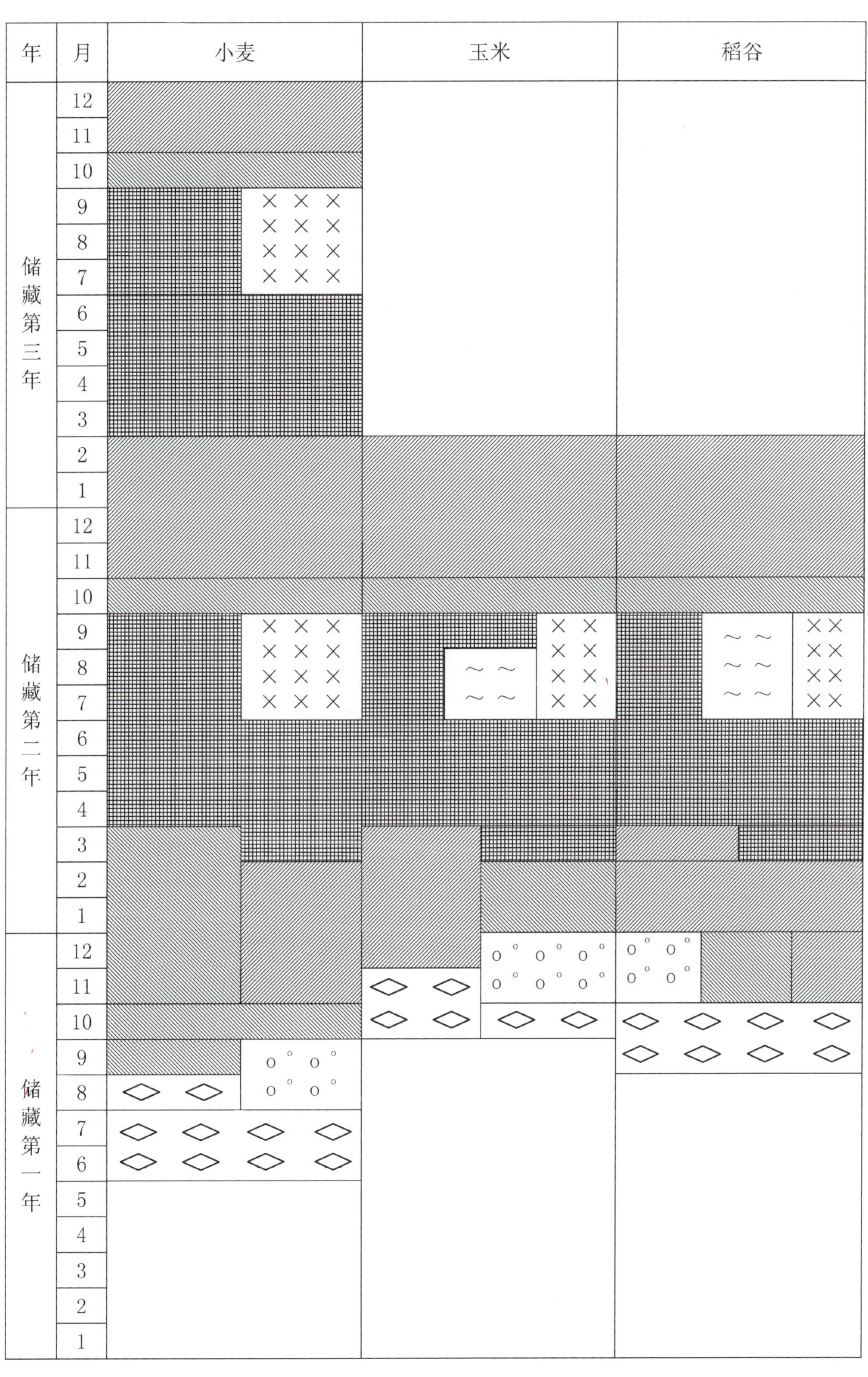

图4－2　第二区　低温干燥储粮生态区储粮工艺模式图

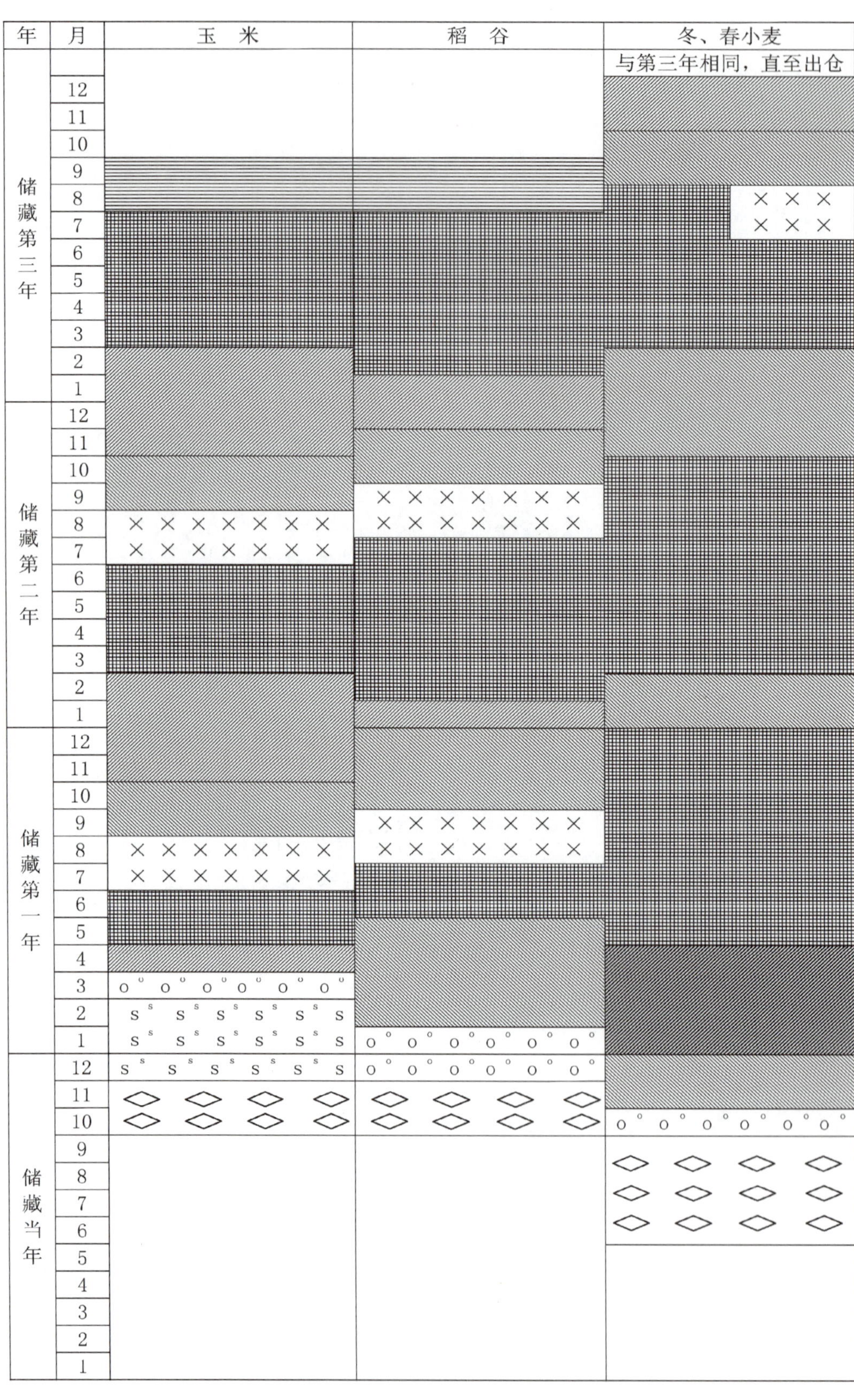

图 4-3 第三区 低温高湿储粮生态区储粮工艺模式图

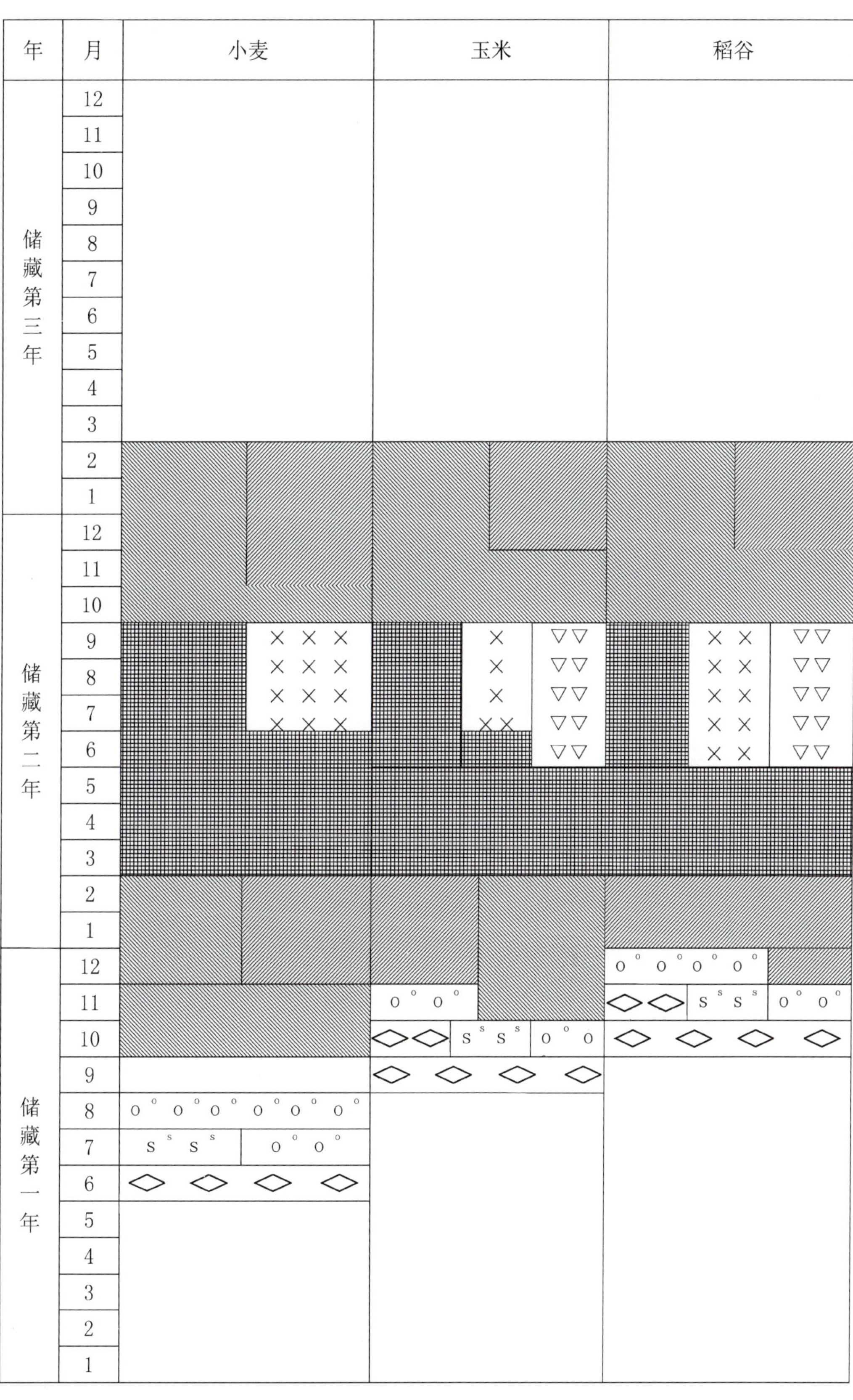

图 4－4　第四区　中温干燥储粮生态区储粮工艺模式图

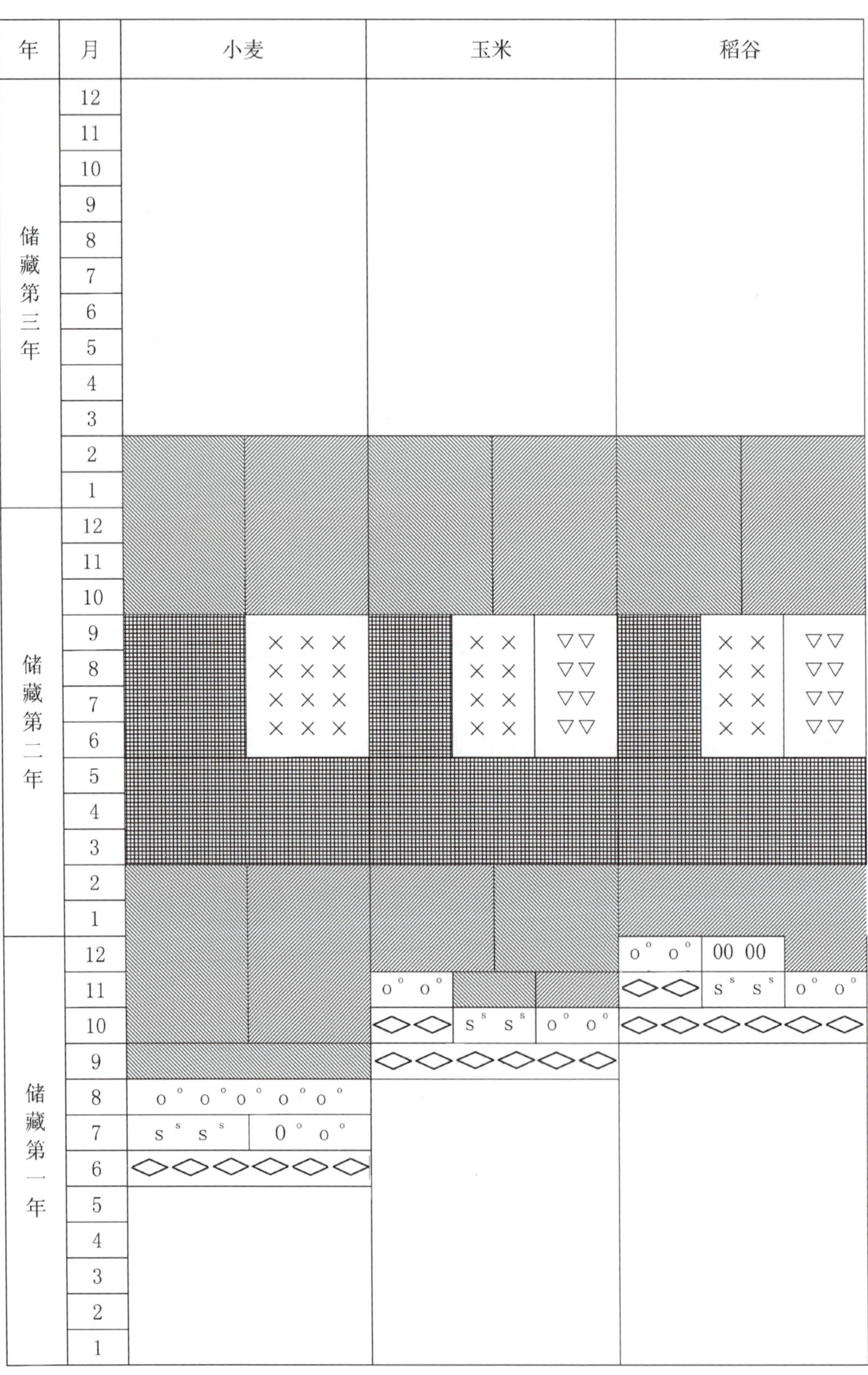

图 4－5　第五区　中温高湿储粮生态区储粮工艺模式图

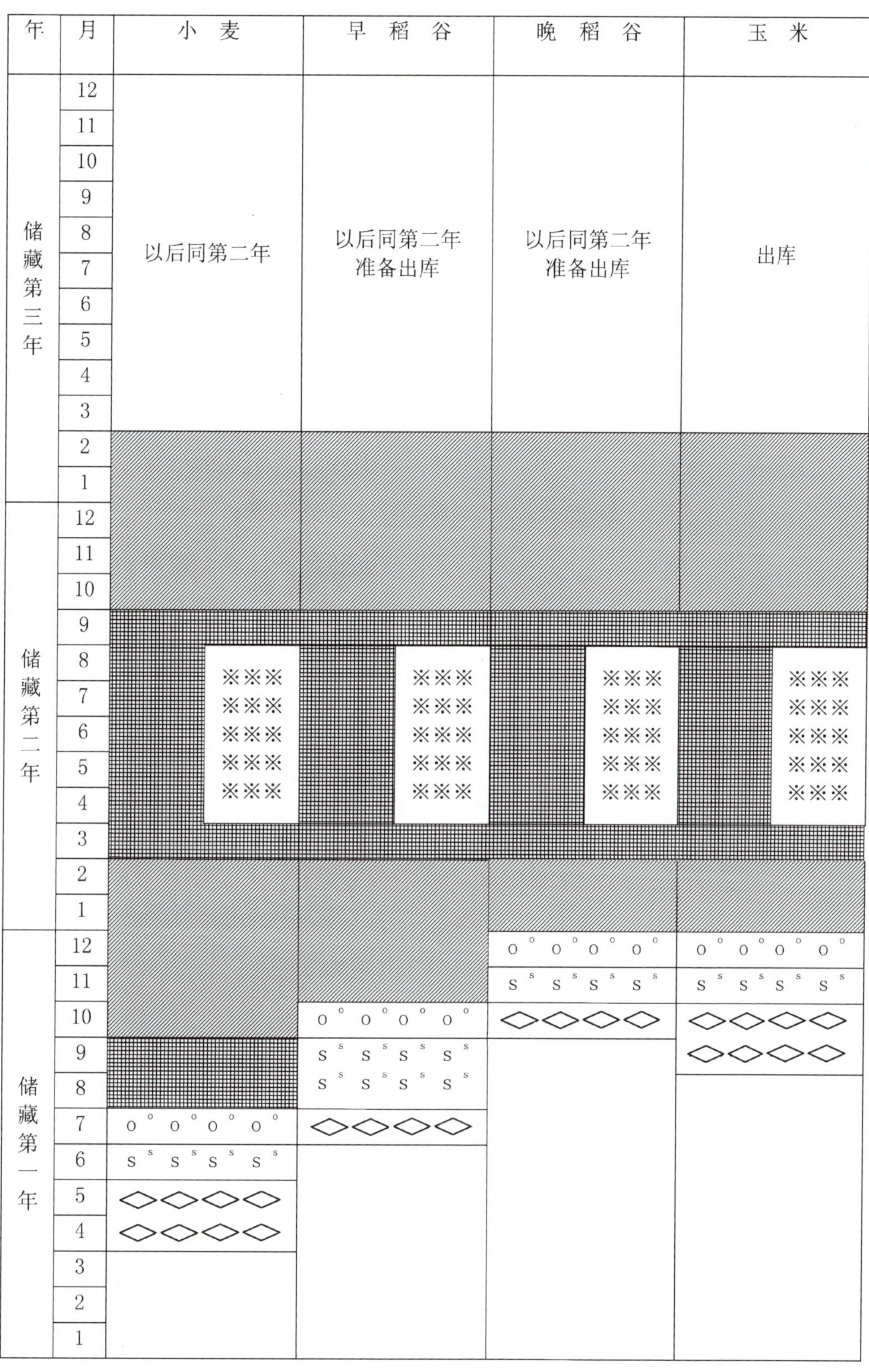

图 4－6　第六区　中温低湿储粮生态区储粮工艺模式图

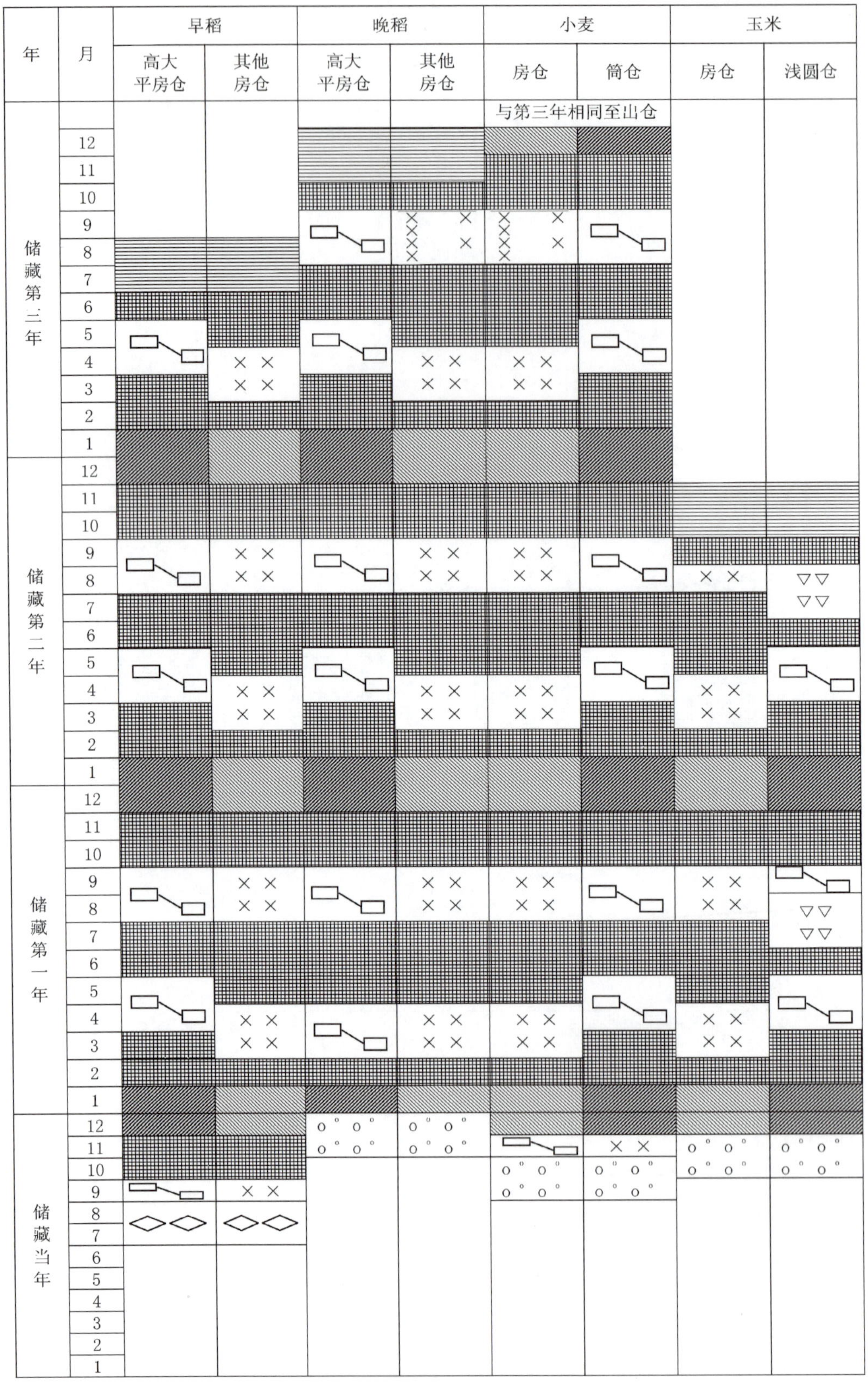

年	月	早稻		晚稻		小麦		玉米	
		高大平房仓	其他房仓	高大平房仓	其他房仓	房仓	筒仓	房仓	浅圆仓
储藏第三年						与第三年相同至出仓			
	12								
	11								
	10								
	9				× ×	× ×			
	8				× ×	× ×			
	7								
	6								
	5								
	4		× ×		× ×	× ×			
	3		× ×		× ×	× ×			
	2								
	1								
储藏第二年	12								
	11								
	10								
	9		× ×		× ×	× ×			
	8		× ×		× ×	× ×		× ×	▽▽
	7								▽▽
	6								
	5								
	4		× ×		× ×	× ×		× ×	
	3		× ×		× ×	× ×		× ×	
	2								
	1								
储藏第一年	12								
	11								
	10								
	9		× ×		× ×	× ×		× ×	
	8		× ×		× ×	× ×		× ×	▽▽
	7								▽▽
	6								
	5								
	4		× ×		× ×	× ×		× ×	
	3		× ×		× ×	× ×		× ×	
	2								
	1								
储藏当年	12			o o	o o				
	11			o o	o o		× ×	o o	o o
	10					o o	o o	o o	o o
	9		× ×			o o	o o		
	8								
	7								
	6								
	5								
	4								
	3								
	2								
	1								

图 4－7　第七区　高温高湿储粮生态区储粮工艺模式图

二、关于中国七个储粮生态地区主要粮种储粮工艺模式图的说明

（一）中国储粮工艺模式图的重要价值

运用“中国储粮工艺模式图”全面、概括地介绍我国七个储粮地域，三个主要粮种（稻谷、小麦、玉米）的储粮工艺，用以服务和指导储粮工作，在我国尚属首次，在世界也未见同类报道。它是我国近一万年储粮技术进步的写照，是新中国建立以来粮食仓储系统广大职工，多年探索、创造、积累的储粮技术和管理经验的总结；是我国几代粮食储藏科研、教育工作者深入第一线刻苦钻研、潜心总结的智慧结晶。认识来源于实践，“理论是通过实践概括出来有系统的结论”。我们设想，将千变万化的复杂事物，抓住某些规律性、本质性的变化，加以总结概括，作出系统性的说明，实现认识上的飞跃，用以服务和指导我们的工作，这不失为一种有益的探索和尝试。事实上，没有中华民族粮食储藏技术深厚的历史积淀，没有全国百万仓储职工不断积累，开拓创新，没有全国各地粮食储藏科研教育专家学者潜心耕耘，真诚奉献，是不会取得应有成绩的。我们深知，这份储粮工艺模式图刚刚问世，还会存在许多不足甚至谬误，但我们相信，通过全国同行一致努力，不断充实、补充，它必将日臻完善，以飨国人。

（二）中国储粮工艺模式图的重要特点

“中国储粮工艺模式图”有以下三个特点：

1. 实用性

由于它以“储粮安全学”和“中国储粮生态系统理论”为依据，所以它与我国正在制定的《粮油储藏技术规范》国家标准和正在制定的七个储粮地域粮油储藏技术标准互相印证、互相补充。用模式图的形式，直观清晰、实用、通俗易懂、一目了然。

2. 可持续性

经验不断积累，成果不断创造，科研成就推动储粮工艺模式图日新月异。随着国际、国内粮油储藏理念的发展，我国有许多粮油储藏新技术、新装备、新工艺涌现。现有的储粮工艺模式图，是一个时期科技进步历史总结，它总体上反映出我国不同储粮地域房式仓（包括高大平房仓、楼房仓）、筒仓（包括浅圆仓、立筒仓）常规储藏和“四合一”储藏技术的推广情况，但是对近年我国南方某些地区气调储粮技术反映不够，通过可持续发展必将很快得到补充和完善。

3. 可开发性

储粮工艺模式图是“理念”上的一种创新，它与现代信息技术的结合必将开拓出有价值的新的研究成果。我们相信“粮食储藏技术一点通”吸纳我国已有研究成就，必将更好地为我国粮食仓储事业服务。

（三）重要启迪

“中国储粮工艺模式图”给我们启迪至少有以下三点：

1. 重视和坚持我国粮食储藏科学技术发展战略和发展方向

当今世界，人类面临最大限度地保护和利用人类食物资源，最大限度地爱护和改善人类生存环境，最大限度地改进和提高人类生活质量，最大限度地优化和提高人类食物储运、加工的工艺装备，以满足人类营养、健康的需要。人类从重视“生物圈层”与“技术圈层”相协调的高度，提出重视相关技术绿色化。近 20 年来我国提出了粮食储藏科学技术发展战略，绿色生态储粮得到很大发展。绿色生态储粮即利用和控制对储粮品质有利的生态条件（如低温、低氧）达到储粮安全的目的。储粮工艺模式图全面反映我国粮食储藏的科学技术成就，值得我们坚持。事实上，我国利用低温储藏生态条件还有很大潜力，从表 4－2 我国部分城市日平均气温 <5 ℃和 <0 ℃的天数可见一斑。坚持我国粮食储藏科技发展方向，走绿色、生态、低碳储粮之路，铸造新的辉煌。

表 4－2　我国部分城市日平均气温 <5 ℃与 <0 ℃的情况

地域	日平均气温 <5 ℃的情况			日平均气温 <0 ℃的情况		
	全年的天数/d	初日（日/月）	终日（日/月）	全年的天数/d	初日（日/月）	终日（日/月）
哈尔滨	173.6	12/10	24/4	143.2	24/10	4/4
长春	170.7	11/0	15/4	139.5	24/10	5/4
沈阳	153.6	19/10	13/4	121.8	1/11	28/3
乌鲁木齐	167.0	13/10	24/4	138.0	24/10	11/4
西宁	151.1	18/10	20/4	105.6	11/11	1/4
兰州	131.5	30/10	3/4	90.2	17/11	5/3
西安	96.9	14/11	23/3	41.6	3/12	20/2
太原	136.4	26/10	4/4	94.8	14/11	20/3
石家庄	109.8	8/11	22/3	66.3	24/11	28/2
北京	123.6	5/11	27/3	82.3	21/11	7/3
天津	121.7	7/11	23/3	77.4	23/11	9/3
济南	96.3	13/11	22/3	44.4	20/11	1/3
郑州	99.3	19/11	20/3	0.0		
合肥	51.0	27/11	13/3	7.5	19/12	14/2
南京	66.4	23/11	19/3	16.5	19/12	14/2
上海	58.0	27/11	15/3	9.9	23/12	6/2
杭州	52.1	1/12	17/3	6.1	3/1	2/2
福州	1.6	27/1	4/12	0.0		

续表 4-2

地域	日平均气温 <5 ℃的情况			日平均气温 <0 ℃的情况		
	全年的天数/d	初日（日/月）	终日（日/月）	全年的天数/d	初日（日/月）	终日（日/月）
南昌	43.7	30/11	6/3	5.0	9/1	10/2
汉口	50.0	2/12	14/3	6.2	2/1	2/2
长沙	46.6	4/12	12/3	3.5	16/1	31/1
桂林	12.4	30/12	23/2	0.1	30/12	13/2
广州	0.6	7/1	28/2	0.0		
成都	17.1	22/12	11/2	0.4	30/12	14/2
贵阳	37.9	2/12	10/3	4.6	13/1	9/2
昆明	4.6	27/12	4/2	0.2	24/1	8/2
拉萨	125.3	28/10	10/4	47.1	28/11	26/2
台北	0.0					

资料来源：周景星. 低温贮粮［M］. 郑州：河南科学技术出版社，1981：63-66.

2. 重视不同储粮地域的储粮技术特点

我们不仅要重视不同储粮地域同一粮种固有的趋同性，更要重视不同储粮地域在不同生态条件下不同粮种储藏的特异性，正像《粮油储藏技术规范》指出，不同储粮地域储粮特点不同，“在第一区和第二区应重点防止过度失水影响储粮加工品质并造成质量损失；在第三区应重点做好降水和微生物的控制；在第四区和第六区应迅速将粮油水分降到安全水分，防止虫害感染；在第五区和第七区应重点防止储粮品质下降和有害生物为害”。不同储粮地域储粮技术特点归纳如图 4-8。

3. 重视针对不同储粮地域存在的关键技术问题，采取最佳的储粮技术运行模式

根据不同储粮地域部分粮库提供资料和以下专家提供资料：第一区、第六区陶诚（中储粮成都粮食储藏科学研究所）；第二区王若兰（河南工业大学）；第三区曹毅（辽宁粮食科研所）；第四区白旭光（河南工业大学）；第五区宋伟（南京财经大学）；第七区曾伶（广东粮食科研所）。结果归纳见表 4-3。

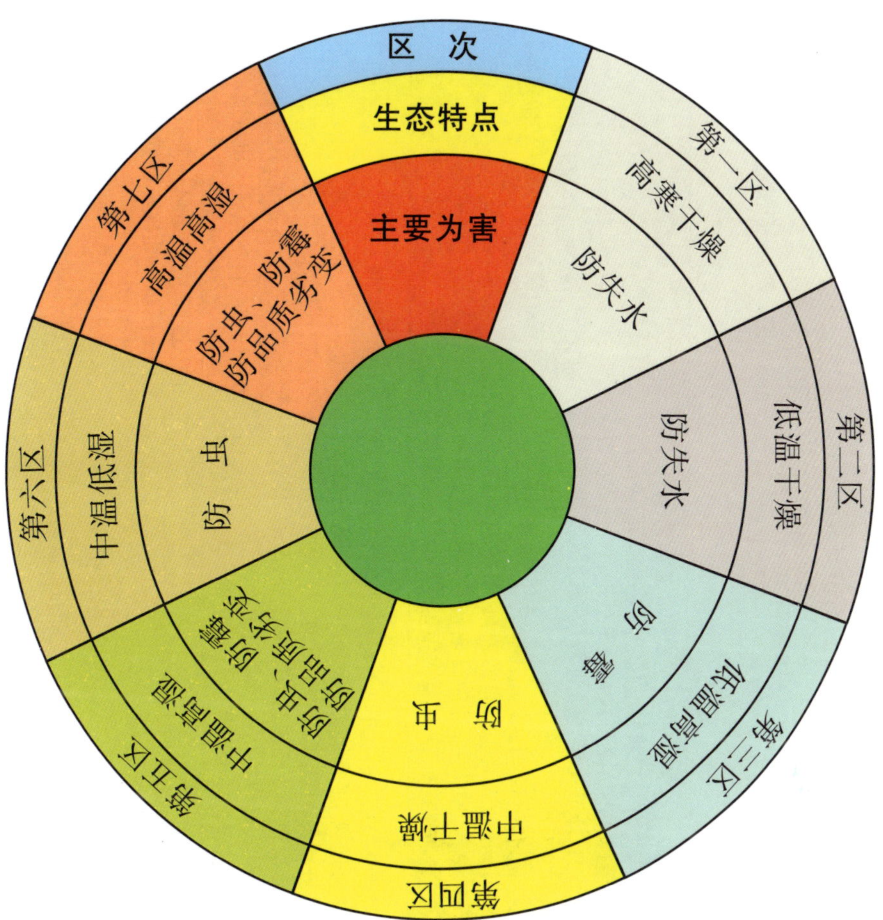

图 4－8　中国七个不同储粮生态地域储粮技术特点

表 4－3　不同储粮地域储粮工艺

区次	关键储粮技术问题	储粮工艺方案描述	储粮工艺最佳运行模式
第一区	充分利用自然资源防止过度失水	冬春小麦 6～9 月收获，稻谷、玉米 9 月收获，10 月晾晒风干，11 月入仓，12 月至次年 1 月自然通风，2～4 月机械通风，5～10 月密闭，排除积热，如发现仓储害虫进行局部熏蒸，11 月至次年 2 月自然通风（防止结露）。小麦 3 月后仿上年储粮工艺继续储藏，稻谷、玉米择时出仓	入仓—自然通风—机械通风—密闭、排除积热—局部熏蒸（或加保护剂）—自然通风（防结露）机械通风
第二区	充分利用自然资源防止过度失水	小麦 6～8 月收获，8～9 月入仓，9 月至次年 3 月自然通风，必要时可于 11 月至次年 2 月辅以机械通风，3～9 月密闭，排除积热，其中 7～9 月如发现仓储害虫可进行熏蒸处理，10 月进行自然通风（防止结露），11 月至次年 2 月进行机械通风，3 月后仿上年储粮工艺继续 稻谷 9～10 月收获，11～12 月入仓；玉米 10 月收获，11～12 月入仓。两者 12 月至次年 3 月进行自然通风、机械通风，3～9 月适当密闭，排除积热，其中 7～9 月为发现仓储害虫进行熏蒸处理，10 月自然通风（防结露），11 月至次年 2 月进行机械通风	入仓—自然通风—机械通风—密闭、排除积热—局部熏蒸（或加保护剂）—自然通风（防结露）机械通风
第三区	秋温骤降，玉米收后来不及干燥易毒变	玉米：10～11 月收获，11 月至次年 2 月晾晒或热力干燥，3～5 月入仓，4～5 月机械通风，平衡粮温、水分，5～7 月适当密闭，排除积热，8～9 月进行低剂量熏蒸防护处理，9～10 月自然通风防止结露，11 月至次年 2 月机械通风降低粮温，3～7 月适当密闭，排除积热，隔热保冷，以后仿上年储粮工艺 稻谷：10～11 月收获，12 月至次年 1 月入仓，2～5 月自然通风，6～7 月适当密闭，排除积热，8～9 月低剂量熏蒸防护处理，10～11 自然通风，12 月至次年 1 月机械通风，2～7 月适当密闭，排除积热，8～9 月低剂量熏蒸防护处理，10～11 月自然通风，12 月至次年 1 月机械通风，2～7 月适当密闭，排除积热，8 月后准备出仓 冬春小麦：6～9 月收获，10 月入仓，11～12 月自然通风，促进后熟，次年 1～4 月机械通风平衡粮堆温度、水分，5～11 月适当密闭，排除积热，12 月至次年 3 月自然通风，3～6 月适当密闭，排除积热，6～7 月低剂量熏蒸防护处理，8～9 月自然通风，10～12 月机械通风	玉米：入仓—机械通风—适当密闭、排除积热—低剂量熏蒸防护处理—自然通风—机械通风 稻谷：入仓—自然通风—适当密闭、排除积热—低剂量熏蒸防护处理—自然通风—机械通风—适当密闭、排除积热—低剂量熏蒸防护处理—自然通风—机械通风—适当密闭、排除积热 冬春小麦：入仓—自然通风—机械通风—适当密闭、排除积热—自然通风—适当密闭、排除积热—低剂量熏蒸防护处理—自然通风—机械通风

续表 4－3

区次	关键储粮技术问题	储粮工艺方案描述	储粮工艺最佳运行模式
第四区	气温较高，相对湿度较低，重视防虫	小麦:6～7 月收获,7～8 月入仓,10 月至次年 2 月自然通风,其中 12 月至次年 2 月可机械通风,3～9 月密闭隔热,其中 6～9 月可熏蒸杀虫,必要时可用谷物冷却机辅助降温 玉米:9～10 月收获,10～11 月入仓,稻谷 10～11 月收获,11～12 月入仓。此后,玉米、稻谷 11 月至次年 2 月自然通风,其中 12 至次年 2 月可机械通风,3～9 月适当密闭,排除积热,隔热保冷,其中 6～9 月可熏蒸杀虫,必要时可用谷物冷却机辅助降冷	小麦、玉米、稻谷：入仓—自然通风—机械通风—密闭隔热—熏蒸杀虫—谷物冷却降温
第五区	气温较高、相对湿度较大，防虫、防霉、防粮食品质劣变	小麦:6 月收获,7 月晾晒、风干,7～8 月入仓,9 月自然通风,10 月至次年 2 月自然通风或机械通风,3～9 月隔热保冷,其中 6～9 月必要时可熏蒸处理,10 月至次年 2 月进行自然通风或机械通风 玉米:9～10 月收获,10 月晾晒、风干,10～11 月入仓,11 月至次年 2 月自然通风或机械通风,3～9 月隔热保冷,其中 6～9 月必要时可熏蒸处理或辅以谷物冷却机复冷 稻谷:10～11 月收获,11 月晾晒,11～12 月入仓或 12 月就仓干燥,12 月至次年 2 月机械通风,3～9 月隔热保冷,其中 6～9 月必要时可熏蒸处理或辅以谷物冷却机复冷	无谷物冷却机单位：入仓前已安装好粮情检测系统—入仓—施谷物保护剂—自然通风—机械通风—隔热密闭—环流熏蒸 有谷物冷却机单位：入仓—自然通风—机械通风—谷物保护剂—双低密闭—环流熏蒸—谷物冷却
第六区	气温较高，相对湿度较低，重视防虫	小麦:4～5 月收获,6 月晾晒,7 月入仓,8～9 月严格密闭低剂量熏蒸,10 月至次年 2 月机械通风,3～9 月严格密闭,如发现仓储害虫进行熏蒸处理,10 月至次年 2 月机械通风 早稻:7 月收获,8～9 月晾晒、风干,10 月入仓,11 月至次年 2 月机械通风,3～9 月严格密闭,如有仓储害虫熏蒸处理,10 月至次年 2 月机械通风(谷物冷却机必要时用于粮温回升时复冷) 晚稻:9 月收获,10 月晾晒、风干,11 月入仓,12 月至次年 2 月机械通风(谷物冷却机必要时用于粮温回升时复冷) 玉米:8～10 月收获,11 月晾晒,12 月入仓,次年 1～2 月机械通风,3～9 月严格密闭,如有仓储害虫熏蒸处理,10 月至次年 2 月机械通风(谷物冷却机必要时用于粮温回升时复冷)	小麦：密闭、低剂量熏蒸处理—机械通风—密闭，熏蒸处理—机械通风 早稻、晚稻、玉米：入仓—机械通风—密闭、熏蒸处理—机械通风 本区已建成 CO_2 气调库、实现绿色储粮

续表 4－3

区次	关键储粮技术问题	储粮工艺方案描述	储粮工艺最佳运行模式
第七区	高温高湿极易生虫发霉，粮食品质易劣变	早稻（以高大平房仓为例）：5～6 月收获，7～8 月入仓，9 月环流熏蒸，此后每年 4～5 月转暖、8～9 月盛暑高温高湿均环流熏蒸，12 月至次年 1 月均机械通风，其他相隔时间均密闭隔热、排湿 晚稻（以高大平房仓为例）：9～10 月收获，11～12 月入仓，1 月机械通风，2 月适当密闭、排除积热。此后每年 4～5 月转暖、8～9 月盛暑高温高湿均环流熏蒸，每年 12 月至次年 1 月均机械通风，其他相隔时间均为适当密闭，排除积热 小麦（以筒仓为例）：9 月入仓，10 月熏蒸，此后每年 12 月至次年 1 月均机械通风，每年 3～4 月、8～9 月均环流熏蒸，其他间隔时间如每年 2～3 月、6～7 月、10～11 月等均适当密闭、排除积热，隔热保冷 玉米（以浅圆仓为例）：10～11 月入仓，每年 12 月至次年 1 月均机械通风，4～5 月环流熏蒸，7～8 月谷物冷却，其他间隔时间如 2～3 月、6 月、10～11 月等适当密闭，排除积热，隔热保冷	早稻：环—通—环—通—环—环—通 晚稻：通—环—通—环—环—通 小麦：环—通—环—环—通—环—环—通—环—环 玉米：通—环—冷—通—环—冷 （以上每个技术之间均为密闭、隔热）

从表4－3看出，七个储粮生态地域存在的关键技术问题大体可分4组：第一、二区；第三区；第四、六区；第五、七区。以上各为一组，采取应对储粮技术措施组内有趋同性，组间有特异性。

三、不同储粮生态地区储粮技术优化方案通则

（一）严把粮食收购质量关

在粮食收购时，要严把水分、杂质、品质关，这是安全储粮的基础，也是储粮出效益的保证。

1. 粮食水分

①入仓粮食的水分等于或低于当地粮食储藏的安全水分值，可直接进入正常储藏过程。

②入仓粮食的水分高于当地粮食储藏的安全水分值1%以内，可进入正常储藏过程，但要加强日常的检查工作，防止局部结露和局部发热生霉。

③入仓粮食的水分高于当地粮食储藏的安全水分值1%以上，要经过晾晒、烘干，将水分降低到高于当地粮食储藏的安全水分值1%以内，方可入仓储藏。

④入仓粮食的水分不均匀时，冬季入仓，结合冬季通风，降低粮温，平衡水分；夏季入仓，利用晚间低温进行通风，平衡水分。

入仓时，如果气候条件不允许通风，可利用环流熏蒸系统进行粮堆内的气体环流，平衡各部位的水分；若粮堆发生轻微发热的现象，可施用高剂量的AIP或防霉剂作应急处理。

2. 杂质及分布控制

按照国家粮食收购的规定，入仓粮食的杂质应达到的标准为：储藏于房式仓的粮食，杂质的质量分数（含量）应保持在1.0%以下；储藏于浅圆仓或立筒仓的粮食，其杂质的质量分数（含量）必须保持在0.5%以下。

①收购的粮食符合国家规定时，人工进仓入粮，自动分级现象不明显，对后期的储藏影响不大，不必做另外的处理；机械进粮，虽然杂质含量低于国家标准，但仍会出现明显的自动分级现象，因此在进粮时，应经常变换进粮机的位置或抛粮角度，减轻杂质的自动分级。

②收购的粮食没有达到国家规定标准，在粮食入仓前一定要经过清理除杂，把杂质含量降低到国家标准的允许范围内，方可进仓。

3. 粮食等级

入仓粮食必须达到国家粮油质量标准的中等以上的要求。

①如果收购的粮食达到了国家粮油质量标准的中等以上的要求，可直接进仓储藏。

②若收储的粮食没有达到国家粮油质量标准的中等以上的要求，必须经过处理（如降低水分、杂质等），待粮食质量符合要求后，方可入仓。

（二）加强日常安全管理，确保储粮安全的措施

对储粮设施按有关规定在进出仓的前后进行例检，在风雨天之后随时进行检查，对仓房的隔热、气密、低温、防结露、防虫、防霉等措施要经常检查。

按规定对粮情定时间检查，发现异常，要人工进仓排查。

（三）储粮技术的优化组合应用

该生态区域地域跨度较大，海拔高度、气温、湿度、年降水量、储粮有害生物区

系差别也较大，选择储粮技术组合应有所侧重。

1. 技术组合应用的具体要求

在该生态区域的大部分地区，可采用“粮情测控系统＋谷物保护剂（粮堆表层、底层各 30 cm）＋自然通风＋机械通风＋隔热密闭＋环流熏蒸”的技术组合。

在这一组合中，使用技术的顺序一般应按各种技术的排列顺序。

使用这一组合的目的是尽可能实现准低温储藏，延缓粮食的陈化速度，减少化学药剂的使用次数与使用量，达到安全、经济运行的目的，获得最大的社会效益和经济效益。

具体要求是，对新入库的干净、无虫、品质合格的粮食，在粮堆底层和表层各 30 cm的粮食用保粮磷、防虫磷或溴氢菊酯等谷物保护剂处理，达到预防仓储害虫感染的目的；在气候允许时，应用自然通风或进行机械通风降低粮堆温度，为实现低温储藏奠定基础；用隔热密闭保持粮堆的低温和无虫害的环境，以利于实现准低温储藏，延缓粮食的陈化速度；当害虫发展到严重水平时，用环流熏蒸系统进行防治，确保储粮的安全。

2. 使用谷物冷却机组合的技术应用

有谷物冷却机的单位，可采用“粮情测控系统＋自然通风＋机械通风＋谷物保护剂（粮堆表层、底层各 30 cm）＋双低密闭＋环流熏蒸＋谷物冷却机”的技术组合。在这一组合中，使用技术的顺序也应按各种技术的排列顺序。使用这一组合的目的和具体要求同本页“1. 技术组合应用的具体要求”所述。

不同的是，因为有谷物冷却机，可以随时对粮堆进行补冷作业，因此，可以有效控制虫害的发生，不必使用环流熏蒸杀虫，同时确保低温或准低温储藏的实现。

（四）应急处理措施

1. 粮堆发热的应急处理

粮堆发热应首先查明发热的原因，根据具体情况使用有针对性的措施，原则上整仓发热整仓处理、局部发热局部处理。

（1）由于水分高引起的发热

采用通风的方法降低水分，控制发热。可用大风量的离心风机进行整仓通风，或用多台单管风机进行局部通风。有条件的可用烘干机进行烘干。

使用高剂量的 AIP（12～15 g/m^3）片剂，抑制发热。

利用冬季低温倒仓降温。

（2）由于仓储害虫引起的发热

由于害虫引起的粮堆发热大多是局部发热，多数情况是由于害虫聚集而引发，尤其在冬季，谷蠹往往聚集在距粮面 1～1.5 m 深处，引起粮堆局部发热。

处理因仓储害虫而引起的粮堆局部发热，首先要进行杀虫。可进行局部 AIP 熏蒸，用药量应适当高一些（12 g/m^3，片剂，按探管包围的体积计算）。

如果粮温较低（15 ℃以下），不适宜 AIP 熏蒸，应利用机械通风降低粮温，抑制仓储害虫的活动，待粮温回升到适宜熏蒸时采取熏蒸杀虫，或当气温上升、害虫移动到粮面后再进行杀虫处理。

（3）由于霉菌引起的发热

应采用大风量风机进行通风，待降低粮温后，使用防霉剂及时进行灭菌处理。

2. 粮堆结露的应急处理

粮堆结露主要是由于粮堆内的湿热空气随粮堆内的微气流循环，遇冷凝结而形成的。遇到结露应根据结露的具体部位和气候条件进行处理。

（1）粮堆表面结露

利用人工翻动粮面、粮面扒沟散湿，解除结露；利用仓内的排风扇吸风换气，解除结露。

如果以上两种不能解决结露，则应采取整仓压入式通风。

（2）粮堆底部结露

应尽快采取吸出式通风解决。

（3）粮堆局部结露

结露的体积较小时，可采用单管通风机吸出式通风；若结露的体积较大，或多点结露，应采用大风量风机进行整仓通风。

3. 储粮霉变的应急处理

①因漏雨、返潮发生储粮霉变，应尽快通过通风、转移潮粮到仓外等措施解决水分问题。

②因水分转移（结露）引起储粮霉变，应首先解决结露问题。

③因微生物活动引起储粮霉变，可使用防霉剂解决。

④霉变后的粮食应单独存放，不能混入其他粮食，出仓前要经过认真检测，达不到食用标准时，应根据检测结果，按照国家有关规定将其作为饲料原料、工业原料或作为肥料使用。

第五章

中国不同储粮生态区域粮油储藏技术规范

规范性文件

下列规范性引用文件是本章必不可少的。这些文件的最新版本（包括所有的修改单）均适用于本章，在各节引用时，只列出标准和文件的编号。

GB/T 8946 塑料编织袋

GB/T 16556 自给开路式空气呼吸器

GB 17440 粮食加工、储运系统粉尘防爆安全规程

GB/T 17913 粮油储藏 磷化氢环流熏蒸装备

GB/T 18835 谷物冷却机

GB/T 20569 稻谷储存品质判定规则

GB/T 20570 玉米储存品质判定规则

GB/T 20571 小麦储存品质判定规则

GB/T 21015 稻谷干燥技术规范

GB/T 21016 小麦干燥技术规范

GB/T 21017 玉米干燥技术规范

GB/T 22184 谷物和豆类、散存粮食温度测定指南

GB/T 22497 粮油储藏 熏蒸剂使用准则

GB/T 22498　粮油储藏 防护剂使用准则

GB/T 24534　谷物与豆类隐蔽性昆虫感染的测定

GB/T 24904　粮食包装 麻袋

GB/T 24905　粮食包装 小麦粉袋

GB/T 25229　粮食储藏 平房仓气密性要求

GB/T 26880　粮油储藏 就仓干燥技术规范

GB 50057　建筑物防雷设计规范

GB 50320　粮食平房仓设计规范

GB 50322　粮食钢板筒仓设计规范

LS/T 1201　磷化氢环流熏蒸技术规程

LS/T 1202　储粮机械通风技术规程

LS/T 1203　粮情测控系统

LS/T 1204　谷物冷却机低温储藏技术规程

LS/T 1205　粮食烘干机操作规程

LS 1206　粮食仓库安全操作规程

LS 1207　粮食仓库机电设备安装技术规程

LS/T 1211　粮油储藏技术规范

LS 1212　储粮化学药剂管理和使用规范

LS/T 1213　二氧化碳气调储粮技术规程

LS 8001　粮食立筒库设计规范

LS 8004　粮食仓房维修改造技术规程

建标 58　粮食仓库建设标准

Q/ZCL T1　磷化氢膜下环流熏蒸技术规程

Q/ZCL T2　机械通风降温储粮技术规程

Q/ZCL T3　仓房和粮堆隔热技术规程

Q/ZCL T4　谷物冷却机经济运行技术规程

Q/ZCL T6　稻谷控温储藏技术规程

Q/ZCL T7　平房仓膜下环流通风技术规程

Q/ZCL T8　氮气气调储粮技术规程

Q/ZCL T10　智能通风技术规程

粮食安全储存水分及配套储藏技术操作规程（试 行）中储粮〔2005〕31 号

中央储备粮质量管理暂行办法 中储粮〔2006〕106 号

中央储备粮油质量扦样检验管理办法（国粮发［2010］190 号）

第一节
总　则

一、我国各储粮生态区域的特点及粮油储藏的基本要求

（一）我国各储粮生态区域的特点

1. 根据我国各地的气候环境条件可划分为七个储粮生态区域，各区域主要特点是：第一区，高寒干燥；第二区，低温干燥；第三区，低温高湿；第四区，中温干燥；第五区，中温高湿；第六区，中温低湿；第七区，高温高湿。（见图 5－1）

2. 应将所在粮库范围内的生态条件与本章附件 A 相对比，确定其实际所处的生态区域。

3. 不同储粮生态区域若储粮生态条件相近，科学储粮技术可相互借鉴。

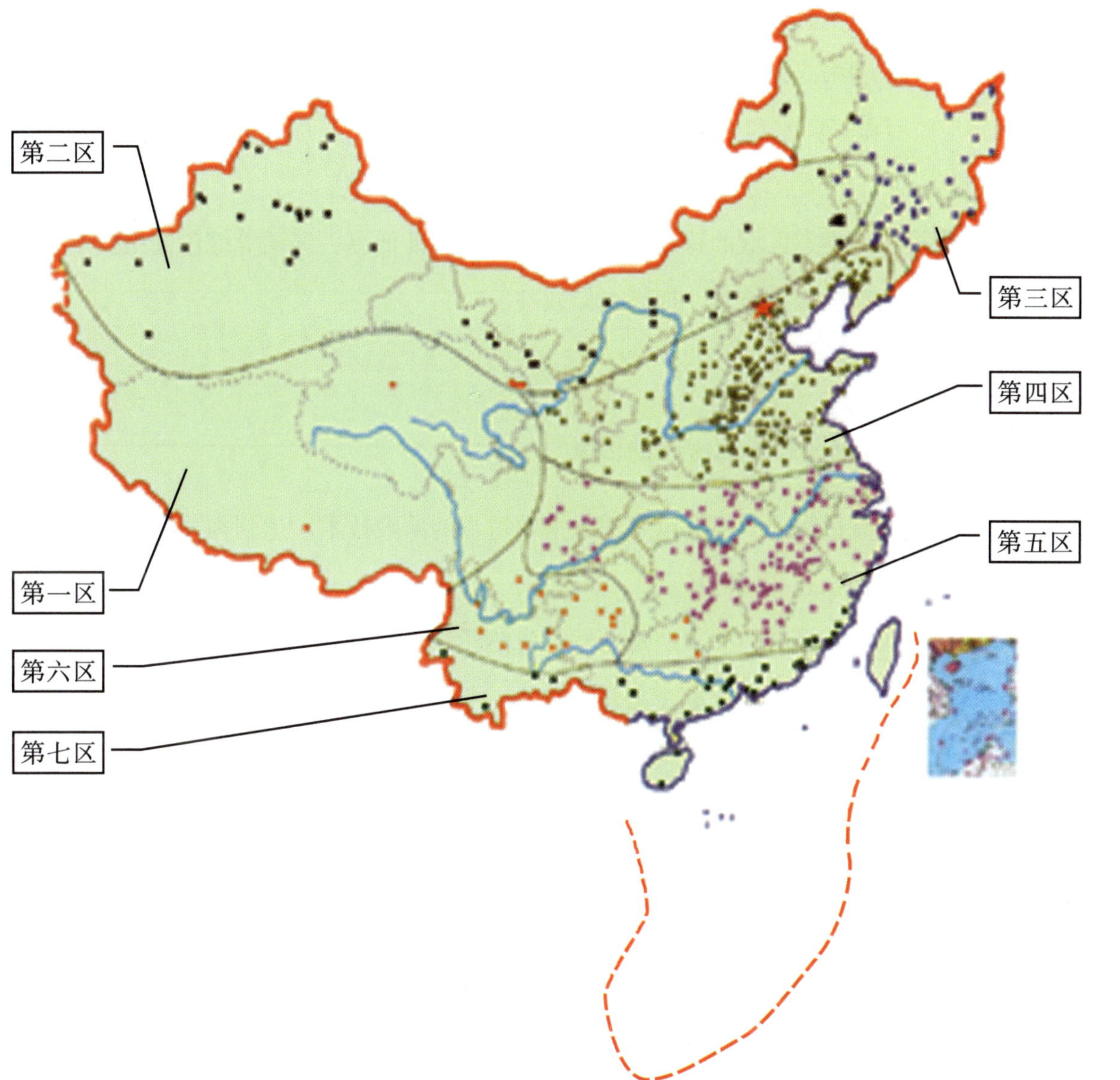

图 5－1　中国不同储粮生态区域划分图

（二）粮油储藏的基本要求

1. 根据储粮生态条件，具备必要的储藏设施，严格控制入仓粮食与油料质量，采用合理的技术措施，确保储藏安全，减少损失损耗，防止污染，延缓品质下降。符合节能减排，效益优先的原则。

2. 超过安全水分标准的粮食与油料应及时将水分含量降到安全范围内。

3. 第一区和第二区，应重点防止过度失水影响储粮加工品质并造成质量损失；第三区，应重点做好降水和微生物的控制；第四区和第六区，应注意防止虫害感染；第五区和第七区，应重点防止储粮品质下降和有害生物的为害。

4. 根据储粮生态区域的特点，优先采用低温、准低温、气调等绿色储粮技术。

5. 宜采用节能减排技术，提高仓储效益。

（三）选择储藏技术应考虑的因素

1. 粮油储藏过程中应根据以下情况采取适当的储藏技术，达到相关的要求。

2. 所处储粮生态区域的特点。

3. 储藏粮食与油料的种类、耐储性、耐热性和感染有害生物状况。

4. 粮食与油料的入仓质量，尤其是水分、杂质情况。

5. 仓储设施及设备性能，储藏温度、湿度，粮堆气体成分和储藏时间等储粮环境条件。

二、仓储设施与设备的基本要求

（一）粮仓基本要求

1. 粮仓应符合 GB 50320、GB 50322、GB 50057 和 LS 8001 的规定。仓顶隔热层宜采用憎水珍珠岩或发泡聚氨酯等隔热材料。平房仓气密性应符合 GB/T 25229 的规定，筒式仓气密性应高于平房仓。采用氮气气调储粮时，仓房气密性应符合 Q/ZCL T8 的规定。采用二氧化碳气调储粮时，仓房气密性应符合 LS/T 1213 的规定。

2. 应根据储备和中转的需要，建设相应设施，配置相应的设备。

3. 粮仓建设应符合建标 58 和 LS/T 1211 的规定。

4. 仓内地面应完好、平整、坚固、防潮。

5. 内侧墙面应完好、平整并设防潮层；墙体无裂缝；墙壁与仓顶、相邻墙壁、地面结合处应处理成圆弧形；墙面应按设计粮仓容量标明装粮线和设置密封槽，设置高度标尺。外表面应涂为浅色。

6. 仓顶应完好，有隔热层和防水层，外表面应为浅色；仓内尽量避免使用支撑柱。顶与仓墙连接牢固；采用自由排水方式的仓顶应有大于 3% 的坡度；采用集中排水方式时，仓顶檐槽的下水管应设置在仓墙外面。仓内宜设隔热吊顶，吊顶与仓顶的间距应在 0.3 m 以上。

7. 门窗、通风口结构要严紧并有隔热、密封措施，密封装置应从外部打开。门窗、孔洞处应设防虫线和防鼠雀板、网。

8. 粮仓内应安装照明灯具，其防尘、防爆和照度的要求如下：

（1）平房仓照明灯具应符合 GB 50320 的规定。

（2）钢板筒仓照明灯具应符合 GB 50322 的规定。

（3）浅圆仓和其他筒仓可参照 LS 8001 的规定安装照明灯具。

（4）其他仓房可参照 GB 50320 的规定安装照明灯具。

9. 仓房维修改造按 LS 8004 规定执行。

10. 仓房隔热处理应符合 Q/ZCL T3 的要求。

（二）简易储粮设施

1. 土堤仓、露天囤（垛）等简易储粮设施不能建在输电线路下方，水平间距至少 30 m。设施之间应按规定留出消防通道。

2. 粮仓应建在地势高，地下水位低，地面坚固干燥、通风良好，排水通畅的地方。

3. 粮仓应配置粮情检测设备。

4. 粮仓应具备防风和防雨雪能力。

5. 粮仓符合熏蒸杀虫和通风降温的要求。

6. 粮仓应具备防潮、防鼠和通风性能。

（三）设备与设施的配置

1. 应根据所处储粮生态区域的实际情况、仓型和采用的储藏技术，选配干燥、清理、输送、计量、粮情测控、气调、通风、制冷、熏蒸、消防、安全防护等设备设施。配置设施设备应注意选择节能降耗产品，便于散装储粮和机械化作业。

2. 每个直属库应配备两套以上带有压缩空气瓶的面具。配备 1 ~2 台专业登高升降作业车。

3. 粮油仓库机电设备的安装应符合 LS 1207 的规定。

4. 高大平房仓、浅圆仓和立筒仓等大型粮仓应按 LS/T 1211 的规定配备粮情检测系统、机械通风系统和电动扦样设备。

5. 粮仓应按 GB 50057 的规定安装避雷装置。

6. 粮仓应按当地消防部门要求配置防火、防汛排涝设施与设备。

（四）检测仪器和设备的配置

1. 粮库应具备温度、湿度、储粮害虫、磷化氢浓度检测所必需的检测仪器和设备，能保证日常粮情检测及安全生产的需要，气调储粮仓房要按照相关技术规范配备相应的气体检测仪器。

2. 具备 PH_3 报警仪、氧气浓度报警仪、空气呼吸器等安全防护设备。

3. 直属库应配置仓储害虫检测专用设备和用具，如体视显微镜、仓储害虫标本、仓储害虫图谱、仓储害虫选筛等。

4. 粮库化验室应按本章附件 B 配备粮油质量检测仪器和设备，能正常进行粮油收、购、定等检测。

5. 各级检测中心应按本章附件 B 配备相应的粮油质量和储存品质指标以及主要卫

生指标检测仪器。

6. 使用检测仪器设备必须满足总公司对相关产品的企业标准要求。

三、粮食与油料进出仓

（一）安全要求

1. 进出仓的安全操作与管理按 LS 1206 的规定执行。

2. 储藏散装粮食与油料的仓房，廒间隔墙应为承重墙。

（二）进仓前的准备

1. 对粮仓、设备、器材和用具进行检查和维修，确保设施设备完好，运转正常。

2. 粮仓、货场及作业区应清扫干净，清除仓内的残留粮粒、灰尘和杂物，填堵仓房的孔、洞、缝隙。

3. 粮仓、包装器材、装粮用具和输送设备有活虫或虫卵时，应施用空仓杀虫剂或熏蒸进行杀虫处理并做好隔离工作。

4. 进行粮仓气密性检测，确保气密性符合相关的规定。

5. 装粮用麻袋应符合 GB/T 24904 的规定，编织袋应符合 GB/T 8946 的规定；面粉袋应符合 GB/T 24905 的规定。

（三）进仓粮食与油料的质量要求

1. 进仓粮油质量应符合国家粮油质量标准的规定，杂质的质量分数（含量）大于 1.0% 时应进行除杂处理；粮食水分含量应符合中储粮〔2005〕31 号文规定，入仓后能及时处理降至安全水分的，可先入仓，后干燥。

2. 卫生质量应符合国家相关标准规定。

3. 卫生指标及转基因粮食与油料应由总公司系统内有资质的检测机构出具检测报告。

4. 进口油脂油料质量要求按照国家和总公司的相关规定执行。

（四）堆存要求

1. 粮食与油料堆存应符合 LS/T 1211 的规定，不同种类、不同等级、不同生产年度的粮食与油料应分开储藏；安全水分、半安全水分、危险水分的粮食与油料应分开储藏。

2. 应采取措施减轻粮食的自动分级。

3. 通风风网应连接完好；通风死角可预埋垂直通风管。

4. 入库粮食水分超过安全水分标准或粮食分批入库且间隔较长时，应及时布设测温电缆或测温探杆，并根据粮情采取相应处理措施。

5. 应防止有害生物为害及交叉感染。

6. 定期检查设备运转情况；雨季应做好设备防雨和防漏电工作，确保生产作业安全。

7. 粮温相差超过 5 ℃的两批以上的粮食与油料堆存在一起时，应及时采取通风措施均衡粮温。

8. 用于密闭粮堆的塑料薄膜帐幕应无污染、无异味、无裂缝；所用黏合剂应有足够的粘接强度并无污染。

9. 散装堆高不超过设计堆粮线；包装粮堆高不超过 5 m。

10. 包装码垛应采取有效措施防止粮包打滑、倒堆；应安装地上笼或码通风垛，通风垛每堆不超过 1 000 t，堆距不少于 1.2 m，堆与墙壁距离不少于 0.8 m。

（五）出仓要求

1. 平房仓出仓时，要注意保持相邻廒间隔墙两侧压力平衡，避免倾倒。取挡粮板时，应先关闭卸粮口。处理结块前应停止所有出仓设备运行。

2. 浅圆仓出仓时，应注意均衡对称出仓，避免倾斜，同时应保持仓储设施完好。

3. 立筒仓和浅圆仓粮食与油料出仓期间，禁止人员进入仓内。开始出粮时，应有人员在仓顶外部通过进人孔观察粮面动态。发现仓内粮食与油料结块、堵塞无法自流出仓时，应立即停机，在确保安全的情况下消除结顶、疏通料流。必须待人员及工具全部出仓后方可继续出粮。

4. 容量较大的低温或准低温仓，在高温季节出仓时，应使用塑料薄膜或糠包等将粮堆隔离，或将未出仓的粮堆进行封闭，防止结露。

5. 出仓前应进行质量检验，出具粮仓出仓检验报告。

6. 卫生指标应由中储粮总公司系统内有资质的检测机构出具检测报告。

四、粮食与油料储藏期间的粮情与质量检测

（一）粮情检测

1. 温度检测

散装粮食与油料温度检测方法按 GB/T 22184 规定执行。

（1）检测内容

粮温、仓温和气温。根据检测结果绘制“三温”曲线图。

（2）检测周期

粮温 15 ℃及以下时，安全水分粮食与油料或基本无虫粮 15 d 内至少检测 1 次；半安全水分粮食与油料或一般虫粮 10 d 内至少检测 1 次；危险水分粮食与油料 5 d 内至少检测 1 次。

粮温高于 15 ℃时，安全水分粮食与油料或无虫、基本无虫粮 7 d 内至少检测 1 次；半安全水分粮食与油料或一般虫粮 5 d 内至少检测 1 次；危险水分粮食与油料每天至少检测 1 次。

新收获的粮食与油料入仓后 3 个月内应适当增加检测次数。

（3）检测设备

采用粮情测控系统或其他测温仪器。粮堆高度达到 6 m 及以上的粮仓和地下仓应采用粮情测控系统，粮情测控系统应符合 LS/T 1203 的要求。

（4）粮温检测点的设置

散装粮食与油料：采用粮情测控系统时，房式仓、筒式仓测温点的设置应按照 LS/T 1203 的规定执行，但上层、下层及四周检测点应分别设在距粮面、底部、仓壁 0. 3 m 处。

房式仓人工检测粮温时，应分区设点，每区不超过 100 m^2，各区设中心与四角共 5 个点作为检测点，两区界线上的两个点为共有点。粮堆高度在 2 m 以下的，分上、下两层；粮堆高度 2 ~4 m 的，分上、中、下三层；粮堆高度 4 ~6 m 时，分四层；粮堆高度 6 m 以上的酌情增加层数。上层、下层检测点应分别设在距粮面、底部 0. 3 m 处；中间层检测点垂直均等设置；四周检测点距仓壁 0. 3 m。

包装粮食与油料、地下仓和简易储粮设施粮温检测点参照上述原则设置。

处于后熟期、水分和杂质分布不均匀、局部有仓储害虫的粮食与油料，应增加设置机动检测点。

仓温检测点应设在粮堆表面中部距粮面 1 m 处的空间，检测点周围不应有照明灯具。

气温检测点应设在百叶箱内的中心位置。

2. 相对湿度检测

采用湿度传感器、干湿球温度计或其他湿度计检测仓内外空气的相对湿度。检测周期参照 LS/T 1203 执行，可采用湿度传感器检测粮堆内的相对湿度。

仓内空气相对湿度检测点应设在粮堆表面中部距粮面 1 m 处的空间，检测点周围不应有照明灯具。

仓外空气相对湿度检测点应设在百叶箱内中心位置。

3. 水分检测

粮堆水分检测主要用于掌握粮堆水分变化情况，判定储粮的稳定性。

（1）检测周期

安全水分粮食与油料每季度至少检测 1 次。

半安全水分粮食与油料每月至少检测 1 次。

危险水分粮食与油料应根据粮温每 3 ~ 5 d 检测 1 次，发现粮温异常升高时应随时扦样检测。

（2）检测点的设置

应在水分容易变化的地方设置检测点。

平房仓应分上、中、下三层在距粮面、仓底、仓壁 0.3 m 处均匀设置检测点，并应按粮堆大小在粮堆中部增设 3 ~ 10 个水分检测点。靠近门、窗和通风道的部位应增设检测点。

立筒仓应分上、中、下三层，各仓按东、南、西、北、中五个方位在距粮面、仓底、筒壁 0.3 m 处均匀设置检测点，并应按粮堆大小在粮堆中部增设 3 ~ 10 个水分检测点。靠近检查孔、进粮口、出粮口和通风道的部位应增设检测点。

浅圆仓应分上、中、下三层，各仓按东、南、西、北、中五个方位在距粮面、仓底、筒壁 0.3 m 处均匀设置检测点，并应按粮堆大小在粮堆中部增设 3 ~ 10 个水分检测点。靠近检查孔、自然通风孔、进粮口、门、出粮口和通风道的部位应增设检测点。

各检测点扦样量不少于 100 g。其他仓型参照以上设置检测点。

（3）扦样方法

安全水分粮食与油料以层为单位，将每层各检测点的扦样量各取 50 g 混合均匀作为 1 个检测样；半安全水分、危险水分粮食与油料除以层为单位外，应在水分容易变化的地方设置检测点并按点分别扦样，各检测点扦样量不少于 100 g。发现粮温异常点应及时对该点扦样。扦样采用国家标准规定的方法。

（4）检测方法

按照国家标准规定的方法检测，出具检测结果。

4. 害虫密度检测

（1）检测周期

粮温低于 15 ℃时，每月检测 1 次；粮温在 15 ~ 25 ℃时，15 d 内至少检测 1 次；粮温高于 25 ℃时，7 d 内至少检测 1 次。危险虫粮处理后的 3 个月内，每 7 d 至少检测 1 次。

（2）采样方法

①散装粮采样方法

采样点设置：长方形粮面的粮仓四角各设 1 点，墙的长边设两点，短边设 1 点；圆形粮面外周围均匀设点，浅圆仓设 6 点，立筒仓和地下仓等圆形粮面仓设 4 点；仓内柱子周围、仓门内、人员进出口、排风扇口、通风道口、温度异常变化点和曾发生过虫害的部位各设 1 点，每点距墙 0. 10 ~ 0. 50 m；按粮堆大小应在粮面中部区域设 3 ~ 10点。粮堆内采样层按粮堆高度设置 2 ~ 4 层，即粮堆高 3 m 以下设两个采样层，分别设置在距底部 0. 5 m 以下和距粮面 0. 5 m 以上；粮堆高 3 ~ 6 m 的，在上、下两层之间等距离增设 1 ~ 2 个采样层；粮堆高度 6 m 以上的酌情增加采样点。

采样：采用电动扦样器在每一采样点处分层采样，表层可人工采样。每层每点采样量不少于 1 kg。每层每点所采样品作为一个检测点的样品。

②包装粮采样方法

采样点设置：以货位为取样单位，根据包装粮总包数确定采样比例，500 包以下的取 10 个采样包，500 包以上的按 2% 确定采样包，采样包最多不超过 500 包。分区分层确定采样包位置，外层适当多设采样点。分区分层参照散装粮采样点设置。

采样：扦取包内样品，必要时可拆包或倒包采样。花生、蚕豆等大粒粮食与油料应拆包采样。每包采样不少于 1 kg。每包样品作为一个检测点的样品。

（3）检测方法

筛检法：用于虫粮等级判定。采用虫筛筛理采集的粮食与油料样品，筛出粮粒外部的仓储害虫、拣出筛上的仓储害虫合并计数，结果以每千克样品筛出活虫头数表示，即为仓储害虫密度。

清点法：用于粮包外、器材和场所仓储害虫密度的检测。直接清点粮包外部活的仓储害虫的头数，以每包活虫头数表示，即为包外仓储害虫密度。按 2% ~5% 比例抽样装具和其他器材，直接清点仓储害虫头数，以每件活虫头数表示器材害虫密度；在空仓、货场或铺垫苫盖物等处设置检测点，直接清点仓储害虫头数，以每平方米活虫头数表示该点仓储害虫密度。

诱捕检测法：用于仓储害虫的预测预报。检测方法参照附件 C 进行。

隐蔽性仓储害虫感染的检测按 GB/T 24534 规定执行。

包装粮食与油料应先检测包外仓储害虫密度，再检测包内粮食与油料害虫密度。

（4）器材和场所仓储害虫检测方法

装具和其他器材按 2% ~5% 比例抽样检测，以件计算活的仓储害虫头数表示仓储害虫密度。空仓、货场或铺垫苫盖物等在采样点设置采样检测，每点采样面积为 1 m^2，以每平方米的活虫头数表示仓储害虫密度。

（5）仓储害虫密度确定和虫粮等级判定

以各采样点仓储害虫密度最大值代表全仓（囤、垛）的仓储害虫密度，按表 5－1 确定虫粮等级。包装粮包外仓储害虫密度（头/包）大于包内仓储害虫密度（头/kg）时，将包外仓储害虫密度（头/包）作为该点仓储害虫密度（头/kg）。散装粮仓内空间仓储害虫密度不作为确定全仓（囤、垛）仓储害虫密度的依据。

表 5-1　虫粮等级划分及等级指标

粮食与油料种类	虫粮等级	仓储害虫密度/（头/kg）	主要仓储害虫密度/（头/kg）
原粮	基本无虫粮	≤5	≤2
	一般虫粮	6～30	3～10
	严重虫粮	>30	>10
成品粮	严重虫粮	>0　（或粉类成品粮含螨类>30）	
粮食与油料	危险虫粮	感染了我国进境植物检疫性储粮害虫活体的粮食与油料。	
1. 仓储害虫密度和主要仓储害虫密度两项指标均符合同一虫粮等级的，判定为该等级虫粮；两项指标中有一项符合较为严重一级虫粮等级的，即判定为较严重一级虫粮。 2. “主要仓储害虫”指玉米象、米象、谷蠹、大谷盗、绿豆象、豌豆象、蚕豆象、咖啡豆象、麦蛾和印度谷蛾。 3. 进境植物检疫性储粮仓储害虫以最新公布的《中华人民共和国进境植物检疫性有害生物名录》为准。			

（二）质量检测

1. 储藏度夏的粮食与油料应在进仓后、出仓前和每年春、秋季各检测 1 次；不度夏的粮食与油料应在进仓后、出仓前各检测 1 次。

2. 储存品质检测指标和方法：稻谷按 GB/T 20569 执行，玉米按 GB/T 20570 执行，小麦按 GB/T 20571 执行。

3. 大豆、油料的储存品质检测按国家有关标准和规定执行。

4. 质量检验应着重检验水分含量、黄粒米、生霉粒等在储藏过程中容易发生变化的指标。

5. 质量检测的扦样方法按中央储备粮油质量扦样检验管理办法执行。

6. 质量检测的其他方面应符合中央储备粮质量管理暂行办法的规定。

7. 卫生指标及转基因粮食应由总公司系统内有资质的检测机构出具检测报告。

（三）检测结果登记与处理

1. 粮温、相对湿度、仓储害虫密度以及粮食与油料水分等粮情检测结果应登记在粮情检测记录簿上，并对检测结果进行统计分析（每月至少进行一次分析），掌握粮情变化规律，检测分析中发现异常情况应及时采取措施处理，确保储粮安全。

2. 品质检测结果应及时登记并上报库级主管部门，根据品质情况确定继续储藏或轮换出库。

五、粮食与油料储藏技术

（一）低温与准低温储藏技术

1. 仓房条件

各储粮生态区域用于低温或准低温储藏的粮仓，墙体和屋盖的传热系数应符合相应储粮生态区域的规定，门窗应有隔热、密闭措施。

2. 降温与控温措施

秋季应采用保水通风逐步降低粮温；冬季应采用自然通风、机械通风将粮温降到目标温度；春季气温回升前采取隔热措施；夏季可采用谷物冷却机或其他机械制冷措施控制粮温。使用谷物冷却机时，应符合 LS/T 1204 的规定。

（二）储粮通风技术

储粮通风技术包括自然通风、机械通风和智能化通风，应尽可能采用智能化通风。

1. 自然通风

为降低粮堆温度、水分或防止结露，在仓外大气温度低于仓温和粮温、仓外大气湿度低于粮堆平衡相对湿度，风力 3 ~7 级时宜采用自然通风。秋冬季节自然通风降温时，要注意防止因气温低于粮堆露点温度而引起的局部结露。利用自然通风降水时，宜在粮面扒沟、堆码通风垛或利用粮堆内设的通风道进行通风。

2. 机械通风

利用机械通风系统在仓外温度、湿度适当时进行机械通风，可降低粮堆温度和湿度，平衡粮堆温度，消除粮堆水分转移、分层和结露，排除粮堆内异味或有毒有害气体等。第一、第二储粮生态区域需采用机械通风降温时，应采用轴流风机等低能耗风机；其他储粮生态区域安全水分粮食进行通风降温时，宜采用轴流风机。第一至第四储粮生态区域，符合 Q/ZCL T7 条件的库点，宜进行膜下环流通风。机械通风的基本要求、技术参数、具体操作和管理应符合 Q/ZCL T2、Q/ZCL T7 和 LS/T 1202 的规定。

3. 智能通风

技术参数设置应符合 LS/T 1202 的规定。进行参数设置应根据储粮水分含量，充分考虑降水与保水的实际需求。采用智能通风的粮情测控系统应能够长期连续运行，并符合 LS/T 1203 和 Q/ZCLT 10 的规定。应采用可靠的智能通风控制软件。粮温实时数据可由粮情远程监控平台提供。

4. 膜下环流通风

第一区至第三区及第四储粮生态区域的部分粮仓，宜采用膜下环流通风保水降温，操作按照 Q/ZCL T7 规定执行。

（三）气调储粮技术

1. 基本要求

采用气调储粮技术储藏的粮食，水分含量应符合当地安全水分规定。粮仓气密性不符合 Q/ZCL T8 规定时，应采用塑料薄膜帐幕密闭粮堆。宜采用智能控制。仓房的气密性应符合 GB/T 25229 的规定，采用的设备设施应符合 LS/T 1213 的规定。仓房气密性达不到要求的，应采用塑料薄膜进行单面、五面或六面密封粮堆。入仓后应做好粮面、门窗、通风口等处的密封。

2. 氮气气调储粮

用于杀虫防霉时，粮堆中氮气浓度应达到 98% 以上，浓度维持时间根据粮温确定，一般应大于 30 d。用于防虫时，粮堆中氮气浓度应不低于 95% 。具体操作与管理按 Q/ZCL T8 的规定执行。结合控温储藏时，控温措施按 Q/ZCL T6 的规定执行。用于植物油脂储藏时，氮气浓度应保持在 95% 以上。气调期间进仓作业应使用符合 GB l6556 要求的空气呼吸器。

3. 二氧化碳气调储粮

用于杀灭各种虫态的害虫和螨类时，密闭粮堆中二氧化碳气体浓度应达到 35% 以上，并保持 15 d 以上。具体操作与管理按 LS/T 1213 的规定执行。

（四）储藏技术优化组合

1. 根据不同地区储粮生态条件，第一区至第三区宜采用低温储藏；第四区宜采用准低温、低温储藏或气调储粮；第五区至第七区宜采用控温气调储粮。

2. 在不同时期组合应用密闭、压盖隔热、通风、气调、害虫综合治理等技术措施，实现低温、准低温、控温气调储粮，达到安全储粮、节能降耗和绿色储粮的目的。

（五）主要粮种储藏技术措施

不同粮种的储藏特性不同，在不同的储粮生态条件下，采取最为经济有效的措施。

1. 小麦储藏

小麦耐温性、耐储性较好，宜采用热入仓密闭、准低温、自然低温、气调等储藏技术。

2. 稻谷储藏

稻谷不耐高温，储存品质变化快。宜采用准低温、低温、气调等储藏技术。安全水分含量的稻谷通风降温时，宜采用轴流风机。高水分稻谷就仓干燥降水应采取防霉措施。第二和第三储粮生态区应做好高水分稻谷降水处理。第四至第七储粮生态区应做好控温及虫霉防治，特别是谷蠹、米象和玉米象的防治。

3. 玉米储藏

玉米吸湿性、生理活性强，不耐高温，耐储性差，易受虫霉危害，烘干玉米耐储性更差。宜采用低温、准低温储藏技术。应重点做好控温及虫霉防治，特别是玉米象的防治。

4. 大豆储藏

大豆吸湿性强，不耐高温，储存品质变化快。宜采用密闭、准低温、低温储藏技术。

（六）各种储粮设施的安全储藏要点

1. 高大平房仓储粮

入粮及补仓时，应及时调整入粮点，避免杂质聚集。第四区到第七储粮生态区域，应重点预防粮堆表层结露，做好保温隔热工作。粮情检测的重点部位是门窗及通风口附近2 m^2范围的粮堆。应根据入库质量情况增加测温点。发生虫害时宜采用气调或环流熏蒸杀虫。

2. 浅圆仓储粮

粮食与油料进仓时应采取相应措施减少自动分级和破碎。进仓粮食和油料的水分含量应不高于当地安全水分，杂质的质量分数（含量）不高于1%。按规定检测粮情，发现异常，及时采取相应处理措施。秋冬季节应适时通风降温，防止结露。发生虫害时宜采用气调或环流熏蒸杀虫。

3. 其他仓房储粮

立筒仓（包括钢板筒仓、混凝土筒仓）：参照浅圆仓安全储粮的关键点。

砖圆仓：参照浅圆仓安全储粮的关键点。

楼房仓：参照高大平房仓安全储粮的关键点。

地下仓：应做好防水、防潮和隔热，保持储粮处于低温状态。

4. 简易储粮设施储粮

应加强监测和安全管理，做好防火、防渗漏工作，防止有害生物为害。应在囤垛底部用拌有防护剂的稻壳等材料铺垫0.3 m以上，铺垫物上应有隔离物。采用围包散装储粮，围包高度不宜超过4.5 m。采用包装堆垛高度不应超过5 m。粮食、油料水分含量应低于当地安全水分。按规定进行粮情检测，在季节交替和气温骤变时，应及时通风降温降湿，防止发生粮堆结露和水分转移。风、雨、雪天应随时检查，及时清除积雪和雨水。

（七）特殊情况的处理

1. 高温粮的处理

夏季入仓粮食粮温较高时，应采用自然通风、机械通风、谷物冷却机通风或仓内翻倒、倒仓等措施降温。

2. 发热粮的处理

因水分过高引起的粮堆发热，应先采取机械通风、仓内翻倒、机械倒仓或用谷物冷却机等措施降低粮温，再采取就仓通风干燥或出仓晾晒、烘干等措施降低水分。因后熟作用引起的粮堆发热，应采用机械通风降温。因仓储害虫和螨类活动引起的粮堆发热，应先杀灭仓储害虫和螨类，再进行通风降温。因局部杂质过多引起的粮堆发热，应先清除杂质，再进行通风降温。

3. 粮堆结露的处理

表层粮堆发生轻微结露时，应翻动粮面，开启门窗自然通风散发湿热；出现明显水滴的粮堆结露应采取大风量机械通风消除结露，或将表层粮食与油料出仓进行干燥。粮堆内部或底层结露时，应采取机械通风消除温差、降低局部粮食水分或翻仓倒囤、出仓干燥。土堤仓、露天垛储粮上层结露时，应适时揭开篷布，翻动粮面，进行自然散湿处理。小麦在后熟期产生粮堆结露应进行机械通风消除温差、降低局部粮食水分。

（八）高水分粮食干燥

1. 晾晒降水

晾晒时应避免污染，晒后的粮食入仓前应自然降温（不包括热入仓小麦）。

2. 机械通风降水

原粮水分超过当地安全水分 3 个百分点以上采用烘干机降水，应按 LS/T 1205 的规定执行；原粮水分超过当地安全水分但在 3 个百分点以内的，应按 LS/T 1202 规定采用机械通风降水。

3. 组合式多管通风干燥

宜选择气温为 15 ~ 25 ℃、相对湿度为 70% 以下进行。当相对湿度高于 70% 时，宜采用辅助加热措施使通入粮堆的空气升温 5 ℃。就仓干燥的其他技术参数与操作按 GB/T 26880 和 LS/T 1202 的规定执行。稻谷和玉米水分在 18% 以下宜采用就仓干燥；超过 23% 的稻谷宜采用两步干燥。

4. 及时降水

利用冬季自然低温储藏的高水分粮食或油料，在春季气温回升时，应及时进行降水处理。

5. 符合粮食干燥规定

稻谷干燥应符合 GB/T 21015 的规定；小麦干燥应符合 GB/T 21016 的规定；玉米干燥应符合 GB/T 21017 的规定。

（九）有害生物控制

1. 基本要求

有害生物控制应遵循“以防为主，综合防治”的方针，控制措施应符合“安全、卫生、经济、有效”的原则，宜采用低温、气调等绿色控制技术，使仓储害虫种群低于引起经济损害的水平。

采用化学防治时，应精准使用储粮化学药剂，降低使用量。

各等级虫粮的处理要求：基本无虫粮和一般虫粮在粮温不超过 15 ℃时，应加强检测，做好防护工作，不需进行杀虫处理；一般虫粮在粮温 15 ℃以上时，应在 15 d 内进行除治；严重虫粮应在 7 d 之内进行除治；危险虫粮应立即封存隔离并在 3 d 内进行彻底的杀虫处理。

2. 仓储害虫与螨类的控制

（1）预防措施

①粮食进仓前清除杂质，尽量实现净粮入仓。

②做好空仓与器材的清洁卫生和杀虫处理。

③将粮堆温度和相对湿度降低到害虫种群生长繁殖所需的最低限度。常见储粮害虫和螨类种群增长的最适、最低温湿度条件以及高、低温致死温度见本章附件 B。

④采用密闭或气调储粮技术抑制害虫种群增长。

⑤采用储粮防护剂防止仓储害虫和螨类感染储粮。

⑥在仓房门窗处布设防虫线，安装防虫网。

（2）控制技术

①物理与机械控制　包括低温控制、气调控制、压盖防治和辐照杀虫等。需采用物理与机械杀虫时，应按 LS/T 1211 的规定执行。

②化学药剂控制　采用化学药剂防治储粮害虫和螨类按 LS/T1211 的规定执行。化

学药剂防治储粮害虫的操作与管理应按照 LS 1212 的规定执行。使用储粮化学药剂的操作人员应经过培训、取得粮油保管员职业资格，使用时应严格按照 Q/ZCL T1、LS/T 1201、LS 1212、GB/T 22497 和 GB/T 22498 的规定进行操作。

③磷化氢熏蒸安全管理　熏蒸作业开始前，应确认仓房气密性符合 GB/T 25229 的规定。熏蒸作业小组要按照 LS/T1201 和 LS 1212 制定科学详细的熏蒸方案，落实熏蒸作业人员和安全防护人员。宜采用仓外发生器施药；熏蒸期间仓房应封闭门窗，周围悬挂明显警示标志、拉出 20 m 警戒隔离线，严禁人员进入。熏蒸期间及散气至磷化氢的体积分数（浓度）高于 0.22 mL/m^3 前，进仓作业应使用符合 GB 16556 要求的空气呼吸器。做好空气呼吸器使用前的检测工作。按照产品说明书检测包括呼吸器面罩气密性，气瓶压力、时效性、质量等指标，如不合格，禁止使用。熏蒸作业前要将仓内窗户密封薄膜先行揭掉，从仓外封堵。熏蒸散气时，应采用仓外开窗和去除密封膜的方式，并做好登高作业的安全防护工作。禁止安排人员入仓开窗揭膜散气。实施熏蒸作业前应配备缓解中毒症状的急救用品。

3. 微生物的控制

（1）预防措施

预防储粮微生物生长的措施有：控制储粮温、湿度和粮食水分含量以及改变粮堆气体成分。严格控制入仓粮食水分。适时进行通风均衡粮温，预防和消除粮堆结露。采用低温或准低温储藏。采用气调储粮，包括充入高浓度二氧化碳、氮气或降低粮堆氧气浓度。

（2）应急处理

当储粮出现发热生霉迹象时应采用以下方法进行应急处理：及时用谷物冷却机或大功率风机降温降水；采用臭氧发生器，利用仓房通风设施或多管、单管通风机向粮堆通入臭氧，保持粮堆中臭氧的体积分数（浓度）在 40 mL/m^3 以上，直至粮温恢复正常。以上措施不能有效控制时，宜采用高浓度磷化氢处理发热粮堆，防止霉变发生。

六、储粮安全作业与管理

做好各粮仓库点安全生产工作的组织领导，加强对整体接管库、代储库、直管库、临储库等库点仓储作业的管理，及时研究解决问题，消除安全隐患，避免因工作衔接不够而产生管理漏洞。有储粮管理任务的收储公司应设立专职仓储管理和安全生产管理机构。

粮库应设有安全管理机构和专职安全员，各班组应设立不脱岗的安全检查员，结合日常工作，每天对重点环节进行巡回检查，做好记录，及时消除安全隐患。

储粮安全作业应按 LS 1206 的规定执行。

在进行生产作业前，应根据生产任务，结合安全技术要求和作业环境、设施设备及人员情况等，对作业人员进行有针对性的作业安全教育，强调具体要求和注意事项。

进行熏蒸作业，应抽调熟悉熏蒸业务、了解药性的业务骨干，成立熏蒸作业小组，严格按照 LS 1212 规定操作。

在熏蒸、气调期间进仓作业时，应佩戴空气呼吸器入仓；其他作业时，应在入仓前检测仓内氧气的体积分数（浓度）。氧气的体积分数（浓度）低于 18.0%，应佩戴空气呼吸器入仓。

立筒仓和浅圆仓应按照 GB 17440 的规定采取防爆措施。

附　件

附件 A

（规范性附录）

中国储粮生态区域划分、生态特点及主要储粮措施

附表 1　中国不同储粮生态区域划分、生态特点及主要储粮措施一览表

区域名称	生态特点	主要储粮措施
第一区： 高寒干燥储粮生态区	15 ℃以上有效积温 0 ~ 178 ℃，15 ℃以上的天数 0 ~ 70 d；年降水量 400 mm 以下；年平均相对湿度 10% ~ 90%；1 月气温 -16 ~ 0 ℃，7 月气温 6 ~ 18 ℃；主要粮油作物为青稞、春小麦、冬小麦；代表性储粮害虫为褐皮蠹、花斑皮蠹、黄蛛甲、褐蛛甲；空气稀薄，太阳能、风能资源极为丰富，寒冷、干燥，是储粮最适宜区域	1. 风干、晾晒，自然通风 2. 干季低温储藏 3. 雨季前密封
第二区： 低温干燥储粮生态区	15 ℃以上有效积温 626 ~ 2 280 ℃，15 ℃以上的天数 112 ~ 194 d；年降水量不大于 400 mm；年平均相对湿度 28% ~ 90%；1 月气温 -20 ~ -8 ℃，7 月气温 18 ~ 24 ℃；主要粮油作物为春小麦、冬小麦、玉米；代表性储粮害虫为黑拟谷盗、褐毛皮蠹、花斑皮蠹、黄蛛甲、裸蛛甲、日本蛛甲、谷象（新疆）；全国最干旱地区，日照充足，寒冷、风力大，适宜低温储粮，玉米收获后常来不及降低水分	1. 风干、晾晒、自然通风 2. 自然低温 3. 次年春末、夏初、风干晾晒和通风处理高水分粮 4. 夏初前施拌保护剂密封 5. 新疆个别地区夏季如只靠机械通风不能达到降温目的，可使用谷冷机降温

续附表 1

区域名称	生态特点	主要储粮措施
第三区： 低温高湿储粮生态区	15 ℃以上有效积温 223 ~ 819 ℃，15 ℃以上的天数 55 ~ 122 d；年降水量 400 ~ 1 000 mm；年平均相对湿度 22% ~ 93%；1 月气温 −30 ~ −12 ℃，7 月气温 19 ~ 24.5 ℃；主要粮油作物为春小麦、玉米、大豆、稻谷；代表性储粮害虫为玉米象、锯谷盗、印度谷蛾、大谷盗、赤拟谷盗；“冷、湿”是其气候特点，玉米收获后常来不及降低水分	1. 机械通风、烘干 2. 自然通风 3. 春末、夏初自然风干、晾晒和通风、烘干 4. 施用防护剂并密闭储藏
第四区： 中温干燥储粮生态区	15 ℃以上有效积温 828 ~ 1 690 ℃，15 ℃以上的天数 143 ~ 192 d；年降水量 400 ~ 800 mm；年平均相对湿度 13% ~ 97%；1 月气温 −10 ~ 0 ℃，7 月气温大于 24 ℃；主要粮油作物为冬小麦、玉米、稻谷、大豆；代表性储粮害虫为玉米象、麦蛾、印度谷螟、印度谷蛾、大谷盗、赤拟谷盗；冬季寒冷干燥为储粮有利条件，夏季高温多雨为不利条件	1. 小麦收后夏季高温晾晒 2. 秋季晾晒、通风或烘干高水分玉米 3. 自然低温 4. 次年夏初前用晾晒、通风方法处理高水分玉米 5. 施用防护剂并密闭储藏 6. 密切注意过夏粮粮情
第五区： 中温高湿储粮生态区	15 ℃以上有效积温 1 029 ~ 3 180 ℃，15 ℃以上的天数 121 ~ 253 d；年降水量 800 ~ 1 600 mm；年平均相对湿度 34% ~ 98%；1 月气温 0 ~ 10 ℃，7 月气温 28 ℃左右；主要粮油作物为单、双季稻，冬小麦；代表性储粮害虫为玉米象、谷蠹、麦蛾、锯谷盗、长角扁谷盗、大谷盗、赤拟谷盗；夏季高温、高湿；晚稻水分含量高	1. 收后机械通风、烘干 2. 冬春通风降温 3. 次年春季干燥高水分粮 4. 春季气温回升前密封 5. 施用防护剂，仓储害虫多时熏蒸 6. 密切注意过夏粮粮温、水分，及时采取措施

续附表 1

区域名称	生态特点	主要储粮措施
第六区：中温低湿储粮生态区	15 ℃以上有效积温 724 ~ 1 307 ℃，15 ℃以上的天数 173 ~ 224 d；年降水量 1 000 mm 左右；年平均相对湿度 30% ~ 98%；1 月气温 2 ~ 10 ℃，7 月气温 18 ~ 28 ℃左右；主要粮油作物为单季稻、冬小麦、玉米；代表性储粮害虫为玉米象、谷蠹、麦蛾、锯谷盗、长角扁谷盗、大谷盗、赤拟谷盗；冬暖夏热；降水较多，日照少、湿度高；储粮虫害问题较严重	1. 收后机械通风、烘干 2. 仓储害虫多时采取熏蒸技术 3. 冬春通风降温 4. 施用防护剂并密闭储藏 5. 四川盆地应密切注意过夏粮粮温、水分含量，及时采取措施
第七区：高温高湿储粮生态区	15 ℃以上有效积温 1 566 ~ 3 476 ℃，15 ℃以上的天数 289 ~ 352 d；年降水量 1 400 ~ 2 000 mm；年平均相对湿度 35% ~ 98%；1 月气温 10 ~ 26 ℃，7 月气温 23 ~ 28 ℃左右；主要粮油作物为双季稻、单季稻、冬小麦、玉米；代表性储粮害虫为米象、玉米象、谷蠹、麦蛾、锯谷盗、长角扁谷盗、大谷盗、赤拟谷盗；本区大部分地区夏长 5 ~ 9 个月；本区长夏无冬，年均温 20 ~ 26 ℃，只有干湿季之分；降水多，相对湿度 80% 左右。本生态区台风季节 5 ~ 11 月，台风雨占年降雨 10% ~ 40%，是我国最“湿、热”的地区，虫害问题严重，储粮难度最大	1. 收后及时通风或高温干燥（晚稻收后自然通风即可满足降水要求） 2. 有虫及时熏蒸 3. 干季及时通风降温、降水，然后施用防护剂并密闭储藏 4. 使用降温、吸湿设备 5. 采用降温、吸湿和熏蒸设备

①各储粮生态区域的主要分布范围详见图 5 - 1 中国不同储粮生态区域划分图。

②由于同一储粮生态区域内因海拔、地形等差异，不同地区的实际储粮生态环境可能存在差异。应以实际储粮生态环境为依据，确定储粮技术的最佳组合。比如，在云南省，按地域划分属于“西南中温低湿储粮生态区”，但高海拔地区的储粮生态符合高寒干燥储粮生态区的条件；低海拔地区的储粮生态则符合高温高湿储粮生态区的条件。

附件 B
（规范性附录）
粮库质量检测仪器和设备配置

各级检测中心及粮库应按照下述要求配置检测仪器和设备。

B.1 直属库

应配置粮油质量指标和储藏品质指标检测仪器和设备。

1. 储备稻谷的相应配置

实验用砻谷机，实验用碾米机，粮仓深层扦样器，分样器，恒温鼓风干燥箱，感量 0.01 g 称量范围不小于 100 g 的天平，感量 0.000 1 g 天平，电脑水分测定仪，锤片式粮食试验粉碎机，粮食水分测试粉碎磨，脂肪酸值专用振荡器，谷物选筛等；实验室常用玻璃器皿及用具。

选配稻米脂肪酸值测定仪，粮油滴定分析仪。

2. 储备小麦的相应配置

小麦容重器，小麦硬度指数仪，粮仓深层扦样器，分样器，恒温鼓风干燥箱，感量 0.01 g 称量范围不小于 100 g 的天平，感量 0.000 1 g 天平，电脑水分测定仪，锤片式粮食试验粉碎机，粮食水分测试粉碎磨，面筋测定仪，降落数值仪、谷物选筛等；实验室常用玻璃器皿及用具。

选配粮油滴定分析仪，实验室磨粉机，马弗炉，拉伸仪，粉质仪，面包体积测量仪。

3. 储备玉米的相应配置

玉米容重器，粮仓深层扦样器，分样器，恒温鼓风干燥箱，感量 0.01 g 称量范围不小于 100 g 的天平，感量 0.000 1 g 天平，电脑水分测定仪，锤片式粮食试验粉碎机，粮食水分测试粉碎磨，脂肪酸值专用振荡器，谷物选筛等；实验室常用玻璃器皿及用具。

选配粮油滴定分析仪。

4. 储备大豆的相应配置

粮仓深层扦样器，分样器，恒温鼓风干燥箱，感量 0.01 g 称量范围不小于 100 g 的天平，感量 0.000 1 g 天平，电脑水分测定仪，锤片式粮食试验粉碎机，粮食水分测试粉碎磨，凯氏定氮装置，索氏抽提装置，谷物选筛等；实验室常用玻璃器皿及用具。

选配粮油滴定分析仪，定氮仪，粗脂肪测定仪。

5. 储备油脂的相应配置

油脂扦样器，干燥器，冰箱，量油尺，密度计，电热恒温干燥箱，分析天平（感量 0.1 g、0.01 g、0.000 1 g），可调电炉，温度计，罗维朋比色计，恒温水浴及常规玻璃仪器。

选配阿贝折光仪，闪点仪，油脂烟点测定仪，马弗炉，离心机，旋转蒸发仪，真空泵，酶标仪，粮油滴定分析仪，气相色谱仪，液相色谱仪。

B.2　分公司质检中心

分公司质检中心应配置粮油质量指标和储藏品质指标以及主要卫生指标检测所必需的设备。

1. 必配设备

分析天平（感量 1 g、0.1 g、0.01 g、0.000 1 g），粮仓深层扦样器，分样器，恒温鼓风干燥箱，恒温培养箱，实验用砻谷机，实验用碾米机，碎米分离器，台式米质判定仪，脂肪酸值专用振荡器，粮食水分测试粉碎磨，锤片式粮食试验粉碎机，电动筛选器，粮油滴定分析仪，谷物选筛，电动粉筛，油脂扦样器，干燥器，量油尺，密度计，可调电炉，马弗炉，罗维朋比色计，恒温水浴，小麦硬度指数仪，玉米容重器，面筋测定仪，智能白度仪，降落数值仪，小麦容重器，实验室磨粉机，粉质仪，拉伸仪，面包体积测量仪，和面机，恒温恒湿醒发箱压片机，电热恒温干燥箱，气相色谱仪，冰箱等；实验室常规玻璃仪器及主要卫生指标的检测设备如前处理设备、原子荧光、原子吸收、真菌毒素检测系统、酶标仪、气相色谱仪等。

2. 可选配的检测仪器设备

分析天平（感量 0.000 01 g），定氮仪，阿贝折光仪，闪点仪，油脂烟点测定仪，离心机，旋转蒸发仪，真空泵，脂肪测定仪，液相色谱仪。

附件 C

（资料性附录）

主要储粮害虫与螨类种群增长的最低和最适条件

附表 2　主要储粮害虫与螨类种群增长的最低和最适条件

虫螨种类	最低		最高		每月最大繁殖率（×）	为害对象					
	气温/℃	相对湿度/%	气温/℃	相对湿度/%		A	B	C	D	E	F
大豆象	17	30	27～31	65	25					●	
粗足粉螨	2.5	65	21～27	80	2500		●		●	●	●
绿豆象	19	30	28～32	60	30					●	
四纹豆象	22	30	30～35	50	50					●	
米蛾	18	30	28～32	30	10		●		●		
锈赤扁谷盗	23	10	32～35	65	60		●		●		
长角扁谷盗	22	60	28～33	70	10		●		●		
粉斑螟蛾	17	25	28～32	60	50		●		●		
烟草粉螟	10	30	25	70	15		●		●		●
地中海粉螟	10	1	24～27	65	50		●		●		

续附表 2

虫螨种类	最低		最高		每月最大繁殖率(×)	为害对象					
	气温/℃	相对湿度/%	气温/℃	相对湿度/%		A	B	C	D	E	F
烟草甲	22	30	32～35	55	20				●	●	
长头谷盗	26	30	33～37	/	10			●	●		
锯谷盗	21	10	31～34	65	50		●		●		
印度谷螟	18	0	28～32	/	30		●		●		
澳洲蛛甲	10	50	23～25	70	4		●		●		●
谷蠹	23	30	32～35	50	20	●			●		
谷象	15	50	26～30	70	15						
米象	17	60	27～31	70	25	●					
麦蛾	16	30	26～30	/	50	●					
赤拟谷盗	22	1	32～35	65	70			●	●		●
杂拟谷盗	21	1	30～33	50	60			●	●		●
谷斑皮蠹	24	1	33～37	45	12.5	●			●	●	●
巴西豆象	22	30	29～33	50	20					●	

①资料来源:ISO 6322－3 Storage of cereal and pulses －Part 3:Control of attack by pests。

②A:完善谷物;B:谷物胚部;C:机械破损或其他虫蚀谷粒;D:谷物产品;E:整粒豆类;F 粉屑。

③粮温低于－4 ℃时仓储害虫可在短期内死亡;粮温在 4～8 ℃时,仓储害虫处于冷麻痹状态;粮温在 8～15 ℃时,仓储害虫停止活动;粮温在 40～45 ℃可抑制仓储害虫发育繁殖;粮温在 46～48 ℃时,绝大多数仓储害虫呈热昏迷状态,生命活动衰弱;粮温在 49～52 ℃,仓储害虫可在短期内死亡。

附件 D

（资料性附录）

诱捕检测储粮害虫的方法

D.1　原理

根据储粮害虫的生物学特性，利用仪器、器具或化学物质，将储粮害虫引诱到仪器和器具内，检查粮堆或空间内仓储害虫有无和数量。所利用的仪器和器具通称为害虫诱捕器。

D.2　诱捕器种类

1. 探管诱捕器

又称陷阱诱捕器，是一种长 0.2 ~ 0.7 m，直径 30 mm 左右的金属管或塑料管，在上部管壁上开有数百个直径 2.4 ~ 2.8 mm 的小孔，管的下部有锥形漏斗或集虫瓶。

2. 波纹纸板诱捕器

也称瓦楞纸板诱捕器，是一种长 0.15 ~ 0.2 m，宽 0.1 m 左右的带有波纹状孔道的长方形纸板，长度方向两边为波纹纸板（瓦楞纸板）开口位置，其中一边用胶带密封，在另一边开口处放入少量全麦粉或碎麦粉，以增强诱捕害虫的能力。

3. 其他诱捕器

黑光灯和蛾类信息素诱捕器，主要诱捕储粮空间、空仓和成品粮仓内的蛾类害虫成虫。

D.3　适用范围

适用于各种粮食和油料的散装、包装垛和空仓内活动虫态的储粮害虫检测，以确定害虫有无和数量。

D.4　诱捕器布点

按 LS/T 1211D 的虫粮采样点执行。

D.5　检测期限

检测期限同于筛检法。

D.6　检测害虫计量单位

诱捕器检测仓储害虫的计量单位为：诱捕的仓储害虫数量（头）/ 台（个）诱捕器/d。

探管陷阱诱捕仓储害虫密度和筛检仓储害虫密度的参考关系见附表 3。

附表 3　探管诱捕器原粮粮堆诱捕仓储害虫密度与筛检仓储害虫密度的参考关系

筛检/头·kg^{-1}	诱捕/头·（台·天）$^{-1}$
≤5	≤10
≤30	≤20
>30	>20

第二节

高寒干燥储粮生态区

一、本生态区的储粮生态特点及粮食储藏的基本要求

（一）本生态区的范围

本生态区东起横断山区，西抵喀喇昆仑，南至喜马拉雅，北达阿尔金山—祁连山北麓。包括西藏自治区全部、青海省南部以及四川省、云南省、新疆维吾尔自治区和甘肃省的一部分地区，本生态区海拔大都在4 000 m以上。粮食储藏的基本要求也包括符合本生态区储粮条件其他生态区域的库点。

（二）储粮生态特点

1. 生态条件

（1）本生态区 15 ℃以上有效积温为 0～178 ℃，15 ℃以上的天数为 0～70 d；1 月平均气温为 -16～0 ℃，7 月平均气温为 6～18 ℃。

（2）年降水量小于 800 mm；相对湿度为 10%～90%。空气稀薄，太阳辐射强，年辐射量 8 350 MJ/m^{2}以上。

（3）日照时间长，年日照时数大多为 2 200～3 600 h。气温低，年平均气温 5 ℃以下，年较差小，日较差大。

（4）四季不明显，干湿季分明。干季为 11 月到翌年 4 月，空气极其干燥，降水极少且多大风；湿季为 5～10 月；太阳能和风能资源极为丰富，终年寒冷，干季干燥，是储粮最适宜区域。

2. 储粮特点

（1）主要储粮为小麦，有一定数量大麦、青稞，有部分玉米和稻谷。

（2）粮食储藏过程中易出现水分过度损失的情况。

（3）常见储粮害虫为花斑皮蠹、麦蛾、玉米象，多于 5～10 月局部发生。

（4）常见储粮微生物有曲霉和青霉两大类。

（三）粮食与油料储藏的基本要求

1. 首先应符合本章第一节的基本要求。

2. 本生态区域应采用低温或准低温储藏。

3. 粮食储藏过程中应做好粮堆结露的预防和处理；重点预防过度失水影响储粮加工品质并造成质量损失。

二、设施与设备的基本要求

（一）一般要求

应符合本章第一节的基本要求。

（二）仓储设施

1. 本生态区用于低温储藏的粮仓，墙体传热系数宜在0.58～0.70 W/（m^2·K），仓盖传热系数不大于0.5 W/（m^2·K）。

2. 本生态区仓房长轴宜呈南北走向。拱板仓水平吊顶以上的山墙宜安装百叶窗或在仓顶安装不锈钢涡轮自然通风器。

3. 在藏南谷地、青东祁连山地、柴达木盆地建仓时要注意避开季节性冻土区。

4. 在藏南谷地、喜马拉雅南麓低山地、川西藏东分割高原建粮仓时要解决防洪、防雷击、隔热、隔湿、防渗漏等问题。

5. 青东祁连山区要考虑保温、防风沙问题。面向冬、春盛行风向的外墙不宜开设或少开设门窗。窗户要采取措施防止风沙侵入。

6. 柴达木盆地区域粮仓设计时要考虑隔热和防风沙。

7. 应在库区按 GB 50057 的规定安装避雷装置。

（三）仓储设备配置

1. 配备的仓储设备应满足粮仓正常的进出粮作业。

2. 应采用节能环保的仓储设备。

3. 应配备机械通风，粮情测控系统，PH_3 气体检测仪等设备。

4. 仓容 2.5 万 t 以上的粮库还应该配备移动式吸粮机或扒谷机、装仓机、卡车、地中衡等装卸、输送、计量设备，高效环保清理筛等设备。

（四）检测仪器设备配置

1. 一般要求

具备温度、湿度、储粮害虫、磷化氢浓度检测所必需的检测仪器和设备。能保证日常粮情检测的需要。

具备粮食质量检测的仪器和设备，能正常进行粮食收、购、定等和储存品质指标的检测。

2. 配置

检测仪器和设备配置按本章第一节的规定执行。

三、粮食与油料进出仓

（一）安全要求

进出仓的安全操作与管理按 LS 1206 的规定执行。

（二）进仓要求

1. 进仓前的准备

粮食入仓前，按照本章第一节的规定做好准备工作。

2. 进仓粮食质量

入仓粮食质量应符合本章第一节的要求。

3. 粮食与油料堆存要求

粮食堆存按本章第一节的规定执行。

（三）出仓要求

粮食出仓应按本章第一节的规定执行。

四、粮情与质量检测

（一）粮情检测

1. 粮温、仓温和气温，粮堆内部及仓内外空气的相对湿度，粮食水分含量，仓房设备设施、器材和粮食中的害虫密度的检测方法按本章第一节的规定执行。

2. 暴风雨雪天气期间，应适时查仓、查粮。

（二）质量检测

按本章第一节的规定执行。

五、粮食与油料储藏技术

（一）技术路线

本储粮生态区域采用的主要储粮技术为干燥降水、通风、低温储藏、准低温储藏，同时采取相应的保水措施。根据各地的具体情况，在同期或不同时期，分别或组合应用各项储藏技术，以达到最佳的储粮效果。在秋、冬季节宜进行通风降低粮温，在春季宜采用压盖隔热，夏季应注意排除粮堆上部空间的积热，综合应用以上技术，实现低温或准低温储藏。

（二）干燥降水

1. 玉米和稻谷入仓后，于10～11月份开始通过自然通风干燥降水。

2. 小麦以自然通风为主，辅以机械通风干燥降水。

3. 对于往年储粮出现发热和水分分层时，应进行通风，消除发热，平衡水分。

4. 露天晾晒粮食厚度不超过20 cm，起垄，每天14：00～16：00 翻粮1次以上。粮食在冬、春季通风及晾晒降水要避开浮尘和风沙天气。

（三）通风

1. 宜采用智能通风，防止有害通风、无效通风，减少储粮水分损失。

2. 夏季在夜间低温时段利用轴流风机排除仓内空间积热。

3. 秋、冬季以自然通风为主，辅以机械通风。机械通风时，以轴流风机为主。达到0～5 ℃后应及时关闭门窗，应避免长时间自然通风，减少水分损失。

4. 膜下发生轻微结露时，可在结露部位的粮膜上适当开口，关闭门窗，用小风量风机从仓底通风，利用仓房装粮线上方的轴流风机向仓外排气，使粮膜悬于粮面上方50 cm处，以消除膜下结露。若膜下结露仍然严重，应及时拆除粮膜，加强通风换气，尽快缩小粮温与气温的温差。

5. 机械通风的基本要求、技术参数、具体操作和管理按LS/T 1202规定执行。

（四）低温储藏

1. 仓房宜吊隔热顶棚，以延缓粮温上升。

2. 仓房墙体和仓盖的传热系数应符合本章第二节“二、设施与设备的基本要求”中的相关规定。

3. 秋季气温下降时及时打开门窗进行自然通风，必要时辅以轴流风机通风，使粮温随气温同步下降。对入库新粮应注意缩小上层粮温与气温的温差，防止结露。

4. 在冬季利用自然低温进行通风，使粮温降到－8～－5 ℃。

5. 在春季粮温回升、雨季到来前做好门窗等部位的隔热密闭。

6. 利用粮情测控系统自动检测储粮温度，夏季必须进仓检测粮情时应在低温时段进行。

7. 利用夜间低温时段用轴流风机排除粮堆上部积热，使平均粮温长期保持在15 ℃以下，局部最高粮温不超过20 ℃。

（五）准低温储藏

1. 入仓前做好清洁卫生和空仓杀虫。

2. 清除粮食中的杂质，使粮食质量符合 LS/T 1212 的要求。

3. 秋季气温下降时及时打开门窗进行自然通风，必要时辅以轴流风机通风，使粮温随气温同步下降。对入库新粮应注意缩小上层粮温与气温的温差，防止结露。

4. 在冬季利用自然低温进行通风，使粮温降到 -5 ~0 ℃。

5. 次年 2 ~3 月气温回升或 5 月雨季来临之前密封粮仓（粮堆）。

6. 夏季关好门窗，低温时段入仓检测粮情。

7. 利用夜间低温时段用轴流风机排除粮堆上部积热，使平均粮温长期保持在 20 ℃以下，局部最高粮温不超过 25 ℃。

8. 特别注意采取防雨季夜雨的措施。柴达木盆地在夏季出现 30 ℃以上高温时，要注意预防仓储害虫为害。喜马拉雅南麓低山区是本生态区域中储粮难度最大的地区，应注意降温、降水、防潮和隔热工作。

（六）保水措施

1. 通风干燥后的安全水分粮应采用粮膜密闭粮面，包装粮堆应进行五面密闭。

2. 做好门窗、通风口密闭。

3. 采用智能通风技术，以自然通风为主，辅以低功率轴流风机降温。

4. 宜采用膜下环流通风，按 Q/ZCL T7 的规定执行。

（七）有害生物控制

1. 基本要求

按本章第一节的规定执行。

2. 害虫与螨类的控制

（1）预防措施

①做好清洁卫生，改善储粮环境，使储粮生态环境不利于有害生物的生长与为害。

②粮食入仓前做好仓房、机械设备和用具的清洁卫生和杀虫工作。

③充分利用高寒干燥的生态条件，将粮堆温度控制在 15 ℃以下，抑制仓储害虫为害。

④仓房门窗处布设防虫线，安装防虫网。

（2）控制技术

①冷冻杀虫：在冬季采用机械通风、输送机倒仓或仓外摊冻等措施将粮温降到仓储害虫致死温度以下进行杀虫。

②在做好防护的基础上，按 LS/T 1211 第 9 章的规定，有针对性地采用磷化氢熏蒸。熏蒸处理的安全事项按本章第一节的相关规定执行。

③局部害虫局部处理。

④储粮化学药剂管理应按 LS 1212 规定执行。

3. 微生物的控制

将储粮水分控制在安全水分以下；季节转换时注意通风，预防和消除粮堆结露；采用低温储藏技术。

第三节
低温干燥储粮生态区

一、本生态区的储粮生态特点及粮食储藏的基本要求

（一）本生态区的范围

本生态区位于我国北部与西北部，包括新疆维吾尔自治区的全部，内蒙古自治区的大部分，宁夏回族自治区、甘肃省、陕西省、河北省的一部分。以国界线为西界和北界；东界从大兴安岭根河河口开始，沿大兴安岭西麓，向南延伸至阿尔金山附近，然后向东沿洮儿河谷地经大兴安岭至乌兰浩特以东，再沿大兴安岭东麓向南，经突泉、扎鲁特、开鲁至奈曼；南界自昆仑山、祁连山，北麓至乌鞘岭、长城、张北、沽源、围场和阜新。粮食储藏的基本要求也包括符合本生态区储粮条件其他生态区域的库点。

（二）储粮生态特点

1. 生态条件

（1）本生态区 15 ℃以上有效积温为 626～2 280 ℃，15 ℃以上的天数 112～194 d。1 月平均气温为 -20～-8 ℃，7 月平均气温为 18～24 ℃。

（2）是全国最干旱地区，年降水量在 400 mm 以下，年相对湿度为 28%～90%。

（3）冬季寒冷，年、日较差大，分别为 30～50 ℃、13～20 ℃；日照充足，太阳辐射强，年辐射量 5 020～7 110 MJ/m^2；冬春寒冷，多风沙天气。是储粮最适宜区域之一。

2. 储粮特点

（1）主要储粮为玉米、小麦，以及部分稻谷和大豆。

（2）玉米收获后一般不能及时干燥。

（3）粮食储藏过程中易出现水分过度损失的情况。

（4）常见储粮害虫和螨类为玉米象、谷蠹、锯谷盗、赤拟谷盗、杂拟谷盗、锈赤扁谷盗、花斑皮蠹、长角扁谷盗、书虱、麦蛾、印度谷蛾、腐食酪螨等。

（5）常见储粮微生物为曲霉和青霉。曲霉包括黄曲霉、灰绿曲霉、白曲霉等；青霉包括产黄青霉等。

（三）粮食与油料储藏的基本要求

1. 首先应符合本章第一节的基本要求。
2. 以低温储藏为主。宜采用自然通风，辅以机械通风降低粮温。
3. 安全水分粮在进行通风降温时应尽可能减少水分损失。
4. 秋季应做好粮堆结露的预防和处理。

二、设施与设备的基本要求

（一）一般要求

应符合本章第一节的基本要求。

（二）仓储设施

1. 仓房应具有良好的隔热性能。用于低温储藏的粮仓，墙体传热系数宜在 0.58 ~ 0.70 W/（m^2·K），仓顶传热系数不大于 0.5 W/（m^2·K）。仓房长轴宜呈南北走向。

2. 北疆粮仓应有隔热和通风措施。东疆、河西走廊和河套平原粮仓门应有防风沙堵塞措施。塔里木盆地—哈密盆地和吐鲁番盆地粮仓应有隔热、通风和防风沙措施。

3. 地下仓应建在地势较高、地下水位低、地面坚固干燥、排水通畅的地方，应注意防水、防潮、通风和隔热。

4. 露天囤（垛）储粮时，基座离地面应不低于 0.4 m，并有足够强度，能承受储粮作业产生的载荷；顶部宜架空、起脊或用粮包等做成不小于 40 °坡度的屋脊形状；周围应设置不低于 70 cm 的防鼠围裙。堆垛应用牢固的防水隔热材料苫盖严密，苫盖后堆垛表面应平整、无凹陷，苫盖物应固定牢靠。

5. 应按 GB 50057 的规定安装避雷装置。

（三）仓储设备配置

（1）首先应符合本章第一节的规定。

（2）应满足粮仓正常的进出粮作业要求。

（3）应采用节能环保的仓储设备。

（4）应配备机械通风、粮情测控系统等基本设备。

（5）具备 PH_3 报警仪、氧气浓度报警仪、空气呼吸器等安全防护设备。

（6）具备体视显微镜、害虫标本、害虫图谱、害虫选筛等害虫检测专用设备和用具。

（7）仓容 2.5 万 t 以上的粮库还应该配备移动式吸粮机或扒谷机、装仓机、地中衡等装卸、输送、计量设备，高效环保清理筛等清理设备。

（四）检测仪器设备配置

1. 一般要求

具备粮食质量检测的仪器和设备，能正常进行粮食收、购、定等和储存品质指标的检测。

2. 配置

检测仪器和设备配置按本章第一节的规定执行。

三、粮食与油料进出仓

（一）安全要求

进出仓的安全操作与管理按 LS 1206 的规定执行。

（二）进仓要求

1. 进仓前的准备

粮食入仓前，按照本章第一节的规定做好准备工作。

2. 进仓粮食质量

入仓粮食质量应符合本章第一节的要求。

3. 粮食与油料堆存要求

粮食堆存按本章第一节的规定执行。

（三）出仓要求

粮食出仓应按本章第一节的规定执行。

四、粮情与质量检测

（一）粮情检测

1. 粮温、仓温和气温，粮堆内部及仓内外空气的相对湿度，粮食水分含量，仓房设备设施、器材和粮食中的害虫密度的检测周期及检测方法按 Q/ZCL TX. 1 的规定执行。

2. 暴风雨雪天气期间，应适时查粮查仓，重点应检查露天囤（垛）和地下仓。

（二）质量检测

按本章第一节的规定执行。

五、粮食与油料储藏技术

（一）技术路线

本储粮生态区域采用的主要储粮技术为干燥降水、低温储藏、准低温储藏等。根据各地的具体情况，在同期或不同时期，分别或组合应用各项储藏技术，以达到最佳的储粮效果。安全水分粮在进行通风降温时应采取相应的保水措施，减少水分损失。

（二）干燥降水

1. 宜采用智能通风。冬、春季通风应避免浮尘和风沙天气。

2. 收获后来不及干燥的高水分粮冬季通过自然通风干燥降水。

3. 小麦以自然通风为主，辅以机械通风干燥降水。

4. 水分 18 % 以上的玉米、稻谷宜机械烘干或两步干燥至安全水分。

5. 机械烘干操作按 LS/T 1205 执行，宜避开寒冷季节烘干粮食。

6. 两步干燥，先机械烘干将水分降至 18 % 以下，再就仓干燥降至安全水分。

7. 水分 18 % 以下的玉米、稻谷可春季采用机械通风就仓干燥降水，气温宜高于 10 ℃，应在安全干燥期内完成干燥。

8. 就仓干燥作业按 GB/T 26880 执行，单位通风量和粮堆高度宜符合表 5 -2 的要求。

表 5-2 就仓干燥推荐最低单位通风量和对应的粮堆最大高度

粮种	水分的质量分数（含量）/%	最低单位通风量/$m^3\cdot(h\cdot t)^{-1}$	粮堆最大高度/m
玉米、稻谷	18	40	4.5
	16	20	6.0
小麦	16	30	6.0

10. 堆高超过 3 m 或空气途径比不符合降水通风要求的应增设组合式多管通风系统，组合式多管通风系统的相邻立管间距宜控制在 2.5 m×1.5 m 以内。

11. 新收获大豆入库后至次年 4 月，选择相对温暖、干燥、多风时采用晾晒、机械通风干燥降水。

（三）低温储藏

1. 仓房宜吊隔热顶棚，门窗、孔洞宜增加隔热保温层，粮面宜实施隔热压盖，以延缓粮温上升。

2. 仓房墙体和仓顶的传热系数应符合 5.2.1 的要求。

3. 秋季应及时打开门窗进行自然通风，必要时辅以轴流风机通风，使粮温随气温同步下降。对入库新粮应注意缩小上层粮温与气温的温差，防止结露。

4. 冬季自然通风或机械通风，使粮温降到 -8 ~ -5 ℃。

5. 春季粮温回升前应做好粮堆的压盖密闭和门窗等部位的隔热密闭。

6. 夏季宜膜下环流通风均衡粮温，低温时段利用轴流风机排除粮堆上部积热，使平均粮温长期保持在 15 ℃以下，最高粮温不超过 20 ℃。

7. 利用粮情测控系统自动检测储粮温度，夏季必须进仓检测粮情时应在低温时段进行。

8. 新疆塔里木盆地、哈密盆地和吐鲁番盆地等地区可辅以机械制冷降温。

（四）准低温储藏

1. 秋季应及时打开门窗进行自然通风，必要时辅以轴流风机通风，使粮温随气温同步下降。对入库新粮应注意缩小上层粮温与气温的温差，防止结露。

2. 冬季自然通风或机械通风，使粮温降到 -5 ~0 ℃。

3. 春季粮温回升前应做好粮堆的压盖密闭和门窗等部位的隔热密闭。

4. 夏季上层粮温超过 20 ℃时应膜下环流通风均衡粮温，低温时段利用轴流风机排除粮堆上部积热，使平均粮温长期保持在 20 ℃以下，最高粮温不超过 25 ℃。

5. 利用粮情测控系统自动检测储粮温度，夏季必须进仓检测粮情时应在低温时段进行。

6. 新疆塔里木盆地、哈密盆地和吐鲁番盆地等地区在夏季高温时应注意预防仓储害虫为害。

（五）保水措施

1. 通风降温时宜采用智能通风技术，以自然通风为主，辅以低功率轴流风机降温，达到 0 ~5 ℃后应及时关闭门窗，避免长时间通风造成水分损失。

2. 通风干燥后的安全水分粮应采用塑料薄膜密闭粮面，包装粮堆应进行五面密闭。

3. 应做好门、窗和通风口的密闭。

4. 宜采用膜下环流通风，按 Q/ZCL T7 的规定执行。

（六）有害生物控制

1. 基本要求

按本章第一节的规定执行。

2. 害虫与螨类的控制

宜采用低温防治储粮有害生物。

（1）预防措施

①充分利用低温干燥的生态条件，将粮堆温度控制在 15 ℃或 20 ℃以下，抑制仓储害虫的发生与发展。

②其他按本章第一节的规定执行。

（2）控制技术

①宜采用低温控制储粮有害生物，维持储粮处于低温或准低温状态，抑制仓储害虫生长。

②在有效防护的基础上，按 LS/T 1211 第九章的规定，有针对性地采用磷化氢熏蒸，局部害虫局部处理，第一次杀虫必须彻底。

③熏蒸处理的安全事项按本章第一节的相关规定执行。

④储粮化学药剂管理应按 LS 1212 规定执行。

3. 微生物的控制

将储粮水分控制在安全水分以下；采用低温储藏技术；季节转换时应注意通风，预防和消除粮堆结露。

第四节

低温高湿储粮生态区

一、本生态区的储粮生态特点及粮食储藏的基本要求

（一）本生态区的范围

本生态区位于我国东北部，是我国位置最北、纬度最高的一个储粮生态区。北界和东界为国界；西界为低温干燥储粮区的东界，从大兴安岭的根河河口开始，沿大兴安岭西麓，向南延伸至阿尔山附近，然后向东沿洮儿河谷地经大兴安岭至乌兰浩特以东，再沿大兴安岭东麓向南，经突泉、扎鲁特、开鲁至奈曼；南界自奈曼至彰武、康平、昌图、铁岭、抚顺、宽甸至鸭绿江边，相当于活动积温3 200 ℃等值线。政区包括黑龙江、吉林两省全部，辽宁省北部、内蒙古自治区大兴安岭的东部区域。粮食储藏的基本要求也包括符合本生态区储粮条件其他生态区域的库点。

（二）储粮生态特点

1. 生态条件

（1）15 ℃以上有效积温为223～819 ℃，15 ℃以上的天数55～122 d；1月平均气温为－30～－12 ℃，7月平均气温为19～24.5 ℃。

（2）年降水量为400～1 000 mm，年平均相对湿度为65%～75%，雨季为6～9月。

（3）冬季寒冷漫长，气候干燥，日平均气温0 ℃以下有6～8个月；夏季短促，无酷热，雨水多，有1～2个月。春季干燥多风，秋季凉爽。

2. 储粮特点

（1）主要储粮为玉米、稻谷、春小麦、大豆。

（2）玉米收获水分高，冬季前一般不能及时完成干燥。

（3）常见的储粮害虫为玉米象、锯谷盗、印度谷蛾、大谷盗、赤拟谷盗。一般于每年5～10月发生。

（4）常见储粮微生物为曲霉和青霉。曲霉包括黄曲霉、灰绿曲霉、白曲霉等；青霉包括产黄青霉等。

（三）粮食与油料储藏的基本要求

1. 宜采用低温储藏。
2. 春季加强高水分粮的干燥降水。
3. 夏季宜环流通风和低温时段排积热通风降低表层粮温。
4. 秋季防粮堆结露。
5. 冬季降温，冷冻杀虫。

6. 其他要求应符合本章第一节的规定。

二、设施与设备的基本要求

（一）一般要求

1. 低温储藏的粮仓，墙体传热系数宜在0.58～0.70 W/（m^2·K），仓顶传热系数不大于0.5 W/（m^2·K）。

2. 库区按GB 50057的规定安装避雷装置。

3. 粮仓设施建设的其他方面应符合本章第一节的规定。

（二）简易储粮设施

本生态区主要简易储粮设施为露天囤（垛），要求如下：

1. 露天囤（垛）等简易储粮设施不应建在输电线路下方，应按规定留出消防通道。

2. 露天囤（垛）应建在地势高，地下水位低，地面坚固干燥、通风良好，排水通畅的地方。

3. 露天囤（垛）的基座离地面不低于0.4 m，应有足够的强度，能承受储粮作业产生的载荷，具备防潮和通风性能。囤垛底部应铺设防鼠钢丝网，周围应设置不低于70 cm的防鼠围裙。

4. 露天囤（垛）顶部宜架空、起脊或用粮包、粗稻壳包等做成不小于40°坡度的屋脊形状。

5. 堆垛应用牢固的防水隔热材料苫盖严密，苫盖后堆垛表面应平整、无凹陷，苫盖物应固定牢靠。

6. 露天囤（垛）应能满足通风及熏蒸要求。

7. 露天囤（垛）应具备防风和防雨雪能力。
8. 露天囤（垛）应设电子测温设施。
9. 露天囤（垛）区应物理隔离，具备安全监控、消防设施、避雷设施。

（三）仓储设备配置

1. 基本要求

（1）应符合国家相关标准和总公司产品企业标准。
（2）配备的仓储设备应满足粮仓正常的进出粮作业。
（3）应采用节能环保的仓储设备。

2. 配置

（1）具备地中衡、输送机、装仓机、扒谷机以及高效环保清理筛等配套的粮食进出库设备。
（2）具备温湿度、气体浓度等粮情检测仪器或设备。
（3）具备机械烘干、机械通风、磷化氢熏蒸等粮情控制设备。
（4）具备 PH_3 报警仪、氧气浓度报警仪、空气呼吸器等安全防护设备。
（5）具备体视显微镜、仓储害虫标本、仓储害虫图谱、仓储害虫选筛等仓储害虫检测专用设备和用具。
（6）其他要求应符合本章第一节的规定。

（四）检测仪器设备配置

1. 一般要求

具备粮食质量检测的仪器和设备，能正常进行粮食收、购、定等和储存品质指标的检测。

2. 配置

按本章第一节的规定执行。

三、粮食与油料进出仓

（一）安全要求

进出仓的安全操作与管理按 LS 1206 的规定执行。

（二）进仓要求

1. 进仓前的准备

粮食入仓前，按照本章第一节的规定做好准备工作。

2. 进仓粮食质量

入仓粮食质量应符合本章第一节的要求。

3. 粮食与油料堆存要求

粮食堆存按本章第一节的规定执行。

（三）出仓要求

1. 粮食出仓应按本章第一节的规定执行。

2. 低温粮夏季出仓时，宜用塑料薄膜等将低温粮堆隔离，或采用机械通风使粮温与环境温度差控制在结露温差以内（一般为8 ℃以内），避免粮堆结露。

四、粮情与质量检测

（一）粮情检测

1. 粮温、仓温和气温，粮堆内部及仓内外空气的相对湿度，粮食水分含量，仓房设备设施、器材和粮食中的害虫密度的检测按Q/ZCL TX.1的规定执行。

2. 遇暴风雨雪天气，应适时检查粮仓，重点检查简易储粮设施。

（二）质量检测

按本章第一节的规定执行。

五、粮食与油料储藏技术

（一）技术路线

本生态区采用的主要储粮技术为干燥降水、低温储藏、准低温储藏。根据各地的具体情况，在同期或不同时期，分别或组合应用各项储藏技术，以达到最佳的储粮效果。在秋、冬季节宜采用自然通风降低粮温，在春季宜采用压盖隔热，夏季宜采用膜下环流通风降低表层粮温，注意排除粮堆上部空间的积热，实现低温或准低温储藏。

（二）干燥降水

1. 收获后来不及干燥的高水分粮冬季自然通风干燥，自然低温储藏。

2. 水分 18% 以上的玉米、稻谷宜机械烘干或两步干燥至安全水分。机械烘干操作按 LS/T 1205 执行，宜避开寒冷季节烘干粮食。两步干燥，先机械烘干将水分降至 18% 以下，再就仓干燥降至安全水分。

3. 水分 18% 以下的玉米、稻谷可春季采用械通风就仓干燥降水，气温宜高于 10 ℃，应在安全干燥期内完成干燥。

4. 就仓干燥作业按 GB/T 26880 执行，单位通风量和粮堆高度宜符合表 5－3 的要求。

表 5-3 就仓干燥推荐最低单位通风量和对应的粮堆最大高度

粮种	水分的质量分数（含量）/%	最低单位通风量/$m^3 \cdot (h \cdot t)^{-1}$	粮堆最大高度/m
玉米、稻谷	18	40	4.5
	16	20	6.0
小麦	16	30	6.0

5. 堆高超过 3 m 或空气途径比不符合降水通风要求的应增设组合式多管通风系统，组合式多管通风系统的相邻立管间距宜控制在 2.5m×1.5m 以内。

6. 大豆 9～10 月收获，11 月入库后至次年 4 月选择相对温暖、干燥、多风时采用晾晒、机械通风干燥降水。

7. 干燥作业应在雨季前完成。

（三）低温储藏

1. 仓房墙体和仓顶的传热系数应符合 5.1.1 的要求，仓房和粮堆隔热操作参照 Q/ZCL T3 执行。

2. 秋季及时打开门窗自然通风，必要时辅以轴流风机通风，使粮温随气温同步下降，机械通风降温操作按 Q/ZCL T2 及 LS/T 1202 执行。

3. 冬季利用自然低温进行自然通风，使粮温降到 -8～-5 ℃。

4. 春季粮温回升、雨季到来前做好粮堆压盖密闭及门窗等部位的隔热密闭。

5. 夏季宜采用排积热通风、膜下环流通风降低表层粮温，必要时采用机械制冷控温，使平均粮温控制在 15 ℃以下，局部最高粮温控制在 20 ℃以下。高大平房仓环流通风操作按 Q/ZCL T7 执行，当中层粮食平均粮温接近 15 ℃时，宜停止膜下环流通风。

6. 夏季需进仓检测粮情时宜在低温时段进行。

（四）准低温储藏

1. 入仓前按 Q/ZCL TX. 1 第 6. 2 条的要求做好清洁卫生和空仓杀虫。

2. 秋季气温下降时及时打开门窗进行自然通风，必要时辅以轴流风机通风，使粮温随气温同步下降，机械通风降温操作按 Q/ZCL T2 及 LS/T 1202 执行。

3. 利用冬季的自然低温进行自然通风，使粮温降到 -5 ~0 ℃。

4. 春季粮温回升、雨季到来前做好门窗等部位的隔热密闭。

5. 高大平房仓夏季宜采用排积热通风、膜下环流通风降低表层粮温，膜下环流通风操作按 Q/ZCL T7 执行，当中层粮食平均粮温接近 15 ℃时，宜停止环流通风。

6. 夏季需进仓检测粮情时宜在低温时段进行。

7. 平均粮温控制在 15 ℃以下，局部最高粮温控制在 25 ℃以下。

（五）有害生物控制

1. 基本要求

按本章第一节的规定执行。

2. 仓储害虫与螨类的控制

宜采用低温防治储粮有害生物。

（1）预防措施

①充分利用低温干燥的生态条件，将粮堆温度控制在 15 ℃或 20 ℃以下，抑制仓储害虫的发生与发展。

②其他本章第一节的规定执行。

（2）控制技术

①宜采用低温控制储粮有害生物，维持储粮处于低温或准低温状态，抑制仓储害

虫生长。

②在有效防护的基础上，按 LS/T 1211 第九章的规定，有针对性地采用磷化氢熏蒸，局部害虫局部处理，第一次杀虫必须彻底。

熏蒸处理的安全事项按本章第一节的相关规定执行。

储粮化学药剂管理应按 LS 1212 规定执行。

3. 微生物的控制

将储粮水分控制在安全水分以下；采用低温储藏技术；季节转换时应注意通风，预防和消除粮堆结露。

第五节

中温干燥储粮生态区

一、本生态区的储粮生态特点及粮食储藏的基本要求

（一）本生态区的范围

西邻青藏高原，东濒黄海和渤海，北面与东北地区及蒙新地区相接，以秦岭北麓、伏牛山、淮河为界与华中地区相接，此界相当于活动积温 4 500 ℃或 1 月份平均气温 0 ℃、年降水量 800 mm 等值线。政区包括山西省、山东省、北京市、天津市全部，河南省、河北省大部分，陕西省秦岭以北地区、辽宁省、宁夏回族自治区、甘肃省、安徽省、江苏省的一部分地区。粮食储藏的基本要求也包括符合本生态区储粮条件其他生态区域的库点。

（二）储粮生态特点

1. 生态条件

（1）本生态区 15 ℃以上有效积温为 828～1 690 ℃，15 ℃以上的天数为 143～192 d；1 月平均气温为 -10～0 ℃，7 月平均气温在 24 ℃以上。

（2）年降水量为400～800 mm；相对湿度为13%～97%。日平均气温0 ℃以下天数 100 d。太阳能资源丰富。

2. 储粮特点

（1）主要储粮为小麦、玉米、稻谷和大豆。

（2）冬季寒冷干燥为储粮有利条件，夏季高温多雨为不利条件。

（3）常见的储粮害虫和螨类为玉米象、谷蠹、锈赤扁谷盗、麦蛾、印度谷螟、锯谷盗、大谷盗、赤拟谷盗、书虱、腐食酪螨、粗足粉螨等。一般于每年 4～11 月内发生。

（4）常见储粮微生物为曲霉和青霉。曲霉包括黄曲霉、灰绿曲霉、白曲霉等；青霉包括产黄青霉等。

（三）粮食与油料储藏的基本要求

1. 首先应符合本章第一节的基本要求。

2. 宜采用低温、准低温或气调储粮。

3. 新粮入仓水分的质量分数（含量）高于安全水分 1 %～3 %时，应进行通风降水，符合安全水分含量标准的储粮，通风降温时应采用低功率轴流风机，减少水分损失。

4. 秋冬季节以自然通风为主，辅助机械通风降低粮温，促使粮堆形成冷心，春季隔热密闭。

二、设施与设备的基本要求

（一）一般要求

应符合本章第一节的基本要求。

（二）仓储设施

1. 用于控温储藏、低温或准低温储藏和气调储粮的粮仓，仓房围护结构的保温隔热性能应良好，墙体传热系数宜在低温储藏仓，墙体传热系数宜在 0.52～0.58 W/（m^2·K），仓顶传热系数不大于 0.40 W/（m^2·K）。

2. 粮仓应有隔热、通风、降温和防暴雨措施。黄土高原西北部，长城沿线地区粮仓还应有防风沙措施。

3. 粮仓设施建设的其他方面应符合本章第一节的规定。

4. 土堤仓、露天垛等简易储粮设施应符合本章第一节的规定。

5. 地下仓应做好防水、防潮、通风和隔热。

（三）仓储设备配置

1. 基本要求

（1）应满足总公司相关产品企业标准的要求。

（2）配备的仓储设备应满足粮仓正常的进出粮作业。

（3）应采用节能环保的仓储设备。

2. 配置

（1）应配备机械通风系统、粮情测控系统、环流熏蒸系统、谷物冷却机、地中衡、输送清理等基本设备。

（2）仓容2.5万t以上的粮库还应该配备移动式吸粮机（或扒谷机）、装仓机、提升机、卡车等装卸输送设备及高效环保清理筛等设备。有码头的直属库可根据实际情况配备吸粮机等装卸输送设备。

（四）检测仪器设备配置

1. 一般要求

（1）具备温度、湿度、储粮害虫、氧气和磷化氢气体浓度检测所必需的检测仪器和设备，能保证日常粮情检测的需要。

（2）具备粮食质量检测的仪器和设备，能正常进行粮食收、购、定等和储存品质指标的检测。

2. 配置

检测仪器和设备配置按本章第一节的规定执行。

三、粮食与油料进出仓

（一）安全要求

进出仓的安全操作与管理按LS 1206的规定执行。

（二）进仓要求

1. 进仓前的准备

粮食入仓前，按照本章第一节的规定做好准备工作。

2. 进仓粮食质量

入仓粮食质量应符合本章第一节的要求。

3. 粮食与油料堆存要求

粮食堆存按本章第一节的规定执行。

（三）出仓要求

1. 粮食出仓应按本章第一节的规定执行。

2. 合理使用输送设备，减少破碎，降低扬尘。

四、粮情与质量检测

（一）粮情检测

1. 粮温、仓温和气温，粮堆内部及仓内外空气的相对湿度，粮食水分含量，仓房设备设施、器材和粮食中的害虫密度的检测方法按 Q/ZCL TX. 1 的规定执行。

2. 暴风雨雪天气期间，应适时查仓、查粮，重点检查简易储粮设施。

（二）质量检测

按本章第一节的规定执行。

五、粮食与油料储藏技术

（一）技术路线

本储粮生态区域采用的主要储粮技术为干燥降水、低温储藏、准低温储藏、氮气气调、环流熏蒸、机械通风等。根据各地的具体情况，在同期或不同时期，分别或组合应用各项储藏技术，以达到最佳的储粮效果。新入仓的粮食宜采用氮气气调技术或环流熏蒸技术进行虫害处理，在秋、冬季节宜进行通风降低粮温，在春季宜采用压盖隔热、密闭与氮气气调技术综合应用，需进行保水通风的地区，夏季宜采用膜下环流通风降低表层粮温，注意排除粮堆上部空间的积热，实现低温或准低温储藏。

（二）就仓干燥

1. 适用范围

（1）地上笼通风就仓干燥适用范围见表 5 –4。

表 5－4 地上笼通风就仓干燥适用范围

粮种	粮食水分	粮堆最大高度/m
玉米	不超过 31 号文推荐水分值 1.0%	6.0
	不超过 31 号文推荐水分值 1.5%	4.5
	不超过 31 号文推荐水分值 2.0%	2.5
稻谷	不超过 31 号文推荐水分值 1.5%	6.0
	不超过 31 号文推荐水分值 2.0%	4.5
	不超过 31 号文推荐水分值 2.5%	2.5

注：表中 31 号文指中储粮［2005］31 号文。

（2）组合式多管通风就仓干燥适用范围见表 5－5。

表 5－5 组合式多管通风就仓干燥适用范围

粮种	粮食水分	粮堆最大高度 h/m
玉米	超过 31 号文推荐水分值 1.0%，不超过 2.0%	$4.5<h\leqslant6.0$
	超过 31 号文推荐水分值 1.5%，不超过 2.5%	$h\leqslant4.5$
	超过 31 号文推荐水分值 1.5%，不超过 2.5%	$4.5<h\leqslant6.0$
稻谷	超过 31 号文推荐水分值 2.0%，不超过 3.0%	$2.5<h\leqslant4.5$
	超过 31 号文推荐水分值 3.0%，不超过 4.0%	$h\leqslant2.5$
	不超过 31 号文推荐水分值 2.5%	2.5

注：表中 31 号文指中储粮［2005］31 号文。

2. 主要技术参数和配套条件

（1）地上笼通风就仓干燥主要技术参数见表 5－6。

表 5－6 地上笼通风就仓干燥单位通风量及空气途径比

粮种	粮堆最大高度/m	最低单位通风量/$m^3\cdot(h\cdot t)^{-1}$	空气途径比
玉米 小麦	6.0	20	1.2～1.3
	4.5	30	1.3～1.4
	2.5	40	≤1.5
稻谷	6.0	18	1.2～1.3
	4.5	27	1.3～1.4
	2.5	36	≤1.5

（2）组合式多管通风就仓干燥技术参数见表 5－7。

表 5-7 单位通风量及相邻立管间距

粮种	粮堆最大高度/m	最低单位通风量/$m^3 \cdot (h \cdot t)^{-1}$	相邻立管间距
玉米	6.0	15	2.5 m×1.5 m 以内
小麦	4.5	20	2.0 m×1.5 m 以内
稻谷	6.0	18	2.5 m×1.5 m 以内
	4.5	25	2.0 m×1.5 m 以内
	2.5	45	1.5 m×1.5 m 以内

（3）就仓干燥的其他配套条件见 GB/T 26880—2011 第 4 章。

3. 操作与管理

按 GB/T 26880 执行。

（三）机械烘干

1. 粮食水分超过中储粮［2005］31 号中推荐水分值 5% 的，宜机械烘干或两步干燥至安全水分。

2. 两步干燥，先采用机械烘干将水分降至 18% 以下，再组合式多管通风干燥将水分降至安全水分。

3. 机械烘干操作按 LS/T 1205 执行。

4. 连续式烘干机宜采用智能控制。

（四）准低温储藏

1. 入仓粮食质量应符合 LS/T 1211 的要求。

2. 控温目标

（1）秋季（气温下降阶段）：平均粮温不超过 18 ℃，局部最高粮温不超过25 ℃；

（2）冬季（低温持续阶段）：平均粮温不超过 10 ℃，局部最高粮温不超过20 ℃；

（3）春季（气温上升阶段）：平均粮温不超过15 ℃，局部最高粮温不超过20 ℃；

（4）夏季（高温持续阶段）：平均粮温不超过20 ℃，局部最高粮温不超过25 ℃。

3. 控温技术路线

控温技术路线为“秋冬季节通风，降低基础粮温；春季隔热，延缓粮温升高；夏季排热，适时补充冷源”，即秋冬季积极抓住低温时机，采取自然通风或机械通风等措施，尽可能降低粮温，重点做好蓄冷工作；入春后及早做好仓房、粮堆的密闭和隔热处理工作，抑制和延缓外界环境对粮堆的影响，重点做好保冷工作；夏季及时排除仓内积热，适时开启制冷设备补充冷源，重点做好散热补冷工作。

4. 仓房宜进行吊隔热顶棚或粮面压盖，以延缓粮温上升。

5. 仓房墙体和仓顶的传热系数应符合本章第一节的要求。

6. 秋季气温下降时及时打开门窗进行自然通风，必要时辅以轴流风机通风，使粮温随气温同步下降。

7. 利用冬春季节的自然低温进行自然通风，使粮温降到10 ℃以下。

8. 夏季采用膜下环流通风的地区，冬季应将粮温降到 -5 ~0 ℃。

9. 在春季粮温回升、雨季到来前做好门窗等部位的隔热密闭。

10. 利用粮情测控系统自动检测储粮温度，夏季必须进仓检测粮情时应在低温时段进行。

11. 利用夜间低温时段用轴流风机排除粮堆上部积热。

12. 对渭河谷地及华北平原南部的度夏粮，要密切注意粮温状况，及时通风降温或使用降温设备控制粮温。使粮温长期保持在15 ℃以下。

（五）低温储藏

1. 入仓前按本章第一节的要求做好清洁卫生和空仓杀虫。

2. 入仓粮食质量符合 LS/T 1211 的要求。

3. 秋季气温下降时及时打开门窗进行自然通风，必要时辅以轴流风机通风，使粮温随气温同步下降。

4. 冬春季节进行自然通风，使粮温降到 0 ~ 5 ℃；

5. 夏季采用膜下环流通风的地区，冬季应将粮温降到 -8 ~ -5 ℃。

6. 夏季关好门窗，低温时段入仓检测粮情。

7. 要密切注意春季温度上升及秋冬季节温度变化时气温对粮食的影响，及时通风。

（六）氮气气调储粮

1. 应符合本章第一节的相关规定。

2. 粮食入仓前进行气密处理，气密性应符合 GB/T 25229 的要求。

3. 仓房气密性改造宜选塑钢异型双槽管及气密效果好、操作方便的充气膨胀气密压条。

4. 使用符合 GB 16556 要求的空气呼吸器。

5. 采用氮气气调杀虫防霉时，粮堆中氮气浓度应达到 98% 以上，保持时间依据粮温确定，一般应大于 30 d。

6. 采用氮气气调防虫时，粮堆中氮气的体积分数（浓度）应不低于 95%。

7. 氮气气调储粮的具体要求见 Q/ZCL T8。

8. 气调储粮的安全标志见 Q/ZCL T10。

（七）储粮有害生物控制

1. 基本要求

（1）储粮有害生物预防和控制按 LS/T 1211 和本章第一节的要求执行。

（2）储粮化学药剂管理按 LS 1212 规定执行。

（3）宜采用控温气调防治储粮有害生物。

2. 害虫与螨类控制

（1）预防措施

①入仓前按本章第一节的要求做好空仓与器材的清洁卫生和杀虫处理。

②在仓房门窗处布设防虫线，安装防虫网。

（2）磷化氢熏蒸杀虫

①实施磷化氢熏蒸杀虫的粮仓，气密性应符合 GB/T 25229 规定的要求。

②所有设备设施应符合 GB/T 17913 的规定。

③环流熏蒸按 LS/T 1201 的规定进行操作，膜下环流熏蒸按 Q/ZCL T1 规定执行。

④应根据 LS/T 1201 的规定设定磷化氢最低有效浓度和密闭时间。

⑤第一次杀虫必须彻底，不能达到防治效果时，应进行抗性检测，根据检测结果制定防治方案。

⑥控制扁谷盗、谷蠹等抗性虫种时，磷化氢浓度和密闭时间应符合 LS/T 1211 的规定；若采用二氧化碳混合熏蒸，二氧化碳的体积分数应达到 4% 以上。

⑦熏蒸时应注意安全防护，须按本章第一节规定执行。

（3）氮气气调技术杀虫

按 Q/ZCL T8 执行。

3. 微生物的控制

按按本章第一节的规定执行。

第六节

中温高湿储粮生态区

一、本生态区的储粮生态特点及粮食储藏的基本要求

（一）本生态区的范围

本生态区位于秦岭－淮河与南岭之间。东及于海；西界以武当山、巫山、武陵山、雪峰山等海拔 1 000 m 等高线与西南地区为界；北界大致以西峡、方城、淮河及苏北灌溉总渠一线与华北为界；南界以福清、永春、华安、河源、怀集、梧州、平南、忻城一线与华南相接，此线大致相当于 1 月份平均气温为 10～12 ℃、活动积温为 6 500 ℃的等值线。绝大部分属长江中、下游流域，还包括南岭山地、江南丘陵、闽浙丘陵等。政区包括浙江省、江西省、上海市的全部以及湖南省、湖北省、河南省、安徽省、江苏省、福建省、广西壮族自治区、广东省、四川省、重庆市的一部分地区。粮食储藏的基本要求也包括符合本生态区储粮条件其他生态区域的库点。

（二）储粮生态特点

1. 生态条件

（1）本生态区 15 ℃以上有效积温为 1 029 ~ 3 180 ℃，15 ℃以上的天数 121 ~ 253 d；1 月平均气温为 0 ~ 10 ℃，7 月平均气温为 28 ℃左右。

（2）年降水量为 800 ~ 1 600 mm；相对湿度为 34% ~ 98%。

（3）夏季高温、高湿；冬温夏热，四季分明，干湿分明，干季为 10 月到次年 3 月，湿季为 4 ~ 9 月。春雨全国之最，梅雨显著。降水集中春夏季节，占年降水量 70%；5 ~ 9 月长江沿岸常出现 35℃以上的高温，7 ~ 8 月天气晴朗、高温少雨，形成“伏旱”。9 月、10 月间秋高气爽，东南沿海此时有台风。夏季高温、高湿，不利于粮食储藏。

2. 储粮特点

（1）主要储粮为稻谷、小麦和玉米；有部分大豆（多为进口）。

（2）有效积温高，虫害易发生，常见储粮害虫和螨类为玉米象、谷蠹、麦蛾、锯谷盗、长角扁谷盗、锈赤扁谷盗、赤拟谷盗、大谷盗、书虱、腐食酪螨、粗足粉螨等。一般于每年 4 ~ 11 月内发生。

（3）降水量大，相对湿度高，微生物为害严重，常见储粮微生物为曲霉和青霉。曲霉包括黄曲霉、灰绿曲霉、白曲霉等。青霉包括产黄青霉等。

（三）粮食与油料储藏的基本要求

1. 首先应符合本章第一节的基本要求。

2. 本生态区宜采用控温储藏和控温气调储粮，宜采用智能通风技术提高通风效率、降低通风能耗、控制粮食水分损失。

3. 秋冬季节应做好通风降温，春季应做好隔热密闭，夏季应采取控温措施。

4. 应注意高水分粮食的降水干燥，特别是晚稻谷的干燥。

二、设施与设备的基本要求

（一）一般要求

应符合本章第一节的基本要求。

（二）仓储设施

1. 仓房主体结构完好，上不漏，下不潮，门、窗完好，仓房地基能承载仓房和装满粮食的载荷，满足粮食装卸机械作业的要求，墙体能承受粮堆侧压力，内表面平整、防潮层有效，外表面宜为浅色，仓房气密性满足 GB/T 25229 要求。

2. 用于控温储藏和气调储粮的粮仓，仓房围护结构的保温隔热性能应良好，墙体传热系数宜在0.46～0.52 W/（m^2·K），仓顶传热系数不大于0.35 W/（m^2·K）。在满足粮食出入仓及通风需要的前提下，门、窗设置数量应尽可能少。在隔热气密性能不能达到控温储藏要求时，在门、窗和通风口，可采用薄膜密封和填充泡沫板、稻壳包、膨胀珍珠岩等保温性能良好的隔热材料进行处理。

3. 长江沿岸、洞庭湖盆地、鄱阳湖盆地和沿江河谷平原建仓时，应确保无洪涝隐患；山区建仓时应确保无泥石流、山洪、山体崩塌等隐患。

4. 沿海地区建仓要注意防台风、防高海潮等问题。

5. 应配置必备的防汛排涝设施。

（三）仓储设备配置

1. 首先应符合本章第一节的规定。

2. 配备的仓储设备应满足粮仓正常的进出粮作业。

3. 应采用节能环保的仓储设备。

4. 具备地中衡、输送机、扒谷机以及高效环保清理筛等配套的粮食进出库设备。

5. 具备温湿度、气体浓度等粮情检测仪器或设备。

6. 具备机械通风、磷化氢熏蒸、氮气气调、谷物冷却机或空调等粮情控制设备。

7. 具备 PH_3 报警仪、氧气浓度报警仪、空气呼吸器等安全防护设备。

8. 具备体视显微镜、害虫标本、害虫图谱、害虫选筛等害虫检测专用设备和用具。

（四）检测仪器设备配置

1. 一般要求

具备粮食质量检测的仪器和设备，能正常进行粮食收、购、定等和储存品质指标的检测。

2. 配置

检测仪器和设备配置按本章第一节的规定执行。

三、粮食与油料进出仓

（一）安全要求

进出仓的安全操作与管理按 LS 1206 的规定执行。

（二）进仓要求

1. 进仓前的准备

粮食入仓前，按照本章第一节的规定做好准备工作。

2. 进仓粮食质量

入仓粮食质量应符合本章第一节的要求。水分一般不超过粮食安全储存水分及配套储藏技术操作规程中规定的水分。

3. 粮食与油料堆存要求

粮食堆存按本章第一节的规定执行。

（三）出仓要求

1. 粮食出仓应按本章第一节的规定执行。

2. 出仓时间不宜过长（特别是在梅雨及高温季节），出仓期间应制定好相关保粮措施。

3. 出仓检测、时限等应符合中央储备粮质量管理暂行办法第六章第三十五条至三十九条的规定。

4. 出库结束后，应做好测温电缆、粮膜等仓储设备、器材的整理，并及时调整保管账、卡、牌、簿，及时整理凭证存档。

四、粮情与质量检测

（一）粮情检测

1. 粮温、仓温和气温，粮堆内部及仓内外空气的相对湿度，粮食水分含量，仓房设备设施、器材和粮食中的害虫密度的检测方法按 Q/ZCL TX. 1 的规定执行。

2. 暴风雨雪天气期间，应适时查仓、查粮，重点检查简易储粮设施。

（二）质量检测

按本章第一节的规定执行。

五、粮食与油料储藏技术

（一）技术路线

本储粮生态区域采用的主要储粮技术为干燥降水、控温储藏、氮气气调或环流熏蒸等。根据各地的具体情况，在同期或不同时期，分别或组合应用各项储藏技术，以达到最佳的储粮效果。新入仓的粮食宜采用氮气气调技术或环流熏蒸技术进行虫害处理，在秋、冬季节宜进行通风降低粮温，注意粮食水分的损失；在春季宜采用压盖隔热、密闭与氮气气调技术综合应用；夏季采取制冷等措施维持粮堆的低温。

（二）干燥降水

1. 一般要求

（1）小麦 5 月份收获时正值雨季，应采用烘干或用机械通风就仓干燥。

（2）早稻 7 月份收获，可利用伏旱晾晒或机械通风降水；晚稻 10 月份收获，可择机晾晒，库内宜采用机械通风降水。

（3）本储粮生态区域的早稻谷可采用机械通风干燥。华中地区对未来得及降水的粮食冬季可用自然低温储藏，在春季至夏初可采用烘干或机械通风降水。

2. 就仓干燥

（1）地上笼通风就仓干燥适用范围见表 5－8。

表 5－8　地上笼通风就仓干燥适用范围

粮种	粮食水分	粮堆最大高度/m
玉米	不超过 31 号文推荐水分值 1.0%	6.0
	不超过 31 号文推荐水分值 1.5%	4.5
	不超过 31 号文推荐水分值 2.0%	2.5
稻谷	不超过 31 号文推荐水分值 1.5%	6.0
	不超过 31 号文推荐水分值 2.0%	4.5
	不超过 31 号文推荐水分值 2.5%	2.5

注：表中 31 号文指中储粮［2005］31 号文。

（2）组合式多管通风就仓干燥适用范围见表 5－9。

表 5－9　组合式多管通风就仓干燥适用范围

粮种	粮食水分	粮堆最大高度 h/m
玉米	超过 31 号文推荐水分值 1.0%，不超过 2.0%	$4.5<h\leqslant6.0$
	超过 31 号文推荐水分值 1.5%，不超过 2.5%	$h\leqslant4.5$
	超过 31 号文推荐水分值 1.5%，不超过 2.5%	$4.5<h\leqslant6.0$
稻谷	超过 31 号文推荐水分值 2.0%，不超过 3.0%	$2.5<h\leqslant4.5$
	超过 31 号文推荐水分值 3.0%，不超过 4.0%	$h\leqslant2.5$
	不超过 31 号文推荐水分值 2.5%	2.5

注：表中 31 号文指中储粮［2005］31 号文。

（3）地上笼通风就仓干燥主要技术参数见表 5－10。

表 5－10　地上笼通风就仓干燥单位通风量及空气途径比

粮种	粮堆最大高度/m	最低单位通风量/$m^3\cdot(h\cdot t)^{-1}$	空气途径比
玉米	6.0	20	1.2～1.3
	4.5	30	1.3～1.4
	2.5	40	≤1.5
稻谷	6.0	18	1.2～1.3
	4.5	27	1.3～1.4
	2.5	36	≤1.5

（4）组合式多管通风就仓干燥技术参数见表 5－11。

表 5－11　单位通风量及相邻立管间距

粮种	粮堆最大高度/m	最低单位通风量/$m^3\cdot(h\cdot t)^{-1}$	相邻立管间距
玉米	6.0	15	2.5 m×1.5 m 以内
	4.5	20	2.0 m×1.5 m 以内
稻谷	6.0	18	2.5 m×1.5 m 以内
	4.5	25	2.0 m×1.5 m 以内
	2.5	45	1.5 m×1.5 m 以内

（5）就仓干燥的其他配套条件见 GB/T 26880—2011 第 4 章。

（6）操作与管理按 GB/T 26880 执行。

3. 机械烘干

（1）粮食水分超过中储粮［2005］31 号中推荐水分值 5% 的，宜机械烘干或两步干燥至安全水分。

（2）两步干燥，先采用机械烘干将水分降至 18% 以下，再组合式多管通风干燥将水分降至安全水分。

（3）水分 16% 以上的高水分早稻，宜机械烘干至安全水分。

（4）机械烘干操作按 LS/T 1205 执行。稻谷烘干热风温度应低于 50 ℃，玉米烘干热风温度应低于 140 ℃。

（5）连续式烘干机宜采用智能控制。

（三）控温储藏

1. 一般要求

（1）本生态区应采用机械通风、粮仓及粮堆隔热密闭或空调或谷物冷却机制冷、通风散热等技术组合来实现控温储藏的目标。

（2）对入仓粮食进行降水干燥和除杂工作，使粮食质量符合 LS/T 1211 的要求。

（3）利用粮情测控系统自动检测储粮温度。夏季应在气温较低时段进仓查粮。在检粮门处宜增设“进仓隔热工作间”，形成里外两道门的结构。进仓时打开外门进入工作间后，关闭外门，再开里门；出仓时先关闭里门，再开外门，工作间用隔热材料制成。

2. 控温目标

（1）秋季（气温下降阶段）：平均粮温不超过 18 ℃，局部最高粮温不超过25 ℃；

（2）冬季（低温持续阶段）：平均粮温不超过 10 ℃，局部最高粮温不超过20 ℃；

（3）春季（气温上升阶段）：平均粮温不超过 15 ℃，局部最高粮温不超过20 ℃；

（4）夏季（高温持续阶段）：平均粮温不超过 20 ℃，局部最高粮温不超过25 ℃。

3. 控温技术路线

控温储藏技术路线为“秋冬季节通风，降低基础粮温；春季隔热，延缓粮温升高；夏季排热，适时补充冷源”，即秋冬季积极抓住低温时机，采取自然通风或机械通风等措施，尽可能降低粮温，重点做好蓄冷工作；入春后及早做好仓房、粮堆的密闭和隔热处理工作，抑制和延缓外界环境对粮堆的影响，重点做好保冷工作；夏季及时排除仓内积热，适时开启制冷设备补充冷源，重点做好散热补冷工作。

4. 操作方法

控温储藏具体操作方法按 Q/ZCL T2 、Q/ZCL T3、Q/ZCL T6 的相关要求执行。

（四）氮气气调储粮

1. 应符合本章第一节的规定。
2. 粮食入仓前进行气密处理，气密性应符合 GB/T 25229 的要求。
3. 仓房气密性改造宜选择塑钢异型双槽管及充气膨胀气密压条。
4. 使用符合 GB 16556 要求的空气呼吸器。
5. 用于杀虫防霉时，粮堆中氮气的体积分数（浓度）应达到98% 以上，浓度维持时间根据粮温确定，一般应大于 30 d。
6. 用于防虫时，粮堆中氮气的体积分数（浓度）应不低于 95% 。
7. 氮气气调储粮的具体要求见 Q/ZCL T8。
8. 气调储粮的安全标志见 Q/ZCL T10。

（五）有害生物控制

1. 基本要求

（1）按本章第一节的规定执行。

（2）储粮化学药剂管理按 LS 1212 规定执行。

（3）宜采用控温气调防治储粮有害生物。

2. 害虫与螨类控制

（1）预防措施

①入仓前按 Q/ZCL TX. 1 第 6. 2 节的要求做好空仓与器材的清洁卫生和杀虫处理。

②在仓房门窗处布设防虫线，安装防虫网。

（2）控制技术

①实施磷化氢熏蒸杀虫的粮仓应符合 GB/T 25229 规定的要求。

②所有设备设施应符合 GB/T 17913 的规定。

③环流熏蒸按 LS/T 1201 的规定进行操作，膜下环流熏蒸按 Q/ZCL T1 规定执行。

④应根据 LS/T 1201 的规定设定磷化氢最低有效浓度和密闭时间。

⑤第一次杀虫必须彻底，不能达到防治效果时，应进行抗性检测，根据检测结果制定防治方案。

⑥控制谷蠹、扁谷盗、赤拟谷盗等抗性虫种时，磷化氢浓度和密闭时间应符合 LS/T 1211 的规定；若采用二氧化碳混合熏蒸，二氧化碳的体积分数应达到 4% 以上。

⑦熏蒸时应注意安全防护，须按 Q/ZCL TX. 第 9. 2. 2. 2. 4 条执行。

⑧氮气气调杀虫按 Q/ZCL T8 执行。

3. 微生物的控制

按本章第一节的规定执行。

第七节

中温低湿储粮生态区

一、本生态区的储粮生态特点及粮食储藏的基本要求

（一）本生态区的范围

本生态区位于华东区、华南区和青藏区之间。西南部毗邻缅甸；以秦岭为北界，大致相当于1月份平均气温为0 ℃等温线、活动积温为4 500 ℃等值线；东界为华中区的西界；南界从广西壮族自治区忻城开始，沿百色、那坡到云南文山、开远、景东、潞西北部、梁河至尖高山一线，大致相当于1月份平均气温为10 ℃等温线、活动积温为6 000 ℃等值线。西界从甘肃省武都向南经四川省龙门山、邛崃山、夹金山、大雪山、锦屏山，再向西行经木里、云南省香格里拉、贡山抵中缅国界线，东北部为青藏高原。政区包括贵州省全部、云南省除景宏和普洱以外的大部地区以及四川省、重庆市、陕西省、甘肃省、河南省、湖北省、湖南省、广西壮族自治区的一小部分地区。

粮食储藏的基本要求也包括符合本生态区储粮条件其他生态区域的库点。

（二）储粮生态特点

1. 生态条件

（1）本生态区 15 ℃以上有效积温为 724 ~ 1 307 ℃，15 ℃以上的天数为 173 ~ 224 d；1 月平均气温为 2 ~ 10 ℃，7 月平均气温为 18 ~ 28 ℃。

（2）年降水量为 1 000 mm 左右；相对湿度为 30% ~98%。

（3）本生态区温暖湿润，冬暖夏热，四季气候明显、干湿季变化不分明。干季为 10 月到翌年 4 月，湿季为 5 ~ 9 月。

2. 储粮特点

（1）主要储粮为稻谷、小麦、玉米。

（2）夏季气温较高，储粮虫害问题较严重。常见储粮害虫和螨类为玉米象、谷蠹、麦蛾、锯谷盗、长角扁谷盗、锈赤扁谷盗、大谷盗、赤拟谷盗、书虱、腐食酪螨、粗足粉螨。

（3）常见储粮微生物为曲霉和青霉。曲霉包括黄曲霉、灰绿曲霉、白曲霉等。

（三）粮食与油料储藏的基本要求

1. 首先应符合本章第一节的基本要求。

2. 宜采用控温储藏、气调储粮。

3. 新粮入仓水分的质量分数（含量）高于安全水分 1% ~3% 时，应进行通风降水，符合安全水分含量标准的储粮，通风降温时应采用低功率轴流风机，减少水分损失。

4. 秋冬做好通风降温，春季做好隔热密闭，夏季采取控温措施。

5. 粮食储藏过程中应重点注意储粮害虫的控制。

二、设施与设备的基本要求

（一）一般要求

应符合本章第一节的基本要求。

（二）仓储设施

1. 仓房围护结构的保温隔热性能良好，仓顶传热系数 K 值≤0.40 W/（m^2·K），仓壁传热系数 K 值在 0.52～0.58 W/（m^2·K）；在满足粮食出入仓需要的前提下，门、窗设置数量应尽可能少。

2. 粮仓应有隔热、通风、降温和防暴雨措施。

3. 粮仓设施建设的其他方面应符合 Q/ZCL TX. 1—2012 第 5.1 条的规定。

（三）仓储设备配置

1. 配备的仓储设备应满足粮仓正常的进出粮作业。

2. 应采用节能环保的仓储设备。

3. 具备地中衡、输送机、扒谷机以及高效环保清理筛等配套的粮食进出库设备。

4. 具备温湿度、气体浓度等粮情检测仪器或设备。

5. 具备机械通风、磷化氢熏蒸、氮气气调、谷物冷却机或空调等粮情控制设备。

6. 具备 PH_3 报警仪、氧气浓度报警仪、空气呼吸器等安全防护设备。

7. 具备体视显微镜、害虫标本、害虫图谱、害虫选筛等害虫检测专用设备和用具。

（四）检测仪器设备配置

1. 一般要求

具备粮食质量检测的仪器和设备，能正常进行粮食收、购、定等和储存品质指标的检测。

2. 配置

检测仪器和设备配置按本章第一节的规定执行。

三、粮食与油料进出仓

（一）安全要求

进出仓的安全操作与管理按 LS 1206 的规定执行。

（二）进仓要求

1. 进仓前的准备

粮食入仓前，按照本章第一节的规定做好准备工作。

2. 进仓粮食质量

入仓粮食质量应符合本章第一节的要求。

3. 粮食与油料堆存要求

粮食堆存按本章第一节的规定执行。

（三）出仓要求

1. 粮食出仓应按本章第一节的规定执行。
2. 在出仓前做好开窗散气、环流管道清理等工作。
3. 合理使用输送设备，减少破碎，降低扬尘。
4. 高温季节出仓期间，应保持相关保粮措施。

四、粮情与质量检测

（一）粮情检测

1. 粮温、仓温和气温，粮堆内部及仓内外空气的相对湿度，粮食水分含量，仓房设备设施、器材和粮食中的害虫密度的检测方法按 Q/ZCL TX. 1 的规定执行。

2. 暴风雨雪天气期间，应适时查仓、查粮。

（二）质量检测

按本章第一节的规定执行。

五、粮食与油料储藏技术

（一）技术路线

本生态区采用的主要储粮技术为干燥降水、控温储藏、氮气气调或环流熏蒸等。根据各地的具体情况，在同期或不同时期，分别或组合应用各项储藏技术，以达到最佳的储粮效果。新入仓的粮食宜采用氮气气调技术或环流熏蒸技术进行虫害处理，在秋、冬季节宜进行通风降低粮温，在春季宜将压盖隔热、密闭与氮气气调技术综合应用。

（二）干燥降水

1. 就仓干燥

（1）地上笼通风就仓干燥适用范围见表 5－12。

表 5－12　地上笼通风就仓干燥适用范围

粮种	粮食水分	粮堆最大高度/m
玉米	不超过 31 号文推荐水分值 1.0%	6.0
	不超过 31 号文推荐水分值 1.5%	4.5
	不超过 31 号文推荐水分值 2.0%	2.5
稻谷	不超过 31 号文推荐水分值 1.5%	6.0
	不超过 31 号文推荐水分值 2.0%	4.5
	不超过 31 号文推荐水分值 2.5%	2.5

注：表中 31 号文指中储粮［2005］31 号文。

（2）组合式多管通风就仓干燥适用范围见表5-13。

表5-13　组合式多管通风就仓干燥适用范围

粮种	粮食水分	粮堆最大高度 h/m
玉米	超过31号文推荐水分值1.0%，不超过2.0%	$4.5<h\leqslant6.0$
	超过31号文推荐水分值1.5%，不超过2.5%	$h\leqslant4.5$
	超过31号文推荐水分值1.5%，不超过2.5%	$4.5<h\leqslant6.0$
稻谷	超过31号文推荐水分值2.0%，不超过3.0%	$2.5<h\leqslant4.5$
	超过31号文推荐水分值3.0%，不超过4.0%	$h\leqslant2.5$
	不超过31号文推荐水分值2.5%	2.5

注：表中31号文指中储粮［2005］31号文。

（3）地上笼通风就仓干燥主要技术参数见表5-14。

表5-14　地上笼通风就仓干燥单位通风量及空气途径比

粮种	粮堆最大高度/m	最低单位通风量/$m^3\cdot(h\cdot t)^{-1}$	空气途径比
玉米	6.0	20	1.2~1.3
	4.5	30	1.3~1.4
	2.5	40	≤1.5
稻谷	6.0	18	1.2~1.3
	4.5	27	1.3~1.4
	2.5	36	≤1.5

（4）组合式多管通风就仓干燥技术参数见表5-15。

表5-15　组合式多管通风就仓干燥单位通风量及相邻立管间距

粮种	粮堆最大高度/m	最低单位通风量/$m^3\cdot(h\cdot t)^{-1}$	相邻立管间距
玉米	6.0	15	2.5 m×1.5 m以内
	4.5	20	2.0 m×1.5 m以内
稻谷	6.0	18	2.5 m×1.5 m以内
	4.5	25	2.0 m×1.5 m以内
	2.5	45	1.5 m×1.5 m以内

（5）就仓干燥的其他配套条件见GB/T 26880—2011第4章。

（6）操作与管理按 GB/T 26880 执行。

2. 机械烘干

（1）粮食水分超过中储粮［2005］31 号中推荐水分值 5% 的，宜机械烘干或两步干燥至安全水分。

（2）两步干燥，先采用机械烘干将水分降至 16% 以下，再组合式多管通风干燥将水分降至安全水分。

（3）水分 16% 以上的高水分早稻，宜机械烘干至安全水分。

（4）机械烘干操作按 LS/T 1205 执行。稻谷烘干热风温度应低于 50 ℃，玉米烘干热风温度应低于 140 ℃。

（5）连续式烘干机宜采用智能控制。

（三）控温储藏

1. 仓房应吊隔热顶棚，以延缓粮温上升。
2. 对入仓粮食进行降水干燥和除杂工作，使粮食质量符合 LS/T 1211 的要求。
3. 按照 LS/T 1203 要求利用粮情测控系统自动检测储粮温度。
4. 低温季节：平均粮温不超过 15 ℃，局部最高粮温不超过 20 ℃。
5. 高温季节：平均粮温不超过 20 ℃，局部最高粮温不超过 25 ℃。
6. 控温储藏技术路线为“秋冬季节通风，降低基础粮温；春季隔热，延缓粮温升高；夏季排热，适时补充冷源”，即秋冬季积极抓住低温时机，采取自然通风或机械通风等措施，尽可能降低粮温，重点做好蓄冷工作；入春后及早做好仓房、粮堆的密闭和隔热处理工作，抑制和延缓外界环境对粮堆的影响，重点做好保冷工作；夏季及时排除仓内积热，适时开启制冷设备补充冷源，重点做好散热补冷工作。
7. 具体操作方法按 Q/ZCL T6 执行。

(四)氮气气调储粮

1. 应符合 Q/ZCL TX. 1—2012 第 8. 3. 2 条的规定。

2. 粮食入仓前进行气密处理，气密性应符合 GB/T 25229 的要求。

3. 仓房气密性改造宜选择塑钢异型双槽管及充气膨胀气密压条。

4. 使用符合 GB 16556 要求的空气呼吸器。

5. 用于杀虫防霉时，粮堆中氮气的体积分数（浓度）应达到98%以上，浓度维持时间根据粮温确定，一般应大于 30 d。

6. 用于防虫时，粮堆中氮气的体积分数（浓度）应不低于 95%。

7. 氮气气调储粮的具体要求见 Q/ZCL T8。

8. 气调储粮的安全标志见 Q/ZCL T10。

(五)有害生物控制

1. 基本要求

（1）按本章第一节的规定执行。

（2）储粮化学药剂管理按 LS 1212 规定执行。

（3）宜采用控温气调防治储粮有害生物。

2. 害虫与螨类的控制

（1）预防措施

①入仓前按 Q/ZCL TX. 1 第 6. 2 节的要求做好空仓与器材的清洁卫生和杀虫处理。

②在仓房门窗处布设防虫线，安装防虫网。

（2）控制技术

①实施磷化氢熏蒸杀虫的粮仓应符合 GB/T 25229 规定的要求。

②所有设备设施应符合 GB/T 17913 的规定。

③环流熏蒸按 LS/T 1201 的规定进行操作，膜下环流熏蒸按 Q/ZCL T1 规定执行。

④应根据 LS/T 1201 的规定设定磷化氢最低有效浓度和密闭时间。

⑤第一次杀虫必须彻底，不能达到防治效果时，应进行抗性检测，根据检测结果制定防治方案。

⑥控制谷蠹、扁谷盗、赤拟谷盗等抗性虫种时，磷化氢浓度和密闭时间应符合 LS/T 1211 的规定；若采用二氧化碳混合熏蒸，二氧化碳的体积分数应达到 4% 以上。

⑦熏蒸时应注意安全防护，须按 Q/ZCL TX. 第 9. 2. 2. 2. 4 条执行。

⑧氮气气调杀虫按 Q/ZCL T8 执行。

3. 微生物的控制

按本章第一节的规定执行。

第八节

高温高湿储粮生态区

一、本生态区的储粮生态特点及粮食储藏的基本要求

（一）本生态区的范围

本生态区位于我国最南部，包括大陆和岛屿两部分。政区包括海南省全部、福建省东南部、广东省和广西壮族自治区的中南部、云南省的南部和西南部。粮食储藏的基本要求也包括符合本生态区储粮条件其他生态区域的库点。本生态区绝大部分在北回归线以南，北以广东省福清、永春、华安、河源、怀集、梧州、平南、忻城、百色、那坡，云南省文山、开远、景东、潞西北部、梁河至尖高山一线为界，即第五区和第六区的南界，大致相当于1月平均气温为10 ℃等温线、活动积温为6 000～6 500 ℃等值线；西南界为中越、中老、中缅三国的国界线。

（二）储粮生态特点

1. 生态条件

（1）1 月平均气温为 10 ~26 ℃，7 月平均气温为 23 ~28 ℃，年平均气温≥20 ℃；15 ℃以上的天数为 289 ~352 d；15 ℃以上有效积温为 1 566 ~3 476 ℃，夏季长达 5 ~9 个月。

（2）年降水量为 800 ~2 500 mm。

（3）台风季节为 5 ~11 月，台风雨占年降水量的 10% ~40%。

2. 储粮特点

（1）主要粮食作物为双季稻、单季稻和薯类，云南省和海南省种植少量的玉米和小麦。

（2）储粮品种主要为玉米、稻谷，以及部分小麦、大豆；本生态区是粮食主销区，除少部分稻谷从当地收购外，大部分储备粮从粮食主产区购入。

（3）粮食品质变化较快。平均粮温较高，粮食品质下降速度总体较其他储粮生态区快。

（4）害虫防治难度大。常见储粮害虫和螨类为玉米象、米象、谷蠹、赤拟谷盗、长角扁谷盗、锈赤扁谷盗、锯谷盗、大谷盗、土耳其扁谷盗、麦蛾、印度谷螟、米扁虫、书虱、腐食酪螨、粗足粉螨等。

（5）储粮微生物为害隐患较大。常见微生物为曲霉和青霉：曲霉包括黄曲霉、灰绿曲霉、白曲霉等；青霉包括产黄青霉等。

（6）粮堆易发热。由于粮粒水分不均匀、局部粮食水分超过安全水分、湿热转移导致水分再分配、粮堆局部虫口密度大等原因，粮食特别是玉米储藏期间易局部发热。

（三）粮食与油料储藏的基本要求

1. 首先应符合本章第一节的基本要求。

2. 应采用控温储藏措施延缓粮油品质变化。

3. 宜采用智能通风技术提高通风效率、降低水分损耗。

4. 宜采用氮气气调防治储粮害虫；气调宜采用智能控制。

5. 宜采用就仓干燥降低粮食水分、机械通风平衡粮堆水分或维持高浓度氮气等措施预防粮食发热。

6. 宜采用谷物冷却机、通风机、冷风机等设备及措施消除玉米发热。

二、设施与设备的基本要求

（一）一般要求

应符合本章第一节的基本要求。

（二）仓储设施

1. 仓房围护结构的保温隔热性能良好，墙体传热系数宜在0.46 ~0.52 W/（m^2·K），仓顶传热系数不大于0.35 W/（m^2·K），在满足粮食出入仓需要的前提下，门、窗设置数量应尽可能少。

2. 应有防暴雨、防积水、防洪水、防粉尘爆炸等措施。

3. 沿海地区应有防台风、防海潮等措施。

（三）仓储设备配置

1. 应符合国家相关标准。

2. 配备的仓储设备应满足粮仓正常的进出粮作业。

3. 应采用节能环保的仓储设备。

4. 具备地中衡、输送机、扒谷机以及高效环保清理筛等配套的粮食进出库设备。

5. 具备温湿度、气体浓度等粮情检测仪器或设备。

6. 具备机械通风、磷化氢熏蒸、氮气气调、谷物冷却机或空调等粮情控制设备。

7. 具备 PH_3 报警仪、氧气浓度报警仪、空气呼吸器等安全防护设备。

8. 具备体视显微镜、害虫标本、害虫图谱、害虫选筛等害虫检测专用设备和用具。

（四）检测仪器设备配置

1. 一般要求

具备粮食质量检测的仪器和设备，能正常进行粮食收、购、定等和储存品质指标的检测。

2. 配置

检测仪器和设备配置按本章第一节的规定执行。

三、粮食与油料进出仓

（一）安全要求

进出仓的安全操作与管理按 LS 1206 的规定执行。

（二）进仓要求

1. 进仓前的准备

粮食入仓前，按照本章第一节的规定做好准备工作。

2. 进仓粮食质量

入仓粮食质量应符合本章第一节的要求。

3. 粮食与油料堆存要求

粮食堆存按本章第一节的规定执行。

（三）出仓要求

1. 及时收集整理测温电缆、粮面薄膜、走道板等仓储设备和器材。
2. 非出仓作业操作时段，应适时关闭门窗。
3. 高温季节出仓期间，应保持相关保粮措施。
4. 其他方面按本章第一节的规定执行。

四、粮情与质量检测

（一）粮情检测

1. 粮温、仓温和气温，粮堆内部及仓内外空气的相对湿度，粮食水分含量，仓房设备设施、器材和粮食中的害虫密度的检测方法按本章第一节的规定执行。

2. 检查仓房密闭、隔热、防虫情况。

3. 检查仓墙有无返潮、屋顶有无渗漏。

4. 检查防台风、防暴雨、防积水等措施。

5. 检查粮面有无结露、板结，墙体有无挂壁。

6. 检查粮堆有无发热、生霉。

7. 检查堆垛是否发生倾斜、变形等异常情况。

（二）质量检测

按本章第一节的规定执行。

五、粮食与油料储藏技术

（一）技术路线

本生态区采用的储粮技术主要为控温储藏、有害生物防治、氮气气调、就仓干燥等。根据各地的具体情况，应分别或组合应用多项储藏技术，达到储藏粮油质量良好。

（二）控温储藏

本生态区主要采用机械通风降温、仓房及粮堆隔热、空调降温、通风散热、谷物冷却等技术组合达到粮温控制目标。

1. 控温目标

（1）低温季节：平均粮温不超过 18 ℃，局部最高粮温不超过 25 ℃。

（2）高温季节：平均粮温不超过 22 ℃，局部最高粮温不超过 30 ℃。

2. 控温技术路线

秋冬季采用机械通风或北方低温粮入仓等措施尽可能降低基础粮温；春季气温回升前完成仓房和粮堆的隔热密闭；夏季及时排除仓内积热，适时开启制冷设备补充冷源。

3. 机械通风降温

浅圆仓的单位通风量宜为 2 ~ 3 m^3/（h · t），平房仓的单位通风量宜 8 ~ 10 m^3/（h · t）。操作与管理按 LS/T 1202 执行。

4. 仓房及粮堆隔热技术

（1）压盖密闭前，全仓各层粮温应基本一致。

（2）向阳面墙体或墙角四周宜仓内附贴阻燃隔热材料。

（3）仓门可采用堆码拌有防护剂的无虫干燥稻壳包和薄膜密闭隔热。

（4）若出现粮温回升快或出现高温点、膜下或粮面结露、局部发热等异常情况，应及时查明原因，采取措施消除隐患。

（5）沿海地区，遮阳篷或屋面架空通风层隔热应考虑台风影响。

（6）其他按 Q/ZCL T3—2007 第 6 章执行。

5. 空调降温

（1）空调功率应考虑气候条件，与空间体积和控温目标相匹配。一般每 100 m^2 左右的粮面宜选用输入功率为 1～1.5 kW 的空调。

（2）宜避开用电高峰选择相对低温时段制冷，采用时控及温控开关自动控制空调开关。

（3）经常检查空调工况，根据控温目标及运行效果调整工艺及参数。

（4）空调器四周设置密封槽，进出仓及熏蒸杀虫期间用薄膜密封空调器，运行期间宜每月清理一次防尘网。

6. 通风散热

（1）排积热通风的通风量宜在仓内空间空气置换效率为 3～6 次/h。

（2）排积热通风的操作按 Q/ZCL T2 执行。

7. 谷物冷却机制冷

（1）高温季节，宜于夜间或早晨的低温环境下，采用间歇性冷却作业。

（2）谷物冷却机通风结束时最高分层平均粮温不宜低于 18 ℃。

（3）仓内排出空气的焓值低于外界大气焓值时，宜采用环流冷却。

（4）操作与管理按 Q/ZCL T4 执行。

（三）有害生物控制

1. 基本要求

（1）储粮有害生物预防和控制按 LS/T 1211 和本章第一节要求执行。

（2）储粮化学药剂管理按 LS 1212 规定执行。

（3）宜采用控温气调防治储粮有害生物。

2. 害虫与螨类的控制

（1）预防措施

①入仓前按本章第一节的要求做好空仓与器材的清洁卫生和杀虫处理。

②在仓房门窗处布设防虫线，安装防虫网。

（2）控制技术

①实施磷化氢熏蒸杀虫的粮仓应符合 GB/T 25229 规定的要求。

②所有设备设施应符合 GB/T 17913 的规定。

③环流熏蒸按 LS/T 1201 的规定进行操作，膜下环流熏蒸按 Q/ZCL T1 规定执行。

④应根据 LS/T 1201 的规定设定磷化氢最低有效浓度和密闭时间。

⑤第一次杀虫必须彻底，不能达到防治效果时，应进行抗性检测，根据检测结果制定防治方案。

⑥控制谷蠹、扁谷盗、赤拟谷盗等抗性虫种时，磷化氢浓度和密闭时间应符合 LS/T 1211 的规定；若采用二氧化碳混合熏蒸，二氧化碳的体积分数（浓度）应达到 4% 以上。

⑦熏蒸时应注意安全防护，须按本章第一节规定执行。

⑧氮气气调技术杀虫按 Q/ZCL T8 执行。

3. 微生物的控制

（1）降低粮食水分。保持粮食水分在安全以内。

（2）缺氧抑霉。维持氧气的体积分数（浓度）2% 以下。

（3）臭氧的体积分数（浓度）大于 40 mL/m^3 维持 40 min 以上。

（4）其他按本章第一节的规定执行。

（四）氮气气调

1. 本生态区储备玉米、稻谷宜采用氮气气调技术储藏。

2. 粮食入仓前进行气密处理，气密性应符合 GB/T 25229 的要求。

3. 仓房气密性改造宜选择塑钢异型双槽管及充气膨胀气密压条。

4. 使用符合 GB 16556 要求的空气呼吸器。

5. 用于杀虫防霉时，粮堆中氮气浓度应达到98%以上，浓度维持时间根据粮温确定，一般应大于30 d。

6. 用于防虫时，粮堆中氮气的体积分数（浓度）应不低于95%。

7. 可采取维持98%以上的氮气的体积分数（浓度），抑制平均水分达到安全水分的烘干玉米因籽粒间水分不均匀引起的发热。

8. 氮气气调储粮技术的具体要求见 Q/ZCL T8。

9. 气调储粮技术的安全标志见 Q/ZCL T10。

（五）就仓干燥

1. 地上笼通风就仓干燥适用范围见表5－16。

表5－16　地上笼通风就仓干燥适用范围

粮种	粮食水分	粮堆最大高度 h/m
玉米	不超过31号文推荐水分值1.0%	6.0
	不超过31号文推荐水分值1.5%	4.5
	不超过31号文推荐水分值2.0%	2.5
稻谷	不超过31号文推荐水分值1.5%	6.0
	不超过31号文推荐水分值2.0%	4.5
	不超过31号文推荐水分值2.5%	2.5

注：表中31号文指中储粮［2005］31号文。

2. 组合式多管通风就仓干燥适用范围见表5－17。

表5－17　组合式多管通风就仓干燥适用范围

粮种	粮食水分	粮堆最大高度 h/m
玉米	超过31号文推荐水分值1.0%，不超过2.0%	$4.5 < h \leq 6.0$
	超过31号文推荐水分值1.5%，不超过2.5%	$h \leq 4.5$
	超过31号文推荐水分值1.5%，不超过2.5%	$4.5 < h \leq 6.0$
稻谷	超过31号文推荐水分值2.0%，不超过3.0%	$2.5 < h \leq 4.5$
	超过31号文推荐水分值3.0%，不超过4.0%	$h \leq 2.5$
	不超过31号文推荐水分值2.5%	2.5

注：表中31号文指中储粮［2005］31号文。

3. 地上笼通风就仓干燥主要技术参数见表5－18。

表5－18　地上笼通风就仓干燥单位通风量及空气途径比

粮种	粮堆最大高度/m	最低单位通风量/m^3·$(h \cdot t)^{-1}$	空气途径比
玉米	6.0	20	1.2～1.3
	4.5	30	1.3～1.4
	2.5	40	≤1.5
稻谷	6.0	18	1.2～1.3
	4.5	27	1.3～1.4
	2.5	36	≤1.5

4. 组合式多管通风就仓干燥技术参数见表5－19。

表5－19　组合式多管通风就仓干燥单位通风量及相邻立管间距

粮种	粮堆最大高度/m	最低单位通风量/m^3·$(h \cdot t)^{-1}$	相邻立管间距
玉米	6.0	15	2.5 m×1.5 m以内
	4.5	20	2.0m×1.5 m以内
稻谷	6.0	18	2.5 m×1.5 m以内
	4.5	25	2.0 m×1.5 m以内
	2.5	45	1.5 m×1.5 m以内

5. 就仓干燥的其他配套条件见GB/T 26880—2011第4章。

6. 操作与管理按GB/T 26880执行。

第九节

植物油脂储藏

一、基本要求

（一）一般要求

1. 植物油脂储藏应具备必要的储藏设施，采用合理的技术措施，确保植物油脂安全储藏，减少损失损耗，防止污染，延缓品质下降、劣变。

2. 应按种类、等级、性质等分开储藏。

（二）库区选址

1. 植物油脂储藏库址应远离污染源、危险源。不应建在有土崩、断层、滑坡、沼泽、流沙、泥石流和地下矿藏开采后有可能塌陷的地区，不应选在地震基本烈度为 8

度及以上的地区。

2. 库区场地标高应符合洪水重现期 50 年的要求。

（三）油罐区与油罐组

1. 油罐区地面应硬化处理，有护油堤、消防、避雷、排水等安全设施，避雷应符合 4.4 的要求，护油堤应符合 4.5 的要求。

2. 油罐区应设置收集和分离少量漏油的隔油池，隔油池与排水管网间应设置排水阀。排水阀门应常闭，下雨期间应打开。

3. 新建油罐时应考虑油罐组之间相邻油罐的间距，且符合消防安全的要求。

4. 油罐组内单罐容量≤1 000 m^3 时，不宜超过 4 排；单罐容量大于 1 000 m^3 时不宜超过 2 排。

（四）避雷设施

1. 油库主要建、构筑物应按第三类防雷建筑物设计，并应符合有关规定。

2. 油罐可以用本体作为接闪器，应做防雷接地。

（五）护油堤

1. 应采用非燃烧材料，并能承受油品静压力而不发生泄漏。

2. 有效容积应大于堤内单个最大油罐的容积，且应高出 0.2 m。

3. 严禁在护油堤上开门、开洞；管道穿越护油堤处应采用非燃烧材料严密填实；在雨水沟穿越护油堤处，应采取排水阻油措施。

4. 油罐组护油堤的人行踏步不应少于两处，且应处于不同的方位。

二、储藏设施设备要求

（一）一般要求

1. 油库应具备油罐、输送、计量等设施设备，满足储藏、倒罐、出库和入库功能的需要。

2. 应配备符合《食品检验工作规范》要求的检化验室。

（二）设施设备配置

1. 输送系统：应配置收发油平台、输油管线、油泵、阀门、过滤器、配电柜、流量计、液位监控设备等。长距离和凝固点较高的油脂输送的管路应具有管理清扫系统。

2. 计量系统：应配置与实际入库能力相匹配的称量设备。

3. 辅助设施：应配置温控设施设备、电子测温设备、计量尺、罐顶作业平台及护栏、登高作业安全防护、泵房和油罐区内照明灯具等设施。储存易凝固植物油脂的油罐和输送系统应有保温隔热装置和加热盘管等设施，加热盘管应采用不锈钢材质。泵房和油罐区内照明灯具应按照 GB 50320 的规定执行。

（三）油罐及附属设施

1. 应符合 GB 50341 设计要求，罐体应完好、坚固；内壁应光滑、清洁，内外壁无锈蚀；罐体外表应采用浅色反光涂料或银白色油漆处理，有条件的可建气调装置。

2. 油罐罐体、探头、阀门以及接触植物油脂的密封材料等，禁止使用铜及其合金；油罐内壁用油漆应满足食品卫生要求。

3. 应采用钢制固定顶油罐；进人孔、呼吸阀、通光孔、取样孔等要满足严密要求，应防止雨水、灰尘等进入油罐。

4. 油罐的进油管，宜从下部接入；进油管上应设防回流措施；阀门、管路、油泵、仪表及其接口等处无渗漏。

5. 罐体的检查孔、取样孔、进人孔、进出油阀门、爬梯门等处应设置防火盖或防护设施并加锁。

6. 应安装高低液位报警系统。

7. 油罐罐体与输油管道之间的连接应采用柔性连接的方式，如加设波纹软管、补偿器等，防止出现因罐体沉降而造成输油管道与罐体之间产生应力。

8. 油罐应设安全方便爬梯（盘梯或斜梯）和护栏，油罐组中高度接近的油罐应安装带防护栏的天桥，护栏的高度应符合国家有关规定，且安全可靠。高度大于 5 m 的油罐，应采用盘梯或斜梯，坡度不宜大于 45 °。罐顶行人道应有防滑踏步。一个油罐组的爬梯不应少于两处，且处于不同方位。

9. 罐体应安装计量设施，计量设施应满足分罐计量的要求。

三、植物油脂进出库

（一）入库前的准备

1. 检查管路

对油罐、管路、阀门、油泵、电器、温度计、压力计，流量计等进行检查，确保油罐、油泵、阀门、管路等清洁无渗漏；油泵转动灵活，所有设备、仪器、仪表运转正常。

2. 清洗油罐

油罐在第一次储油前，应进行清洗。清洗剂应该符合国家食品安全的要求。

3. 清理油罐

清理出的植物油脂和油脚不得掺入其他油中，应单独处理或存放。初次储存或新输入中央储备油及政策性植物油前必须对油罐进行清理。

4. 油泵准备

保证油泵润滑充足、转动灵活、密封良好；检查确保进油管线合理，需要开启的阀门正确无误，防止混油。

（二）入库

1. 质量应符合相关标准规定，并索取供方质量检测合格证明，入库时要进行质量检验并出具检验报告；进口植物油脂需达到国家检验检疫标准及进口贸易合同约定的质量标准。

2. 单罐植物油脂储藏量不应超过检定容积，未检定油罐的油面应低于罐壁上沿0.3 m。

3. 应保证储油设施清洁，罐体、输油管线、阀门等无渗漏、无破损，通气孔畅通。

4. 应尽量缩短入罐时间，操作完毕应及时封闭罐体。

5. 应考虑均衡整个油罐区的压力。

（三）出库

1. 在正常储藏条件下，植物油脂储存时间不宜超过两年。出库应进行质量检验，出具检验报告。中央储备油出库时，储存期在“正常储存年限”以内的，可由直属企业或委托其他粮油质检机构进行质量检测；储存期超过“正常储存年限”的，应由国家粮食局成都粮油食品饲料监督检验测试中心进行质量检测。

2. 对凝固的植物油脂要缓慢加热，减少局部升温过快对植物油脂质量的影响。

3. 出油时油罐通气孔应保证通畅。

4. 应尽量缩短出库时间，操作完毕应及时封闭罐体。

5. 应考虑均衡整个油罐区的压力。

6. 检验项目、检验报告、正常储存年限以及检验机构等要求，按《粮食质量监管实施办法（试行）》执行。

四、质量检验

（一）仪器设备的配置

1. 一般要求

（1）应具备以下项目的检测能力：气味、滋味、水分及挥发物、不溶性杂质、酸值、过氧化值、透明度、相对密度、冷冻试验。

（2）色泽、含皂量、皂化值、加热试验、烟点、折光指数、溶剂残留量、碘值、不皂化物、脂肪酸组成、游离棉酚、油脂定性试验、羰基价等指标以及涉及GB 2716和GB 2763 的限量指标，可委托系统内有资质的单位进行检测。

2. 配置

按本章第一节的规定执行。

（二）质量检验要求

质量检验和卫生检验按国家有关标准和规定执行。

（三）温度检测

1. 检测范围

油温和罐外气温，并绘制双温曲线图。

2. 检测周期

至少每 15 d 检测 1 次。

3. 检测设备

采用计算机远程温度检测系统或油温测定仪。

4. 检测点的设置

每个罐（垂直方向）设置的测温点不少于 3 个，其中上层位置距液面、底层位置距罐底的距离为 50 cm。

（四）油位检测

1. 检测设备：每个油罐应有油位检测系统，每个油罐区应有油位检测工具。

2. 检测周期：每天都应检查液位高度。有植物油脂进出库或者需要检查时，均应进行人工油位检测，每月至少检测 1 次。

（五）质量和卫生检验

1. 扦取样品应有代表性。

2. 在扦样口标记的固定位置，按照《中央储备粮油质量检查扦样检验管理办法》第 11 条的规定扦样。

3. 扦样时应避免植物油脂受雨水、灰尘等污染。

4. 扦样装置、辅助器具和样品容器不应采用铜或铜合金，禁止在盛放植物油脂的罐内使用玻璃器具。

5. 储藏期间应在每年 3 月、9 月各检测 1 次，并根据植物油脂储存情况随时进行检测。

6. 植物油脂出入库应根据国家相关产品质量标准做质量和卫生指标检测，储存期间按照国家有关标准和要求进行质量检测，重点检测过氧化值和酸值。

7. 应及时对样品进行检测分析，发现异常情况应及时处理。

五、储藏期间设备设施管理

1. 应经常检查油罐罐体、管线是否有生锈、开裂、渗油等现象。对新使用的油罐及相应设备，第一周应每天检查 1 次，之后每 7 d 检查 1 次。

2. 要经常检查呼吸阀、安全阀、单向阀、计量标尺等装置，发现故障及时维修。

3. 要经常检查避雷设施是否完好。

4. 定期检查罐体稳固情况，发现地面下陷或其他安全隐患，应及时采取加固等技术措施；检查阀门铅封是否完好，孔洞及接口是否密闭。

5. 定期检查油罐区消防设施，发现损坏或失效，要及时更换、维修。每 6 个月检查 1 次油罐爬梯及罐顶平台、栏杆有无锈蚀，发现锈蚀或损坏，要及时维修，保证人员安全。

6. 每个油罐应该有独立的档案，发现问题，及时处理。

六、储藏技术

植物油脂应密闭避光储存，可采用常温和控温储藏、气调储粮、抗氧化剂储藏等科学储藏技术。

（一）常温储油

1. 应尽可能按照检定容量满罐储油，减少储存容器液面以上空间，但应留出热胀冷缩的空间。应尽量减少开罐次数和时间。

2. 在出入油及油温上升体积膨胀时通气应保持通畅；做好油罐除锈和防锈工作，第五至第七储粮生态区每 3 年进行一次，其他储粮生态区不超过 5 年。

3. 应加强对油温及液位的检测。

（二）控温储油

1. 除常规储藏技术的注意事项外，还应做好隔热处理。

2. 主要的隔热措施包括罐外涂反光材料；油罐外敷发泡树脂、岩棉、聚氨酯材料保温隔热；罐顶用水喷淋等技术措施。

3. 隔热处理前要做好油罐的防锈和除锈工作。

4. 采用顶部喷淋技术时，应注意做好取样孔、进人孔、观察孔等处的密闭。

（三）充氮储油

1. 油罐的气密性：压力半衰期从 500 Pa 降到 250 Pa 的时间不低于 300 s。

2. 罐内氮气的体积分数（浓度）不低于95 %。

3. 油罐应设置气体调节器控制的压力系统，油罐的通气孔宜用呼吸阀，以平衡罐内外压力。

4. 充气管路应设单向阀门，防止植物油脂倒流入供气系统。

5. 应设置过滤装置，防止杂质进入油罐污染油脂和堵塞充氮装置。

6. 油罐内供气管道应该采用不锈钢材质。

7. 注意事项：应制定严格的操作程序，操作人员必须经过培训。应有明显的警示标志。植物油脂入罐时，宜随管路注入氮气，注油结束后，继续充气至油罐内氧气的体积分数（浓度）达到5 %以下，停止充入氮气，密封储藏。宜采用氮气自动控制系统，在氮气的体积分数（浓度）降低到95 %以下时自动补气。植物油脂出罐时，应打开进气阀；部分植物油出罐时，应不断地补充氮气，避免油罐内形成负压状态，以及防止空气进入和出油不畅。

（四）抗氧化剂储藏

为了延长植物油脂的储藏时间，使用抗氧化剂应符合国家有关规定。

七、安全防护的基本要求

（一）一般要求

1. 油库必须设置安全管理机构和专职的安全员。每天应对重点环节进行巡查并做好记录，发现问题应及时上报并及时消除事故隐患。重点检查环节包括罐体、焊缝、连接处、进人孔、阀门、仪表接口及油位、油温等。

2. 整个库区应禁止烟火并在显著位置设置防火标志，罐区应禁止存放易燃易爆物品。

3. 实施重要作业或具有潜在风险作业，油库企业负责人应根据任务，结合安全技术要求和作业环境、设施设备和人员情况等，对作业人员进行有针对性的作业安全教育，强调要求和注意事项，并落实企业负责人带班制度。

4. 油罐和管路系统在储油和进出油状态下，禁止实施焊接、电钻等作业；在无进出库业务发生时，油罐下部进出油阀门、罐顶检查孔盖板、罐顶取样盖板等处必须加锁。

5. 非相关人员禁止进入油罐区。

（二）登高作业要求

1. 非特殊情况，禁止在雷电、大风、大雾、冰雪、雨天等天气及夜间作业。

2. 作业员工应身体健康，无高血压病、心脏病、严重贫血、癫痫病等禁忌证。禁止酒后、疲劳作业。

3. 作业时应戴安全帽，衣着轻便，穿胶底防滑鞋，禁止穿高跟鞋、钉鞋、拖鞋、硬底鞋；不宜佩戴首饰或其他饰品。

4. 作业时员工应不低于 2 人，严禁向下抛洒物品。

第六章

粮食安全储藏技术指标评价体系

概 述

1998 年以来，我国在粮食仓储基础设施建设方面投资力度逐步加大，新扩建了近 555 亿 kg 仓容的国家储备粮库，同时通过不断完善仓储设施和设备、推广应用四项储粮新技术，为粮食的安全储藏提供了有力的保证。然而，我国幅员辽阔，各地自然气候条件差别显著，粮食品种繁多，全国各地粮食储藏工作的内容和方法存在着巨大的差异，如何结合当前粮库建设工程，因地制宜地指导粮食仓储设施、装备及技术、工艺的优化配置，引导我国粮食仓储企业逐步实现低损耗、低成本、高效益的目标，已经成为目前粮食工作的重要任务之一。

随着我国农产品市场的逐步放开，以粮食为主的农产品将直接面对全球化的市场竞争，如何在激烈的竞争中求生存、谋发展，保护并推动我国的农业生产，维护广大农民和消费者的利益，保持粮食仓储、加工企业的经济效益，是我们所急需解决的一个问题。

因此，如何根据影响粮食的各生态因素的变化情况来评价储粮安全状况；在符合储粮安全这一基本要求的前提下，如何充分利用不同储粮生态区域的自然气候条件，合理进行粮食仓储设施、装备及技术、工艺的优化配置，减少损耗、减少污染、降低成本、实现绿色储粮的目标，已经成为当前粮食工作的首要任务。

在不同的自然气候条件、不同的储藏方法下，在粮堆生态系统中，温度、湿度、气体成分、杂质、昆虫、微生物等非生物与生物因素对粮食的生理、生化变化和粮食的品质有着不同的影响。我们可以通过对粮堆中各生态因子的评价，并结合对粮食品质的分析，来确定粮堆的安全状况，判定具体某一粮堆是否处于安全状态。

反过来说，每一个粮堆作为一个人工生态系统，我们也可以运用不同的仓储设施、设备和储藏技术工艺与手段，通过控制其中的一些生态因子及条件，使之有利于粮食的安全储藏，有利于粮食原有品质的保持，从而实现粮食的绿色储藏。因此，我们可以通过评价粮堆的安全状况，在符合安全储粮的基本前提下，根据我国不同储粮生态区域的自然气候条件、管理水平和可能采取的储粮技术手段对粮堆生态系统的影响程度，来分析我们目前所采用的仓储设施、设备与技术工艺的优化配置情况，判断其是否必需、是否完善、是否有效、是否可以保证粮食的安全储藏标准，以进一步指导储粮单位合理地进行粮食仓储设施、装备及技术、工艺的优化配置，最终实现低损耗、低成本、低污染、高品质、高效益的安全储粮目标。

我们在收集整理全国各储粮生态区域仓储企业调研资料的基础上，综合分析了全国各储粮生态区域不同的气候条件、仓储设施配置、粮食品质和粮堆生态情况对粮食安全状况的影响，考虑各粮堆生态因子之间的相互作用关系，通过大量的实例验证，拟订了储粮安全状况评价方程，用以定量判定储粮安全状况和储粮单位粮食安全储藏的保障情况。

粮堆作为一个人工生态系统，我们可以通过控制其中一些生态条件和因素，经济有效地保持粮食的原有品质，实现粮食的安全储藏。粮食安全储藏技术指标评价体系即通过综合评定主体（粮食及粮堆生态系统）安全状况和安全储粮保障即影响主体安全的客体（自然生态因子、管理措施和储粮安全设施的配备和完善情况）两个大的方面，来分别评价具体储粮单元（如某一具体廒间或粮堆）中储粮的安全状况和在当地自然生态条件下，该储粮单位粮食安全储藏的保障情况，进而指导我们采取适当的技术手段来保证安全储粮。

第一节

储粮（主体）安全状况评价

储粮（主体）安全状况评价的目的在于正确评价当前所关注的某一具体粮堆的储粮安全状况。因此，这一部分用于评价储粮安全状况，回答评价对象目前是否处于安全状态的问题。

这一部分主要依据粮食储藏学、储粮昆虫学、储粮微生物学的基本原理，参照 ISO 6322《谷物与豆类的储藏》国际标准中对粮食储藏的基本要求。综合考虑各相关因子在粮食储藏过程中对储粮安全影响程度的大小，分别赋予一定的分值，再根据各项得分总和，按照储粮品质与粮堆生态并重的原则（品质得分和生态得分各占 50% 权重），考虑某些极端情况（通过 K 值调节），用一简单公式计算出综合评分，从而得出该粮堆储粮是否安全的结论。

（一）粮食品质综合评分

在粮食品质综合评分时，主要考察该粮堆中所储藏粮食的耐储性、入库时的原始质量、目前的水分含量、新陈（收获后储藏年限）情况和目前的品质检测结果是否宜存 5 个项目。根据各项目对储粮安全的重要程度，分别赋予不同的分值。

1. 储粮耐储性

众所周知，不同的粮食，其耐储性差异很大，比如：小麦收获后的1~2年内品质不仅不变坏，而且有优变（后熟）；稻谷和玉米后熟期很短，一旦完成后熟，即进入陈化阶段（陈化是一个过程，不是一个结果）；油料收获后则一般不宜长期储存。所以，我们给耐储品种加上一定的分值，普通品种不加分，也就是给小麦加10分，玉米和稻谷不加分。

2. 入库质量

粮食入库时原始质量的好坏，与安全储粮关系十分密切，现行国家粮油质量标准在制定时已综合考虑了粮食品质、水分、杂质、卫生标准等因素，符合中等以上标准的粮食利于安全储藏。按照有关规定，长期储藏的粮食，必须符合中等以上标准（含中等），但由于种种原因（如经济利益的驱使故意弄虚作假或收人情粮等），储粮中常有中等以下的粮食，因此，我们给中等以上的粮食加20分，中等粮食加15分，中等以下但杂质和不完善粒不超标的粮食加5分，杂质和不完善粒超标的粮食不加分，这种粮食虽不表示目前不安全，但其安全储藏的可能性较小，需打一定的折扣，所以，我们将K值定为0.8。

3. 安全储藏水分

水分是一切生物赖以生存的重要基础，与粮食品质、储粮有害生物（仓储害虫、微生物和脊椎动物）的生存与为害密切相关，在当地安全水分（各地均有具体规定）以内的粮食，利于长期安全储藏，高水分粮则不能长期储藏。所以，我们给符合当地安全水分标准的粮食加25分；给高于当地安全水分，但幅度不大于1%的储粮加10分（需采取一定技术措施，加大储粮成本方可安全储藏）；高于当地安全水分，幅度不大于2%的储粮不加分；高于当地安全水分，幅度大于2%的储粮在常规条件下不能安全储藏，直接通过$K=0$的方式判定为不安全。

4. 新陈（收获后储藏年限）情况

新收获的粮食，品质新鲜，利于长期安全储藏；储藏一定时间后的粮食，品质的新鲜程度必然有所降低，继续储藏的时间必然要短些。尽管目前准确判断粮食新陈情况的技术还不完善，但我们还是有一些方法可初步判断储粮的新陈情况（如愈创木酚染色法等）。所以，我们给当年收获入库的粮食加 25 分；收获后储藏满 1 年的稻谷和玉米以及储藏满 2 年的小麦加 15 分；收获后储藏满 2 年的稻谷和玉米以及储藏满 4 年的小麦不加分。

5. 品质检测结果

根据国家现行安全储藏品质控制指标进行检测，判定结果为宜存的粮食，说明品质尚好，但已在前面 4 项中给予一定体现，所以，我们给宜存的粮食加 15 分，判定为不宜存的粮食用 $K=0$ 的方式直接判定为不安全。

6. 以上各项粮食品质综合评分列于表 6－1。

表 6－1　粮食品质综合评分表

项　目　内　容		$X_{品质}$	$K_{品质}$
储藏粮种	小麦等耐储原粮	10	1
	稻谷、玉米等原粮	0	1
入库质量	中等以上	25	1
	中等	15	1
	中等以下、但杂质和不完善粒不超标	5	1
	杂质和不完善粒超过标准规定	0	0.8
安全储藏水分	符合当地安全储粮水分标准	25	1
	储粮水分高于当地安全储粮水分，但不大于 1%	10	1
	储粮水分高于当地安全储粮水分，但不大于 2%	0	1
	高水分粮食	0	0

续表 6－1

项目内容		$X_{品质}$	$K_{品质}$
粮食新陈情况	当年收获入库新粮	25	1
	收获后储藏 1 年（小麦 2 年）	15	1
	收获后储藏 2 年（小麦 4 年）	10	1
	收获后储藏 2 年（小麦 4 年）以上	0	1
品质控制指标 2	储存品质控制指标判定为宜存	15	1
	储存品质控制指标判定为不宜存或陈化	0	0
$X_{品质} = \sum X_i$		0～100	
$K_{品质} = K_1 \cdot K_2 \cdot \cdots \cdot K_i$			0～1

注：以上各子项均为单项选择。

（二）粮堆生态综合评分

粮堆生态综合评分四大因素：

该粮堆与储粮害虫和微生物生长为害及粮食新陈代谢密切相关的温度；

与微生物生长为害密切相关的平衡相对湿度；

储粮害虫；

微生物情况。

1. 粮堆温度

众所周知，粮堆温度是安全储粮的重要生态因子。低温储藏不仅有利于储粮品质保鲜，而且可以抑制储粮害虫和微生物生长为害，在粮堆生态因子中，温度最为重要，也最难调节。因此，我们给符合低温储藏条件（粮堆温度常年低于 15 ℃）的储粮加 45 分，给符合准低温（粮堆温度常年低于 20 ℃）的储粮加 30 分。1 年内最高粮堆温度有 60 d 在 20～25 ℃范围内，其余时间不高于 20 ℃的储粮加 20 分。最高粮堆温度有 30 d 在 25～30 ℃并且有 60 d 在 20～25 ℃，其余时间粮堆温度≤20 ℃的储粮加 10 分。最高粮堆温度有 30 d 在 30～35 ℃，储粮温差大于 1.5 ℃/m 粮层厚度的储粮不加分，并适当扣减安全系数，$K=0.8$。

2. 粮堆平衡相对湿度

粮堆平衡相对湿度与储粮有害生物（尤其是微生物）的生长和为害关系极为密切，根据 ISO 6322 的规定，安全储藏的粮食，平衡相对湿度不得高于 65%。但粮堆平衡相对湿度过低，也会造成储粮水分损失并影响储粮品质，所以我们参照 ISO 6322 的规定，将粮堆的最佳平衡湿度定为 55%～65%，根据粮堆平衡相对湿度易于控制（相对于粮温而言）的特点，给这类储粮加 20 分；给粮堆平衡相对湿度常年在 40%～55% 或在 65%～70% 范围，无结露的储粮加 10 分；给粮堆平衡相对湿度常年低于 40% 或在 70%～75% 范围，无结露的储粮加 5 分；粮堆平衡相对湿度长期高于 75% 对储粮安全危害极大（极易发热霉变），故通过 $K=0$ 直接判定为不安全。

3. 仓储害虫

仓储害虫与储粮安全的密切程度为大家所熟知，不再赘述，我们给筛检和诱捕均无虫、螨的储粮加 20 分；给筛检主要仓储害虫小于或等于 2 头/kg、仓储害虫总密度小于或等于 5 头/kg 的储粮（基本无虫粮）加 10 分；给筛检主要仓储害虫小于或等于 10 头/kg、仓储害虫总密度小于或等于 30 头/kg 的储粮不加分，并适当扣减安全系数将 K 值定为 0.8；筛检主要仓储害虫大于 10 头/kg、仓储害虫总密度大于 30 头/kg 的严重虫粮和带有对外检疫对象仓储害虫的储粮直接通过 $K=0$ 的方式判定为不安全。

4. 微生物

是否有处于活动状态的微生物直接关系粮食的安全储藏状况。因为微生物的控制相对于储粮害虫容易一些，所以我们给无发热霉变的正常储粮加 15 分；给有轻微发热（5 ℃以下）但无点翠现象的储粮加 5 分；发热部位粮温高于其他正常部位 5 ℃以上（含 5 ℃）且有明显点翠粮粒的储粮不加分，并扣减安全系数（$K=0.8$）；明显霉变、结块的储粮直接通过 $K=0$ 判定为不安全。

5. 以上各项列于表6－2。

表6－2　粮堆生态环境综合评分表

项　目　内　容		$X_{生态}$	$K_{生态}$
粮温（粮堆温度）	年平均粮温≤15 ℃	45	1
	年平均粮温≤20 ℃	30	1
	最高粮温有60 d在20～25 ℃、其余时间粮温≤20 ℃	20	1
	最高粮温有30 d在25～30 ℃并且有60 d在20～25 ℃、其余时间粮温≤20 ℃	10	1
	最高粮温有30 d在30～35 ℃并且温差≥1.5 ℃/m粮层厚度	0	0.8
粮堆平衡相对湿度	常年在55%～65%，无结露	20	1
	常年40%～55%或在65%～70%，无结露	10	1
	常年低于40%或在70%～75%，无结露	5	1
	长期高于75%	0	0
仓储害虫	筛检和诱捕无虫	20	1
	筛检主要仓储害虫≤2头/kg、仓储害虫总密度≤5头/kg	10	1
	筛检主要仓储害虫≤10头/kg、仓储害虫总密度≤30头/kg	0	0.8
	筛检主要仓储害虫＞10头/kg、仓储害虫总密度＞30头/kg	0	0
	带有对外检疫对象害虫	0	0
微生物	无发热霉变现象	15	1
	有轻微发热（高于正常粮温不足5 ℃），但无点翠现象	5	1
	发热部位粮温高于正常粮温5 ℃以上（含5 ℃），且有明显点翠粮粒	0	0.8
	有明显霉变结块现象	0	0
$X_{生态}=\sum X_i$		1～100	
$K_{生态}=K_1\cdot K_2\cdot\cdots\cdot K_i$			0～1

（三）计算和评价

根据品质与生态条件并重的原则，按以下公式计算粮堆的综合得分：

$$Y = K \cdot (0.5X_{品质} + 0.5X_{生态})$$

其中：$K = K_{品质} \cdot K_{生态}$

若 $Y \geqslant 50$，则该储粮判定为安全，否则判定为不安全。

第二节

安全储粮保障（客体）评价

对安全储粮保障的客体进行评价的目的是评价在当地自然生态条件下，该储粮单位粮食安全储藏的保障情况，主要考虑客体（自然生态、安全储粮技术设施和管理水平）对储粮安全的影响情况，进而指导储粮单位优化设备配置，加强科学管理，采取适当的技术手段来保证安全储粮。

（一）自然生态条件综合评分

在自然生态因子中，温度、相对湿度、降水量、温度振变幅度和年积温与储粮安全的关系都十分密切，因此，我们分别从这五个方面予以评价。其中1月平均气温与年积温有一定相关性，年平均降水量与年平均相对湿度有一定相关性，温度振变幅度相对独立，由于5个因子对储粮的影响基本均等，故我们采取平均加分的办法。

1.1月平均气温

气象资料显示：1月平均气温与全年平均气温呈显著的相关关系，同时，根据储粮害虫生长特点，在 -10 ~0 ℃条件下可以快速冻死，在0 ~ 10 ℃条件下可以进入冷麻痹状态，在一定时间内也可部分死亡，综合考虑冷冻杀虫和便于应用，我们选用了1月平均气温，给1月平均气温在－10～0 ℃的条件加20分，0～10 ℃条件加15分，10 ℃以上的条件不加分。

2. 年积温

储粮害虫生长有一个起点温度，在起点温度以下不能生长繁殖，并且在起点温度以上必须有一定的积温才能完成其生长周期。为便于考察，我们选取我国大多数常见储粮害虫生长发育的起点温度（15 ℃）为计算积温的起点温度。以我国常见主要储粮害虫中积温较低的玉米象作为标准，分别以其完成1、2和2个以上世代为标准，年积温分别以玉米象完成1个世代、2个世代和2世代以上来划分对储粮安全的影响程度，赋予不同的分值；最多完成1个世代的加20分，最多完成2个世代的加10分，完成2个以上（不含2个世代）的不加分。

3. 年气温振变幅

年气温振变幅越大，储粮自然通风和机械通风的机会就越多，越利于通风降温降水技术的应用，并且通风效率也越高。我国北方地区年气温振变幅一般都较大，越往南方越小，储粮机械通风的机会也越少。结合储粮机械通风的要求，我们给年气温振变幅高于35 ℃的条件加20分，给年气温振变幅在25～35 ℃的条件加15分，给年气温振变幅在20～25 ℃的条件加10分，年气温振变幅在15～20 ℃的条件加5分，年气温振变幅低于15 ℃的条件不加分。

4. 年平均相对湿度

外界相对湿度过高，储粮容易吸湿返潮，从而造成储粮发热霉变，不利于安全储粮。根据储粮微生物生长条件，给不利于储粮微生物生长的55%～65%相对湿度条件加20分，66%～70%相对湿度条件加10分，70%以上（利于微生物生长）和55%以下（容易造成储粮水分损失过大的问题）不加分。

5. 年平均降水量

年平均降水量的多少也可对储粮安全造成一定影响，降水量过高不利于安全储粮，我们给年降水量不高于400 mm的条件加20分，给400～1 000 mm的条件加10分，高于1 000 mm的条件不加分。

6. 以上各项列于表6－3。

表6－3　我国不同储粮生态区域自然条件综合评分表

项　目　内　容		$X_{区域}$
1月平均气温	－10～0 ℃	20
	0～10 ℃	15
	＞10 ℃	0
年积温	15 ℃以上积温＜400 ℃	20
	15 ℃以上积温在400～800 ℃	10
	15 ℃以上积温＞800 ℃	0
年振变幅	≤15 ℃	0
	15～20 ℃	5
	20～≤25 ℃	10
	25～35 ℃	15
	＞35 ℃	20
年平均相对湿度	≤55%～65%	20
	66%～70%	10
	高于70%或低于55%	0
年平均降水量	≤400 mm	20
	400～1 000 mm	10
	＞1 000 mm	0
$X_{区域}=\sum X_i$		0～100

（二）管理水平及安全储粮技术设施

仓储管理的好坏、储粮安全技术设施的配备和完善情况，是在一定自然生态条件下确保储粮安全的重要条件。其中仓储管理、仓房基本条件、仓房隔热条件、仓房气密性、安全储粮配套设施（包括粮情测控、机械通风、环流熏蒸和局部处理设施等）是保障储粮安全的重要因素。

1. 管理水平

储粮单位管理水平的高低，直接体现为储粮安全程度的高低，尽管目前还没有一个可以具体评价储粮单位管理水平高低的明确标准或尺度，我们还是可以从粮库保管员对所管理储粮的熟悉程度、粮仓内粮情检测记录的相关情况、员工对相关储粮规章制度的了解情况来考察储粮单位的管理水平。我们给管理水平高的单位加 20 分，比较高的加 10 分，一般的不加分，并适当扣减安全系数（$K=0.8$）。其中，单位年限内粮食的自然损失率、虫蚀率、发芽率和霉变率表面上看是反映粮食情况的，但这些指标不一定反映目前储粮的安全状况（比如以前生虫、发芽或有霉变发热的粮食经过处理，目前已处于安全状态），却可以透过这些指标考察一个储粮单位管理水平的高低，所以，我们将其用来衡量管理水平。

2. 仓房基本条件

仓房是粮食安全储藏的基础设施，良好的围护结构对于粮食保管是至关重要的。结构良好的仓房加 20 分；因仓容不够而搭建的露天囤等设施围护条件简陋的，不加分，并适当扣减安全系数（$K=0.8$）。对于围护设施破损、仓房渗漏等情况，通过 $K=0$ 直接判定为不安全。

3. 机械化程度

进出仓的机械化程度是衡量在储粮出现突发性情况时快速处理能力的重要因素，

所以给机械化程度较高的单位加5分，机械化程度一般的仓加3分，完全依赖人工进出仓的不加分。

4. 粮仓隔热条件

高温情况下粮食品质劣变加快，仓储害虫繁殖加快，霉菌生长旺盛，因此良好的仓房隔热条件对于保持通风降温后粮食的低温状态，避免夏季高温对粮食的影响，保持粮食品质稳定十分必要。我们将能长期维持低温储藏条件的粮仓定义为低温仓，达到低温仓条件的加15分；能长期维持准低温储藏条件的仓房定义为准低温仓，达到低温仓条件的加10分；普通仓房不加分。

5. 粮仓气密条件

气密性良好的仓房，由于熏蒸时熏蒸剂泄漏较少，可以达到理想的熏蒸效果，延缓仓储害虫抗性的产生和发展。同时，较好的气密性，是气调储粮的基本要求之一，可以保证气调储粮的作用。达到气调仓房设计规范的仓房加10分；气密性达到新建仓设计规范的加5分；普通仓房不加分。

6. 配套设施

粮情测控系统要及时准确发现粮食的异常情况，必须有良好的粮情检测手段和设备。由于正常的粮情测控系统可以快速及时反映粮食状况，所以加15分；具有一般检测手段和设备的加10分；无任何粮情检测手段的，直接通过$K=0$判定为不安全。

7. 机械通风系统

通风设施是对粮食进行降温、降水、调质、环流熏蒸的必备设施。具有可正常工作的机械通风系统的加15分；可利用排风扇、门窗等简易通风设施进行通风降温的加5分；无任何通风设施的不加分。

8. 环流熏蒸设备

熏蒸杀虫是目前处理储粮害虫的最经济有效的手段。环流熏蒸设施操作简单、安全，熏蒸效果较好，加5分；具有能够进行常规熏蒸条件的加3分；不具备的不加分。

9. 局部处理设备

局部处理设备对于及时处理粮堆中的突发情况快速、有效、经济，例如局部熏蒸杀虫、局部降水、局部降温等，所以具有局部处理设备的加5分；具有单管通风机等简易局部处理器材的加3分；无任何局部处理设备的不加分。

10. 以上各项列于表6-4。

表6-4 管理水平及安全储粮技术设施评分表

项目内容		$X_{管理与设施}$	$K_{管理与设施}$
管理水平	规章制度健全，主管仓储领导熟知储粮规章制度，能正确回答随机提问的相关规章制度条款，保管员对所管储粮情况能一口清，仓内手摸无灰，口吹无尘，粮情检测记录数据和图表完整（储粮自然损失+虫蚀粒增加率+发芽粒增加率+霉变粒增加率）/储藏年限≤0.015%（表述为“高”）	30	1
	规章制度比较健全，主管仓储领导熟知储粮规章制度，基本能正确回答随机提问的相关规章制度条款，保管员对所管储粮情况能一口清，仓内基本整洁，粮情检测记录数据和图表基本完整（储粮自然损失+虫蚀粒增加率+发芽粒增加率+霉变粒增加率）/储藏年限≤0.02%（表述为“中”）	20	1
	规章制度不健全，主管仓储领导对储粮规章制度了解不多，回答随机提问的相关规章制度条款错误较多，保管员对所管储粮情况不能清楚简洁地表述，仓内手摸有灰尘，粮情检测记录数据和图表不完整（储粮自然损失+虫蚀粒增加率+发芽粒增加率+霉变粒增加率）/储藏年限>0.02%（表述为“低”）	0	0.8
仓房基本条件	结构良好，无裂缝、无渗漏，不返潮	10	1
	露天垛、露天囤	0	0.8
	围护设施破损，仓房渗漏	0	0

续表 6－4

项　目　内　容		$X_{管理与设施}$	$K_{管理与设施}$
机械化程　度	可完全实现机械化进出仓	5	1
	可部分实现机械化进出仓	3	1
	依赖人工进出仓	0	1
仓房隔热条件	达到低温仓条件	12	1
	达到准低温仓条件	8	1
	常温仓	0	1
仓房气密条件	气密性达到气调仓标准	10	1
	气密性符合新建仓设计规范	5	1
	一般仓房	0	1
配套设施 1	具有可正常工作的粮情测控系统	12	1
	具有能够进行简单巡测或人工检测操作的工具及器材	8	1
	无任何粮情检测手段	0	0
配套设施 2	具有可正常工作的机械通风系统	12	1
	具有简易通风设施	5	1
	无任何通风设施或手段	0	1
配套设施 3	具有可正常工作的环流熏蒸设备	5	1
	具有能够进行机械或人工熏蒸操作的工具及器材	3	1
	不具备任何熏蒸操作条件或手段	0	1
配套设施 4	具有局部处理设备	4	1
	具有能够进行简易粮食局部处理的工具及器材	2	1
	无任何局部处理设备	0	1
$X_{管理与设施} = \sum X_i$		0～100	
$K_{管理与设施} = K_1 \cdot K_2 \cdot \cdots \cdot K_i$			0～1

注：以上各子项均为单项选择。

（三）计算和评价

根据人为（管理水平与安全储粮技术设施）因素为主，自然生态因素的影响可以通过人工调控的原理，按以下公式计算粮堆的综合得分：

$$Y = K_{管理与设施} \cdot (0.4X_{生态} + 0.6X_{管理与设施})$$

若 $Y \geqslant 50$，则该单位储粮安全有保障，否则判定为储粮安全无保障。

第三节

应用验证与专家评价

调研期间，在全国不同的储粮生态区域随机选取 9 个粮库、10 个粮仓进行验证，结果表明，本评价体系能客观反映储粮安全状况和粮库对储粮安全的保障情况。经实际应用后获得相关省（市、自治区）粮食相关部门和储粮业务主管部门的一致好评。靳祖训等专家认为：该项研究以储粮安全为前提，以储粮生态系统理论和储粮安全学为依据，探讨了一系列技术指标与储粮安全内在的本质联系，它全面、科学地考虑了与储粮安全紧密相关的三大方面（即储粮主体、客体和社会学）的相互关系和影响，是迄今为止国内提出的相对最为完善的综合评价体系，在国际上尚未见到相同技术水平的著述。尽管该体系还有不尽如人意之处，但是，我们相信，实践出真知，通过一段时间的实践和进一步的修改完善，必将更加准确实用，为我国粮食储藏提供一套科学实用、简便易行的评价方法。

粮食安全储藏技术指标评价体系应用验证实例见本章附件。

附　件

粮食安全储藏技术指标评价体系应用验证实例

实例1：中储粮×××直属库1号仓验证情况（2002.4）

1 储粮（主体）安全状况评价

1.1 $X_{品质}=0+25+1+25+15+15=80$

$K_{品质}=1\times1\times1\times1\times1=1$

储藏粮种：晚粳稻　　加0分　$K=1$

入库质量：中等以上　　加25分　$K=1$

水分：符合当地安全储粮水分标准　　加25分　$K=1$

粮食新陈情况：收获后储藏1年　　加15分　$K=1$

品质控制指标：宜存　　加15分　$K=1$

1.2 $X_{生态}=30+20+20+15=85$

$K_{生态}=1\times1\times1\times1=1$

粮温：≤20 ℃　　加30分　$K=1$

平衡湿度：常年在55%～65%，无结露　　加20分　$K=1$

储粮害虫：筛检和诱捕无害虫　　加20分　$K=1$

微生物：无发热霉变现象　　加15分　$K=1$

$Y=1\times(0.5\times80+0.5\times85)=82.5>50$

判定结果：该仓储粮目前处于安全状态。

2 安全储粮保障（客体）评价

2.1 $X_{区域}=0+0+15+20+0=35$

1月平均气温10.6 ℃　　加0分

年 15 ℃以上的积温 >800 ℃　　加 0 分

年振变幅 25 ~35 ℃　　加 15 分

年平均相对湿度 64%　　加 20 分

年平均降水量 1 503 mm >1 000 mm　　加 0 分

2. 2　$X_{设施}=30+10+5+8+5+12+12+5+4=91$

$K_{设施}=1\times1\times1\times1\times1\times1\times1\times1\times1=1$

管理水平：符合第一条标准　　加 30 分　$K=1$

仓房基本条件：结构良好，无裂缝、无渗漏、不返潮　　加 10 分　$K=1$

机械化程度：可完全实现机械化进出仓　　加 5 分　$K=1$

仓房隔热条件：达到准低温仓条件　　加 8 分　$K=1$

仓房气密条件：符合新建仓设计规范　　加 5 分　$K=1$

配套设施：具有可正常工作的粮情检测系统　　加 12 分　$K=1$

配套设施：具有可正常工作的机械通风系统　　加 12 分　$K=1$

配套设施：具有可正常工作的环流熏蒸系统　　加 5 分　$K=1$

配套设施：具有局部处理设备　　加 4 分　$K=1$

$Y=1\times(0.4\times35+0.6\times91)=68.6>50$

判定结果：该库储粮安全有保障，储粮处于安全状态。

实例 2：某地国家粮食储备库 1005 仓（2002.4）

1 储粮（主体）安全状况评价

1.1 $X_{品质}=0+15+20+15+15=65$

$K_{品质}=1\times1\times1\times1\times1=1$

储藏粮种：早籼稻	加 0 分	$K=1$
入库质量：中等	加 15 分	$K=1$
水分：符合当地安全储粮水分标准	加 20 分	$K=1$
粮食新陈情况：收获后储藏 1 年	加 15 分	$K=1$
品质控制指标：宜存	加 15 分	$K=1$

1.2 $X_{生态}=20+20+10+15=65$

$K_{生态}=1\times1\times1\times1=1$

粮温：符合第 3 条	加 20 分	$K=1$
平衡湿度：常年在 55% ~65%，无结露	加 20 分	$K=1$
储粮害虫：筛检主要害虫≤2 头/kg、总密度≤5 头/kg	加 10 分	$K=1$
微生物：无发热霉变现象	加 15 分	$K=1$

$Y=1\times(0.5\times65+0.5\times65)=65>50$

判定结果：该仓储粮目前处于安全状态。

2 安全储粮保障（客体）评价

2.1 $X_{区域}=15+0+20+0+0=35$

1 月平均气温 7.2 ℃	加 15 分

年 15 ℃以上的积温 >800 ℃ 加 0 分

年振变幅 >35 ℃ 加 20 分

年平均相对湿度 82% >70% 加 0 分

年平均降水量 1 287 mm >1 000 mm 加 0 分

2.2 $X_{设施}=30+10+5+0+5+12+12+5+4=83$

$K_{设施}=1\times1\times1\times1\times1\times1\times1\times1\times1=1$

管理水平：符合第一条标准 加 30 分 $K=1$

仓房基本条件：结构良好，无裂缝、无渗漏、不返潮 加 10 分 $K=1$

机械化程度：可完全实现机械化进出仓 加 5 分 $K=1$

仓房隔热条件：常温仓 加 0 分 $K=1$

仓房气密条件：符合新建仓设计规范 加 5 分 $K=1$

配套设施：具有可正常工作的粮情检测系统 加 12 分 $K=1$

配套设施：具有可正常工作的机械通风系统 加 12 分 $K=1$

配套设施：具有可正常工作的环流熏蒸系统 加 5 分 $K=1$

配套设施：具有局部处理设备 加 4 分 $K=1$

$Y=1\times(0.4\times35+0.6\times80)=63.8>50$

判定结果：该库储粮安全有保障，储粮处于安全状态。

实例3：广西××国家粮食储备库1号仓（2002.4）

1 储粮（主体）安全状况评价

1.1 $X_{品质}=0+25+25+0+0=50$

$K_{品质}=1\times1\times1\times1\times0=0$

储藏粮种：早籼稻 加0分 $K=1$

入库质量：中等以上 加25分 $K=1$

水分：符合当地安全储粮水分标准 加25分 $K=1$

粮食新陈情况：收获后储藏3年 加0分 $K=1$

品质控制指标：不宜存 加0分 $K=0$

1.2 $X_{生态}=0+20+10+15=45$

$K_{生态}=0.8\times1\times1\times1=0.8$

粮温：符合第五条 加0分 $K=0.8$

平衡湿度：常年在55%～65%，无结露 加20分 $K=1$

储粮害虫：筛检害虫密度5头/kg 加10分 $K=1$

微生物：无发热霉变现象 加15分 $K=1$

$Y=0\times0.8\times(0.5\times50+0.5\times45)=0<50$

判定结果：该仓储粮目前处于不安全状态，品质已不宜存，必须立即出库轮换。

2 安全储粮保障（客体）评价

2.1 $X_{区域}=0+0+15+0+0=15$

1月平均气温14.3℃ 加0分

年 15 ℃以上的积温 >800 ℃　　加 0 分

年振变幅 25 ~35 ℃　　加 15 分

年平均相对湿度 79.3% >70%　　加 0 分

年平均降水量 2 085 mm >1 000 mm　　加 0 分

2.2　$X_{设施}=30+10+0+0+0+12+12+5+0=69$

$K_{设施}=1\times1\times1\times1\times1\times1\times1\times1\times1=1$

管理水平：符合第一条标准　　加 30 分　$K=1$

仓房基本条件：结构良好，无裂缝、无渗漏、不返潮　　加 10 分　$K=1$

机械化程度：人工进出仓　　加 0 分　$K=1$

仓房隔热条件：常规仓　　加 0 分　$K=1$

仓房气密条件：一般仓房　　加 0 分　$K=1$

配套设施：具有可正常工作的粮情检测系统　　加 12 分　$K=1$

配套设施：具有可正常工作的机械通风系统　　加 12 分　$K=1$

配套设施：具有可正常工作的环流熏蒸系统　　加 5 分　$K=1$

配套设施：无局部处理设备　　加 0 分　$K=1$

$Y=1\times(0.4\times15+0.6\times69)=47.4<50$

判定结果：该库储粮安全保障不够，储粮处于不安全状态。

实例4：广西××国家粮食储备库9号仓（2002.4）

1 储粮（主体）安全状况评价

1.1 $X_{品质}=0+25+25+25+15=90$

$K_{品质}=1\times1\times1\times1\times1=1$

储藏粮种：早籼稻	加0分	$K=1$
入库质量：中等以上	加25分	$K=1$
水分：符合当地安全储粮水分标准	加25分	$K=1$
粮食新陈情况：收获后一年以内	加25分	$K=1$
品质控制指标：宜存	加15分	$K=1$

1.2 $X_{生态}=10+20+10+15=55$

$K_{生态}=1\times1\times1\times1=1$

粮温：符合第4条	加10分	$K=1$
平衡湿度：常年在55%~65%，无结露	加20分	$K=1$
储粮害虫：筛检害虫密度2头/kg	加10分	$K=1$
微生物：无发热霉变现象	加15分	$K=1$

$Y=1\times(0.5\times90+0.5\times55)=72.5>50$

判定结果：该仓储粮目前处于安全状态。

2 安全储粮保障（客体）评价

2.1 $X_{区域}=0+0+15+0+0=15$

1月平均气温14.3℃　　加0分

年 15 ℃以上的积温 >800 ℃　　加 0 分

年振变幅 25 ~ 35 ℃　　加 15 分

年平均相对湿度 79.3% >70%　　加 0 分

年平均降水量 2 085 mm >1 000 mm　　加 0 分

2.2 $X_{设施}=30+10+0+0+0+12+12+5+0=69$

$K_{设施}=1\times1\times1\times1\times1\times1\times1\times1\times1=1$

管理水平：符合第一条标准　　加 30 分　$K=1$

仓房基本条件：结构良好，无裂缝、无渗漏、不返潮　　加 10 分　$K=1$

机械化程度：人工进出仓　　加 0 分　$K=1$

仓房隔热条件：常规仓　　加 0 分　$K=1$

仓房气密条件：一般仓房　　加 0 分　$K=1$

配套设施：具有可正常工作的粮情检测系统　　加 12 分　$K=1$

配套设施：具有可正常工作的机械通风系统　　加 12 分　$K=1$

配套设施：具有可正常工作的环流熏蒸系统　　加 5 分　$K=1$

配套设施：无局部处理设备　　加 0 分　$K=1$

$Y=1\times(0.4\times15+0.6\times69)=47.4<50$

判定结果：该库储粮安全保障不够，应对储粮设施进行改造，增设必要的储粮安全保障设施，以确保储粮安全。

（由此例可以看出：将主体与客体分开评价的确有其优点，更能分别反映储粮的安全状况和粮库的安全保障情况，促使粮库改善仓储设施条件，保障储粮安全。）

实例 5：××市粮食储备库 10 号简易仓

1　储粮（主体）安全状况评价

1.1　$X_{品质}=10+25+25+0+15=75$

$K_{品质}=1\times1\times1\times1\times1=1$

储藏粮种：小麦　　加 10 分　$K=1$

入库质量：中等以上　　加 25 分　$K=1$

水分：符合当地安全储粮水分标准　　加 25 分　$K=1$

陈化指标：收获后储藏 6 年　　加 0 分　$K=1$

品质控制指标：宜存　　加 15 分　$K=1$

1.2　$X_{生态}=30+20+20+15=85$

$K_{生态}=1\times1\times1\times1=1$

粮温：≤20 ℃　　加 30 分　$K=1$

平衡湿度：常年在 55% ~65%，无结露　　加 20 分　$K=1$

储粮害虫：筛检和诱捕无害虫　　加 20 分　$K=1$

微生物：无发热霉变现象　　加 15 分　$K=1$

$Y=1\times(0.5\times75+0.5\times85)=80>50$

判定结果：该仓储粮目前处于安全状态。

2　安全储粮保障（客体）评价

2.1　$X_{区域}=15+0+20+20+10=65$

1 月平均气温 0 ~10 ℃　　加 15 分

年 15 ℃以上的积温 > 800 ℃　　加 0 分

年振变幅 > 35 ℃　　加 20 分

年平均相对湿度 62%　　加 20 分

年平均降水量 558 mm　　加 10 分

2.2 $X_{设施} = 30 + 10 + 0 + 0 + 0 + 12 + 5 + 3 + 0 = 60$

$K_{设施} = 1 \times 1 \times 1 \times 1 \times 1 \times 1 \times 1 \times 1 \times 1 = 1$

管理水平：符合第一条标准　　加 30 分　$K = 1$

仓房基本条件：结构良好，无裂缝、无渗漏、不返潮　　加 10 分　$K = 1$

机械化程度：人工进出仓　　加 0 分　$K = 1$

仓房隔热条件：常规仓　　加 0 分　$K = 1$

仓房气密条件：一般仓房　　加 0 分　$K = 1$

配套设施：具有可正常工作的粮情检测系统　　加 12 分　$K = 1$

配套设施：有简易通风设施　　加 5 分　$K = 1$

配套设施：可进行人工熏蒸　　加 3 分　$K = 1$

配套设施：无局部处理设备　　加 0 分　$K = 1$

$Y = 1 \times (0.4 \times 65 + 0.6 \times 60) = 62 > 50$

判定结果：该库储粮安全有保障，储粮处于安全状态。

实例 6：吉林××国储库

1　储粮（主体）安全状况评价

1.1　$X_{品质}=0+25+25+25+15=90$

$K_{品质}=1\times1\times1\times1\times1=1$

储藏粮种：玉米　加 0 分　$K=1$

入库质量：中等以上　加 25 分　$K=1$

水分：符合当地安全储粮水分标准　加 25 分　$K=1$

储粮新陈情况：收获后储藏 1 年以内　加 25 分　$K=1$

品质控制指标：宜存　加 15 分　$K=1$

1.2　$X_{生态}=30+20+20+15=85$

$K_{生态}=1\times1\times1\times1=1$

粮温：≤20 ℃　加 30 分　$K=1$

平衡湿度：常年在 55%～65%，无结露　加 20 分　$K=1$

储粮害虫：筛检和诱捕无害虫　加 20 分　$K=1$

微生物：无发热霉变现象　加 15 分　$K=1$

$Y=1\times(0.5\times90+0.5\times85)=87.5>50$

判定结果：该仓储粮目前处于安全状态。

2　安全储粮保障（客体）评价

2.1　$X_{区域}=20+10+20+20+10=80$

1 月平均气温 <0 ℃　加 20 分

年 15 ℃以上的积温 <800 ℃　　加 10 分

年振变幅 >35 ℃　　加 20 分

年平均相对湿度 59%　　加 20 分

年平均降水量 540 mm　　加 10 分

2.2　$X_{设施}=30+10+5+0+5+12+12+5+0=79$

$K_{设施}=1\times1\times1\times1\times1\times1\times1\times1\times1=1$

管理水平：符合第一条标准　　加 30 分　$K=1$

仓房基本条件：结构良好，无裂缝、无渗漏、不返潮　　加 10 分　$K=1$

机械化程度：完全实现机械化进出仓　　加 5 分　$K=1$

仓房隔热条件：常规仓　　加 0 分　$K=1$

仓房气密条件：符合新建仓设计规范　　加 5 分　$K=1$

配套设施：具有可正常工作的粮情检测系统　　加 12 分　$K=1$

配套设施：具有可正常工作的机械通风系统　　加 12 分　$K=1$

配套设施：具有可正常工作的环流熏蒸设备　　加 5 分　$K=1$

配套设施：无局部处理设备　　加 0 分　$K=1$

$Y=1\times(0.4\times80+0.6\times79)=79.4>50$

判定结果：该库储粮安全有保障，储粮处于安全状态。

实例7：江苏××国家粮食储备库老式平房仓

1　储粮（主体）安全状况评价

1.1　$X_{品质}=10+25+25+10+15=85$

$K_{品质}=1\times1\times1\times1\times1=1$

储藏粮种：小麦　加10分　$K=1$

入库质量：中等以上　加25分　$K=1$

水分：符合当地安全储粮水分标准　加25分　$K=1$

储粮新陈情况：收获后储藏2年　加10分　$K=1$

品质控制指标：宜存　加15分　$K=1$

1.2　$X_{生态}=10+20+10+15=55$

$K_{生态}=1\times1\times1\times1=1$

粮温：符合第四条标准　加10分　$K=1$

平衡湿度：常年在55%～65%，无结露　加20分　$K=1$

储粮害虫：筛检主要害虫≤2头/kg　加10分　$K=1$

微生物：无发热霉变现象　加15分　$K=1$

$Y=1\times(0.5\times85+0.5\times55)=70>50$

判定结果：该仓储粮目前处于安全状态。

2　安全储粮保障（客体）评价

2.1　$X_{区域}=20+0+20+20+10=70$

1月平均气温<0 ℃　加20分

年 15 ℃以上的积温 >800 ℃　　加 0 分

年振变幅 >35 ℃　　加 20 分

年平均相对湿度 62%　　加 20 分

年平均降水量 884 mm　　加 10 分

2.2 $X_{设施} = 30 + 10 + 3 + 0 + 0 + 12 + 5 + 3 + 0 = 63$

$K_{设施} = 1 \times 1 \times 1 \times 1 \times 1 \times 1 \times 1 \times 1 = 1$

管理水平：高　　加 30 分　$K = 1$

仓房基本条件：结构良好，无裂缝、无渗漏、不返潮　　加 10 分　$K = 1$

机械化程度：可部分实现机械化进出仓　　加 3 分　$K = 1$

仓房隔热条件：常规仓　　加 0 分　$K = 1$

仓房气密条件：一般仓房　　加 0 分　$K = 1$

配套设施：具有可正常工作的粮情检测系统　　加 12 分　$K = 1$

配套设施：有简易通风设施　　加 5 分　$K = 1$

配套设施：可进行人工熏蒸　　加 3 分　$K = 1$

配套设施：无局部处理设备　　加 0 分　$K = 1$

$Y = 1 \times (0.4 \times 70 + 0.6 \times 63) = 65.8 > 50$

判定结果：该库储粮安全有保障，储粮处于安全状态。

实例8：中央储备粮××直属库2号高大平房仓

1 主体安全状况评价

1.1 $X_{品质}=0+0+25+10+15=50$

$K_{品质}=1\times0.8\times1\times1\times1=0.8$

储藏粮种：晚籼稻 加0分 $K=1$

入库质量：等外 加0分 $K=0.8$

水分：符合当地安全储粮水分标准 加25分 $K=1$

粮食新陈情况：收获后储藏2年 加10分 $K=1$

品质控制指标：宜存 加15分 $K=1$

1.2 $X_{生态}=10+20+20+15=65$

$K_{生态}=1\times1\times1\times1=1$

粮温：符合第四条标准 加10分 $K=1$

平衡湿度：常年在55%~65%，无结露 加20分 $K=1$

储粮害虫：筛检和诱捕无害虫 加20分 $K=1$

微生物：无发热霉变现象 加15分 $K=1$

$Y=0.8\times(0.5\times50+0.5\times65)=46.5<50$

判定结果：该仓储粮目前处于不安全状态，由于是等外粮入仓，又是储藏了2年的稻谷，建议尽快出仓轮换。

（品质系数$K_{品质}$在此处起了重要作用，如果没有这个K，Y应该是57.5分，表示储粮还处于安全状态，判定结果截然不同。）

2 安全储粮保障（客体）评价

2.1 $X_{区域}=15+0+20+0+10=45$

1 月平均气温 3.7 ℃　　加 15 分

年 15℃以上的活动积温 >800 ℃　　加 0 分

年振变幅 >35 ℃　　加 20 分

年平均相对湿度 71%　　加 0 分

年平均降水量 707.4 mm　　加 10 分

2.2 $X_{设施}=30+10+3+0+5+12+12+5+4=81$

$K_{设施}=1\times1\times1\times1\times1\times1\times1\times1=1$

管理水平：符合第一条标准　　加 30 分　$K=1$

仓房基本条件：结构良好，无裂缝、无渗漏、不返潮　　加 10 分　$K=1$

机械化程度：可部分实现机械化进出仓　　加 3 分　$K=1$

仓房隔热条件：常规仓　　加 0 分　$K=1$

仓房气密条件：符合新建仓设计规范　　加 5 分　$K=1$

配套设施：具有可正常工作的粮情检测系统　　加 12 分　$K=1$

配套设施：具有可正常工作的机械通风系统　　加 12 分　$K=1$

配套设施：具有可正常工作的环流熏蒸系统　　加 5 分　$K=1$

配套设施：有局部处理设备　　加 4 分　$K=1$

$Y=1\times(0.4\times45+0.6\times81)=66.6>50$

判定结果：该库储粮安全有保障，但目前 2 号仓储粮处于不安全状态。

（由此例可以看出：将主体与客体分开评价的确有其优点，更能反映储粮的真实情况。）

实例9：××国家粮食储备库8号房式仓

1 主体安全状况评价

1.1 $X_{品质}=10+25+25+25+15=100$

$K_{品质}=1\times1\times1\times1\times1=1$

储藏粮种：小麦　加10分　$K=1$

入库质量：2等　加25分　$K=1$

水分：符合当地安全储粮水分标准　加25分　$K=1$

粮食新陈情况：收获后储藏不到1年　加25分　$K=1$

品质控制指标：宜存　加15分　$K=1$

1.2 $X_{生态}=45+20+20+15=100$

$K_{生态}=1\times1\times1\times1=1$

粮温：年平均粮温<10 ℃　加45分　$K=1$

平衡湿度：常年在55%~65%，无结露　加20分　$K=1$

储粮害虫：筛检和诱捕无害虫　加20分　$K=1$

微生物：无发热霉变现象　加15分　$K=1$

$Y=1\times(0.5\times100+0.5\times100)=100>50$

判定结果：该仓储粮目前处于安全状态。

2 安全储粮保障（客体）评价

2.1 $X_{区域}=20+20+20+0+20=80$

1月平均气温 −7.3 ℃　加20分

年 15 ℃以上的积温 <400 ℃	加 20 分
年振变幅 >35 ℃	加 20 分
年平均相对湿度 <40%	加 0 分
年平均降水量 <400 mm	加 20 分

2.2 $X_{设施}=30+10+3+0+5+12+12+0+0=72$

$K_{设施}=1\times1\times1\times1\times1\times1\times1\times1=1$

管理水平：高	加 30 分	$K=1$
仓房基本条件：结构良好，无裂缝、无渗漏、不返潮	加 10 分	$K=1$
机械化程度：可部分实现机械化进出仓	加 3 分	$K=1$
仓房隔热条件：常规仓	加 0 分	$K=1$
仓房气密条件：符合新建仓设计规范	加 5 分	$K=1$
配套设施：具有可正常工作的粮情检测系统	加 12 分	$K=1$
配套设施：具有可正常工作的机械通风系统	加 12 分	$K=1$
配套设施：具有可正常工作的环流熏蒸系统	加 0 分	$K=1$
配套设施：有局部处理设备	加 0 分	$K=1$

$Y=1\times(0.4\times80+0.6\times72)=75.2>50$

判定结果：该库储粮安全有保障，储粮也处于安全状态。

（由此例可以看出：由于当地生态条件非常适合安全储粮，即使不配备机械通风系统，仓房气密性差些，甚至在没有粮情测控系统的情况下依靠人工检测粮情，管理条件粗放一点，也可实现安全储粮，由此也可看出本评价系统的客观准确性。）

实例10：贵州××国家粮食储备库9号高大平房仓

1 主体安全状况评价

1.1 $X_{品质} = 0 + 15 + 25 + 0 + 15 = 55$

$K_{品质} = 1 \times 1 \times 1 \times 1 \times 1 = 1$

储藏粮种：中晚籼稻谷　加0分　$K = 1$

入库质量：中等　加15分　$K = 1$

水分：符合当地安全储粮水分标准　加25分　$K = 1$

粮食新陈情况：收获后储藏3年　加0分　$K = 1$

品质控制指标：宜存　加15分　$K = 1$

1.2 $X_{生态} = 30 + 20 + 10 + 15 = 75$

$K_{生态} = 1 \times 1 \times 1 \times 1 = 1$

粮温：年平均粮温<20 ℃　加30分　$K = 1$

平衡湿度：常年在55%～65%，无结露　加20分　$K = 1$

储粮害虫：筛检主要害虫2头/kg　加10分　$K = 1$

微生物：无发热霉变现象　加15分　$K = 1$

$Y = 1 \times (0.5 \times 55 + 0.5 \times 75) = 65 > 50$

判定结果：该仓储粮目前处于安全状态。

（由此例可以看出：由于粮堆生态条件好，粮情稳定，储藏了3年的稻谷仍处于安全储藏状态，这个判定结果与实际情况也是相符的。）

2 安全储粮保障（客体）评价

2.1 $X_{区域} = 15 + 0 + 15 + 20 + 0 = 50$

1 月平均气温 4 ℃	加 15 分
年 15 ℃以上的积温 >800 ℃	加 0 分
年振变幅 25～35 ℃	加 15 分
年平均相对湿度 57%	加 20 分
年平均降水量 >1 000 mm	加 0 分

2.2 $X_{设施}=30+10+5+8+5+12+12+5+0=87$

$K_{设施}=1\times1\times1\times1\times1\times1\times1\times1=1$

管理水平：符合第一条标准	加 30 分	$K=1$
仓房基本条件：结构良好，无裂缝、无渗漏、不返潮	加 10 分	$K=1$
机械化程度：可完全实现机械化进出仓	加 5 分	$K=1$
仓房隔热条件：达到准低温仓条件	加 8 分	$K=1$
仓房气密条件：符合新建仓设计规范	加 5 分	$K=1$
配套设施：具有可正常工作的粮情检测系统	加 12 分	$K=1$
配套设施：具有可正常工作的机械通风系统	加 12 分	$K=1$
配套设施：具有可正常工作的环流熏蒸系统	加 5 分	$K=1$
配套设施：有局部处理设备	加 0 分	$K=1$

$Y=1\times(0.4\times50+0.6\times87)=72.2>50$

判定结果：该库储粮安全有保障，储粮也处于安全状态。

第七章

中国储粮生态系统研究展望

“中国储粮生态系统研究展望”和“世界储粮生态系统网络体系的研究设想”，靳祖训教授已早有详述，对于“储粮生态系统提出的依据”“储粮生态系统与可持续发展战略的关系”“对储粮生态系统与储粮安全技术体系的认识”“储粮生态系统研究发展方向”等已有明确的想法；对于“世界储粮生态系统网络体系的研究设想”，从研究的必要性、网络体系的研究构想（目的、功能、框架）等提出了看法。这里无须长篇大论、重复赘述，只围绕“成就”“战略”“理念”“未来”八个字概略加以陈述。总体来说，中国粮食储藏科学技术“成就辉煌”“战略领先”“理念创新”，未来任重道远。

一、成就

中国粮食储藏技术已有 7 000 ~ 10 000 年的悠久历史，粮食储藏相关个别课题研究始于 20 世纪 20 年代；系统储藏科学技术研究始于 20 世纪 50 年代；专业系统粮食储藏科学研究始于 20 世纪 60 年代；仓储害虫种群生态系统研究始于 20 世纪 20 年代；粮堆生态系统和储粮生态系统研究始于 20 世纪 80 年代。这里还需说明的是：

（1）利用和控制对储粮品质有利的生态条件，达到安全储藏的目的，这种认识和实践在我国至少有 2 000 年以上的历史，至今还有大量的考古遗存可以证明。

（2）我国现代储粮生态系统研究，是借鉴国际相同学科研究成果，结合我国储粮生态条件和特点，不断完善和创新的。储粮生态系统研究发展战略、理念和对学科未来发展前瞻性的思考都是走在国际前列，应该予以肯定的。

二、战略

面临新世纪人类生存，特别是人类食物资源的巨大机遇和挑战；面临人类生活空间环境污染的巨大威胁；面临人类营养和健康迫切需要，我国在 20 世纪末明确提出：

粮食储藏科学与技术发展战略——低损耗、低污染、低成本，高质量、高营养、高效益。

在21世纪初，我们明确提出：最大限度地保护和利用人类食物资源；最大限度地优化和改善人类生存空间；最大限度地提高和改进人类生活质量；最大限度地改进和提高技术与装备，满足人类的营养与健康需求。

提出从经济理论、科技理论角度考虑，粮食储藏科学技术必须走可持续发展道路；

提出站在人类“生物圈层”和“科技圈层”两大圈层协调的高度，重视储粮技术绿色化；

提出“绿色储粮战略”，即尽可能利用对储粮减少污染的技术与方法，确保储粮安全；

提出“生态储粮战略”，即利用和控制对储粮品质有利的生态条件（低温，低氧等）达到安全储粮的目的；

提出“绿色（生产、加工、储藏运输、消费）一体化战略”，或称绿色生产、流通、消费一体化战略。

我们可以明确地说，至今世界上还没有哪个国家明确提出21世纪该国粮食储藏科学技术发展战略。

世界上一方面有相当国家粮源匮乏；一方面储粮损失十分严重。我国提出粮食储藏科学发展战略是值得借鉴的。

三、理念

理念创新是理论创新不可或缺的一部分，甚至可以说是它的前奏。在过去60年间，我们从生态学的角度诠释粮食储藏科学——从生态学角度研究粮食与生态因子相关关系的科学。10年前，在借鉴安全学基础上，我们提出储粮安全学的概念。储粮安全学是研究粮食（粮油及其加工产品）、主体与生态因子（生物的与非生物的因子）、客体以及人为因素（技术、管理、成本、效益）、社会学之间相关关系的科学。在借鉴人类生态学、生态系统研究成果的基础上，我们明确提出粮堆生态系统和储粮生态系统的概念。粮堆生态学，是储粮生态学的一个重要组成部分。以粮堆为储粮的人工的封闭生态系统，研究生产者、消费者、分解者之间的关系以及物质和能量流动的变化规律。储粮生态系统是一个区别于粮堆生态系统，又与其紧密联系的新概念。它主要是研究储粮过程中，围护结构外有限空间和围护结构及其内部生态因子、储粮技术与管理措施对粮堆生态系统，包括粮堆虫霉消长规律、储粮品质变化规律和物质能量流动规律的影响。换言之，它是涉及粮食质量、生态因子、技术管理十分复杂的粮食储藏的生态系统安全技术控制工程。

在储粮安全学的研究基础上，我国专家创立了有中国特色的储粮生态系统理论体系框架。包括：

1. 中国不同储粮生态区域的合理划分。

2. 不同储粮生态区域粮仓仓型合理选择与设计。

3. 不同储粮生态区域、不同仓型粮仓机械和确保储粮安全的专用机械合理配置。

4. 不同储粮生态区域、不同仓型储藏不同粮种，合理储藏工艺和最佳的经济运行模式。

5. 不同储粮生态区域的仓型、粮食种类、储藏技术、仓储管理、成本、效益的经济学评估。

6. 粮食安全储藏技术指标评价体系。

上述储粮安全学理念和储粮生态系统理论体系框架，已经得到国内同行学者认同，并已成为国内制定、修订和完善以往储粮相关技术规程的依据。

在“十五”期间，中国粮食储藏的专家、学者在上述框架六个方面取得了丰硕研究成果。聚其大成，中国粮食储藏的专家开展了“中国储粮工艺模式图”研究与应用探索。试图用一张图式全面概括介绍七个储粮地域、3～4 个主要粮种，从储粮入仓至出仓几年间所采用的主要工艺流程（包括技术措施的种类和方法）。它为储粮信息化控制和管理提供了切实的参考依据，为世界各国储粮安全技术的推广和应用提供了参考途径。

四、未来

这里所说的未来，包括“近期”和“远期”。为了力求精练，减少冗长的文字叙述，试图以表格和框图的形式表达。

近期研究重点主要包括：粮食生态系统研究（不同生态因子对粮食特性和储粮品质的影响）、粮堆生态系统研究（不同生态因子和储粮技术处理对粮堆特性和储粮品质的影响）和储粮生态系统研究（见图 7 – 1 和表 7 – 1）。

五、近期需研究的重大课题

鉴于我国近期粮食储藏科学技术主要发展方向是“重点发展绿色生态储粮，确保人类的营养健康”。近期应重点开展以下课题研究：

1. 中国储粮特性基础数据库的建立。

2. 中国不同储粮生态区域、不同围护结构合理设计，工程力学和工程材料学特性研究与数据库建立。

3. 中国储粮工艺模式图的完善，中国绿色生态储粮信息查询和服务系统的建立与完善（包括不同储粮生态区域仓储害虫、螨类防治专家系统，储粮昆虫、微生物及真菌毒素检索查询系统，储粮技术与管理咨询服务系统，粮食、油料运输防止虫霉、鼠类为害远程监控与示教系统）。

4. 中国不同储粮生态区域主要几种防治仓储害虫化学药剂（保护剂、熏蒸剂）应用情况、抗性增长状况及对策研究。

5. 低温储藏、控温储粮，不同储粮生态区域、不同粮种的储粮水分合理控制。中国气控储粮（氮气、二氧化氮）保持应有品质、防止虫霉为害的效果、成本、效益的综合评价。

6. 不同储粮生态地域应用物理方法（高温、冷冻、干燥、压变、辐射、惰性粉、撞击、筛理、阻隔等）和植物活性物质（杀虫、驱避、引诱）防治仓储害虫效果、成本、效益全面评价。

7. 中国不同储粮生态区域的仓储害虫、螨类、微生物、真菌毒素和鼠害区系及消长演替规律再调查、为害状况再认识、损失情况的再评估。

8. 中国不同储粮生态区域、不同粮种收获时粮食、油料水分含量、降水方式的选择、降水装备合理配置、降水效果的科学评价。

9. 中国不同储粮生态区域和同一生态区域不同子生态区域储粮工艺的合理选择、最佳经济运行模式进一步完善、不同储粮生态区域储藏不同粮种技术操作规程完善与提高。

10. 不同储粮生态区域、不同围护结构、储藏不同粮种粮食安全技术评价体系的完善与提高，模式化、数字化、仪表化的探索。

11. 不同储粮地域适度种植、经营规模农户中小型多功能组合式储粮设施研究、设计。

12. 不同储粮生态区域农户鼠害有效防治方法。

远期研究重点，我们设想主要包括以下五个方面：

1. **储粮化学生态学研究：**研究在生物种类和种间关系中发挥作用的天然化学物质的结构、功能、来源和重要性的学科。是化学与生态学的交叉学科，研究生物间的化学联系规律及其机制。

2. **储粮数学生态学研究：**研究储粮生态系统中粮食与生态因子（生物的和非生物的因子）之间关系、各生态因子之间关系以及在储藏过程中物质与能量变化关系，以数学形式表达的科学。

3. **储粮工程生态学研究：**这是国内外尚未创建的学科。《工程生态学》（胡孟春等著）是生态学在工程规划、建设、管理领域的具体应用，是生态学的一门技术应用学科。主要研究自然生态系统与工程技术系统的协调性。

储粮工程生态学是工程生态学的一个分支，在储粮工程的规划、建设、管理领域应用。它重点研究储粮自然生态系统与工程技术系统的协调性，使工程技术系统与储粮生态系统相协调，以确保储粮的稳定性。

4. **储粮生态与营养健康**：储粮生态系统研究不仅是探秘储粮与生态因子关系，物质和能量流动规律，减少粮食产后数量损失和质量损失，最重要的任务是保障人类营养和健康。换言之，要通过对生态因子的控制和储粮工程生态的管理，促使储粮自然生态系统与工程生态系统的协调，更好增强储粮稳定性，延缓粮食品质劣变，保持粮食应有的品质和口感，保障人类的营养与健康。

5. **储粮生态经济学的创建**：储粮生态经济学是粮食经济学的一个组成部分，属实用经济学范畴。粮食作为保障民族振兴、经济繁荣、社会安定、人民健康的重要特殊商品，它的蓄积、储藏，我国自古以来就视为“天地之大计”“万民之大命”。粮食储藏过程不仅涉及粮食成本、储藏管理效益，还与生产、分配、交换、消费活动密切相关。在全球经济一体化、全球人口持续增加、国际粮食市场风云变幻的大背景下，站在应有高度，审视储粮生产、流通和消费值得重视。将储粮过程不同生态条件和技术处理对储粮的经济活动影响作出全面经济学评价，理所当然成为重要的研究内容。

中国粮食仓储事业成就辉煌，中国粮食储藏科学技术发展战略、理念明确，前程似锦。

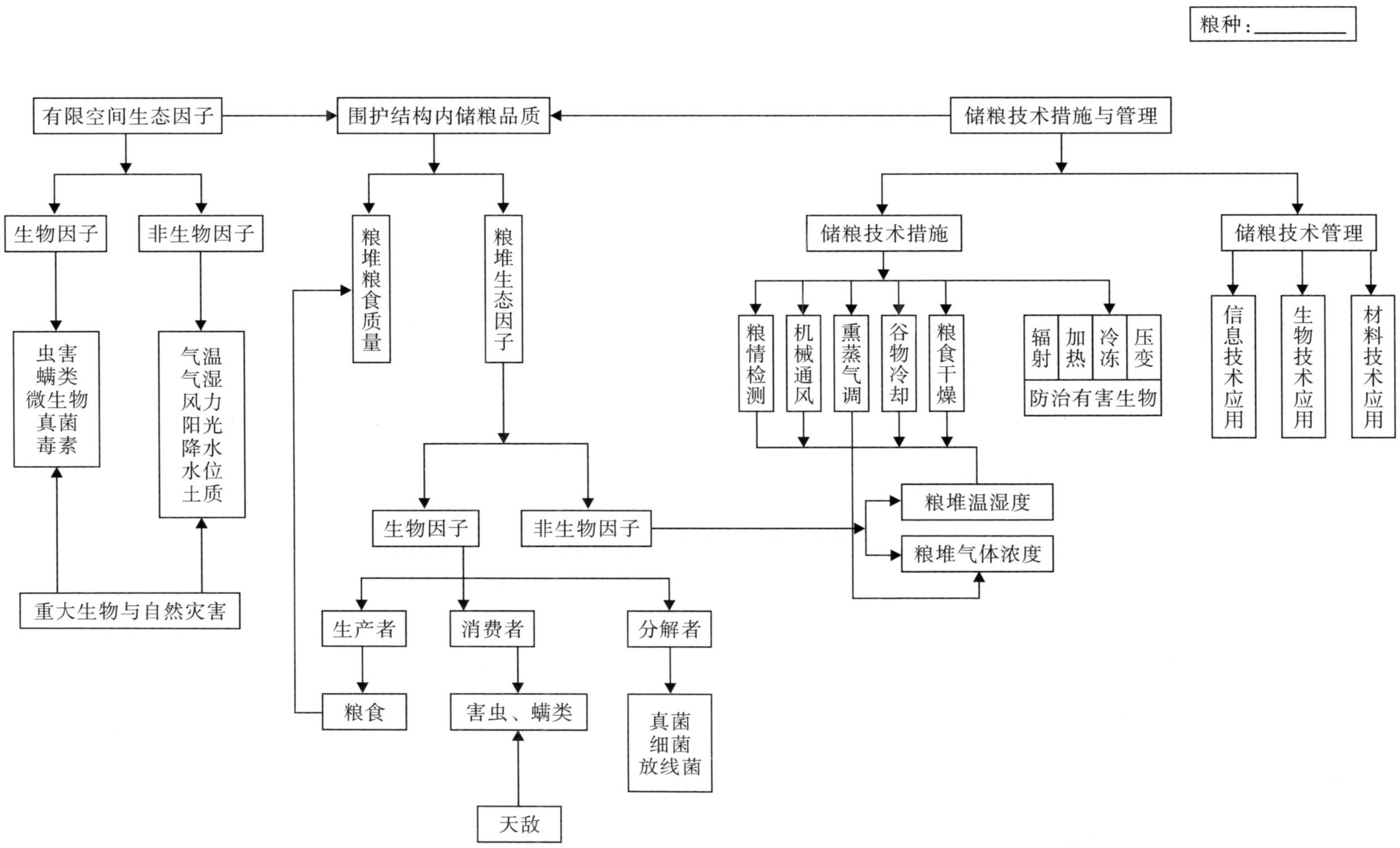

粮种：________

有限空间生态因子
生物因子
非生物因子
虫害
螨类
微生物
真菌
毒素
气温
气湿
风力
阳光
降水
水位
土质
重大生物与自然灾害

围护结构内储粮品质
粮堆粮食质量
粮堆生态因子
生物因子
非生物因子
生产者
消费者
分解者
粮食
害虫、螨类
天敌
真菌
细菌
放线菌

储粮技术措施与管理
储粮技术措施
储粮技术管理
粮情检测
机械通风
熏蒸气调
谷物冷却
粮食干燥
辐射
加热
冷冻
压变
防治有害生物
信息技术应用
生物技术应用
材料技术应用
粮堆温湿度
粮堆气体浓度

图7-1　粮食生态系统研究
（不同生态因子对粮食特性和储粮品质的影响）

表 7 – 1　不同生态因子和储粮技术处理对粮堆特性和储粮品质的影响

粮食种类：

种类	非生物因子				生物因子				储粮技术处理							
影响因子	湿度	相对湿度	粮食水分	气体组成	储粮害虫	储粮螨类	储粮微生物	真菌毒素	降温	降氧	干燥	施药	加热	辐射	通风	充氮
粮堆热特性（传导、对流、辐射）																
粮堆力学特性																
粮堆吸附特性（物理吸附、化学吸附）																
粮堆吸湿特性（吸附与解吸）																
粮堆声学特性																
粮堆电磁特性																
粮堆气体流散特性																
食用品质与营养价值																
工艺品质																
种用品质																
饲用品质																

主要参考文献

[1] 国家粮食局. 储粮新技术教程［M］. 北京：中国商业出版社，2001.

[2] 国家粮食局. LS/T 1201—2002 磷化氢环流熏蒸技术规程［M］. 北京：中国标准出版社，2002.

[3] 国家粮食局. LS/T 1202—2002 储粮机械通风技术规程［M］. 北京：中国标准出版社，2002.

[4] 国家粮食局. LS/T 1203—2002 粮情测控系统［M］. 北京：中国标准出版社，2002.

[5] 国家粮食局. LS/T 1204—2002 谷物冷却机低温储藏技术规程［M］. 北京：中国标准出版社，2002.

[6] ISO6322/1 ~ 3 谷物与豆类的储藏（国际标准）. 1989

[7] 佘纲哲. 粮食生物化学［M］. 北京：中国商业出版社，1987.

[8] 无锡轻工业学院. 食品微生物学［M］. 北京：轻工业出版社，1987.

[9] 陈启宗，等. 仓库昆虫学［M］. 北京：中国财政经济出版社，1986.

[10] 姚康. 仓库害虫及益虫［M］. 北京：中国财政经济出版社，1986.

[11] 项琦. 粮油食品微生物学检验［M］. 北京：中国轻工业出版社，2000.

[12] 扈文盛. 食品常用数据手册［M］. 北京：中国食品出版社，1987.

[13] 中华人民共和国商业部. 粮油储藏技术规范，1987.

[14] 中华人民共和国商业部. 国家粮油仓库管理办法，1987.

[15] 中华人民共和国商业部. “四无粮仓”和“四无油罐”评定办法，1991.

[16] 国家粮食局. 粮油质量管理办法，1996.

[17] 国家粮食局，国家质量技术监督局. 粮油储存品质判定规则（试行），1999.

[18] 国家粮食储备局．高大平房仓储粮技术规程（试行），1999.

[19] 国家粮食储备局．浅圆仓储粮技术规程（试行），1999.

[20] 中华人民共和国国家标准：GB 1350—86　稻谷．

[21] 中华人民共和国国家标准：GB 1351—86　小麦．

[22] 中华人民共和国国家标准：GB 1353—86　玉米．

[23] 中华人民共和国国家标准：GB 1352—86　大豆．

[24] 中华人民共和国国家标准：GB 1354—86　大米．

[25] 中华人民共和国国家标准：GB 1355—86　小麦粉．

[26] 中华人民共和国国家标准：GB 1532—86　花生果．

[27] 中华人民共和国国家标准：GB 1533—86　花生仁．

[28] 中华人民共和国国家标准：GB 11762—89　油菜籽．

[29] 中华人民共和国国家标准：GB 1536—86　菜籽油．

[30] 国家粮食储备局储运管理司．中国粮食储藏大全．重庆：重庆大学出版社，1994. 10

[31] 靳祖训．粮食储藏科学技术进展．成都：四川科学技术出版社，2007. 6

[32] 宋伟，靳祖训，汪海鹏．中国储粮生态系统研究进展．粮食储藏，2009（1）：16～21

[33] 国家粮食局．粮油储藏重要标准理解与实施．成都：四川科学技术出版社，2008. 8

[34] 靳祖训．世界储粮生态系统网络体系的研究设想．粮食储藏，2009（4）：3～9

[35] 靳祖训．中国粮食储藏科学技术成就与理念创新．粮油食品科技，2011（1）：1～5

[36] 宋伟．中国储粮生态区域划分及特点研究．研究论文集

[37] 国家粮食储备局成都粮食储藏科学研究所．高寒干燥储粮生态区域储粮技术应用情况的调研报告．研究论文集

[38] 国家粮食储备局成都粮食储藏科学研究所．中温低湿储粮生态区域储粮技术应用情况的调研报告．研究论文集

（附件略）